岩土工程发展新理念与实践丛书

土岩双元深基坑工程

李连祥　著

中国建筑工业出版社

图书在版编目（CIP）数据

土岩双元深基坑工程/李连祥著 . —北京：中国
建筑工业出版社，2022.10
（岩土工程发展新理念与实践丛书）
ISBN 978-7-112-27850-3

Ⅰ.①土…　Ⅱ.①李…　Ⅲ.①深基坑—工程施工
Ⅳ.①TU473. 2

中国版本图书馆 CIP 数据核字（2022）第 161621 号

随着地下空间开发建设，青岛、济南、深圳、广州等城市出现了大量上土下岩双元深基坑工程。现行国家和行业标准缺乏对土岩双元基坑工程的有效指导。设计时一般把岩视为土，按照常规软件进行设计，会导致较大浪费和碳排放。本书系统介绍了土岩双元深基坑工程理论、设计方法和施工技术。明确土岩双元深基坑定义，分析深基坑工程地质特征，阐释变形、稳定、渗流理论，明确土岩双元深基坑主要支护结构体系的设计方法、适用条件、计算分析方法，介绍土岩双元深基坑施工关键问题，为此类工程提供系统指导。

责任编辑：杨　允　李静伟　刘颖超
责任校对：芦欣甜

岩土工程发展新理念与实践丛书
土岩双元深基坑工程
李连祥　著

*

中国建筑工业出版社出版、发行（北京海淀三里河路 9 号）
各地新华书店、建筑书店经销
北京龙达新润科技有限公司制版
北京云浩印刷有限责任公司印刷

*

开本：787 毫米×1092 毫米　1/16　印张：16¼　字数：389 千字
2022 年 9 月第一版　　2022 年 9 月第一次印刷
定价：68.00 元
ISBN 978-7-112-27850-3
（39718）

序

作者 1987 年 7 月参加工作,先后在设计院、建筑施工和岩土工程勘察单位工作过,具有勘察、设计、施工等工程经验,2002 年跟我攻读博士学位起,20 年来一直专注于基坑工程的研究和实践。2011 年调入高校从事教学科研,逐渐将曾经的基坑工程疑难进行研究提升,建立了山东大学基坑与深基础工程技术研究中心,组建了山东土木建筑学会基坑工程专业委员会,对于促进深基坑工程理论研究和实践推广,推动城市基坑工程管理和技术进步做了大量工作。

20 世纪 90 年代以来,随着改革开放和现代化过程建设快速发展,基坑工程面广量大,越来越多,逐步形成了以土体为支护对象的基坑工程学,其理论、技术、管理等日益完善,核心是要采用经典土压力计算支护结构水平荷载,按圆弧破坏模式验算基坑侧壁整体稳定性。

基坑工程学以工程地质学、水文地质学、岩土力学、结构力学、工程结构、基础工程、环境岩土工程等为理论基础,应用施工技术、监测技术、测试技术、计算技术等进行工程决策,从而保证地下主体结构施工顺利和基坑周边环境安全。基坑工程是知识和技术的综合载体,更是工程师从事科技探索、创造性解决实际问题的舞台。

进入 21 世纪以来,随着国家城市战略进一步强化,中心城市建设特别是轨道交通快速发展,基坑规模越来越大,基坑开挖越来越深,周边环境越来越复杂,施工场地越来越受限。大量工程实践表明,经典土压力理论不再适应既有复杂环境深基坑支护结构的工作性状。不仅如此,随着基坑深度不断加大,越来越频繁地出现了土岩双元深基坑,其整体破坏模式不再是圆弧滑动。当工程师沿着土体基坑惯性进行工程决策时,往往忽略岩体结构自稳能力,造成较大浪费,不符合、不适应高质量发展和"双碳战略"的要求。因此,深基坑工程学已成为中心城市高质量发展的迫切需要,也是城市建设主战场的重大需求。

土岩双元深基坑与土质基坑和岩质基坑工程不同,其本质特征在于开挖过程下部岩体对于上部土体的约束,因此,土岩双元深基坑的整体破坏模式与土体、岩体及其结构面性状密切相关。工程师决策应首先利用和保证岩体侧壁稳定,从而将土岩双元基坑的整体支护简化为上部土体的重点支护,并考虑土岩界面处土、岩的相互作用及其对岩体的稳定影响。

《土岩双元深基坑工程》的出版正是作者立足新发展阶段,贯彻新发展理念,站在工程角度为工程师解决理论和实践困惑。本书系统、简明,全面涵盖了土岩双元深基坑决策的理论知识,针对性介绍了不同中风化岩深度对应的不同支护技术。清晰阐释了土岩双元基坑的概念,明确了圆弧、圆弧-平面、滑切和切面四种整体破坏模式。不仅为工程师处理具体问题提供了科学原理和工程方法，而且强调了利用岩体结构自稳能力再保证土体侧壁稳定的工作顺序，丰富和发展了深基坑工程学。

希望本书对于提升工程师的设计理念，促进中心城市深基坑工程高质量发展发挥积极作用。

中国科学院院士

2022 年 7 月 30 于济南雪野湖畔

前　　言

深基坑工程是土木工程中的一种分部工程，是岩土工程的一个重要领域。20 世纪 80 年代之前，我国基坑开挖深度一般都很浅。20 世纪 70 年代，北京建造了一个深约 20m 的地铁车站；20 世纪 80 年代，上海地区开始出现深度在 8m 左右的两层地下室；20 世纪 90 年代以来，深基坑工程才迅速发展起来。进入 21 世纪，建设规模越来越大，基坑开挖越来越深，周边环境越来越复杂，施工场地越来越受限。尤其值得注意的是，对基坑变形的要求越来越严苛，深基坑工程已进入变形控制设计时代，并成为岩土工程领域中的一大技术难题。

在基坑工程高速发展的过程中，工程事故也频繁发生。其中，深基坑工程一旦出现恶性事故，后果往往十分严重，危害程度远大于一般的基坑工程。因此，这种工程早已成为热点领域，引起了工程界和学术界的高度重视。在工程实践和科学技术高速发展的形势下，岩土力学理论与方法获得了长足的发展，基坑工程积累了丰富的经验，设计理论与技术也日渐成熟。但随着开挖深度的不断增大，技术难度也越来越大，特别是越来越频繁地出现了一类新型基坑工程，即土岩双元深基坑工程。与土质基坑和岩质基坑工程相比，这种基坑工程在设计理论、计算方法与施工技术上均有其独特之处，而相应的理论发展却远远落后于实践，工程经验也不足以应对发展带来的严峻挑战。

目前，学者们对土岩双元深基坑变形破坏的机理与规律研究得还比较少。由于变形破坏机理尚不明确，所以支护设计理论与方法也不成熟。比如一些桩墙支护嵌岩深度过大，既难以施工又造成浪费；比如对于土岩基坑边坡，一般仍按圆弧法进行整体稳定性分析，这种破坏模式显然不符合实际。就土岩双元深基坑工程设计而言，由于忽视岩体自稳能力和土岩界面的特性，要么过分保守，从而造成巨大浪费；要么考虑不周，从而埋下事故隐患。由于缺乏成熟的理论、方法及相应规范，这种工程基本处于边实践边摸索的阶段，其设计与施工在相当程度上依赖于经验。为使这种状况有所改观，本书在广泛搜集相关资料的基础上，结合作者团队的科研成果，全面深入地探究土岩双元深基坑工程问题，力图从理论高度予以阐明，特别是将一些重要原则提高到理论高度，以期引起人们的充分重视。

众所周知，变形、稳定、渗流是所有岩土工程领域的 3 个基本课题，深基坑工程也不例外。本书首先阐述深基坑工程的基本概念及岩土体的工程特性，然后分 3 章比较系统地研究上述 3 个基本课题在土岩双元深基坑工程中的具体表现，专注于一般规律和土岩基坑工程的特殊性。此外，深基坑工程是一种复杂的系统工程，包括基坑勘察、设计、施工、监测等诸多环节。与土质深基坑工程相比，土岩双元深基坑工程在上述所有方面都有其特殊性，本书将分别加以阐述。在设计部分，首先是深基坑工程设计总论，然后分别探究锚固柔性支护、嵌岩桩墙支护及吊脚桩墙支护的设计问题。本书最后 1 章讨论深基坑工程事故类型、原因及处置原则，其中也简要谈到风险规避问题。

　　本书广泛涉及深基坑工程特别是土岩双元深基坑工程的理论与技术难题,作为工程技术人员的参考资料,旨在提高深基坑工程技术水平,从而达到降低工程造价、消灭大事故、减小工程事故率的根本目的。工程师不同于工匠,其使命要求他们必须掌握丰富的科学原理和工程方法,并熟练地运用于工程实践。本书若能在这方面起到一些有益的作用,作者将感到十分欣慰。

　　感谢我的好友兼师长薛守义教授对本书的指导和提升。本书也记录了我和我的研究生王兴政、贾斌、韩志霄、李胜群相互陪伴的过程,他们的理论探索促成了本书土岩基坑工程系统的建立。

目　　录

第1章 土岩双元深基坑工程概说

在我国，随着基坑开挖深度的不断增大，许多基坑开挖至基岩面或基岩面以下，特别是在青岛、广州、厦门、大连、兰州、济南、珠海、深圳、重庆等城市普遍遇到这种基坑。从基坑所涉及的地层着眼，可将其分为土质基坑、岩质基坑、土岩双元基坑。本章首先阐述深基坑工程的基本概念，并简要介绍我国基坑工程的发展；其次，对土岩双元深基坑做出概念界定并进行分类；再次，给出目前土岩双元深基坑支护的主要类型；最后，全面阐述深基坑特别是土岩双元深基坑的基本特征。

1.1 深基坑工程

深基坑工程是一种分部工程，是土木工程的组成部分，服务于几乎所有土木工程领域，如建筑工程、地铁工程、市政工程、桥梁工程等。早期的基坑工程，开挖深度比较小，周边环境比较简单，故以放坡和悬臂支护为主；即使需要设置锚杆或内支撑，也多是为减小支护结构内力、保证基坑稳定。此外，基坑降水多采用坑内外同时降水，很少采用隔水措施。随着基坑规模及深度的快速发展，也由于基坑周边环境复杂化及保护的严苛要求，深基坑工程已逐步成为最受人关注的技术和学术领域之一。

1.1.1 基坑工程

基坑是为建（构）筑物地下结构施工而由地面向下开挖出的空间，也即按地下结构基底标高、基础平面形状与尺寸，在基础设计位置所开挖的坑。基坑工程的目的主要有两个：一是为基础和地下结构施作提供安全空间；二是保证基坑周边设施安全运行。

（1）基坑工程

为完成上述任务，需进行相应的勘察、设计、施工、监测等工作，这项综合性工程就是基坑工程。从施工过程与环节方面考虑，基坑工程主要包括围护结构施作、基坑开挖、锚撑结构设置、地下水控制等。基坑工程的主要目标是安全与经济，其次是施工便捷、节省工期、技术先进等。

（2）基坑支护

为保证基坑开挖施工、主体地下结构施工及周边环境安全，通常须设置围护结构、锚撑构件、降水排水设施等。人们将对基坑侧壁及周围环境采用的支挡、加固、保护及地下水控制措施，称为基坑支护结构。支护结构体系可以归结为挡土体系和控水体系，也可以分为围护结构、锚撑结构和控水结构3部分。其中，围护结构有各类支护桩、地下连续墙（以下简称地连墙）、水泥搅拌桩、土钉墙等；锚撑结构即锚杆、锚索、内支撑等；控水结构如水泥搅拌桩、高压旋喷桩，以及降水、排水、防水设施等。

（3）基坑岩土体

基坑岩土体是指基坑周围（包括基坑两侧和坑底）一定范围内的地质体，这部分地质体因工程作用而受到明显影响，主要包括应力场改变以及发生具有工程意义的变形。基坑边坡是基坑开挖形成的斜坡，或倾斜，或直立。必须指出，基坑边坡不包括建筑边坡，后者是指在建（构）筑物场地或其周边、由于建（构）筑物工程切坡或填方所形成的人工边坡和对建（构）筑物安全有直接影响的自然边坡（含危岩和滑坡）。若边坡整体破坏或局部垮塌，坡顶和坡下的永久性建（构）筑物将受到破坏。建筑边坡的耐久性要求高、维护加固难，其工作年限应不低于建筑物的使用年限，一般应不低于 50 年。

（4）周边环境

基坑周边环境是指与基坑体系相互影响的空间综合体，主要包括建（构）筑物、地下管线、道路、岩土体、水体等。基坑工程一是要满足地下结构安全施工的空间要求，二是要保护周边环境。在许多情况下，周边环境保护是重点。城市高层建筑、地铁车站等深基坑的周边，通常存在建（构）筑物、地下管线、道路等。

（5）基坑系统

所谓基坑系统是指基坑施作影响范围内的综合性整体，包括基坑支护结构体系（围护结构、锚撑与腰梁、控水设施等）、基坑岩土体（基坑内部岩土体、坑外侧岩土体、坑底岩土体等），以及参与相互作用的基坑周边环境（邻近建筑物、地下管线、道路等设施）。在基坑施工的整个过程中，基坑系统都是一种变结构体系；在三维数值分析中，基坑施工全过程模拟意味着对一个不断变动的系统进行分析。根据基坑工程影响范围划出一定区域，即为基坑系统的原初形态。施工桩墙、截水帷幕等支护结构，降水、开挖、施作锚杆及内支撑等，再降水、开挖，直至基坑工程完成。在这一过程中，基坑系统不断变动，其荷载及应力状态也不断调整，随之发生变形甚至失稳破坏。

1.1.2 深基坑工程

顾名思义，深基坑工程是指基坑工程中开挖较深的那一部分。在当代土木工程中，越来越多地遇到深基坑，相关工程如高层建筑（特别是超高层建筑）、市政设施（地下变电站、地下商业街、地下管廊、地下停车场等）、地铁车站、工业建筑、桥梁建筑等，其中超高层建筑、地铁车站、悬索桥锚碇基础等常遇到深大基坑。那么，满足什么条件的基坑工程才算是深基坑工程呢？

关于深基坑工程，目前在学术界并没有明确的界定，在工程界也没有统一的认识。2009 年 5 月 13 日，中华人民共和国住房和城乡建设部在发布《危险性较大的分部分项工程安全管理办法》中的附属文件，将深基坑工程定义为：（1）开挖深度超过 5m（含 5m）的基坑（槽）的土方开挖、支护、降水工程；（2）开挖深度虽未超过 5m，但地质条件、周围环境和地下管线复杂，或影响毗邻建（构）筑物安全的基坑（槽）的土方开挖、支护、降水工程。

然而，在实践中，人们对深基坑这一概念的把握是有出入的。例如，林鸣等（2006）指出："一般认为深度在 6m 以上或有支护结构的基坑即为深基坑。"郑刚等（2010）认为，在天津地区，当基坑深度达到 14m 以上时，就需考虑对承压水进行治理。因此，天津地区将深度大于 14m 的基坑定义为深基坑，并对 14m 深度以上的深基坑设计、施工单位提出了专门的资质要求。但他们在其著作中，又将深度小于 10m 的基坑称为浅基坑，深度 10～20m 称为深基坑，深度大于 20m 的则称为超深基坑。此外，工程界一直以 10m 以上深度定义支护结构安全等级一级基坑（《建筑地基基础工程施工质量验收标准》GB 50202—2018，上海市《基坑工程技术标准》DG/TJ 08—61—2018）。因此，10m 以上深度称作深基坑并选用锚拉式或内撑式桩墙支护结构，在业内具有普遍认可度。

从实际情况看，对于深基坑不一定非得给出严格量化的界定。在工程界和学术界，对浅基础与深基础就没有给出明确的、认识统一的深度界线。从主要特征看，或与浅基坑工程和一般基坑工程相比，深基坑对周边环境有显著影响，且对基坑变形有严格的限制性要求。从主体结构类型上讲，深基坑主要有高层尤其是超高层建筑深基坑、地铁车站尤其是多层地铁车站深基坑、城市地下设施深基坑，还有一些特殊工程中的深基坑，如桥梁锚碇基础深基坑、高塔及烟囱深基坑、地下竖井深基坑、污水处理厂抽水泵站深基坑，以及水利工程中遇到的调蓄池深基坑、渠道深基坑等。

在各类深基坑工程中，地铁车站深基坑工程特点比较突出：首先，基坑开挖深度大、面积大、工程线路长；深度普遍在 15m 以上，换乘车站深度更大，最深已超过 50m；有的基坑开挖长度能达到数百米，故面积大。其次，施工场地狭小，施工环境复杂。轨道交通一般建在大中型城市人口稠密、建筑物密集的地段，地铁车站紧邻城市主干道，周围交通繁忙，车流量大，地下管线密集。此类基坑开挖必然会引起附近地下管线、道路和建筑物的沉降，因此，在施工过程中除了考虑基坑自身的稳定性与安全性外，还需要对周围环境进行严格的变形监控。最后施工周期长，不确定因素多，容易造成突发事故。上述特征使地铁车站深基坑对支护系统的设计、施工及安全保障要求更高。

1.1.3　深基坑工程学

从实践上讲，深基坑工程是一套系统工作，包括勘察、设计、施工、监测、监理等内容，其目的是为地下主体结构施工提供空间，基本要求是保证地下结构安全施工、周边环境不受损害。从学术上讲，深基坑工程可称为深基坑工程学，是一门综合性很强的技术学科，主要是工程师的舞台。工程师运用技术手段、科学知识来从事工程探索活动，创造性地解决实际问题。所涉及的科学方法如基坑变形计算、稳定性分析、围护结构内力计算等；技术手段如桩技术、地下连续墙技术、锚固技术、钢筋混凝土技术、高压旋喷技术、软件技术、计算机技术等。深基坑工程学涉及工程地质学、岩土力学、结构力学、工程结构、基础工程、环境岩土工程、施工技术、监测技术、测试技术、计算技术等诸多领域。须特别指出的是，深基坑工程的整个成果没有唯一性，也没有绝对的最优方案，只追求令人满意的结果。

深基坑工程学的任务是运用岩土力学、工程地质学、结构力学、钢或钢筋混凝土结构等，对基坑工程中的科学与技术问题进行综合性应用研究，以发展深基坑工程理论为核心，包括基坑位移场特征、基坑破坏模式、基坑支护基本原理、基坑支护设计计算方法（成体系），其根本目的是提高基坑工程水平。深基坑工程问题的核心为基坑体系的变形与稳定问题，诸如基坑土石方开挖、地下水位的变化、支撑的设置、坡顶荷载、岩土体的结构及性质等，这些都将影响基坑的变形与稳定。除了相关理论的应用研究，尚需进行工程实例与经验研究。深基坑工程实践存在的问题主要表现在两个方面，一是工程事故，二是投资浪费，分别涉及安全与经济。深基坑支护方案问题主要不是对错与是非，而是巧拙与优劣。

深基坑工程作为一门学科，是一门综合性的技术学科，是科学、技术与艺术的综合，是运用科学知识和技术手段建造工程，还特别讲求艺术性，以满足人们的精神需要。基坑工程学不是纯科学，却广泛运用科学知识，故有科学性。基坑工程的艺术性体现在创意性、可欣赏性，给人以美感，也体现在工程的个性上。若满足于千篇一律的批量化生产和规范的限定，则将导致笨拙、浪费的工程，且毫无艺术性可言。巧妙的构思与技术处理便显示出艺术性，并不是说基坑体系是人们创造的艺术品，因为并非专为人们欣赏。此外，艺术性还体现在与环境和谐、友好。

1.1.4 深基坑工程方法论

对深基坑工程进行研究，方法主要有理论分析、数值模拟、模型试验、现场监测、经验总结等。数值模拟是研究深基坑变形破坏规律的主要方法之一，与现场监测相结合，可以改进数值模型；通过正交试验进行参数研究，可以探讨各相关影响因素的敏感性。欲对基坑支护效果评价，最合适的方法是采用数值分析方法，分别研究无支护基坑体系和有支护基坑体系。此外，将二维数值模拟与三维数值模拟相结合，验证二维模拟的可靠性，分析其结果是偏于保守还是偏于危险。模型试验包括普通基坑模型试验和离心机模型试验。现场监测与信息化施工在深基坑工程中得到普遍实施，意义十分重大。在基坑工程领域，经验研究至关重要。通过全面系统的总结研究，将工程经验上升到理论层面。所有重要的深基坑工程都是发展基坑工程学的宝贵机会，工程技术人员应倍加珍惜，重视对其勘察、设计、施工、监测作全面细致的分析总结，在获得资料与经验的同时，善于提出科学与技术问题，争取创新与突破。

重要的深基坑工程常有针对性地安排科研项目，如地铁车站深基坑、超高层建筑工程、大跨悬索桥锚碇基础深基坑工程等。在这种情况下，人们常常对深基坑工程进行综合研究，主要包括工程类比、现场监测、数据分析、数值模拟。更加广泛地说，采用常规方法进行支护体系设计；利用精细化数值模拟对常规设计计算结果进行校核；通过现场监测获得基坑变量信息，进行反分析进一步获得重要参数，并通过正演计算进行预测；利用监测反馈信息指导施工，必要时修改设计或施工方案；最终通过监测结果验证设计计算模型与方法的正确性，并进一步改善设计理论和计算方法。这是一个完整的方法论体系，其核心是追求设计计算模型及参数的合理性，重视现场监测及信息化施工与动态设计，必要时对基坑岩土体及邻近建筑物地基进行加固，以确保深基坑工程安全可靠、经济合理等目标的实现。

在此，谈谈如何对待基坑工程规范问题。陈愈炯（1997）指出，岩土工程规范应是工程技术人员很重要的参考书，但为岩土工程制定详细且恰当的勘察或设计规范是很难办到的，因为岩土体是自然历史的产物，太复杂。龚晓南（2018）认为，正确的做法是针对岩土工程特点来制定规范及对待规范；宜粗不宜细，各项条款应规范一些。在执行规范时，让岩土工程技术人员有较大的探索和创新空间，同时也让岩土工程技术人员承担更大的责任。他的观点是不应将岩土工程规程和规范视为设计依据，而应当作很重要的参考书。

事实上，除一些原则性规定之外，基坑工程相关规范（含技术规范和标准等）不是普适的，完全搬用规范是不合理的。此外，工程经验在基坑工程设计、施工中起着非常重要的作用。考虑到深基坑特别是土岩双元深基坑工程的特殊性，其设计规范宜粗不宜细。可规定设计必须进行的设计计算，明确设计人员的责任，不必规定具体的计算方法，给设计人员足够的探索和创新空间。

1.1.5　深基坑工程发展概况

在土木工程领域，基坑工程是一种古老的传统工程项目，放坡开挖及简单木桩支护可追溯到远古时代。与西方发达国家相比，我国深基坑工程实践及研究起步较晚，1998 年才召开第一次专门的全国性深基坑工程学术会议。自 20 世纪 90 年代深基坑工程快速发展开始，至今不过 30 多年。但改革开放以来，社会经济高速发展，城市化进程逐渐加快，大规模建设活动催生大量深基坑工程，使我国基坑工程规模、深度、难度经历了跨越式发展。

（1）深基坑工程回顾

20 世纪 80 年代以前，我国高层建筑不多，地铁建设也很少，基坑深度大多在 10m 以内。在 20 世纪 80 年代，高层建筑也有较快发展，但地下室一般是 1～2 层，基坑深度多为 4～7m，因此基坑多采用钢板桩支护。20 世纪 90 年代之后，地下室发展到 3～5 层，基坑越来越深，传统支护如钢板桩已不能满足安全要求。由于深基坑工程迅速增多，设计理论不成熟，缺乏工程经验及相应规范，加之人们对这种临时性工程重视程度不够，结果导致深基坑工程事故频频发生。这些事故造成了巨大的经济损失和严重的人员伤亡，不可避免地引起工程界和社会的高度关注。因此，住建部下文要求基坑深度达到 7m 时，基坑支护方案须经专家评审后方能实施。

进入 21 世纪以后，地铁建设和高层建筑迎来快速发展阶段。事实上，高层建筑特别是超高层建筑、地铁建设、地下空间开发利用，还有桥基、地下变电站、蓄水池等，都涉及深基坑工程。这对基坑工程来说，既是机遇又是更加艰巨的挑战。我国深基坑工程规模之大、数量之多、监测资料之丰富，远非其他国家所能比。大规模工程建设有力地促进了基坑工程的发展，深基坑工程领域取得显著进步，已达到较高水平。

（2）深基坑工程进步

30 多年来，我国基坑工程的进步主要表现在支护类型、计算理论、施工技术、监测手段、管理制度、技术规范、工程理念等几个方面的长足发展。

第一，基坑支护结构形式不断创新。除了传统的钢板桩支护、重力式挡墙支护外，发展了土钉墙支护、锚喷支护、排桩支护、地连墙支护。此外，还创造了许多新型支护，如复合土钉墙支护、双排桩支护、吊脚桩支护，以及鱼腹梁式钢支撑、混凝土咬合桩、大型环形支撑体系等。

第二，基坑工程设计计算理论与方法不断完善，从最初的极限平衡法，发展到弹性支点法，再发展到数值模拟法。其中，数值模拟方法可以采用平面计算模型，也可以进行三维数值计算，并可考虑时空效应、岩土与结构相互作用，以及引入更加符合实际的岩土本构模型及参数，使基坑工程设计计算更趋合理。

第三，进入 21 世纪以后，新技术、新工艺、新设备、新材料不断涌现，并在深基坑工程领域得到广泛应用，如灌注桩施工新技术有旋挖钻孔灌注桩、螺旋压灌灌注桩、钻孔咬合灌注桩，如地连墙成槽设备有抓斗式成槽机、回转式多头钻成槽机、双轮铣削式成槽机，如逆作法施工等。此外，深基坑工程施工中的护坡、土方开挖、结构施工、喷射混凝土等已基本实现全过程机械化。

第四，监测设备不断发展，监测精度不断提高，数据处理系统不断完善，监测技术向系统化、远程化、自动化方面发展，从而很好地实现了实时数据采集、数据快速分析，也使反馈更具时效性。尤为重要的是，信息化施工与动态设计已成为普遍实行的深基坑工程理念与原则。这种工程不确定性因素众多而复杂、设计计算理论与方法不成熟、基坑工程事故多发，必须采取信息化施工与动态设计。

第五，基坑工程管理制度不断完善。20世纪70年代以前，建筑工程管理制度很少。20世纪80年代以后，先是要求编制施工组织设计，接着要求编制施工专项方案，并加强质量与安全的监督与检查，以后又逐步实施并完善了建设工程监理制度和招投标制度。20世纪90年代以来，逐步明确基坑工程的安全管理，强调安全专项方案的编制及对基坑设计施工方案组织进行专家评审。现在，深基坑工程设计与施工已被建设管理部门划为严格管控的工程技术领域，制定了各种技术的、行政的法规进行管理。

第六，经过30多年的努力，深基坑工程技术标准体系日臻完善。我国基坑工程标准化工作起步比较晚，直到20世纪90年代才开始制定与基坑工程有关的规范标准。不过，此后的发展还是相当快的，陆续发布了一些国家标准和行业标准，如《建筑地基处理技术规范》JGJ 79—91、《建筑桩基技术规范》JGJ 94—94、《建筑基坑支护技术规程》JGJ 120—1999等。一些地方也编制了自己的规范，如上海市《基坑工程技术规范》DBJ 08-61—1997等。进入21世纪以后，我国标准化工作全面展开，陆续发布《岩土工程勘察规范》GB 50021—2001、《建筑地基基础工程施工质量验收规范》GB 50202—2002、《建筑基坑工程监测技术规范》GB 50497—2009、《建筑施工土石方工程安全技术规范》JGJ 180—2009、《岩土工程勘察安全规范》GB 50585—2010、《建筑深基坑工程施工安全技术规范》JGJ 311—2013、《建筑地基基础工程施工规范》GB 51004—2015等。此外，《建筑基坑支护技术规程》JGJ 120—1999修订为2012年版，《建筑边坡工程技术规范》GB 50330—2002修订为2013年版。总之，目前与基坑工程有关的规范、标准已达10多部。

最后，基坑工程理念不断演变。从建筑行业讲，20世纪80年代以后总的建筑设计方针是适用、安全、经济、美观，现在是配合周围环境，在安全、适用、美观和经济之间寻求合理的平衡。就基坑工程设计思想而言，也从原先以满足地下工程施工为主，转变为满足环境保护为基本出发点；从以经验为主，转变为理论和经验相结合；从临时性工程观念，转变为永久支护理念，支护结构与主体地下结构相结合也受到重视。

基坑支护大多是临时性结构，但其后期存留将对地下结构上作用的土压力产生影响。也即地下结构与其发生相互作用，设计时应合理地加以考虑。支护结构与主体地下结构相结合的深基坑工程主要有3种类型：两墙合一＋坑内临时支撑系统、临时围护结构＋坑内水平梁板体系替代支撑、支护结构与主体结构全面相结合。所谓基坑支护结构与主体地下结构相结合，也即部分支护结构或主体结构承担两种角色，如作为地下结构组成部分的水平构件延伸同时作为支护结构的支撑，又如作为基坑支护结构的地连墙同时作为地下室外墙等。将基坑支护结构与主体地下结构相结合是基坑工程发展的一个重要趋势。

可持续发展是当代的普遍理念。深基坑工程与城市地下空间开发利用密切相关，特别是基坑支护不能造成地下污染，影响地下工程顺利进行。绿色工程是整个工程领域内的一个新理念，就深基坑工程而言，这一新理念内容十分丰富，包括基坑支护构件回收、永久支护结构设计、绿色施工理念、基坑周边环境保护等。传统的预应力锚杆（索）技术主筋不可回收，存留在基坑周围地层中，构成长期的地下障碍，造成严重的环境污染，给后续工程建设留下隐患。后期处理存留在地基中的锚杆难度大且费用高。为此，深圳不少地区禁止采用拉锚式支护结构，而这不可避免地会造成浪费和延误工期。很显然，被回收的钢绞线可重复使用，符合当代绿色工程理念，可取得良好的经济和社会效益。目前，韩国采用可回收锚索技术的比例已接近100%。

（3）基坑工程现状与问题

早期的基坑工程开挖较浅，以放坡开挖和悬臂支护为主，多采用坑内外同时降水；即使设置支撑或锚杆，也是为了减小结构内力、保证稳定。也就是说，从前基坑工程主要是按强度控制设计。现在，深基坑工程已经转向了变形控制设计，也就是将基坑施工引起的变形控制在周边建筑及设施允许的范围之内。之所以发生这种转变，是由于对周边环境的保护成为主要目标，且满足变形控制的要求比满足强度和稳定性的要求更为严格。

我国深基坑工程规模越来越大，基坑开挖越来越深，周边环境越来越复杂，坑边距建筑物越来越近，对基坑变形的要求越来越严苛，施工场地越来越受限，基坑工程技术难度越来越大。深基坑工程大多在建筑设施密集区，施工场地狭小、环境要求苛刻。为充分利用土地资源，常要求建筑物地下室做足红线。这就增大了支护结构设计的难度，也给施工带来严峻挑战。特别是在基坑四周紧贴建筑物、地下管线、煤气管道的情况下，环境保护已成为设计与施工的突出问题。如北京王府井大厦与原王府井百货大楼基础相距仅8cm。大型城市交通枢纽、城市中央商务区等大规模开发工程，使深基坑群越来越多。一些基坑工程可谓深大，其开挖面积已达10多万 m^2，基坑深度达20～30m；一些超深基坑的深度已超过50m，如润扬长江大桥北锚碇基坑。对于超深基坑工程，作用在围护结构上的土压力非常大，可达到300～500kPa或更大。事实上，深大基坑工程往往成为整个工程的关键性工程、控制性工程。

从现实看，我国深基坑工程丰富多彩，富于变化。由于深基坑工程快速发展，理论研究跟不上工程实践的前进步伐。目前，我国深基坑工程总体上还比较粗放，在精细设计、严谨施工等方面仍需做出巨大努力。许多基坑支护方案选择缺少科学论证，根本谈不上什么优化设计。深基坑设计计算理论仍不成熟，特别是土岩双元深基坑工程，对其中许多方面及问题认识很不够，有的甚至难以计算，只能依靠经验，重视概念设计，强化工程措施。

深基坑工程是一项复杂的系统工程，设计施工人员面对的是一种三维结构体系。通常单体结构已经很保守，又不考虑相互作用，故造成工程造价与工期的多重叠加。现行设计严重偏离实际，忽视科学理论研究。近些年来，基坑体系计算已取得长足进展，但其可靠性与主体结构计算不可同日而语，因为许多因素是不确定的，只能近似考虑。因此，不能过分依赖计算结果，也不能过分依赖工程规范，工程师基于经验做出全面分析、综合判断至关重要。

1.2　土岩双元深基坑

随着基坑工程向深大方向发展，越来越多的基坑涉及土岩双元地层。如青岛地处山东半岛南部,濒临黄海,地形多以低山、丘陵为主,建筑地层呈典型的土岩双元地质结构。以纯风化花岗岩体为主,上部为第四系,下部为风化的基岩。该区域的基坑工程,基础持力层大多为强风化、中风化或微风化岩体,地层相对较硬。上部第四系土层厚度一般不超过20m,市区内一般不超过10m,主要是砂土、黏性土、淤泥质土等。在我国,与此类似的大城市有很多,如重庆、广州、大连、深圳、厦门、珠海、济南、烟台、威海、南京、武汉、合肥、兰州、乌鲁木齐等。在土岩双元地层中施工基坑工程,不可避免地出现一种新型深基坑,即土岩双元深基坑。

1.2.1 一般地层

目前,我国深基坑多在50m以内,涉及浅层地下空间。在此范围内,一般地层分布为土+全风化岩+强风化岩+中风化岩+微风化岩,其中土层大致分为一般土层、砂卵石层、特殊土层等。个别情况下,缺失某个或某些地层。也可进行更细致的岩组划分,如罗小杰等(2018)针对武汉地铁基坑工程,将武汉地区的岩土体划分为6类岩组、19类岩土地质结构,其中土层岩组有黏性土岩组、砂性土岩组、软弱土岩组,基岩组有碳酸盐岩组、硬岩组、软弱岩组。

在基坑工程影响范围内,山区丘陵地带的地层可分为以下几种情形:土层、岩层及土岩双元地层。其中,土岩双元地层包括:(1)土+全风化岩;(2)土+强风化岩;(3)土+中风化岩;(4)土+全风化岩+强风化岩;(5)土+全风化岩+强风化岩+中风化岩;(6)土+全风化岩+强风化岩+中风化岩+微风化岩。例如,目前济南地区基坑开挖深度多在30m以内,土岩双元基坑的岩土层分布为:(1)土+全风化岩;(2)土+全风化岩+强风化岩;(3)土+全风化岩+强风化岩+中风化岩;(4)土+中风化岩。有时地层情况比较复杂,如济南地铁绸带公园站35m范围内的地层为:粉质黏土+碎石+粉质黏土+碎石+全风化泥灰岩+中风化灰岩+全风化泥灰岩+强风化泥灰岩+中风化灰岩。

全风化岩就是残积土,自然被视为土层。强风化岩通常很破碎,呈散体状或碎裂状,风化裂隙发育,块质也比较软,岩体基本质量等级多为Ⅴ级,属软岩或极软岩。这种岩层可以进行机械开挖,钻孔桩成孔容易,故一般按土层处理。但由于强风化岩的强度往往高于一般土,所以有时须特别对待。中风化岩岩芯多呈柱状,岩质大部分较硬,岩体基本质量等级为Ⅲ~Ⅳ级。微风化岩岩芯呈柱状,岩质坚硬,岩体基本质量等级为Ⅰ~Ⅱ级。中、微风化岩通常较完整,岩体强度高,具有很好的自稳能力和竖向承载能力且须爆破开挖,钻孔桩成孔困难且效率低下,故视为典型岩层。所以,当强风化岩也被视为土时,土岩界面指强风化岩层与中风化岩层之间的界面;当强风化岩被视为岩层时,土岩界面指土层或全风化岩与强风化岩层之间的界面。

1.2.2 土岩双元深基坑

一般说来,地层上部为土、下部为岩层。以往基坑深度不大,基本处于土层内;个别基坑进入岩层,也不太深,基坑支护设计均按土层考虑。但当代在土木工程实践中,或因承载力需求,或因地下空间利用需求,一些工程必须选择比较坚硬的中风化或微风化岩层作为持力层。这样,相应的基坑工程支护便涉及嵌岩问题。也就是说,当基坑开挖深度大于基岩埋藏深度时,便会遇到土岩双元深基坑。近些年来,随着超高层建筑和地铁工程的快速发展，上软下硬的土岩双元深基坑越来越多。那么，这种基坑的概念如何界定？

先来谈谈名称问题。关于在土岩双元地层中施作的基坑，文献中见到的名称有土岩组合深基坑、土岩复合深基坑（白晓宇等，2018）、土岩结合深基坑（朱志华等，2011；涂启柱，2016）等。其实，土岩组合基坑、土岩复合基坑和土岩结合基坑，这三个名词的英文译名是相同的，即 soil-rock combination deep foundation pit。目前，文献中比较常用的是"土岩组合深基坑"，我们之所以采用"土岩双元深基坑"（soil-rock dualistic deep foundation pit），是为了强调所涉及地层的二元性。

现在谈概念的界定问题。何谓土岩双元基坑？对于上下层的范围，有的说法比较笼统，如杨晓华（2018）说："具有上部土层、下部岩层地层结构的基坑称为土岩组合基坑"；有的明确指出基坑开挖深度范围，也即在坑底以上范围内上部为土层、下部为岩层的基坑，如朱志华等（2011）说："土岩结合基坑一般指整个基坑开挖深度范围内上部为土层，下部为岩层的基坑。"任晓光等（2016）也认为土岩双元基坑是指开挖深度范围内上部是土层、下部是基岩的基坑。涂启柱（2016）说："土岩结合基坑是指在基坑开挖范围内上部为土层、下部为岩层的二元结构基坑。"

然而，上述说法不太合适。有时基坑开挖深度处于土体中，但一些支护构件，比如支护桩、锚杆等可能进入岩体中，此时必须考虑岩体的影响。若基底以上全为土层而基底以下为岩层呢？此时，嵌固深度还按照纯土质基坑来确定吗？也就是说还须满足规范规定的构造要求吗？若基坑开挖深度为 25m，对支点排桩支护按 0.2H（H 为基坑开挖深度）的构造要求，嵌岩深度也要 5m。这会给施工提出相当严峻的挑战。所以，较为合适的说法是：在支护构件所及范围内，上部为土层、下部为岩层的深基坑称为土岩双元深基坑。

1.2.3 土岩双元深基坑类型

深基坑划分为纯土质基坑、纯岩质基坑、土岩双元基坑。土岩双元基坑边坡以土（岩）为主控制安全时，可称为土（岩）体特征基坑。当土层只有 1～2m 时，可通过放坡来解决土层稳定问题，剩下便是岩质边坡支护，故此种深基坑可视为岩质基坑，即岩体特征基坑。对于土岩双元深基坑工程，嵌岩段地层可以是下列情况之一：（1）主要或全部为强风化岩；（2）强风化岩＋中风化岩；（3）主要或全部为中风化岩；（4）中风化岩＋微风化岩。据此，土岩双元深基坑大致可分为以下三种类型。

（1）Ⅰ型

中风化岩层顶面在桩墙嵌固端以下，土岩双元为土层＋强风化层（图 1.1a）。此外，工程中还会遇到上部为土层、下部为软岩（如泥岩）的土岩双元基坑（图 1.1b，庹晓峰，2016），此种软岩可视为与强风化岩类似。

在这种地层中开挖基坑，可将强风化岩或软岩层视为土层，基坑支护设计采用常规基坑设计理论与方法。由于强风化岩或软岩优于土，故可结合地区经验，适当缩短嵌固深度，从而使基坑支护方案更为经济合理（陈耀光等，1999）。换句话说，在地区经验充足且不影响基坑整体稳定性的前提下，可酌情减小嵌固深度（吴铁力，2015）。

（2）Ⅱ型

中风化岩层顶面大致与基底齐平，基坑坑底以上为土层＋强风化层，基底以下主要为

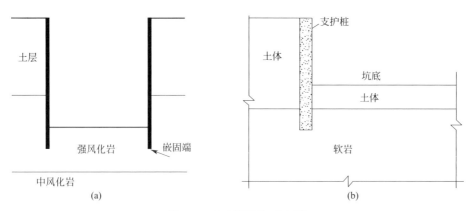

图 1.1　Ⅰ型深基坑示意图

中风化岩层或微风化岩（图 1.2）。这种土岩双元基坑支护结构，也可采用常规设计理论与方法进行设计。但由于桩体嵌入中风化岩层或微风化岩，故可采用适当的计算方法并结合当地经验确定嵌岩深度。

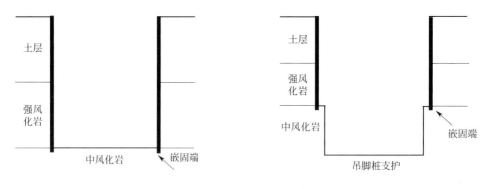

图 1.2　Ⅱ型深基坑示意图　　　　　　　图 1.3　Ⅲ型深基坑示意图

（3）Ⅲ型

中风化岩层顶面在基坑底面以上，这是典型的土岩双元深基坑。由于中风化岩排桩钻孔或地连墙成槽相当困难，故从经济、工期和技术方面考虑，设计实践中常采用吊脚桩墙支护方案（图 1.3）。

1.3　土岩双元深基坑支护

在基坑工程中，放坡开挖最自然，属于无支护基坑，有时辅以钢筋混凝土护坡，有时坡脚采用短木桩、隔板等简易支护。这种施工方式只适用于三级基坑，即土质较好、开挖深度不大、周围有足够的施工场地、没有需保护的建筑和设施。设计的关键是选择合理的基坑坡角，以保证坡面的自立性和边坡的整体稳定性。目前是针对土层和岩层，分别根据允许坡率进行放坡。

放坡开挖简单、经济，条件许可时应尽量采用。但在城市建设中，多不具备此种条件。特别是深基坑，为确保安全开挖、地下结构施工及周边设施的安全，一般均需采取一定的基坑支护措施，故本书不涉及无支护基坑工程。对于有支护深基坑，可根据支护原理的不同，将其大致分为三类，即重力式、桩墙式和锚固式。此外，在同一基坑工程中，常采用多种形式相结合的复合式支护体系。

1.3.1　重力式支护

重力式挡墙支护是一种水泥土桩相互搭接成格栅或实体的支护结构（图 1.4），包括水泥土搅拌连续墙（TRD 工法）、多轴水泥土搅拌墙、型钢水泥搅拌墙（SMW 工法）等。这种挡墙以水泥系材料为固化剂，可采用深层搅拌法施工，也可采用高压旋喷法施工。通过旋喷或搅拌将水泥系材料与地基土强行搅拌，形成连续搭接的水泥土状挡墙，以抵抗水土压力并兼备截水防渗。此外，土钉墙支护可视为一种特殊的重力式支护，它由密集的土钉群、被加固的岩土体以及喷射混凝土面层组成，形成一个类似重力式挡墙的挡土结构，以此来抵抗墙后土压力（图 1.5）。

从支护机理看，重力式挡墙结构的厚度和自重相对较大，一般不用支撑或锚固，主要依靠墙体自重、墙底摩阻力和被动区抗力来平衡主动区土压力，以满足支护体系的整体稳定、抗倾稳定、抗滑稳定和控制墙体变形等要求。从受力变形看，重力式水泥土挡墙可近似看作软土地基中的刚性墙体，其变形主要表现为墙体水平移动、墙顶前倾、墙底前滑，以及几种变形的叠加，其破坏形式为：由于墙体入土深度不够，或墙底土体太软弱，墙体及附近土体整体滑移破坏；由于墙后挤土施工、基坑边堆载、重型施工机械作用等，使墙体倾覆；由于墙前被动区土体强度较低，导致墙体变形过大或整体刚性移动；由于墙体抗压强度、抗剪强度或抗拉强度不够，导致墙体破坏。

图 1.4　水泥土搅拌墙　　　　　　　　　　图 1.5　土钉墙支护

重力式支护适用于淤泥、淤泥质土、黏土、粉质黏土、粉土、素填土等土层，基坑开挖深度不宜大于 6m。当然也有例外，如上海博物馆基坑深度 9.8m。总体而言，重力式支护造价低廉，兼具挡水、挡土双重功效。由于此种围护体系无需内支撑支护，因此更便于基坑土体的快速机械化开挖。此外，基坑施工振动小、污染少、挤土轻微，在闹市区施工有突出优越性。在软土地区，锚杆没有合适的锚固土层，不能提供足够的锚固力，内支撑又会增加成本和施工难度，故重力式支护对地下水位较高和淤泥质软土浅基坑具有明显的优势。但这种基坑体系位移相对较大，厚度较大，要求场地开阔，红线位置可能构成限制。由于位移相对较大，故当基坑周边有重要建筑物时应慎重选用。

1.3.2　桩墙式支护

桩墙式支护结构分为悬臂式（图1.6）、锚拉式（图1.7）和内撑式（图1.8）3种基本形式。此外，还有拉锚与内撑相结合的复合形式。就围护结构而言，最常采用的是钢筋混凝土排桩和地连墙。当场地不具备放坡条件，且周围环境要求较高时，可采用桩锚/撑支护，在地下水量较丰富地区还需设计截水帷幕。该支护方式可有效控制基坑变形，基坑的安全性和稳定性较高。地连墙支护对地质条件的适用范围很广，除了很软的淤泥质土以及超硬岩石之外的各种土层都适用。地连墙工效高、工期短、质量可靠，但施工设备庞大、工程造价高、施工技术要求高。此外，在城市施工时，处理废泥浆比较麻烦。所以，在重大工程中才采用地连墙支护。

悬臂式支护结构的主要类型为排桩、地连墙、钢板桩等，完全依靠围护结构承担土压力。采用悬臂式桩墙体系时，嵌固段长、桩顶位移大、桩身弯矩分布不均匀，配筋浪费且容易发生倾覆破坏，故在深基坑工程中的应用并不多见。锚拉式支挡结构由围护结构体系和锚固体系两部分组成，其基本形式为排桩＋锚杆结构、地连墙＋锚杆结构。当锚拉杆件采用钢绞线时，也称为锚索。这种结构除桩墙挡土外，特别通过锚杆将荷载传到坑外稳定的岩土体中，且可以使挡土构件内力分布较均匀。锚拉式支挡主要用在较好的地层，以提供较高的锚固力。当基坑面积大时，这种支护的优越性更为显著。但锚杆属于柔性支护结构，对于约束基坑变形存在一定局限性，所以软土地区的深基坑大多采用内支撑体系。

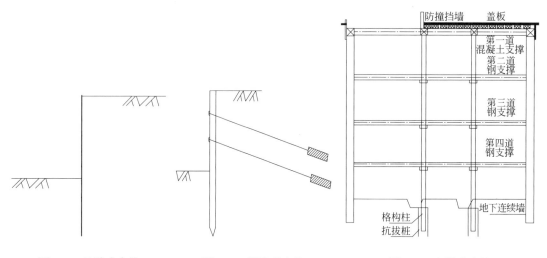

图1.6　悬臂式支护　　　　图1.7　锚拉式支护　　　　图1.8　内撑式支护

内支撑支护是在基坑内侧设置横向水平支撑，与围护桩结构联合使用，通过支撑产生的水平力来控制围护桩的变形。因为支撑设置在基坑内侧，所以不会影响周边建筑物的地下室，而且也不会破坏截水帷幕，同时这种支护方式还具有支撑刚度大、岩土体变形小的优点，因此被广泛采用。内支撑式支护结构由围护结构体系和支撑体系两部分组成，其基本形式为排桩＋内支撑结构、地连墙＋内支撑结构。当深基坑地层为软土、基坑周边对基坑变形有严格限制时，适宜采用这种支护形式。最能发挥内支撑优越性的是软弱地层中的深基坑，或周边环境不允许施作锚杆的深基坑，尤其是对基坑变形控制有严格要求的基坑。内支撑最大的缺陷是占据基坑内的空间，给挖土和主体结构施工造成不便。此外，环境温度变化可对内支撑的轴力产生较大影响（贾金青，2006，2014）。如 20m 宽的基坑，若环境温度降低 10℃，钢支撑就会缩短 25mm，使基坑变形增加；而温度升高后，这一变形并不能完全恢复，相反会使支撑力增大。正是因此，在高温下才对支撑采取冷却或涂漆等措施。

内支撑有两种类型，一是钢筋混凝土支撑，二是钢支撑（钢管和型钢）。现浇钢筋混凝土支撑体系整体性好、刚度较大、稳定性好，且可采取灵活的平面布置形式，适用于各种复杂平面形状的基坑。但这种支撑自重大、工期长，爆破拆除时会产生噪声、振动及碎块飞出等危害。由于从钢筋、模板、浇捣至养护的整个施工过程需要较长的时间，故不能做到随挖随撑，这对控制基坑变形是不利的。钢支撑自重小，安装和拆除速度快、很方便，对加快工期具有显著优势，且可以回收重复使用；可以做到随挖随撑，并方便地施加预应力，从而有利于控制基坑变形。钢支撑特别适用于开挖深度一般、平面形状规则、狭长形的基坑，故几乎成为地铁车站基坑工程的首选形式。但钢支撑整体刚度较差、节点较多、构造复杂，若施工不当易造成节点变形及支撑变形，进而造成过大的基坑水平位移，甚至节点破坏、整体失稳。因此，以下几种情况必须慎重选用：（1）当基坑尺寸不规则时，不利于钢支撑平面布置；（2）当基坑面积巨大时，单向度支撑过长、拼接节点多，易积累形成较大的施工偏差，使传力的可靠性难以保证；（3）对于周边环境控制要求严格的深大基坑，刚度相对较小的钢支撑体系不利于控制基坑变形、保护周边环境。

锚拉式支挡结构控制变形的能力弱于内支撑，而内撑式则会给施工造成不便。钢筋混凝土支撑刚度大、稳定性好，但无法做到随挖随撑；钢支撑自重小、施工方便、随挖随撑，但刚度较小。考虑到锚拉、钢筋混凝土支撑、钢支撑各自的优缺点，实践中常采用混合支撑体系，即组合使用钢筋混凝土支撑和钢支撑、锚拉和内支撑。之所以采用撑锚混合支撑体系，主要基于如下考虑：内支撑约束基坑变形效果显著，但全部采用内支撑往往占用较大空间，从而造成施工不便，工程造价也较高；锚杆对约束基坑变形存在一定的局限性，全部采用锚杆可能产生较大的基坑变形；而桩墙-撑-锚支护体系可较好地解决问题。实践表明，撑锚混合支撑体系控制基坑变形的效果比较显著（朱志华等，2011；李静等，2012；白晓宇等，2018），但其协同工作机理尚需深入研究。冯申铎等（2012）探讨了桩墙－撑－锚联合支护形式的变形协调问题，认为增加锚杆的刚度和变形控制能力是解决桩墙－撑－锚支护体系变形协调的关键。

1.3.3　锚固式支护

当场地不具备自然放坡条件时，可借锚固力维护基坑边坡稳定、减小变形。锚固式支护包括普通锚杆支护、预应力锚杆柔性支护、微型桩锚杆支护，以及预应力锚杆、微型桩的复合土钉墙支护等。在上述支护体系中，均涉及挂网锚喷。锚杆锚固段深固于潜在滑动面之外的稳定地层中，且不稳定岩土体受到压力约束；向基坑坡面喷射混凝土，喷层与土层间产生嵌固层效应；钢筋网可使喷层具有更好的整体性和柔性，能有效调整喷层与锚杆内应力分布。

普通锚喷支护体系由锚杆、钢筋网、喷射混凝土面层组成，利用锚杆提供的锚固力来削弱基坑侧壁岩土体的下滑力，从而达到控制基坑变形的目的。这种支护体系施工方便、施工速度快、费用较低。

预应力锚杆柔性支护包括喷射混凝土面层、预应力系统锚杆、锚下承载结构及防排水系统。预应力锚杆由自由段和锚固段组成。锚喷主动支护岩土体，并与岩土体共同工作。适用于位移控制严格的深基坑。与传统的排桩支护、地连墙支护相比，这种结构为柔性支护体系，其技术特点是造价低廉、施工方便、节省工期。这种支护体系的变形并不大，一般能满足比较严格的基坑变形要求。之所以称为柔性支护，是由于支护坑壁的面层厚度较薄、刚度较小，故支护体系柔性较大。

当建筑场地不具备放坡条件，且岩土体稳定性较好时，可采用微型桩锚杆支护。这种支护体系的变形控制效果略弱于桩锚支护结构，内力控制效果优于桩锚支护结构。此外，微型桩对较软弱的岩土体有预支护作用。总体上说，微型桩锚杆支护比纯锚喷支护具有更高的安全性，比大直径桩施工方便且费用低，是一种安全、经济的支护方式。

1.3.4 土岩双元深基坑支护

在基坑工程实践中，技术人员发展了许多类型的基坑支护体系。在所有支护形式中，没有任何一种是普遍适用的，工程师必须清楚地掌握每一种支护形式的优点和局限性，特别是每一种支护形式的适用条件。对于土岩双元深基坑工程，传统支护中的一些类型不适用，另一些类型则宜适当改变，同时也需要创造新的支护体系。目前，土岩双元深基坑工程中所用到的支护结构，主要有嵌岩排桩支护、嵌岩地连墙支护、吊脚桩支护、锚喷支护、微型桩锚支护、复合土钉墙支护、预应力锚杆柔性支护、桩/墙逆作法，以及多种形式组合的复合支护，其中最有特色的是吊脚桩支护，也得到比较普遍的应用。在此仅简要说明土岩双元深基坑支护中的一些独特情况。

（1）重力式挡墙

考虑到嵌岩问题，重力式挡墙支护一般不适合土岩双元深基坑，但某些形式已得到成功应用。如在水泥土中插入劲性材料形成加筋水泥土桩，这种多用于软土地区的支护经工艺改进后可用于土岩双元深基坑工程中（冯虎等，2010）；待水泥土桩完成硬凝后，再采用回转钻进成孔，成孔后下入劲性材料并灌注水泥浆；将预应力锚杆与加筋水泥土墙结合起来，形成独特的加筋水泥土桩锚复合支护结构兼作截水帷幕。以青岛某高层建筑基坑为例，该基坑开挖深度为9.2～11.6m。在基坑坑底位于土岩界面以上的地段，搅拌桩施工到界面处，插入型钢，其深度与搅拌桩深度一致；在围护体接近坑底位置留岩石平台并在其上适当堆载，以增加对围护体下部的约束力，平台坡度上设置预应力锚杆。在基坑坑底位于土岩界面以下的地段，搅拌桩施工到界面处，加筋材料通过回转钻进成孔插入到岩体中，到达基坑坑底以下；在围护体接近坑底位置留岩石平台并在其上适当堆载，以增加对围护体下部的约束力，平台坡度上设置预应力锚杆。这种支护形式比较精细，其中的加筋材料可回收再利用。

（2）嵌岩与吊脚

在桩墙嵌固支护体系中，桩墙承受侧向土压力，依靠锚撑及嵌固段抗力来支撑。其中锚杆或内支撑对桩墙提供弹性支撑，而被动侧（即基坑内一侧）岩土体提供抗力。土压力作为主要荷载，作用于围护结构上，并被传至支撑构件如内支撑；也可传至锚杆，而锚杆再将荷载传递到岩土体中。

当桩墙嵌入岩层以强风化岩为主时，可以采用嵌岩支护（图1.9）。嵌岩桩墙以其端部嵌入岩层而得名。对于土岩双元深基坑工程，关键是嵌岩深度。嵌岩深度过大会造成浪费，过小则留有安全隐患。对于土质深基坑，嵌固桩墙支护设计理论与方法比较成熟。但对于土岩双元深基坑，按上部土层设计不经济，按下部岩层设计不安全。

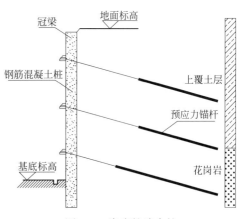

图 1.9　嵌岩桩墙支护

典型的土岩双元基坑是开挖深度范围内上部为土层、下部为岩层，这种基坑最常用的支护形式是上部土层采用排桩、下部岩层用锚喷，上下两部分之间留平台，这就是所谓吊脚桩支护（图 1.10），其桩底位于基坑底面以上一定深度处，吊脚桩入岩面向坑内凸出一定宽度的平台称为岩肩，邻近岩肩处锚拉吊脚桩的锚杆称为锁脚锚杆，锁脚锚杆头部设置的连接锚杆的腰梁称为锁脚梁。当岩肩以下设置微型桩时，锁脚梁与微型桩的冠梁呈 L 形（图 1.11），称为 L 形锁脚梁。这种支护形式能充分利用岩层的自稳能力和承载能力，在土岩双元地层特征的地区应用非常广泛，但设计计算理论却很不成熟，亦无相应规范可遵从。

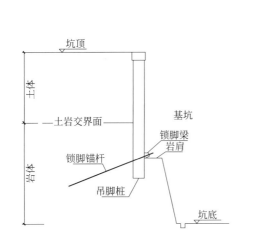

图 1.10　吊脚桩支护示意图

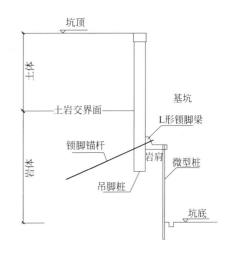

图 1.11　L 形锁脚梁示意图

（3）组合形式支护

在进行深基坑支护体系设计时，对同一基坑可因地制宜，采用多种支护结构相结合的形式，形成所谓组合支护体系。与单一支护相比，组合支护体系往往能够发挥更大的作用，体现出更稳定的支护效果。在土岩双元深基坑工程中，往往遇到这样的情况，即不同侧基岩面深浅有明显差异，基坑同侧基岩面起伏也可能较大。此时，可将几种支护结构形式加以组合，以充分发挥各自的长处，在保证安全的前提下形成最经济、合理的方案。

支护组合可以是平面上的，也即在基坑的不同侧或同一侧的不同地段采用不同的支护形式，如衡阳市某高层建筑基坑（雷正勇等，2014），开挖深度 6.7～9.2m，在不同坑侧采用不同支护形式：（1）桩锚支护，嵌岩深度 4m；（2）上部土层采用预应力锚板墙，下部岩层采用挂网素喷混凝土；（3）上部土层采用放坡喷锚，下部岩层采用挂网素喷混凝土；（4）预应力锚板墙。又如青岛地铁 3 号线汇泉广场站深基坑（丁文龙，2012），车站底板基本位于强风化岩层，局部位于中风化岩层。地下两层，高度为 13.1～14.7m，覆土为 1.8～3.4m。基坑采用嵌岩灌注桩＋内支撑＋锚索支护（两道钢支撑，一道锚索），中风化岩面较高处采用吊脚桩支护。

支护组合也可以是立面上的，也即在基坑同一侧的上下地段采用不同的支护形式，如上部土钉墙、下部桩锚，吊脚桩支护也属于这种类型。据刘岩（2015）介绍，合肥某公寓综合楼基坑（图 1.12），开挖深度为 9.5～12.5m，采用复合支护体系：喷锚网＋人工挖孔桩／预应力锚索＋锚喷支护，其中桩嵌入中风化岩不小于 1m。

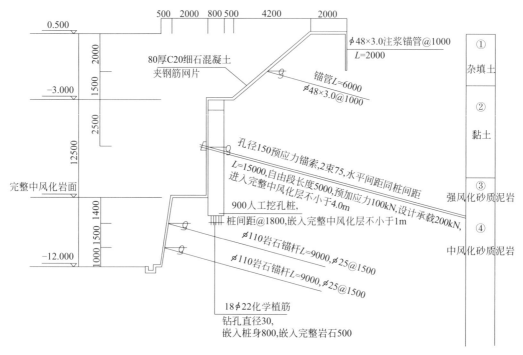

图 1.12　深基坑支护剖面图（据刘岩，2015）

又如重庆某银行大厦采用框架核心筒结构（刘振平等，2017），地上 40 层，地下 6 层，基坑深 32.5m。基坑西侧为砂质泥岩和砂岩互层边坡，总高 24～30m，长约 85m，岩层倾向与边坡倾向夹角小，属顺向坡。考虑到可能沿泥岩和砂岩分界面发生滑动，采用的支护方案为在基坑下部设抗滑桩＋桩顶部预应力锚索，即对可能沿泥岩和砂岩分界面发生滑动的岩体采用带预应力锚索的抗滑桩进行支护。抗滑桩截面 2m×3m，桩顶与边坡中部平台等高，桩底嵌入中风化岩层 8m；上部用预应力抗滑锚索和肋柱式锚杆挡墙支护，如图 1.13 所示。

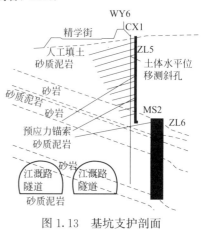

图 1.13　基坑支护剖面
（据刘振平等，2017）

1.4　土岩双元深基坑工程特征

在我国，深基坑工程的规模越来越大，基坑开挖越来越深，周边环境越来越复杂，其特征可归结为系统性强、地域性强、小变形性、时空效应强、技术难度大、施工风险大、理论滞后实践。在深基坑工程实践中，工程技术人员必须充分把握此类工程的特点，深刻认识其特殊性。这里所谓深基坑工程的特殊性，既有相对结构工程而言的，也有相对其他岩土工程而言的，还有相对浅基坑工程而言的；而谈论土岩双元深基坑工程的特殊性，还将与土质深基坑工程相比较。本节所谈论的主要是深基坑工程普遍具有的特征，同时特别指出土岩双元深基坑工程的特殊性。

1.4.1　系统性强

深基坑工程是一种系统工程，而且可以在不同层次上谈论其系统性。首先，基坑工程是一种分部分项工程，属于整个土木工程项目的组成部分。其次，可以单独论及基坑工程的系统性，包括工程勘察、设计、施工、监测、检测、监理、管理等环节。再次，从活动与功能角度看，深基坑工程是一种由挡土、挖土、支撑、降水、截水等环节所构成的系统工程。第四，就是整个基坑体系，包括岩土体、支护结构、邻近建筑物及设施等。在这个体系中，岩土体、支护结构、邻近设施相互作用、共同工作。最后，支护结构体系也是一种复杂系统，一般由围护结构、支撑结构、地下水控制系统等组成。此外，随着基坑工程的发展，已由单个基坑工程发展到基坑群施工。如大规模市政工程，包括地下变电站、地下停车场、地铁车站、地下管廊、地下商场、地下人防工程等。此外，综合改造项目、建筑群等也涉及基坑群体系。多个基坑同步开挖或相继开挖，存在多基坑相互作用问题，也即基坑施作受到邻近基坑的影响和制约。这使得深基坑群设计理论及施工技术远比单个基坑复杂，基坑工程设计施工优化至关重要，可大幅节约成本，如两基坑共用地连墙等、分区施工时基坑施工顺序优化。

无论在哪个层次上，深基坑工程的系统性都很强，也即各部分或环节相互影响、相互制约；只要有一个环节做得不到位，便有可能出现工程事故。例如，有时各部分的可靠度相差过大，有的方面十分保守，有的环节却十分薄弱，结果是既浪费又危险。因此，对待这类系统必须具有系统观念，尽可能全面系统地考虑各种相关因素。特别是深基坑工程勘察、设计、施工、监测、管理等方面紧密联系在一起，只有各方密切协作、相互配合，才能有效提高基坑工程质量。否则，各方相互间脱节很容易造成事故或留下隐患。各方彼此脱节，不可能成就高质量的基坑工程。为了确定安全可靠、经济合理的支护方案，考虑到基坑工程的系统性，提高基坑工程水平须全面协调改进，而且应当密切合作、相互配合，这不可避免地对技术人员的知识水平、工程经验、合作精神提出高要求。此外，作为一个学科领域，深基坑工程是一个高度综合性的技术学科，也要求多学科密切合作。

深基坑工程的复杂性、系统性以及显著的不确定性，决定其勘察、设计、施工不可能截然分开，这也要求基坑工程各个相关部门密切结合。然而，现实往往是基坑工程的勘察与设计相分离、地下结构设计与支护结构设计相分离、基坑工程设计与施工相分离、基坑工程施工与监测相分离。很显然，如果勘察人员只管笼统地查明工程地质条件而不考虑勘察报告如何应用，支护设计人员只管基坑体系安全而不考虑地下结构施工方便，施工人员不能正确把握设计意图甚至擅自改变设计方案，各部人员直到工程结束也未见过一面，则不可能指望成就优秀的基坑工程。人们早就认识到基坑工程的系统性，但直到现在其重要性仍被低估，否则便不会出现勘察、设计、施工、监测各环节之间严重脱节的现象。

1.4.2　地域性强

深基坑工程的地域性很强，这首先是地质条件的区域性差异。我国地域辽阔，地层千变万化，地质条件的差异十分显著，如三角洲软土、山城土岩双元地层、南方红土、西北黄土等；大城市所处地质单元不同，如北京坐落在山前冲洪积扇上，上海坐落在三角洲上，重庆则处在河流侵蚀作用强烈的山地；即便同是软黏土地层，天津、上海、宁波、杭州、福州等地也有较大差异，各地承压水特性也有很大不同。由于场地地质条件的差异性，不同城市基坑支护结构及地下水控制方案有很大差别。深基坑工程不仅具有很强的地域性，还有显著的个性。也就是说，每个深基坑工程所处的境况都是独特的。

深基坑工程的地域性不仅表现在地质条件上，还有工程条件、工程习惯、工程经验、经济技术发展水平与政策等方面的差异性。所以，深基坑工程设计须因地制宜，探索最优基坑工程方案，不能简单照搬他地经验。外地经验只能作为参考，甚至当地经验也不能简单照搬。也正是这个原因，对于深基坑工程，很难制定出设计施工的标准模式，而且工程经验在设计与施工中占重要地位。从外地来的工程技术人员必须事先熟悉当地的基坑工程特点，否则其实践必将带有盲目性，甚至陷入被动。

1.4.3　小应变性

在深基坑工程中，周边环境对基坑变形的要求越来越严苛，大多要求对基坑变形进行严格控制。例如，超高层建筑基坑，特别是地铁车站基坑深度一般在 15m 以上，设置在城市繁华地带，邻近建筑物，地面交通繁忙，地下管线密集，必须严格控制基坑变形。也就是说，基坑设计不仅要求基坑体系稳定，还必须保证周边设施的安全。因此，深基坑工程设计基本上是按变形控制设计，而且要求在基坑施工全过程中进行变形控制。

针对地基变形和基坑变形，Atkinson 等（1991）曾将应变分为三个区间，即非常小应变（$\leqslant 10^{-5}$）、小应变（$10^{-5} \sim 10^{-2}$）和大应变（$> 10^{-2}$）。对建筑地基及深基坑变形所进行的大量研究表明，土体中的应变通常很小，如某地铁车站深基坑最大应变值为0.45%（罗富荣等，2001），某建筑地基最大应变值 0.3%（Krigel 等，1973）。Burland（1989）基于对地基和基坑变形的系统研究指出，正常情况下土体变形都很小，应变多在0.01%～0.1%，通常不会大于 0.3%，最大不超过 0.5%。Jardine 等（1986）和 Mair（1992）也指出基础、基坑和隧道周围大部分区域处于小应变状态，只有少数区域发生了塑性应变。

事实上，城市深基坑周边环境往往很复杂，故变形控制要求一般都很严苛。在深基坑工程中，当基坑变形得到严格控制时，绝大部分基坑土体均处于小应变状态，基坑土体中也许有局部处于较小应变。所以，对深基坑变形有严格限制，就意味着使基坑岩土体处于小应变状态。这样一来，深基坑变形计算中适宜采用小应变本构模型。

1.4.4　时空效应强

一方面，在工程施工过程中，基坑体系的空间状况不断变化；另一方面，岩土特别是软土和软岩具有流变性；所以深基坑工程一般具有显著的时空效应，土岩双元深基坑工程尤其如此。所谓基坑工程的时空效应，广义上是指基坑体系的受力变形随时间和空间的变化而变化，即基坑开挖和支护的过程中，支护结构和周边岩土体的变形和位移随着基坑开挖的时间尺度和空间尺度而有不同影响。

必须注意，土岩双元基坑的地层条件往往是不对称的，如岩层倾斜、基岩面起伏、荷载不对称、建筑设施不对称等，故这类基坑的空间效应非常突出。在简单基坑工程中，地层简单对称，只需进行典型断面计算。在土岩双元深基坑工程中，往往需要对基坑两侧或多侧的变形、内力分别进行验算，或进行三维整体分析。

1.4.5　技术难度大

深基坑工程之所以技术难度大，是因为规模大使支撑难度增大，开挖深使其环境效应明显，系统性强增加协调工作的难度，环境复杂和工期长使施工条件变得复杂化，地质条件复杂给设计与施工增加了难度。此外，与浅基坑工程相比，深基坑工程涉及的土力学问题更复杂，如水土压力很大且分布复杂，高应力水平和应力路径对土特性的影响，渗流对土压力的影响，地下水控制难度大等。事实上，上述因素使得深基坑工程的难度呈现跨越式提升。此外，深基坑工程系统是一种人深度参与的系统，尽管工程场地的地质条件和周边环境是客观的，但总是人主导基坑工程系统的建构。人是有缺陷的，而人的缺陷总会融入基坑工程系统之中。由于这种系统影响因素太多、关系复杂，许多方面是人未知的或不确定的，所以在基坑工程开始之前，要完善地设计这一系统并将其实现是不可能的。

一般说来，岩体的力学性能优于土体。但由于土岩界面、岩体结构面的存在，岩层爆破开挖振动影响、桩成孔成槽困难，不能笼统地认为土岩双元基坑比土质基坑的稳定性要好。与土质基坑或岩质基坑相比，土岩双元深基坑有以下几个特点（吴晓刚，2016）：（1）基坑地层由岩体和土体组合而成，两种介质物理力学性质差异大，很难用一种力学模型来分析；（2）基坑变形不仅受上部土层的影响，还与土岩交界面的形态、下部岩体的风化程度、结构面的产状、基坑边坡的走向、施工方式等多方面的因素相关；（3）基坑失稳破坏的形式多样，可由上覆土层破坏引起（或沿土岩层面滑动，或在土层中圆弧滑动），也可因岩体失稳导致破坏（如沿岩层面滑动，产生块体破坏和整体滑动破坏）等；（4）支护类型比较复杂，有时基岩面起伏较大地层结构多变，同一个基坑中支护类型也常常存在多样化的特点；（5）这类基坑的止水处置比单一岩质或土质基坑更为复杂，采用一般的搅拌桩截水帷幕很难嵌入基岩，因此在岩土分界面的位置，极易发生渗漏水并引发基坑破坏。此外，如吴燕开等（2013）所指出，土岩深基坑常采用分层支护方法，即两种地层采用不同支护形式，两者接合部位往往是薄弱环节，较易出现安全事故。上述因素使得土岩双元深基坑工程的难度比土质基坑工程更大。

1.4.6　施工风险大

深基坑工程难度的增大也伴随着危险性以及事故危害程度的增大。相对于其他土木工程和岩土工程而言，深基坑工程是一种危险性较大的分部分项工程。也就是说发生基坑工程事故的概率较大，工程事故发生率较高甚至频发也说明了这一点。因此，深基坑工程早已被列为建设管理部门严格管控的技术领域。

为什么深基坑工程的风险较大？首先，与结构工程相比，深基坑工程设计时的不确定性因素太多，如地质结构、岩土性质、外部作用、环境变化、施工条件等不确定性，许多因素在设计阶段无法恰当考虑，这使得深基坑设计计算理论不成熟，故设计成果的可靠性自然较差。其次，与其他岩土工程相比，基坑支护结构一般是为主体结构地下部分施工而采取的临时性措施。也就是说，基坑工程的目的主要是为地下结构施工创造条件；当地下结构完工时，基坑支护的任务也就宣告结束。因此相对于永久性结构，在强度、变形、耐久性等方面要求较低一些，也即设计的安全储备相对较小，而且支护结构设计时不考虑地震作用；建设单位不甚重视，一般不愿投入较多的资金，甚至不合理地压价、缩短工期，人为降低安全性，以致安全储备不足，留下事故隐患。土岩双元高边坡治理工程已有很多，但与土岩双元深基坑工程不同，前者是永久边坡，后者是临时性边坡。对于永久边坡，稳定性要求比较高，支护设计理念自然不同。如常采用锚索框格梁结构加固（左双英等，2010），由锚索和框格梁构成，还可以进行边坡绿化，保护生态环境。经削坡、清理、整形后，现浇格构梁，待梁满足设计强度后进行预应力锚索施工，框格梁节点布置锚索。再次，与浅基坑工程相比，危险系数更大，这是因为深基坑工程的施工周期较长，常经历多次降雨、堆载、振动等，这些作用对基坑稳定不利。最后，深基坑开挖越来越靠近周边建筑或红线，有时基坑距离建筑物不足 1m。深基坑工程的显著特点本来就是对周边环境影响较大，稍不注意就会使邻近建筑物及设施受到损害甚至破坏。此外，基坑工程界无序竞争必将以高风险、事故多发为代价。上述情况使得深基坑工程风险较大，工程事故概率相对较高，高达 20%～30%，造成巨大的经济损失和严重的社会影响。

1.4.7　理论滞后实践

与其他岩土工程领域相比，深基坑工程理论研究更落后于工程实践，主要表现在深基坑工程设计计算理论尚不成熟，土岩双元深基坑工程更是如此。土岩双元深基坑与纯土质基坑有显著差异，基岩面起伏通常较大，设计、施工难度较大。现阶段，我国基坑工程的经验主要来自土质基坑领域，土岩双元深基坑工程积累的经验较为欠缺，基坑设计理论与方法很不成熟。

到目前为止，对土岩双元深基坑工程仍缺乏系统研究。大多数土岩双元深基坑工程的设计，要么套用土质基坑支护设计理论，要么借鉴岩质边坡支护设计方法，尚未形成独立的基坑支护设计理论与方法。所以，现行行业标准《建筑基坑支护技术规程》JGJ 120 适用于一般地质条件下的临时性建筑基坑工程；对于特殊土和岩石基坑，仅指出应结合当地工程经验应用此规程。

第 2 章 深基坑岩土体的工程特性

深基坑岩土体是指受基坑工程影响的那部分地质体，其工程地质特征是基坑工程设计的基础，主要包括工程地质条件和岩土特性参数。工程技术人员必须根据地质条件建构岩土体的工程地质模型、岩土材料本构模型。

深基坑工程的安全与经济性在很大程度上由地质特征所控制，即地层岩性、结构、地下水控制基坑变形与稳定。以往许多深基坑工程，由于勘察工作深度不够和质量不高，工程技术人员对地质条件和地质环境的重要性认识不足，使得设计与施工方案相对地质的针对性不强，从而引发工程事故。事实上，岩土是自然地质历史的产物，与人造物有本质的区别。特别是工程岩土体的形成历史、物质组成、结构构造、赋存环境都很复杂，难以彻底搞清。此外，岩土体的地质因素对其工程力学性能有重要影响，而对其力学特性的把握则决定深基坑工程设计的可靠性。本章简要介绍岩土体的地质特征，系统阐述岩土材料的强度特性及本构模型。

2.1 深基坑岩土地质特征

土岩双元深基坑岩土体是指受基坑工程影响的那部分地质体，是基坑体系的基本组成部分，由土体和岩体组成。基坑岩土体作为研究对象，是有些武断地从地层中划分出来的，所以没有明确的自然边界。尽管如此，其边界可以根据经验和理论计算很好地加以确定。为有效地进行基坑体系受力变形分析，必须首先掌握岩土体的地质特征。研究的重点是找出那些就工程力学观点而言是重要的地质特征并定量地表达它们，以便将其合理地纳入计算模型。

2.1.1 基本地质特征

地层大多具有成层性，包括土层和岩层。成层性具有多方面的工程力学意义，如成层性使岩土体成为各向异性介质体，又如层面往往是岩土体中的薄弱面。当地层呈水平状态展布时，虽然存在层面，但因受构造变动影响较小，层面结合较好，岩土体可视为连续介质。若是软硬相间的层状岩体，在构造运动中产生层间错动并形成泥化夹层，则对岩体稳定性将产生极大影响。此外，当层面为假整合面或不整合面时，下伏地层有风化剥蚀残积物。这里往往是地下水富集带，常具有承压特点，这将对岩体稳定构成威胁。

（1）岩性

从岩性上讲，土层比较简单，主要有杂填土、粉土、黏性土、砂土、碎石土，以及各种类型的特殊土等。工程岩体的岩性则往往很复杂。从成因类型上讲，有岩浆岩、沉积岩和变质岩；从风化程度上讲，有全风化岩、强风化岩、微风化岩等；从结构特征上讲，有完整岩石、软弱夹层、节理裂隙、断层等。

对于岩体，工程技术人员必须有正确的概念。首先，岩体不同于岩石，它是由各种岩石所组成的，是经历过变形、遭受过破坏的地质体，而岩石则是构成岩体的材料。其次，岩体与土体有本质的区别，岩体中存在节理、断层、软弱夹层等地质不连续面，其变形破坏机制不同于土体。如土质边坡的滑动面一般由最小势能原理所决定，而岩体边坡的滑动面往往是岩体中已存在的结构面。当然，两者间的界线并非截然分明，全风化岩体属于土体，强风化岩体也往往表现出土体的工程特性。实际中，全风化岩被视为残积土，强风化岩接近于散体状态，也常被视为土体。

（2）结构

裂隙是土体结构的重要特征，对土体变形、稳定、渗流有显著影响。若土体中没有宏观裂隙，则土体具有完整结构，为连续介质体。岩体结构比较复杂，其工程力学上的重要性也远远大于土体结构。对于土岩双元深基坑岩土体，除土体和岩体中的结构特征之外，还有土岩界面的存在。必须强调指出，土岩界面是基坑岩土体非常显著且重要的结构特征，因为在界面处往往赋存地下水，故而成为整个岩土体的薄弱结构面。以下简要说明岩体结构概念及岩体结构学说（薛守义，2002）。

岩体中存在许多断裂构造，节理、断层、软弱夹层常对岩体稳定性产生重要影响。但说它们对稳定起控制作用也是欠妥的，因为其方位和组合关系，以及与临空面之间的组合关系往往更为重要。也就是说，不应孤立地研究单个断裂构造的力学效应。基于这种考虑，谷德振等人明确提出了岩体结构概念。将岩体视为结构物，将岩体中的切割面和其他弱面统称为结构面，把结构面切割成的岩体单元称为结构体，结构面和结构体称为岩体结构单元。这样，岩体就是由结构体和结构面组合而成的物体，岩体结构就是岩体结构单元在空间的排列、组合及相互连接方式（谷德振，王思敬，1979）。

岩体结构单元包括结构面和结构体，其中结构面是指岩体中各种地质界面，是由一定的地质实体抽象而来的，不同于几何学上的面，而是由一定物质组成的实体单元，如节理裂隙是由两个岩面及面间充填的水、气或矿物物质组成的；断层也是由上下盘两个岩面及面间充填的断层岩组成的。之所以把这类实体抽象地称为面，是因为从力学作用和地质体运动角度来考察，它们在一定程度上具有面的作用机理。必须注意，结构面两侧岩石的性状往往参与结构面力学性质的形成，因此结构面不仅仅是结构面内的物质。将物质实体称为结构面在语言学上是一个歪曲，但在数量上这个歪曲是微小的，而且能形象地表明其作用机制。

在岩体结构分析中，引入结构面单元是必要的，也是非常重要的。结构面的存在严重影响岩体的力学性能及稳定性，这主要是因为它们几乎不能承受张拉；当受压时易于压密或闭合，填充物的变形构成岩体变形的重要部分；在剪切作用下容易发生剪切变形或滑移，可导致岩体变形与破坏。此外，结构面也是岩体中水力学作用活跃的部位。结构体可以是由各种结构面所包围的断块体、块体集合体、块体，以及完整岩块（谷德振，黄鼎成，1979），它们一般被看作相对均一的连续体。

结构面的发育规律及力学特性，与结构面的成因类型、形成过程机制密切相关。按照成因，可以将结构面分为三种类型，即原生结构面、构造结构面和次生结构面。原生结构面是在岩体建造过程中形成的，沉积结构面包括不同岩系接触的假整合面和不整合接触面，以及整合接触的层理、面理和原生软弱夹层等。整合面一般来说工程地质性质较好。

但假整合和不整合的接触面，因受构造作用以及较长时间的间断，常有侵蚀面及古风化壳存在。在这些接触面附近常是地下水的良好通道，往往促进岩石的水化作用和风化作用，从而形成不利的工程地质条件。构造结构面是在岩体建造基本完成后，地壳运动所造成的各种破裂面，如断层、节理、劈理、夹层错动等。次生结构面是在风化、卸荷等外力作用下形成的，主要包括风化裂隙、卸荷裂隙、风化夹层、泥化夹层等。

按结构面的软硬、强弱，可将其分为软弱结构面和坚硬结构面两类。其中软弱结构面夹有一定厚度的软弱物质，其变形性强，强度低，往往是岩体产生变形和破坏的优先部位。这种结构面有两种基本类型：一是断层破碎带或断层成因的岩脉蚀变带和接触破碎带；二是软弱夹层及经层间错动形成的泥化夹层。所谓软弱夹层是指那些在岩性上较上下岩层显著软弱、在工程上常常易引起事故、厚度超过接触面起伏差的薄岩层或透镜体等。从岩体稳定性角度讲，结构面有重要与次要之分。结合良好的层面对岩体变形与破坏没有多大影响，微小的裂隙只影响岩石材料的力学性质，它们被认为是次要结构面。将岩体切割成块体的断层、节理，以及软弱夹层则起显著作用。研究重要结构面的发育规律、弄清其分布特征是十分重要的课题，因为这有助于我们将地质信息抽象为岩体结构模型和力学模型。

（3）地下水

赋存于地层中的水称为地下水，是岩土体的重要组成部分，也是岩土体中可变且易变的部分。在岩土工程中，了解地下水的活动规律，对涌水量和水压力做出正确的估算是极其重要的，其前提是搞清计算所需的岩土体水力特征以及边界条件和参数。换而言之，岩土工程设计与施工要求掌握地下水的性质，以及赋存、运动、补给和排泄条件，特别是明确岩土体的水力地质结构。

在基坑工程中，常将地下水分为上层滞水、潜水和承压水。从赋存状态上讲，土体、完整结构岩体、散体结构岩体内的水为孔隙水；碎裂结构岩体中的水主要是裂隙水；而在岩溶化的岩体中，则以岩溶管道水和洞穴水为主。一般来说，岩体结构决定岩体中地下水的赋存与活动。从地下水流动方面看，岩体结构的控制作用更加明显，因为地下水主要是通过裂隙或管道流动的。裂隙水赋存并流动于岩体的裂隙中，裂隙通道在空间上的展布具有明显的方向性。

从水文地质角度看，对于给定的工程岩土体，一般可划分出两种基本单元，即含水体和隔水体。谷德振（1979）将含水体和隔水体的组合特征称为水文地质结构。当岩体具有完整结构、岩石内孔隙不连通时，可将其视为隔水体。在土层和层状岩体内，隔水体又称为隔水层，主要发育于沉积岩内，常由黏性土和软弱岩层构成。含水体包括两种基本类型，即孔隙含水体和裂隙含水体。孔隙含水体发育于土层和中新生代的砂砾岩体，裂隙含水体与构造作用较剧烈的岩浆岩、变质岩和坚硬的沉积岩相联系。就岩体水文地质结构而言，层状含水体的结构特征包括含水层和隔水层的空间分布及组合关系，以及它们与建筑物、临空面的依存关系；断层带、侵入岩与围岩接触带、不整合接触带常为带状或脉状裂隙含水系统，地下工程开挖通过这些裂隙含水带时往往会大量涌水。

在岩土水力学中，人们关心地下水的赋存状态，更关心地下水的活动，而此时岩土体透水与否是主要特征。严格来说，岩土体总是具有一定的渗透性，都是透水体。但不同的岩土层或局部岩土体，渗透系数可能相差极大，以至在工程意义上，将其区别为透水体和隔水体是比较适当的。如在土层中，黏性土为隔水层，粉土、砂土和碎石土为透水层。在岩土体中，含水体是透水体，但透水体不一定在当下就是含水体。当然，有的含水体几乎不透水，此时将其视为隔水体即可。孙广忠（1988）认为，采用隔水体和透水体作为水力结构单元更为合适些。为了与谷德振提出的水文地质结构概念相区别，他将透水体和隔水体的组合排列形式定义为岩土体水力学结构。

2.1.2 岩土结构类型

土体结构比较简单，有宏观裂隙时为裂隙结构，无裂隙时为完整结构。关于岩体结构的类型，目前还没有统一的划分方案。从可能的角度讲，可分为完整结构、断续结构、块状结构、板裂结构、块裂结构、碎裂结构、散体结构 7 种。

（1）完整结构

完整结构岩体是指完整、基本上无宏观结构面的岩体，其中存在微小裂隙。这种岩体可视为连续介质，其代表性材料单元为完整岩石，微小裂隙的影响可在岩石材料特性中考虑。一些构造变动轻微的厚层沉积岩、大型岩浆岩比较完整，节理不发育，不仅组数少，而且贯通性极差，可视为完整结构。不过，在实际中，真正具有完整结构的岩体是很少见的，完整的工程岩体多数是由岩体中的结构面被后生作用所愈合而形成的，如黏土岩在压密和胶结作用下结构面愈合，从而成为完整结构的黏土岩；破碎岩体经固结灌浆而形成完整结构岩体等。

（2）断续结构

在所论岩体内，结构面切而不断，连续性低，未形成可分离的块体。这种岩体内有时也含有为数很少的分离结构体，但对整个岩体性能的影响可以忽略不计。断续结构岩体多存在于经受轻微构造运动的区域。这种岩体的规模也比较小，同样为连续介质，但需要考虑断续结构面尖端的应力集中和断裂发展。

（3）块状结构

块状结构岩体是被坚硬结构面贯通性稀疏切割而成的岩体，其结构面为层面和大节理，主要结构面组数一般为 2 组或 3 组，且间距较大，一般为 50～100cm。在地下工程中，人们常将裂隙间距大于 100～150cm 的视为整体，40～100cm 的视为大块状。结构体可以是完整的岩块，也可以是断续节理裂隙切割的岩块。块状结构岩体的结构体块度较大，块数较少，原生结构扰动比较轻微，主要为构造变动轻微—中等的厚层、中厚层沉积岩、岩浆岩等。这种岩体的力学性能较好，特别是结构面的强度较高，不易沿结构面滑动。因此，结构面不起控制作用，在许多情况下可视为各向同性的连续介质。

（4）板裂结构

当薄层状岩体被一组经过层间错动形成的软弱结构面切割时，容易发生分层、弯折、倾倒、溃屈等变形破坏现象。板裂结构岩体的变形破坏一般遵循梁板柱的变形破坏模式，因而不能视为连续介质体。这种结构主要发育于经过褶皱作用的薄层状岩体内，层间错动极为发育；结构体多数为组合板状体，也有完整的板状体。

（5）块裂结构

块裂结构岩体指被多组软弱结构面切割，或至少有一组软弱结构面切割及坚硬结构面参与切割而成的岩体，其结构体呈块状，变形和破坏机制主要受软弱结构面控制。块裂结构岩体中的结构体可能是完整的或含有断续节理的岩块，也可能是被节理切割的块体，即块裂结构体具有碎裂结构。而当研究大范围的岩体时，比如进行区域稳定性的岩体力学分析，结构体很大，其性质虽然相对均一，但其中可能含有较大的软弱结构面如断层、软弱夹层等。

（6）碎裂结构

当岩体受强烈构造作用，坚硬结构面将岩体切割成可分离的岩块系统时，便具有碎裂结构。这种结构同块状结构的区别在于，结构面密度大、组数多，块体尺度远远小于岩体尺度，岩体完整性甚差，显得支离破碎。碎裂结构岩体中可能存在软弱结构面，但岩体的变形破坏并不完全由它们所控制，这是与块裂结构岩体不同的地方。

（7）散体结构

散体结构岩体的原生结构受到强烈的扰动和破坏，其主要特点是结构面呈无序状分布，且其结构体形状也各异，主要是大型断层破碎带、大型岩浆岩侵入接触破碎带、强风化带岩体。散体结构岩体的完整性极低，强度也很低，易于变形破坏；具有显著的塑性特征，变形时效明显。散体结构岩体一般可视为连续介质或粒状介质。

2.1.3　岩土结构模型

岩土体结构分类是定性的，带有相当大的人为成分，作为力学研究的基础是不够的，还必须建立定量的岩土结构模型。对于整个基坑岩土体，其结构面包括土体中的裂隙、岩体中的软弱结构面、岩体中的坚硬结构面以及土岩界面。就岩体而言，范围一定，对稳定性起控制作用的结构就可以确定下来。在岩体结构模型中，结构体和结构面都被定量化表征。

（1）结构面引入模型

岩体中一般含有许多类型的地质界面，不可能将其全部纳入结构模型，必须做一定程度的简化处理。我们最好把引入岩体结构模型的那些地质界面称为结构面，被结构面切割而成的块体称为结构体，而结构体内部的地质界面则视为影响结构体材料性质的因素。换而言之，结构体本身被视为连续介质体，无论它的规模有多大。此外，那些被胶结的断裂也不能当作结构面。

从岩体结构观点看，岩体是由结构面和结构体组成的。当建立岩体的结构模型时，这两类结构单元应当具有各自的相对均一性，也就是各自存在表征单元体；否则，便无法对岩体结构进行力学分析，因为无法确定材料的力学性质。举例来说，若一个结构体中包含较大的地质界面，以至于找不到 REV，那么如何确定这个结构体材料的力学性质？解决这个问题的办法很简单，那就是将这个较大的地质界面引入岩体结构模型。

（2）结构面统计处理

为了定量表征，孙玉科等人（1988）从工程地质测绘的观点出发，将结构面分为实测的和统计的两种类型。Ⅰ、Ⅱ和Ⅲ级为实测结构面，必须准确地测绘在岩体工程地质图上；Ⅳ和Ⅴ级称为统计结构面，其中Ⅴ级结构面被视为岩石性质的影响因素在岩石力学试验中考虑。因此，结构定量化的关键是Ⅳ级结构面的处理。实际中，可在不同岩组和不同构造部位进行Ⅳ级结构面的统计，认识其发育组合规律，将这些组合规律确定的岩体结构模型在岩体结构图上表示出来。

2.1.4　岩体结构学说

岩体结构是一个整体性的概念,岩体不是其组成部分的机械堆砌,而是按照一定规律有机结合成的整体。岩体的结构单元受一整套内在规律的支配,这套规律决定着结构的性质和结构单元的性质,它在结构之内赋予各单元的属性要比这些单元在结构之外单独获得的属性大得多;也就是说,岩体结构单元不会以其在结构中存在的同样形式真正独立地存在于结构之外。

岩体的基本特征是存在各种各样的结构面,这些结构面对岩体的变形破坏影响巨大。但如前所说,若断裂岩体的变形破坏受结构面控制,那就有些欠妥了,因为结构面之间以及结构面与临空面之间的组合关系更为重要。根据学者们的观点,将岩体结构学说简要地表述如下:岩体结构在很大程度上决定岩体变形与破坏的机制,影响岩体的工程力学性能,决定岩体的力学反应,从而控制岩体的稳定性。实际上,组织岩体力学试验、开展岩体力学分析、进行岩体改造等,都离不开岩体结构学说的指导。

2.1.5　深基坑工程勘察

从原则上讲,基坑工程勘察必须与设计施工密切结合。在实践中,这种勘察工作通常是与建筑地基勘察一并进行的,故勘察部门制定勘察方案时应充分考虑基坑工程设计与施工的特殊要求,这就要求必须在勘察前与设计部门充分沟通。

（1）一般勘察规定

现行《建筑基坑支护技术规程》JGJ 120 规定:①勘探范围应根据基坑开挖深度及场地的岩土工程条件确定;基坑外宜布置勘探点,其范围不宜小于基坑深度的 1 倍;当需采用锚杆时,基坑外勘探点的范围不宜小于基坑深度的 2 倍;当基坑外无法布置勘探点时,应通过调查取得相关勘察资料并结合场地内的勘察资料进行综合分析。②勘探点应沿基坑边布置,其间距宜取 15～25m;当场地存在软弱土层、暗沟或岩溶等复杂地质条件时,应加密勘探点以查明其分布和工程特性。③基坑周边勘探孔的深度不宜小于基坑深度的 2 倍;基坑面以下存在软弱土层或承压水含水层时,勘探孔深度应穿过软弱土层或承压水含水层。④应按现行国家标准《岩土工程勘察规范》GB 50021 的规定进行原位测试和室内试验并提出各层土的物理性质指标和力学指标;对主要土层和厚度大于 3m 的素填土,应按本规程的规定进行抗剪强度试验并提出相应的抗剪强度指标。⑤当有地下水时,应查明各含水层的埋深、厚度和分布,判断地下水类型、补给和排泄条件;有承压水时,应分层测量其水头高度;应对基坑开挖与支护结构使用期内地下水位的变化幅度进行分析。⑥当基坑需要降水时,宜采用抽水试验测定各含水层的渗透系数与影响半径;勘察报告中应提出各含水层的渗透系数。⑦当建筑地基勘察资料不能满足基坑支护设计与施工要求时,应进行补充勘察。

在基坑工程勘察中,对可能富含高承压水的地层须特别注意,以免遗漏导致深基坑施工时出现工程事故。此外,勘察报告往往忽视对上层滞水的评价,未能引起设计、施工人员的足够重视。当基坑开挖可能产生管涌、流砂等渗透破坏时,应有针对性地进行勘察。勘察报告提供的水位是勘察期间的稳定水位。一般分为低水位、中水位和高水位,故要注意勘察期间、施工期间各是哪个水位期;然后,根据地下水年变化幅度,估算施工期的地下水位。

对于基坑周边环境条件，应查明：①既有建筑物的结构类型、层数、位置、基础形式和尺寸、埋深、使用年限、用途等；②各种既有地下管线、地下构筑物的类型、位置、尺寸、埋深等；对既有供水、污水、雨水等地下输水管线，尚应包括其使用状况及渗漏状况；③道路的类型、位置、宽度、道路行驶情况、最大车辆荷载等；④基坑开挖与支护结构使用期内施工材料、施工设备等临时荷载的要求；⑤雨期时的场地周围地表水汇流和排泄条件。

（2）土岩基坑勘察

目前，基坑工程勘察主要依据《岩土工程勘察规范》（2009 版）GB 50021—2001 和《建筑基坑支护技术规程》JGJ 120—2012 进行，其中基本没有提到土岩双元基坑勘察。前者关于基坑工程的部分没有针对岩质基坑工程进行相应指导和说明，仅指出"根据场地的地质构造、岩体特征、风化情况、基坑开挖深度等，按当地标准或当地经验进行勘察"。后者虽规定了各种土层的水平荷载标准值和水平抗力标准值，但没有给出岩质地层的执行标准。从总体情况看，土岩双元基坑工程无规范可循，其勘察精度比较低，尤其是土岩界面情况、岩体结构不甚明确，这无疑会给设计与施工增加难度。

刘华强等（2020）认为，对于土岩双元深基坑，勘察应注意以下几点：首先，勘察范围应根据土质和下部岩层的情况进行分析，当下部岩层的倾向与开挖坡面相近而岩层顶面坡度较大时，应扩大勘察范围并搜集该范围内建筑物的结构类型、基础形式和埋深、荷载等资料。勘察深度应根据下部岩体的特征适当调整，当岩体整体性好且受风化影响小时，则应适当减小勘探深度，但勘察深度至少要保证进入基坑底部 3~5m；若岩体完整性差，则应根据设计要求增大勘探深度。其次，为了探明下部岩体及裂隙水特征，勘察除采用机械钻探外，应增加钻孔深度坑（井）探、槽探等勘探方式，以查清岩层顶面及岩体内部裂隙、节理等物理及空间特征，探明土岩接触面和岩体裂隙内水的流量、流动方向、压力等特征，提供准确的岩层风化线位置。最后，针对薄弱环节重点取样进行抗剪强度试验，主要包括上部土层、土岩界面、岩体中的软弱结构面或顺层结构面、强风化岩。

根据设计与施工要求，土岩双元深基坑勘察应查明可能的基坑支护影响范围内土体和岩体的物理状态和力学特性，主要包括土层分布、类型、成因、范围、工程特性；基岩面的形态和坡度；岩层分布、岩石风化和完整程度与力学特征；岩体结构面类型、产状、延展、闭合、填充等具体情况与力学性状；下部岩体边坡滑移、崩塌的可能性；不良地质现象的范围和性质等。基坑勘察应查明场区地下水控制的相关参数，包括地下水水位、水量、类型、赋存状态、补给及动态变化情况；岩土介质的透水性；地下水性状对基坑内倾结构面影响。勘察应首先根据基坑平面尺寸、周围环境、开挖深度、土岩厚度及其性状、已有勘察等资料，进行基坑工程系统范围的工程地质测绘和调查，基岩辨识，判断岩体结构面，建议基坑不同侧面整体破坏模式和支护选型。当已有资料无法判断基坑是否存在影响基坑整体稳定的结构面时，应完善勘察方案，增加钻孔和物探等技术手段，查清岩体结构面，并分析结构面对基坑各侧边坡整体稳定性的影响。土岩双元基坑下部岩体结构面是基坑安全控制的关键指标，必须重视和明确。基坑勘察方法以钻探为主，必要时应辅以坑探和物探。目前物探技术发展很快，通过雷达探测、瞬变电磁、跨孔 CT 等手段基本能够揭示基坑边坡范围内的岩体结构面。

一般来说，工程地质勘察范围是很有限的。有时须进行较大范围调查，否则可能出现严重问题。如济南某高层建筑工程，基坑支护采用悬臂式灌注桩。基坑开挖后，发现局部有漏水现象，之后又出现断桩。险情出现后，不得不扩大范围进行地质勘察。从大范围分析发现，这座大厦正落在断裂带上，漏水和断桩均发生在断裂带附近。最后，被迫将基坑向东外移了50多米。所以，基坑勘察范围应包括开挖和外围一定区域，具体宜按如下规定：已有资料判定有基坑内倾结构面控制的勘察范围应根据组成基坑的岩土性质及可能破坏模式确定；已有资料判定无基坑内倾结构面控制的勘察范围一般不小于1.5倍基坑开挖深度之外；滑切破坏和切面滑动的、崩塌土岩基坑勘察范围不应小于1.5倍基坑深度。

考察深基坑岩土体的地质特征，必须特别注意土体中的宏观裂隙、土岩界面、岩体中的软弱结构面等，慎重考虑其对岩土体的渗流、变形与稳定性的影响。为此，应提出土岩双元基坑勘察的特殊要求，特别是查清土岩界面、岩体结构面的倾向、倾角及力学特性。基岩辨识包括确定基岩性状，包括类型、风化程度及结构面走向、倾向、倾角等的技术行为或环节，应特别注意基岩内倾结构面，即土岩双元基坑下部岩体中存在的、倾向基坑内部的结构面。值得注意的是，在现实勘察工作中，土岩界面为薄弱环节，主要是计算参数不可靠、信息不足。

（3）不良地质现象及特殊地层

在基坑工程勘察中，要特别注意不良地质现象及特殊地层。勘察报告应提供基坑及附近场地填土、暗浜及地下障碍物等不良地质现象的分布范围与深度。常见的障碍物有回填的工业或建筑垃圾、原有建筑物的地下室和基础、废弃的人防工程等设施。有些基坑勘察布点过少，不能查明场地中某些地段的软弱土层，使得设计选用同一支护结构，没有特别处理，从而在施工时造成险情。场地浅层土的性质对围护桩成孔有较大影响，应予详细查明。可沿基坑周边布置小螺纹钻孔，孔间距可为10～15m。发现暗浜及厚度较大的杂填土等不良地质现象时，可加密孔距，以彻底查清其分布。

在一些复杂地层中，勘察报告可能会出现重大失误，如把素填土当成原状土、软弱夹层漏勘等，特殊土层如软土、膨胀土、湿陷性黄土等漏堪也是一个大问题。如就膨胀土而言，其对含水量变化极为敏感。当膨胀速度快时，对基坑边坡开挖稳定极为不利；这就要求施工速度要快，否则土的强度将明显降低。此外，还须特别注意粉砂土层。粉土、砂性土基坑发生事故的主要原因是水，所以控制好地下水是关键。粉砂层渗透系数较大，若降水和隔水处理不好，或基坑支护结构变形过大而开裂，则在动水压力作用下易产生流砂现象，施工中应采取相应的防范措施，尤其要做好隔水、止水。地基中砂层较厚时，流砂可引起坑壁塌方，或邻近建筑物开裂、倾斜等。

一些硬质黏土、黏土岩和页岩地层，天然条件下具有较高的强度，但基坑开挖暴露后强度降低，微裂缝张开崩解，坑壁层层剥落坍塌；若遇水，情况会更糟。地层中的黏土夹层很重要，既是隔水层又是软弱层。一是起隔水作用，降水时无法使地下水完全降低，形成上层滞水。二是渗水时软化，成为潜在滑面。若存在黏土薄层隔水，渗水进入后滞留在上层，坡顶出现拉裂缝，则很容易产生以黏土层为滑面的滑坡。须注意：基坑开挖总会引起基坑变形，产生地面微裂缝。若雨水、生活用水或管道漏水渗入，水积聚在黏土层以上并软化黏土层，这将使土压力增大并形成潜在滑面，很危险，如北京昆仑饭店基坑滑坡。

（4）岩土材料力学试验

一般基坑仅对开挖影响范围内的土体进行测试，通过试验确定其抗剪强度指标，而对于土岩双元深基坑则应根据其易于破坏的位置进行重点取样试验或测试。易于产生破坏的位置主要包括上部土层、土岩界面、岩体的软弱结构面或顺层结构面。因此，相对于一般基坑工程，土岩双元深基坑应重点增加以下试验：①土岩界面处土层的含水量、抗剪测试（包括天然状态和饱和状态）；②不同风化程度岩体的抗压强度、抗剪强度；③岩体软弱结构面的抗剪强度。此外，岩体力学参数宜按照《建筑边坡工程技术规范》GB 50330—2013 选取。

土岩界面的物理力学特性最为关键，但难以取样进行试验，故应强调界面特性的详细地质描述，在综合考虑各种因素的基础上，提出土岩界面抗剪强度指标。专门勘察的土岩双元土体特征基坑宜按照基坑开挖工况与支护结构工作性状进行土体参数测试，应提出小应变强化模型（HSS）参数建议值；岩体特征基坑应分析上部土体对下部岩体稳定的影响，下部岩体破坏模式以及整体破坏模式，通过符合支护结构工作的试验测试提出岩体摩尔-库仑模型参数。

2.2　土岩抗剪强度与试验

土的抗剪强度是土的重要力学性质之一，在挡墙土压力计算和基坑稳定性分析中起决定性作用，抗剪强度指标在本构模型中也是举足轻重的参数。所以，强度参数的合理取值至关重要，人们也对其进行了大量的试验研究。但由于成因、组成、结构千差万别，再加上外部作用方式与条件的影响，欲合理确定土的强度并不容易。此外，传统土力学是以饱和重塑土为研究对象建立起来的，但在土岩双元深基坑工程中，常遇到非饱和土、残积土、全风化岩、强风化岩等，其强度问题也应引起重视。

2.2.1　破坏与强度

材料强度是指代表性材料单元抵抗破坏的极限能力，即某种极限应力状态，在这种应力状态下，微小的应力增量将引起很大的或不确定的应变增量（对于应变硬化或理想塑性材料），或使单元丧失稳定性（对于应变软化材料）。一般来说，如果在特定的条件下施加某一应力分量值直至破坏发生，那么破坏时的应力值就叫作该条件下的材料强度。所施加外力的性质不同，其强度也不相同。按照外力作用的方式，材料的强度分为抗压强度、抗拉强度和抗剪强度等。

在连续介质力学中，对材料破坏并没有严格的定义。曾经有人提出材料破坏就是"变形不连续"。这样的观点似乎容易理解，但很多情况不能用此定义加以说明。例如，塑性较大的材料可能产生很大的变形而不显现出破裂的痕迹，这种情况下的变形是连续的，但从工程实际角度讲材料已经是破坏了。任何不允许的变形都会造成广义上的破坏。有时很难确定产生什么样的变形将成为不允许的变形，因此破坏的定义远不是严格的，强度的定义同样是有条件的，每种情况下都需要更合理地规定。可见，破坏应被理解成一个功能性概念。也就是说，破坏是变形过程的一个特殊阶段，具体在哪一点上算破坏，需要根据允许限度人为地加以限定（薛守义，2007）。

众所周知，材料特性必须采用试验方法进行研究。通常是在实验室或现场通过各种试验方法测定应力与应变或位移曲线来确定强度。强度只涉及最终的破坏状态，受力变形过程则由本构模型描述。土的破坏通常是剪切破坏，因此抗剪强度特别重要。常采用的试验有直接剪切试验和常规三轴试验。此外，平面应变试验和真三轴试验也可用来研究强度。土的剪切破坏主要有两种方式，即脆性破坏和塑性破坏。前者应力-应变曲线有峰值，而后者则没有。当土脆性破坏时，一般将最大应力值即峰值强度定为破坏强度，将最后稳定值定为残余强度。对于塑性破坏，应力-应变曲线在较大应变下仍未达到极限值，此时必须结合工程对象的允许变形来决定强度。

2.2.2　抗剪强度公式

就土体中的一点或土体单元而言，发生剪切破坏一定是由于通过该点某个面上的剪应力达到了抗剪强度。土的抗剪强度 τ_f 就是土抵抗剪切作用所能承受的极限剪应力，其一般公式为：

$$\tau_f = c + \sigma \tan\varphi \qquad\qquad (2.1)$$

式中，c 和 φ 分别称为黏聚力、内摩擦角，也称为强度指标或强度参数。

由于式（2.1）中的 σ 为总应力，故 c、φ 被称为土的总应力强度指标。大量试验研究表明，土的抗剪强度及其参数与剪切排水条件密切相关，故总应力强度指标并非土的固有参数。

由于水不能承受剪应力，故作用于剪切面上的水压力不提供土的强度。换句话说，抗剪强度的摩擦分量只能由作用于土骨架上的应力提供。根据太沙基有效应力原理，土的抗剪强度唯一取决于破坏面上的法向有效应力，而与加荷方式、排水条件、应力路径等因素无关。于是，可将饱和土的抗剪强度公式写成：

$$\tau_f = c' + \sigma'\tan\varphi' = c' + (\sigma - u)\tan\varphi' \qquad\qquad (2.2)$$

式中，σ' 为作用于剪切面上的法向有效应力；c'、φ' 为有效应力强度指标。

2.2.3　抗剪强度参数

在深基坑工程设计中，计算土压力和稳定性分析都需要土的抗剪强度参数。此外，本构方程中包含强度参数，从而影响基坑变形计算。土的抗剪强度除与土类密切相关外，还受加荷方式、排水条件、应力路径、应力历史等因素的影响。

（1）排水条件与强度参数

众所周知，剪切排水条件显著影响土的抗剪强度指标。直剪试验中剪切排水条件分为三种，即快剪、固结快剪和慢剪。相应地，常规三轴试验也分为三种，即不固结不排水剪（UU）、固结不排水剪（CU）、固结排水剪（CD）。现以常规三轴试验为例加以说明。土体中的应力包括自重应力（σ_{1c}，σ_{3c}）和附加应力（$\Delta\sigma_1$，$\Delta\sigma_3$），而且土层在自重作用下通常已经固结稳定。因此，对于原状试样，首先是施加其自重应力（通常用围压 σ_{3c} 模拟）并使其固结稳定，然后施加围压 $\Delta\sigma_3$ 并保持不变，最后施加轴向偏差 $\Delta\sigma_1 - \Delta\sigma_3$ 直至试样被剪破。确定强度参数的依据是极限应力圆与抗剪强度包线相切。

在不固结不排水剪试验（UU）中，施加围压 $\Delta\sigma_3$ 不允许固结，然后在不排水条件下施加轴向偏应力 $q = \sigma_1 - \sigma_3 = \Delta\sigma_1 - \Delta\sigma_3$ 剪切至破坏。绘制应力路径时，通常将总应力轴和有效应力轴放在一起。在不同的 σ_3 下，将得到不同的偏应力破坏值 $q_f = (\sigma_1 - \sigma_3)_f$ 和破坏时的孔隙水压力 u_f。但由于试样剪切之前不固结、剪切过程中不排水，所以其有效应力基本保持不变，从而抗剪强度不随 σ_3 而改变，强度包线为一水平线，即：

$$\tau_f = c_u = \frac{1}{2}(\sigma_1 - \sigma_3)_f \tag{2.3}$$

式中，c_u 为不排水强度。

对于固结不排水剪试验（CU），试样在允许排水的条件下施加围压 σ_3 固结，固结完成后在不排水条件下施加轴向偏应力剪切至破坏，试验中测定孔隙水压力。由于不同试样在偏压剪切时的初始有效应力不同，有效应力圆的半径将随 σ_3 增大而增大。强度可以用总应力表示，也可以用有效应力表示，相应的公式分别为：

$$\tau_f = c_{cu} + \sigma \tan\varphi_{cu} \tag{2.4}$$
$$\tau_f = c' + \sigma' \tan\varphi' \tag{2.5}$$

式中，c_{cu}、φ_{cu} 为固结不排水强度指标。

进行固结排水剪试验（CD）时，试样在允许排水的条件下施加围压 σ_3 固结，固结完成后在排水条件下施加轴向偏应力剪切至破坏。在整个试验过程中，孔隙水压力均为零，故有效应力路径与总应力路径相同。为了实现 CD 试验条件，砂土可按正常速度剪切，而黏性土则需以非常缓慢的速率剪切。CD 试验的强度公式为：

$$\tau_f = c_d + \sigma \tan\varphi_d \tag{2.6}$$

式中，c_d、φ_d 为固结排水强度指标。

三轴试验表明，c_d、φ_d 与 CU 试验得到的有效应力强度指标 c'、φ' 相差不大。这样就可以用比较省时的 CU 试验代替 CD 试验。采用不同的试验方法，将得出不同的抗剪强度参数。若采用总应力法分析，试验条件应与现场剪切排水条件一致；若采用有效应力法分析，则只要采用某种试验确定有效应力强度参数即可。

（2）应力路径与强度参数

土的力学性质不仅取决于土的起始应力状态和最终应力状态，而且与应力路径相关。所谓应力路径，就是描述土单元应力状态变化的路线。在基坑开挖过程中，基坑土体的不同区域具有不同的应力路径。与其他岩土工程相比，基坑土体中的应力路径十分复杂，不能简单地认为卸荷或加荷，如降水与开挖过程中，坑底土单元便经受加荷与卸荷的反复作用；围护结构与土体的摩擦也使各点的应力路径复杂化（史佩栋等，2004）。根据应力路径对基坑岩土体进行严格分区是

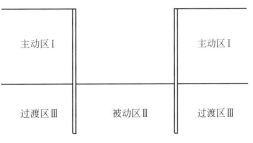

图 2.1　基坑土体分区

困难的，为简单计，也是考虑到问题的主要方面，可将基坑土体大致分为三个区域，即主动区Ⅰ、被动区Ⅱ和过渡区Ⅲ（图 2.1），更精细的分析可参考郑刚等（2010）。

深基坑开挖之前，土体处于 K_0 状态。基坑开挖时，基坑侧面水平卸荷、基底开挖面竖向卸荷。就基坑土体中的单元而言，不同部位的单元应力路径并不相同，但最典型、最重要的是主动区和被动区，其应力路径均为卸荷。对于基坑侧壁土单元，水平应力逐渐减

小，而竖向应力基本不变。对于坑底土体单元，竖向应力逐渐减小，并伴随水平应力的较小降低。也就是说，主动区Ⅰ：竖向应力 σ_1 不变，横向应力 σ_3 逐渐较小，为压缩阶段；被动区Ⅱ：横向应力 σ_3 变化不大，竖向应力 σ_1 逐渐减小，为回弹阶段；当竖向应力小于横向应力时，横向应力为 σ_1、竖向应力为 σ_3，为伸长阶段。这两种情况均宜采用三轴卸荷试验，与通常进行的三轴加荷试验不同。

如上所述，深基坑开挖时，主动区竖向应力变化小，以水平卸荷为主；被动区以竖向卸荷为主，水平向应力变化较小。在中间过渡区域，应力状态变化较为复杂。对于土岩双元深基坑，被动区和过渡区为岩体，其稳定性较好，故对基坑变形与稳定影响明显的区域只有基坑两侧的主动区。这样，抗剪强度试验中只需考虑主动区的应力路径影响，问题就变得比较简单了。当有桩墙支护时，即使坑壁土单元也不会卸荷到零。对于锚固支护的深基坑，在及时喷射混凝土面层的条件下，水平向也有一定的约束，这种约束相当于施加围压，故有利于提高坑壁土的抗剪强度。

由于深基坑主动区的典型应力路径是卸荷，故确定土的强度指标应采用三轴卸围压试验。然而，实际中常进行的是三轴加荷试验，即围压不变、轴向逐渐加载直至试样破坏。这样做会造成怎样的影响呢？大量土的常规三轴试验结果表明（郑刚等，2010）：无论加荷还是卸荷，应力-应变关系均呈双曲线，但卸荷试验对应的轴向破坏应变要比加荷试验小得多，前者约为后者的 $1/3 \sim 1/2$。对天津软土的试验研究也表明（刘畅，2008）：侧向卸荷路径下土的极限应变小于常规加荷三轴试验。侧向卸荷路径下破坏时应变在 $5\% \sim 10\%$ 之间，而常规加荷三轴试验的相应值为 $13\% \sim 15\%$。这就意味着侧向卸荷时较小的位移即达到极限状态。此外（郑刚等，2010），无论加荷还是卸荷，有效应力强度指标相差不大；但就总应力强度指标而言，卸荷指标小于加荷指标，一般前者比后者低 $15\% \sim 20\%$；当围压较小时，卸荷强度指标降低较小；当围压较大时，卸荷指标降低明显；围压越高，卸荷指标与加荷指标的差别越显著，故当基坑开挖深度较大时，采用常规三轴加荷试验强度指标设计将偏于危险。

（3）应力历史与强度参数

目前，直剪试验竖向压力和三轴试验围压一般取 100kPa、200kPa、300kPa 和 400kPa。这种试验对一般建筑工程是合理的，因为地基土体自重应力在 $0 \sim 200$kPa。然而，对于深基坑特别是超深基坑工程，基坑侧壁土体的自重应力可达 600kPa。若采用卸围压试验，前述试验取值方法显然是不合理的。故对深基坑工程，应根据土体自重应力大小调整竖向压力或围压，如此便能考虑应力历史的影响。

此外，还有初始固结应力状态的影响。大量试验结果表明，在 K_0 固结和各向等压固结条件下，有效强度指标 φ' 大致相同，而 K_0 固结样的三轴不排水内摩擦角要大于各向等压固结样的值（郑刚等，2010）。对天津软土的试验研究也表明（刘畅，2008）：K_0 固结土样侧向卸荷时的强度指标均大于常规加荷试验值，其中总应力强度指标相差 $22\% \sim 30\%$，有效应力强度指标差在 5% 以内。如此说来，采用等压固结确定有效强度指标，设计将偏于安全。

2.2.4　抗剪强度参数取值

抗剪强度参数取值关系到安全与经济，取值过大将使计算所得土压力过小、安全系数过大，均会虚假提高基坑体系的安全系数；取值过小将使设计偏于保守，从而造成浪费。采用不同试验方法、不同剪切排水条件、不同应力路径，得到的强度参数差异明显。实际情况非常复杂，岩土体在施工过程中发生的变化、经受的作用显然会影响其强度，所以强度参数取值的可靠性实难估计。那么，强度指标该怎样取值？采用什么方法确定抗剪强度指标？直剪试验还是三轴试验？三轴加荷试验还是三轴卸荷试验？等压固结还是 K_0 固结？《岩土工程勘察规范》GB 50021—2001 中没有明确要求采用何种参数，但规定试验方法应与基坑工程设计要求一致。《建筑基坑支护技术规程》JGJ 120—2012 规定采用三轴固结不排水试验强度指标，当地有可靠经验时允许采用直剪试验强度指标。考虑到现实情况，应注意以下几点：

第一，不宜采用快剪指标。一方面，在直剪试验中，对于黏性土来说，速度很快的剪切可限制排水，其强度指标与三轴试验中的不排水指标接近。对于粉土，即使快速剪切，也将伴随着排水。对于砂土、碎石土，在通常加载速率和剪切排水条件下，一般不会产生超静孔隙水压力，故应采用有效应力强度指标。由于直剪试验不能保证严格不排水，故美国的勘察规范建议直剪仅适合做排水剪试验。另一方面，实践表明（郑刚等，2010），采用快剪指标进行设计较为保守，并且随基坑深度的增加将造成浪费，所以不宜采用这种强度指标。

第二，可采用不排水指标。对于黏性土，由于基坑开挖工期较短，附加应力引起的孔隙水压力来不及消散，故采用自重应力预固结下的不固结不排水试验确定强度指标比较合适，规范也是这样要求的。一般来说，基坑土体在施工过程中多少会有排水发生，故按不排水考虑偏于安全。但实践中常采用的是固结不排水剪试验，即不进行自重应力预固结。必须指出，固结不排水条件在实际中并不存在，即下述加荷条件是不可能的：施加法向应力时固结、剪切时不排水。因为实际土体中的法向应力和剪应力并非先后分别产生，即土体中快速加载时，同时产生法向应力和剪应力。所以，取固结不排水强度指标不一定偏于安全，因为围压和偏应力是同时施加的，即围压下并不能完全固结。

第三，被动区土的强度指标。在基坑工程设计中，被动区土一般也采用固结不排水强度指标，是否合适？在被动区，土体单元初始竖向应力是最大主应力；随着开挖的进行，转变为最小主应力，故最终处于强超固结状态。一般情况下，在相同上覆压力下，超固结土的抗剪强度高于正常固结土。因此，若设计中不考虑这种超固结效应，则计算的被动土压力偏小，即设计偏于保守。

第四，与基坑分析方法一致。众所周知，土的抗剪强度可以按有效应力法确定，也可按总应力法确定，但试验方法与强度参数选取和基坑分析方法相关。若采用总应力法进行基坑分析，须尽可能准确地模拟现场剪切排水条件；若采用有效应力法分析，则只要获得有效应力强度指标即可，可采用固结不排水试验。必须指出，当采用有效应力法确定强度时，必须知晓土中的孔隙水压力；而采用总应力法则不需要孔隙水压力，但确定强度指标时试验条件必须与现场土的剪切排水条件相同或相近。

第五，抗剪强度参数取值。在基坑工程中，施工导致土体中应力状态的改变，并引起超静孔隙水压力。若土的渗透性很小，施工过程中基本来不及排水，则孔隙水压力将不会消散。此时，基坑稳定性分析中宜采用总应力法和不固结不排水强度指标。必须指出的是，进行 UU 试验时应将土样在初始应力状态下固结，然后在符合实际的应力路径下进行试验。这种基坑稳定问题显然是指施工过程中或竣工期的短期稳定。此种情况也可采用有效应力法和有效应力强度指标，前提是能够计算或实测土体中的孔隙水压力。

若施工过程缓慢，土体的渗透性较大，施工期间不会产生明显的超静孔隙水压力，则稳定分析中应采用三轴 CD 指标 c_d 和 φ_d 或慢剪指标 c_s 和 φ_s。由于 c_d 和 φ_d、c_s 和 φ_s 与 c' 和 φ' 相当，故可进行三轴 CU 试验以确定 c' 和 φ'。经验表明，c_s 和 φ_s 一般略高于 c' 和 φ'；作为有效强度使用时，常乘以系数 0.9（陈仲颐等，1994）。此外，由于土体中没有超静孔隙水压力，此时采用有效应力法与总应力法并没有什么区别。

如上所述，若施工过程比较缓慢，土体的渗透性也较大，则基本不产生超静孔隙水压力。但若破坏时过程较快，剪切引起的孔隙水压力来不及消散，则可采用三轴 CU 总应力强度指标。严格来说，CU 试验与实际剪切排水条件并不完全相符。此时，直剪试验中固结快剪比较接近实际。还有一种情况，施工过程中虽产生超静孔隙水压力，但施工完成后已有足够时间使超静孔隙水压力消散，且破坏过程也很缓慢，剪切引起的超静孔隙水压力为零，则此种情况为长期稳定问题，应采用有效应力强度指标进行分析，其实质是采用有效强度指标进行总应力法分析。

必须指出，实际情况是施工过程或施工结束时，基坑土体中往往存在一定的超静孔隙水压力，基坑失稳过程中也会产生一定的超静孔隙水压力。室内试验很难精确模拟这种实际的剪切排水条件，故稳定分析方法与强度指标选用只能是近似的。事实上，现行抗剪强度室内试验均不能准确反映土的实际受力变形过程，因此只能选择与实际比较接近的剪切排水条件。

2.2.5　非饱和土的抗剪强度

在介质构成上，非饱和土与饱和土存在显著区别。这不仅使它们的力学性状及工程问题不同，而且描述力学性状的应力状态也发生了实质性的变化。土体的变形、强度与破坏取决于应力状态或应力状态的改变，那么决定非饱和土变形与破坏的应力状态是怎样的？若以 u_a 为基准，则描述非饱和土力学性状的三个应力状态为 $(\sigma_{ij}-u_a\delta_{ij})$、$(u_a-u_w)\delta_{ij}$ 和 $u_a\delta_{ij}$。Fredlund 等（1993）将 $(\sigma_{ij}-u_a\delta_{ij})$ 称为净应力，(u_a-u_w) 称为基质吸力。当土颗粒和孔隙水不可压缩时，$u_a\delta_{ij}$ 可以被削掉，此时独立的应力状态只有两个。实际上，在天然非饱和土体中，u_a 接近于零，因为土中的空气与大气连通。在压实土中，u_a 可能为正值，但一般也不大。通常可以认为，孔隙气体压缩好，流动也好，u_a 对非饱和土体的变形和强度影响很小，因此可以用净应力和吸力两组独立变量来描述非饱和土的力学性状。Fredlund 等（1978）采用净法向应力 $(\sigma-u_a)$ 和吸力 (u_a-u_w) 这两个独立的应力状态变量，提出了强度公式：

$$\tau_f = c' + (\sigma-u_a)\tan\varphi' + (u_a-u_w)\tan\varphi^b \tag{2.7}$$

式中，φ^b 为与吸力有关的摩擦角，可通过非饱和土常规三轴试验测定。

将饱和土和非饱和土加以区分是必要的，因为两者在性状上存在显著的差异。但并非所有非饱和土体都需要进行非饱和土力学分析。设计通常是针对若干可能的不利条件进行验算，而非饱和状态在许多情况下并非最危险状态。如在边坡稳定问题中，负孔隙水压力使土的抗剪强度比饱和土的大；人们认为，这部分强度是不可靠的，故通常不考虑其有利影响。在许多情况下，运营期间的土体可能处于完全饱和状态，而且这种状态是最不利的，此时按饱和土参数进行设计是合理的。经典土力学之所以主要针对饱和土，也许是因为工程土体在运营期内的某个时期常会处于饱和状态，而饱和土的变形性大、强度低，按此状态设计似乎等于考虑了最不利情况。

然而，将非饱和土视为饱和土进行分析总是得出保守的结果吗？答案是否定的。如果土体环境条件不发生变化，那么按饱和土力学原理设计的非饱和土体将会安全运营，因为非饱和土的力学性能要比饱和土的好。问题在于环境条件改变时，非饱和土的含水量将发生变化，从而改变土的力学性状，使已就位的土体与结构系统受到附加影响。例如，黄土地基浸水发生湿陷变形，导致建筑物破坏；浸水使非饱和土坡中的负孔隙水压力降低及土体软化，从而降低土的抗剪强度，使土坡失去稳定。问题的关键在于，有些情况下最危险的状态既不是非饱和状态，也不是饱和状态，而是在这两种状态之间的转换。根据上面的说明，如果处于非饱和状态的湿陷性黄土按一般黏性土设计，而运营期又会饱和，则可能会出现问题。

可见，非饱和土工程问题起因于环境变化，因为环境变化造成土体流量边界条件的明显改变，从而引起土体附加变形乃至破坏。至于非饱和土体在荷载作用下的固结变形和稳定性问题，尽管了解这些方面是有益的，但似乎并不具有特别重要的实际意义。当然，有时利用非饱和土的良好性能可提高经济效益，但必须注意特定条件下吸力的可靠性。目前，在实际工程中通常不考虑吸力对强度的贡献。但这并不意味着抗剪强度方面的安全储备，因为实际中难免完全不渗水。特别是当原状样不饱和而进行试验时，吸附强度已被计入。

2.2.6　岩体材料的抗剪强度

岩体材料单元分为结构体单元和结构面单元，结构体一般是裂隙和岩石的组合物，结构面主要是软弱夹层、断层、大节理等。就全风化岩和强风化岩而言，或多或少保留着岩石的残余黏聚力即结构强度；在外力作用下，颗粒可以被压缩或压碎。要合理确定这种材料的抗剪强度参数是比较困难的，一是取样容易扰动；二是夹有硬质岩块，尺寸很小的试样代表性不足。因此，现场试验是比较好的选择。实践中，岩体力学参数宜按照《建筑边坡工程技术规范》GB 50330 选取。

2.3　土岩本构模型与选用

采用数值方法模拟基坑开挖变形全过程，关键是选择合理的岩土材料本构模型。正常固结土和轻微超固结土为硬化土，而具有驼峰应力-应变曲线的重超固结土为软化土，结构性强的土也多为软化型。对于超固结土，过峰值后应力值下降，但深基坑工程土体应变水平一般达不到峰值，故可采用硬化土模型。大量试验研究表明（曾国熙等，1988；何世秀等，2003；陈善雄等，2007；刘畅，2008），正常固结黏土轴向加荷以及围压卸荷过程中的应力-应变关系均可用双曲线拟合。这就意味着均可采用硬化土模型。但大量软土应力路径试验表明（刘国斌等，1996；宰金珉等，2007），卸荷模量远大于常规三轴加荷试验所获得的模量。此外，常规三轴试验和真三轴试验表明（殷宗泽等，1990），中主应力对应力-应变关系的影响主要体现在对强度的影响。所以，通常采用常规三轴试验确定参数是可行的，但须考虑轴向加荷和围压卸荷的区别。一些应力路径试验表明（徐光明，1988；宰金珉等，2007），应力路径对内摩擦角基本没影响，利用常规三轴试验测定强度参数是可行的。

对于土，所发展的本构模型有非线性弹性模型、理想弹塑性模型、硬化弹塑性模型和黏弹塑性模型等。其中，非线性弹性模型主要为邓肯-张模型（DC 模型），理想弹塑性模型主要是摩尔-库仑模型（MC 模型），硬化模型主要有修正剑桥模型（MCC 模型）、硬化土弹塑性模型（HS 模型）、小应变硬化土弹塑性模型（HSS 模型）。此外，还有气泡模型、三面模型、修正三面模型等弹塑性模型。这些模型要么过于复杂，要么参数太多且难以确定，故难以实际应用。目前，在深基坑工程中，常用 DC 模型、MC 模型、MCC 模型。近些年来，HS 模型，特别是 HSS 模型也获得广泛应用。

2.3.1 DC 模型

Kondner（1963）用双曲线表达三轴排水试验中获得的应力-应变关系，邓肯（Duncan）等（1970）据此提出了增量型的 DC 模型。土的变形与应力路径有关，所以采用应力或应变路径在增量意义上的最小弹性性质，其本构方程为：

$$d\sigma_{ij} = D^{t}_{ijkl} d\varepsilon_{kl} \tag{2.8}$$

式中，D^{t}_{ijkl} 是与应变或应力路径有关的弹性张量。

（1）本构模型

土力学中著名的邓肯-张（Duncan-Chang）模型（简称 DC 模型）是基于常规三轴试验结果发展起来的 E-υ 次弹性模型。在这个模型中，只要将广义胡克定律弹性矩阵中的 E、υ 或 E、B 或 B、G 改为切线弹性参数 E_{t}、υ_{t} 或 E_{t}、B_{t} 或 B_{t}、G_{t} 即可，它们是随应力或应变而改变的量。采用 E-B 模型时，切线弹性模量 E_{t}、切线体积模量 B_{t}、卸载或再加载模量 E_{ur} 分别为：

$$E_{t} = K_{E} p_{a} \left(\frac{\sigma_{3}}{p_{a}} \right)^{n} \left[1 - \frac{R_{f}(1-\sin\varphi)(\sigma_{1}-\sigma_{3})}{2c\cos\varphi + 2\sigma_{3}\sin\varphi} \right]^{2} \tag{2.9}$$

$$B_{t} = K_{B} p_{a} \left(\frac{\sigma_{3}}{p_{a}} \right)^{m} \tag{2.10}$$

$$E_{ur} = K_{ur} p_{a} \left(\frac{\sigma_{3}}{p_{a}} \right)^{n_{ur}} \tag{2.11}$$

上述各式中包含 9 个参数，即 K_{E}、n、c、φ、R_{f}、K_{B}、m、K_{ur} 和 n_{ur}。其中 K_{E} 为切线弹性模量系数，n 为切线弹性模量指数，c 为黏聚力，φ 为内摩擦角，R_{f} 为破坏比，K_{B} 为切线体积模量系数，m 为切线体积模量指数，K_{ur} 为卸荷再加荷模量系数，n_{ur} 为卸荷再加荷模量指数。其中，R_{f} 值一般在 0.75～1.00。对于同一种土，R_{f} 的变化范围不大。

（2）模型参数

表 2.1 给出了各类土的参数变化范围，可供初步计算时参考。由于土的复杂性，同类土的许多参数变动范围太大，已有经验数据的参考价值并不是很大。

DC 模型参数   表 2.1

土类 参数	软黏土	硬黏土	砂土	砂卵石	石料
c (kPa)	0~10	10~50	0	0	0
φ (°)	20~30	20~30	30~40	30~40	40~50
$\Delta\varphi$ (°)	0	0	5	5	5
R_f	0.7~0.9	0.7~0.9	0.6~0.85	0.6~0.85	0.6~1.0
K_E	50~200	200~500	300~1000	500~2000	30~1000
K_{ur}	3.0K_E	$(1.5\sim2.0)K_E$			
n	0.5~0.8	0.3~0.6	0.3~0.6	0.4~0.7	0.1~0.5
K_B	20~100	100~500	50~1000	100~2000	50~1000
m	0.4~0.7	0.2~0.5	0~0.5	0~0.5	−0.2~0.4

（3）模型评价

DC 模型属于非线性弹性模型，较好地反映了土的非线性，也在一定程度上反映了路径相关性；加载和卸载时使用了不同的模量，从而在一定程度上反映了弹塑性；模型的参数比较少，具有明确的物理意义，可由常规三轴试验确定；由于 DC 模型建立在广义胡克定律的基础上，很容易为工程界接受，因而受到重视，并成为土力学中最为普及的本构模型之一。但在包括 DC 模型在内的上述次弹性模型中，由于采用了增量型的广义胡克定律，所以不能考虑土的剪胀性；由于采用双曲线模型，所以不适用于具有软化性质的超固结土和密砂；由于不是弹塑性模型，故不能将弹性变形和塑性变形完全区分开来；而且在复杂应力路径中如何判断加卸载也是个问题。目前，DC 模型已被 HS 模型所取代。

2.3.2 MC 模型

当材料变形超出弹性范围进入塑性阶段时，应力-应变将服从塑性本构定律。塑性阶段的本构特性将受应力历史和应力路径的影响，应力-应变之间不再具有一一对应关系，而且加载和卸载遵循不同的规律。因此，塑性本构关系从本质上说是增量型的，即应力增量与应变增量之间的关系，只有追踪应力路径才能进行应力变形分析。

（1）本构模型

经典弹塑性增量理论的一般本构模型为：

$$\mathrm{d}\boldsymbol{\sigma} = \boldsymbol{D}_{ep}\mathrm{d}\boldsymbol{\varepsilon} \tag{2.12}$$

式中，$\mathrm{d}\boldsymbol{\varepsilon}$、$\mathrm{d}\boldsymbol{\sigma}$ 分别为应变增量列阵和应力增量列阵：

$$\mathrm{d}\boldsymbol{\varepsilon} = \begin{bmatrix} \mathrm{d}\varepsilon_x & \mathrm{d}\varepsilon_y & \mathrm{d}\varepsilon_z & \mathrm{d}\gamma_{xy} & \mathrm{d}\gamma_{yz} & \mathrm{d}\gamma_{zx} \end{bmatrix}^T$$

$$\mathrm{d}\boldsymbol{\sigma} = \begin{bmatrix} \mathrm{d}\sigma_x & \mathrm{d}\sigma_y & \mathrm{d}\sigma_z & \mathrm{d}\tau_{xy} & \mathrm{d}\tau_{yz} & \mathrm{d}\tau_{zx} \end{bmatrix}^T$$

弹塑性矩阵 $\boldsymbol{D}_{ep}$ 为：

$$\boldsymbol{D}_{ep} = \boldsymbol{D} - \boldsymbol{D}_p = \boldsymbol{D} - \frac{\boldsymbol{D}\dfrac{\partial g}{\partial \boldsymbol{\sigma}}\left(\dfrac{\partial f}{\partial \boldsymbol{\sigma}}\right)^T \boldsymbol{D}}{A + \left(\dfrac{\partial f}{\partial \boldsymbol{\sigma}}\right)^T \boldsymbol{D}\dfrac{\partial g}{\partial \boldsymbol{\sigma}}} \tag{2.13}$$

上式表明，采用非关联流动法则即 $g \neq f$ 时，$\boldsymbol{D}_{ep}$ 为非对称矩阵。对于岩土类材料，试验所得塑性应变增量的方向有时并不与屈服面正交，此时应采用非关联流动法则。但由于这样得到的 $\boldsymbol{D}_{ep}$ 具有非对称性，会增加计算量，所以实际中仍常用相关联流动法则。此外，$\boldsymbol{D}_{ep}$ 的元素一般都是非零的，故可以反映剪胀性以及体积应力对剪应变的影响。对理想弹塑性材料，A 为零。在摩尔-库仑（Mohr-Coulomb）本构模型（简称 MC 模型）中，起初采用与 MC 屈服准则相关联的流动法则。后来采用非关联本构模型，定义了塑性势函数，引入剪胀角。在主应力空间，塑性势面由 6 个塑性势面组成：

$$g_{1a} = \frac{1}{2}(\sigma_2' - \sigma_3') + \frac{1}{2}(\sigma_2' + \sigma_3')\sin\psi$$

$$g_{1b} = \frac{1}{2}(\sigma_3' - \sigma_2') + \frac{1}{2}(\sigma_3' + \sigma_2')\sin\psi$$

$$g_{2b} = \frac{1}{2}(\sigma_3' - \sigma_1') + \frac{1}{2}(\sigma_3' + \sigma_1')\sin\psi$$

$$g_{2b} = \frac{1}{2}(\sigma_1' - \sigma_3') + \frac{1}{2}(\sigma_1' + \sigma_3')\sin\psi \tag{2.14}$$

$$g_{3a} = \frac{1}{2}(\sigma_1' - \sigma_2') + \frac{1}{2}(\sigma_1' + \sigma_2')\sin\psi$$

$$g_{3b} = \frac{1}{2}(\sigma_2' - \sigma_1') + \frac{1}{2}(\sigma_2' + \sigma_1')\sin\psi$$

式中，ψ 为剪胀角，反映土的剪胀现象。

非关联的 MC 模型共有 6 个参数，即 E、υ、c'、φ'、ψ。其中 c'、φ' 由三轴固结不排水试验确定。至于变形模量 E，对于小变形或大范围线弹性行为的材料，可使用初始模量 E_0；否则，一般使用 E_{50}，即 50% 强度处的割线模量。此外，卸荷时用 E_{ur}。

（2）模型评价

MC 模型采用岩土力学中广泛应用的摩尔库仑屈服准则，能反映岩土材料弹塑性；模型参数少，可由常规三轴试验确定。但 MC 模型属于理想弹塑性模型，不能考虑材料的硬化特性；由于采用摩尔库仑准则，故不能考虑中间主应力的影响；此外，常规三轴试验确定的模量也不能反映小应变刚度特性，模拟得到的地表沉降和支护结构弯矩偏小，而支护结构水平位移偏大。

2.3.3 MCC 模型

剑桥模型（Cam-clay 模型）是剑桥大学 Roscoe 等（1963，1968）为正常固结黏土和弱超固结黏土建构的弹塑性本构模型，所依据的试验资料主要是排水和固结不排水常规三轴试验。

（1）剑桥模型

剑桥模型基于等压固结试验和常规三轴压缩试验。正常固结土的等压固结线及卸载再加载曲线（即回弹曲线）的方程分别为：

$$e = e_a - \lambda(\ln p - \ln p_a) \tag{2.15}$$

$$e = e_\kappa - \kappa(\ln p - \ln p_a) \tag{2.16}$$

临界状态线 CSL 即破坏线在 pq 平面上的投影式为：

$$q = Mp \tag{2.17}$$

式中，$M = \dfrac{6\sin\varphi'}{3-\sin\varphi'}$。

剑桥模型建立的是体积应变增量 $d\varepsilon_v$、广义剪切应变增量 $d\varepsilon_s$ 与广义应力 p、q 之间的关系，即增量形式的应力-应变关系为：

$$d\varepsilon_v = \frac{\lambda-\kappa}{1+e}\left(\frac{\lambda}{\lambda-\kappa}\frac{dp}{p}+\frac{d\eta}{M}\right) \tag{2.18}$$

$$d\varepsilon_s = \frac{\lambda-\kappa}{1+e}\left(\frac{1}{M-\eta}\right)\left(\frac{dp}{p}+\frac{d\eta}{M}\right) \tag{2.19}$$

可见，通过常规三轴试验和等压固结试验可测定模型的 3 个常数 λ、κ 和 M，这是剑桥模型的优点。这个模型较好地反映了土体的弹塑性变形特性，特别是考虑了塑性体积变形。但剑桥模型仍基于传统塑性位势理论，采用单屈服面和相关联流动法则。模型的屈服面只是塑性体积变形的等值面，只采用 ε_v^p 作为硬化参量，因此不能很好地反映剪切屈服。研究表明，由模型算得的塑性剪应变 ε_s^p 比实际值小，模型不能很好地描述剪切变形。此外，由于体积屈服轨迹的斜率处处为负，塑性应变增量沿 p 方向的分量 $d\varepsilon_v^p$ 只能是正值即压缩。这就意味着剑桥模型只能反映剪缩而不能反映剪胀，所以只适用于正常固结土或弱超固结土。此外，研究表明，当 $\eta=q/p$ 较大时，根据上述剑桥模型计算的应变值与实测值接近；而当 η 较小时，计算值一般偏大。

（2）MCC 模型

为克服上述缺陷，Burland（1965）对剑桥模型作了修正，得到修正剑桥模型（Modified Cam-clay），简称 MCC 模型，其增量形式的应力-应变关系为：

$$d\varepsilon_v = \frac{\lambda-\kappa}{1+e}\left(\frac{\lambda}{\lambda-\kappa}\frac{dp}{p}+\frac{2\eta d\eta}{M^2+\eta^2}\right) \tag{2.20}$$

$$d\varepsilon_s = \frac{\lambda-\kappa}{1+e}\left(\frac{2\eta}{M^2-\eta^2}\right)\left(\frac{dp}{p}+\frac{2\eta d\eta}{M^2+\eta^2}\right) \tag{2.21}$$

（3）模型评价

剑桥模型是第一个可以全面考虑压硬性、剪胀性和体积屈服的本构模型，修正剑桥模型较原来的剑桥模型能更好地符合实际，因而得到更为广泛的应用。这是一种能反映硬化的弹塑性本构模型，形式简单，参数较少且有明确的物理意义，易由试验确定。MCC 模型考虑了弹塑性变形时加载和卸载的区别，能较好地描述不同应力路径下的临界应力状态，但对参数的选择较为敏感。模型采用广义应力 $p=(\sigma_1'+\sigma_2'+\sigma_3')/3=(\sigma_1'+2\sigma_3')/3$、$q=\sigma_1'-\sigma_3'$ 作为应力变量，不能考虑中间主应力的影响，也不能描述土体的小应变特性。

2.3.4　HS 模型

T. Schanz 等（1999）将非线性弹性 DC 模型扩展为弹塑性模型，建立了一种硬化土本构模型（Hardening Soil Model）（简称 HS 模型），其中包括 11 个本构参数。HS 模型以弹塑性理论为基础，包括两个屈服函数，分别以塑性剪应变和塑性体积应变作为硬化参数。也就是说，HS 模型是双屈服面模型，在 p-q 平面内由一个双曲线形剪切屈服面和一个椭圆形帽盖屈服面组成；在主应力空间，剪切屈服面和屈服帽盖均为六角锥形状。此外，加载和卸载采用不同的模量。

（1）剪切屈服面

在 HS 模型中，剪切屈服准则为 MC 屈服准则，在 p-q 平面内由一个双曲线形剪切屈服面构造如下剪切屈服函数：

$$f^s = \frac{q_a}{E_{50}} \frac{q}{q_a - q} - \frac{2q}{E_{ur}} - \gamma^p = \bar{f} - \gamma^p \tag{2.22}$$

式中，$q = \sigma_1 - \sigma_3$ 为偏应力；$q_a = (\sigma_1 - \sigma_3)_{ult}$ 为偏应力的渐近值，由破坏偏应力和破坏比确定：

$$q_a = \frac{q_f}{R_f}, \quad q_f = (c \cot\varphi - \sigma_3') \frac{2\sin\varphi}{1 - \sin\varphi} \tag{2.23}$$

式中，R_f 为破坏比；γ^p 为塑性剪应变，也即剪切硬化参数。

E_{50} 为偏应力达到 50% 破坏值时所对应的割线模量，由下式计算：

$$E_{50} = E_{50}^{ref} \left(\frac{c' \cos\varphi' - \sigma_3' \sin\varphi'}{c' \cos\varphi' + p^{ref} \sin\varphi'} \right)^m \tag{2.24}$$

式中，E_{50}^{ref} 是对应于参考围压 p^{ref} 的参考刚度模量，由三轴固结排水剪试验确定。参考围压均设定为 100kPa，得偏应力与轴向应变关系曲线，E_{50}^{ref} 便是 100kPa 围压下 $0.5q_f$ 处的割线斜率。在经验选取 E_{50}^{ref} 的情况下，c'、φ' 可由三轴固结不排水试验确定。

E_{ur} 为卸载再加载杨氏模量，按下式计算：

$$E_{ur} = E_{ur}^{ref} \left(\frac{c' \cos\varphi' - \sigma_3' \sin\varphi'}{c' \cos\varphi' + p^{ref} \sin\varphi'} \right)^m \tag{2.25}$$

式中，E_{ur}^{ref} 为卸载再加载参考杨氏模量，对应于参考围压 p^{ref}，由三轴固结排水剪试验确定。

对于剪切模量，HS 模型规定由下式计算：

$$G = \frac{E}{2(1 + \upsilon)} \tag{2.26}$$

对于给定的 γ^p，即当 γ^p 为常数时，$f^s = 0$ 即为剪切屈服面，在 p-q 空间绘出屈服轨迹。剪切屈服面可写成：

$$\begin{cases} f_{12}^s = \dfrac{2q_a}{E_{50}} \dfrac{\sigma_1 - \sigma_2}{q_a - (\sigma_1 - \sigma_2)} - \dfrac{2(\sigma_1 - \sigma_2)}{E_{ur}} - \gamma^p \\[2mm] f_{13}^s = \dfrac{2q_a}{E_{50}} \dfrac{\sigma_1 - \sigma_3}{q_a - (\sigma_1 - \sigma_3)} - \dfrac{2(\sigma_1 - \sigma_3)}{E_{ur}} - \gamma^p \\[2mm] f_{23}^s = \dfrac{2q_a}{E_{50}} \dfrac{\sigma_2 - \sigma_3}{q_a - (\sigma_2 - \sigma_3)} - \dfrac{2(\sigma_2 - \sigma_3)}{E_{ur}} - \gamma^p \end{cases} \tag{2.27}$$

在 HS 模型中，剪切屈服采用非关联流动法则，其塑性势函数的形式为：

$$\begin{aligned} g_1^s &= \frac{\sigma_1 - \sigma_2}{2} - \frac{\sigma_1 + \sigma_2}{2} \sin\psi_m \\[2mm] g_2^s &= \frac{\sigma_1 - \sigma_3}{2} - \frac{\sigma_1 + \sigma_3}{2} \sin\psi_m \\[2mm] g_3^s &= \frac{\sigma_2 - \sigma_3}{2} - \frac{\sigma_2 + \sigma_3}{2} \sin\psi_m \end{aligned} \tag{2.28}$$

式中，ψ_m 为剪胀角，由下式确定：

$$\sin\psi_m = \frac{\sin\varphi_m - \sin\varphi_{cv}}{1 - \sin\varphi_m \sin\varphi_{cv}} \tag{2.29}$$

式中，φ_m 为滑动摩擦角，φ_{cv} 为临界状态摩擦角，分别由下式确定：

$$\sin\varphi_m = \frac{\sigma_1' - \sigma_3'}{\sigma_1' + \sigma_3' - 2c\cot\varphi} \tag{2.30}$$

$$\sin\varphi_{cv} = \frac{\sin\varphi - \sin\psi}{1 - \sin\varphi \sin\psi} \tag{2.31}$$

式中，φ 为最终摩擦角，ψ 为最终剪胀角。有限元软件 PLAXIS 会根据提供的 φ 和 ψ 按上式自动计算出 φ_{cv}。HS 模型应用了应力-剪胀理论：对于小的应力比（$\varphi_m < \varphi_{cv}$），材料会收缩；而对于高的应力比（$\varphi_m > \varphi_{cv}$），会发生剪胀。

（2）压缩屈服面

在 HS 模型中，压缩屈服面是帽盖屈服面，在 p-q 平面上呈椭圆。构造帽盖屈服函数如下：

$$f^c = \frac{\tilde{q}^2}{\alpha^2} + p^2 - p_c^2 \tag{2.32}$$

式中，$\tilde{q}$ 是一个特殊的偏应力量，即：

$$\tilde{q} = \sigma_1 + (\delta - 1)\sigma_2 - \delta\sigma_3 \qquad \delta = \frac{3 + \sin\varphi'}{3 - \sin\varphi'} \tag{2.33}$$

$\alpha = c' \cdot \cot\varphi'$ 是一个辅助模量，与侧压力系数 $K_0^{nc} = 1 - \sin\varphi'$ 相关。$p = (\sigma_1 + \sigma_2 + \sigma_3)/3$ 为平均应力，p_c 为先期固结压力。应力历史对土力学性质的影响通常用先期固结压力来反映。上式可写成：

$$f^c = Q^2\left(\frac{6\sin\varphi'}{3 - \sin\varphi'}\right)^2 + \left(\frac{\sigma_1 + \sigma_2 + \sigma_3}{3}\right)^2 - p_c^2 \tag{2.34}$$

$$Q = \sigma_1 + \left(\frac{3 + \sin\varphi'}{3 - \sin\varphi'}\right)\sigma_2 - \left(\frac{3 + \sin\varphi'}{3 - \sin\varphi'}\right)\sigma_3 \tag{2.35}$$

$$\mathrm{d}p_c = \frac{K_s K_c}{K_s - K_c}\left(\frac{p_c + c'\cot\varphi'}{p^{ref} + c'\cot\varphi'}\right)^m \mathrm{d}\varepsilon_v^p \tag{2.36}$$

式中，K_s 为回弹体积模量；K_c 为割线体积模量；ε_v^p 为塑性体积应变。一些学者提出，前期固结压力与体积应变之间定义硬化法则：

$$\varepsilon_v^p = \frac{\beta}{m+1}\left(\frac{p_c}{p^{ref}}\right)^{m+1} \tag{2.37}$$

这是等向压缩下产生的塑性体积应变，除刚度应力水平相关幂指数 m 和 p^{ref} 外还引入了另一个模量常量 β，帽盖参数 β 并不直接输入，而是由静止侧压力系数 K_0^{nc} 和参考切线模量 E_{oed}^{ref} 决定。E_{oed}^{ref} 由侧限压缩试验（单向固结试验）确定：绘出轴向应力 σ_1 与轴向应变 ε_1 的关系，参考压力 $p^{ref} = 100\mathrm{kPa}$ 对应点的切线斜率即 E_{oed}^{ref}。切线刚度模量与 E_{oed}^{ref} 具有如下关系：

$$E_{oed} = E_{oed}^{ref}\left(\frac{c'\cos\varphi' - \sigma_3'\sin\varphi'}{c'\cos\varphi' + p^{ref}\sin\varphi'}\right)^m \tag{2.38}$$

在 HS 模型中，帽盖屈服采用相关联流动法则，即：

$$g^c = f^c \tag{2.39}$$

在 HS 模型中，固结试验模量控制帽盖屈服面，E_{50}^{ref} 主要用于控制与剪切屈服面有关的塑性应变，E_{oed}^{ref} 用于控制帽盖屈服面产生的塑性应变。前期固结压力 p_c 决定屈服面帽盖的大小。

（3）模型参数

HS 模型的主要参数共 11 个，包含强度参数、刚度参数以及高级参数。

c'——有效黏聚力。按岩土勘察试验取值。

φ'——有效内摩擦角。按岩土勘察试验取值。

ψ——剪胀角。黏性土的剪胀角较小，可以近似为 0；对于砂性土，可按下述公式确定：

$$\psi = \begin{cases} \varphi - 30° & (\varphi > 30°) \\ 0 & (\varphi \leqslant 30°) \end{cases} \tag{2.40}$$

R_f——破坏比。可经验取值或由三轴试验确定。在 PLAXIS 程序中，默认值为 0.9。

E_{50}^{ref}——常规三轴排水试验的参考割线刚度（kN/m^2），即围压为 100kPa 时对应的割线模量。

E_{oed}^{ref}——侧限压缩试验的参考切线刚度（kN/m^2），即侧限压缩模量，由侧限压缩试验（单向固结试验）确定，E_{oed}^{ref} 的默认值为 E_{50}^{ref}。

E_{ur}^{ref}——卸载再加载参考模量（kN/m^2），即卸载曲线的近似斜率（$\varepsilon \approx 10^{-3} \sim 10^{-2}$）。对应于参考围压 p^{ref}，可由三轴固结排水剪试验确定，也可根据经验定为加载参考模量 E_{50}^{ref} 的 2～4 倍，在 PLAXIS 程序中，默认 $E_{ur}^{ref} = 3E_{50}^{ref}$。

m——刚度应力水平相关幂指数。对于砂土和粉土，m 一般可取 0.5；对于黏性土，其取值范围为 0.5～1.0。

ν_{ur}——卸载再加载泊松比（缺省值为 0.20）。取值为 0.15～0.40，淤泥质土取为 0.35～0.40，粉质黏土取为 0.25～0.30（《工程地质手册》(第四版)，2007）。

p^{ref}——刚度参考压力（默认值=100 kN/m^2），HS 模型中刚度参数均是在参考压力 $p^{ref} = 100kPa$ 下获得的。

K_0^{nc}——静止侧压力系数，即正常固结下 K_0 值（默认 $K_0^{nc} = 1 - \sin\varphi'$）。

（4）模型评价

HS 模型在剪切屈服面的基础上，增加了帽盖屈服面，以反映塑性体积应变，即考虑剪胀效应。E_{50}^{ref} 和 E_{oed}^{ref} 分别控制与剪切屈服面相关联的塑性应变和与帽盖屈服面相关联的塑性应变。当土处于塑性阶段时，屈服面随硬化参数及塑性变形而不断变化。HS 模型较 DC 模型的优越性在于考虑了弹塑性、剪胀性、压缩屈服。HS 模型在处理回弹问题时引入卸载再加载模量，能较准确地计算卸荷条件下土体变形，在模拟开挖问题时具有独特的优势，这是 MC 模型无法实现的。HS 模型参数直观明了，具有明确的物理意义，可通过常规三轴试验和侧限压缩试验获得，因此在很大程度上已经取代了 DC 模型和 MC 模型。

HS 模型也有其局限性。首先，它是硬化土模型，不能描述软化现象；其次，由于是等向硬化模型，故不能反映反复加载的情形；最后，特别是没有考虑土的小应变特性，而深基坑工程中岩土介质基本处于小应变状态。

2.3.5　HSS 模型

HS 模型对于描述土接近破坏时的大应变行为是适用的，但不适宜描述小应变行为。然而大量研究表明，基础工程中的土体除很少的局部发生塑性变形外，其他绝大部分都处于小应变状态（Burland J B 等，1989；Jardine R J 等，1986；Mair R J 等，1993；Izumik 等，1997）。特别地，现场实测与分析研究表明（谢建斌等，2014；宋广等，2014；宗露丹等，2019），深基坑工程土体基本处在小应变状态。因此，要准确预测小应变状态下的土体变形，必须建构新型本构模型。Benz（2007）首次将小应变剪切刚度与应变的非线性关系引进 HS 模型，提出了小应变硬化土模型（Hardening Soil Small-strain Model 或 Hardening Soil Model with Small Strain Stiffness），简称 HSS 模型（Banz 等，2009），近些年来得到越来越广泛的应用。

（1）小应变特性

以往人们认为，土在小应变条件下应力-应变关系是线弹性的，而事实是呈高度非线性，小应变模量远远高于常规三轴试验确定的值，且受应力历史、应力路径等因素影响。Jardine R.J.（1992）等通过大量的试验研究得出结论：土体在小应变状态下，呈现高度的非线性、高模量等特点。在非常小的应变下（一般不大于 0.001%），土体变形是线弹性的；在较小应变下（一般不大于 0.04%），变形部分可恢复，具有非线性等特点；大于 0.04% 时，土体只发生不可恢复的塑性变形。

对土体小应变特性的注意始于 20 世纪 70 年代，人们通过基于现场实测数据的反分析来确定土的本构参数，发现反分析所得模量比常规三轴试验确定的模量要大很多倍（Izumi K 等，1997）。与此同时，许多工程实测资料显示，大部分土体的应变在 0.01% ～ 0.3% 之间。只有很小一部分土体的应变超出 0.3%，而且这部分土体常常受施工扰动较大。人们逐渐意识到，工程土体中的应变并不像原来想象的那样大。更精密的试验发现，在小应变范围内，土的应力-应变关系也并不是原来所认为的线弹性。通过试验获取土在小应变范围内的变形特性，建立小应变本构模型并应用于土体力学分析，是岩土力学与工程近 30 年来的主要成就之一。

（2）剪切模量

Hardin-Drnevich 模型。试验结果表明，土的剪切刚度随应变增大非线性衰减。Hardin B O 等（1972）在研究土的动特性时采用双曲形骨架曲线来描述小应变刚度衰减曲线，即剪切模量与剪应变的关系：

$$\frac{G_s}{G_0} = \frac{1}{1 + |\gamma/\gamma_r|} \tag{2.41}$$

其中

$$\gamma_r = \frac{\tau_{\max}}{G_0} \tag{2.42}$$

式中，$\tau_{\max}$ 为破坏时最大剪应力。

修正 Hardin-Drnevich 模型。Santos 和 Correia（2001）建议用 $\gamma_{0.7}$ 替换 γ_r，将上式

修正为：

$$\frac{G_s}{G_0}=\frac{1}{1+a\,|\,\gamma/\gamma_r\,|} \tag{2.43}$$

式中，$a=3/7=0.385$，$\gamma_r=\gamma_{0.7}$。在 HSS 模型中，以卸载再加载模量对应的剪切模量作为初始剪切模量减小的下限值，此时对应的剪切应变为 γ_c。由式（2.43）得：

$$\gamma_c=\frac{7}{3}\left(\frac{G_0}{G_{ur}}-1\right)\gamma_{0.7} \tag{2.44}$$

式（2.43）或写成：

$$\tau=G_s\gamma=\frac{G_0\gamma}{1+0.385\gamma/\gamma_{0.7}} \tag{2.45}$$

对剪应变求导得切线剪切模量：

$$G_t=\frac{G_0}{(1+0.385\gamma/\gamma_{0.7})^2} \tag{2.46}$$

切线剪切模量 G_t 的下限是卸载再加载模量 G_{ur}，与材料参数 E_{ur}、υ_{ur} 相关：

$$G_{ur}=\frac{E_{ur}}{2(1+\upsilon_{ur})} \tag{2.47}$$

（3）HSS 模型

Benz 引入 Harding-Drnevich 小应变曲线，将 HS 模型加以扩展，最终建立起 HSS 模型，可以考虑小应变范围内剪切刚度与应变的非线性关系。他在多轴应变空间对此双曲线模型进行一般化，提出小应变刚度覆盖模型，可以方便地与常用弹塑性本构模型进行结合。HS 模型与小应变覆盖模型相结合得到的模型就是 HSS 模型。

$$G=\begin{cases} G_0\left(\dfrac{\gamma_{0.7}}{\gamma_{0.7}+\alpha\gamma}\right)^2 & \gamma<\gamma_c \\[3mm] \dfrac{E_{ur}}{2(1+\nu_{ur})} & \gamma\geqslant\gamma_c \end{cases} \tag{2.48}$$

式中，$\alpha=0.385=3/7$，G_0 为初始模量，γ_c 为截断剪应变，超过此应变时剪切模量不再继续减小。当剪应变小于 γ_c 时，就需考虑小应变特性，也即考虑小应变范围内剪切模量的衰减特性；当剪应变大于 γ_c 时，就考虑大应变特性，也即塑性应变变得更为重要，此时采用传统弹塑性模型。也就是说，在变形计算过程中，根据剪应变大小 γ_c 来决定采用小应变模量还是大应变模量。γ 为剪切应变标量或单调的剪切应变，反映应变历史对剪切模量的影响，其计算式为：

$$\gamma=\sqrt{3}\,\frac{\|\boldsymbol{H}\Delta\boldsymbol{e}\|}{\Delta\boldsymbol{e}}=\frac{3}{2}\varepsilon_q \tag{2.49}$$

式中，$\Delta\boldsymbol{e}$ 为当前偏应变增量，$\boldsymbol{H}$ 是代表材料应变历史的对称张量，ε_q 为第二偏应变不变量，$\|\cdot\|$ 表示矩阵范数。

在 HS 模型中，剪切屈服面为六棱锥。由于在锥尖和棱线处屈服函数的导数不定，给数值计算造成一定困难。HSS 模型为解决这一问题，改用松冈-中井（M-N）屈服准则（Matsuoka-Nakai Yield Criterion），使剪切屈服面为圆锥形而不是六棱锥，压缩硬化的帽盖屈服面比 HS 模型光滑。

（4）模型参数

HS 模型包括 11 个参数，HSS 模型在此基础上又引入了 2 个小应变参数，故 HSS 模型共有 13 个参数。其中 2 个小应变参数分别为初始参考剪切刚度 G_0^{ref}、阈值剪应变 $\gamma_{0.7}$，它们有明显的物理意义。以下是学者们研究的主要成果。

G_0^{ref} 为小应变阶段的参考剪切刚度（$\varepsilon < 10^{-6}$）（kN/m^2），由 Hardin 等（1969）基于大量试验资料给出的经验公式计算：

$$G_0^{\text{ref}} = 33 \times \frac{(2.97 - e_0)^2}{1 + e_0} \tag{2.50}$$

式中，e_0 为初始孔隙比。初始剪切刚度 G_0 由下式计算：

$$G_0 = G_0^{\text{ref}} \left(\frac{c' \cos\varphi' - \sigma' \sin\varphi'}{c' \cos\varphi' + p^{\text{ref}} \sin\varphi'} \right)^m \tag{2.51}$$

$\gamma_{0.7}$ 为割线模量 $G = 0.722 G_0$ 时所对应的剪切应变水平（默认值 $\gamma_{0.7} = 0.0002$），其变化范围很小，取值介于（$0.6 \sim 3.0$）$\times 10^{-4}$ 之间。王浩然（2012）对上海地区 8 个基坑工程实例进行研究，发现黏土的 $\gamma_{0.7}$ 取值范围约为（$2 \sim 3$）$\times 10^{-4}$。Brinkgrev 等（2006）提出计算公式：

$$\gamma_{0.7} = \frac{1}{9G_0} \left[2c'(1 + \cos 2\varphi') - \sigma'(1 + K_0 \sin 2\varphi') \right] \tag{2.52}$$

王卫东等（2012）、Vucetic M 等（1991）基于试验资料给出 $\gamma_{0.7}$ 的计算公式：

$$\begin{aligned} \gamma_{0.7} &= 0.0001 + 5 \times 10^{-6} I_p (OCR)^3 \quad &\text{黏性土} \\ \gamma_{0.7} &= 0.0002 \quad &\text{砂性土} \end{aligned} \tag{2.53}$$

（5）参数试验

在常规三轴试验中，一般是对试样加载直至破坏，其应变测量较准确的范围约为 $1\% \sim 15\%$。由于试验仪器精度的限制，以及人们认为实际工程土体的应变较大，故测量精度不会产生很大影响。然而事实上，由于小应变状态下的变形参数被严重低估，故传统本构模型难以准确描述小应变的应力-应变关系。直到 20 世纪 80 年代应力路径三轴仪及静力和动力刚度测试设备的出现，使得准确测量小应变成为可能。

对传统常规三轴仪进行改进得到了高精度试验仪器，主要是测量压力和变形的精度提高，如对试样变形的量测由原来在压力室外进行改为在压力室内测量；围压稳压系统从以前的调压阀控制转变为电动稳压系统控制；轴向压力系统由荷重传感器代替测力计，从而可以进行自动测试并由微机采集处理试验资料；孔隙压力测量系统用液压传感器代替水银控制器。传感器安装在试样轴向中间位置，可直接测出试样轴向位移，进而得到试样变形过程中的变形模量。这种传感器有几十毫米的线性工作段，测量分辨率达到 $0.3\mu m$，极大提高了三轴试验应变的测量精度。研究土的小应变特性，除改进的三轴试验外，还有循环扭剪试验、弯曲元试验、共振柱试验等。考虑到取样扰动的影响，最好采用原位测试方法确定土的初始模量。取样扰动对小应变行为影响很大，现场原位测试确定小应变模量是必要的，应当成为确定 HSS 模型的重要手段。

我国已开展了一定数量土的小应变特性系统试验研究，如上海软土、杭州黏土（夏云龙，2014）、天津软土（刘畅，2008）、厦门花岗岩残积土（牛浩，2017）等。但到目前为止，这种研究极为有限，具体影响尚未弄清。不过，土的小变形特性已引起学者们的重视。如王卫东等（2013）做了关于上海典型土层 HSS 参数试验，并在基坑工程数值分析中加以验证，取得较好的数值结果，并反分析得出一套上海地区 HSS 参数的取值表。梁发云等（2017）通过对上海地区典型软土 HSS 模型参数的试验研究，得出割线刚度、切线刚度及卸载加载刚度之间的数量关系。顾晓强等（2018）利用固结仪、应力路径三轴仪和共振柱联合测定原状土样的小应变刚度特性，得到了土体小应变硬化模型参数，包括土体的初始剪切模量、模量退化曲线、土体强度参数、加卸载模量等。陈少杰等（2019）统计了上海典型土层的室内共振柱试验和现场原位波速测试测得的小应变剪切模量，给出两种试验方法下的 G_0 经验公式，并对比分析了室内试验和现场原位测试结果的差异。进一步采用 HSS 模型对上海新金桥广场基坑工程的开挖变形进行数值模拟，分析了小应变剪切模量对基坑工程变形的影响。分析结果表明，采用现场原位测试测得的小应变剪切模量进行基坑变形计算的结果与现场变形监测数据更为接近。

（6）参数反演

从理论上说，HSS 模型参数可全部由土工试验获取，但试验获取参数一般需采用配备局部传感器的三轴试验系统和配备弯曲元的共振柱仪器，局部应变传感器的全量程精度一般不应大于 0.03%，共振柱的测量精度要求更高，试验获取全部参数对土体样本和仪器的要求比较苛刻。目前，在深基坑工程设计中，小应变参数获取难度仍然较大，国内仅上海、厦门等地区开展了较为全面的试验研究。实际上，剪胀角 ψ、应力水平指数 m 等部分参数的经验选取经过了实际工程考验，已广泛应用于基坑开挖有限元分析，证明了经验选取参数的合理性。此外，人们在参考经验取值的基础上，可通过位移反分析来确定某些参数（李连祥等，2019）。一般情况下，通过勘察测试和经验可得参数 9 个，其余 4 个刚度参数（E_{oed}^{ref}、E_{50}^{ref}、E_{ur}^{ref} 和 G_0^{ref}）则可由反演获得。

可以通过位移反分析，来确定 HS、HSS 模型的部分参数。首先给定反演参数初值（试探值），通过有限元正演逐次修正参数，使位移计算结果逼近实测数据。如熊健（2011）首先基于经验假定 $E_{oed}^{ref}=E_s$、$E_{50}^{ref}=2E_{oed}^{ref}$、$E_{ur}^{ref}=(3\sim5)E_{oed}^{ref}$，并初步选用 E_s、E_{oed}^{ref} 值，建立正分析模型求得基坑位移场。与实测位移场对比分析，并调整上述输入参数，直到所得计算值与实测值相一致。李连祥等（2019）通过位移反分析给出了济南地区典型土层 HSS 模型参数的建议值。

参考切线模量 E_{oed}^{ref} 是固结试验在 100kPa 荷载下的应变曲线切线模量，勘察报告中的压缩模量 E_{s1-2} 是土体在 100kPa、200kPa 两级荷载下的平均压缩模量，两者虽然有区别但数值基本相等，一般认为 $E_{oed}^{ref}=(0.8\sim1.2)E_{s1-2}$。以参考切线模量为基准按一定比例选取各刚度参数，计算精度可满足工程需求。刘畅（2008）根据天津软土试验结果，提出 $E_{50}^{ref}=(1.5\sim2.0)E_s$，$E_{oed}^{ref}=(1\sim1.5)E_{50}^{ref}$。

（7）参数敏感性

许多学者对小应变模型参数的敏感性进行了研究。王浩然（2012）通过分析表明，HSS 模型中对基坑变形影响最大的参数为 G_0^{ref}、$\gamma_{0.7}$ 及 m，其余参数影响相对较小。施有志等（2016）考虑对地面沉降和围护墙最大弯矩的影响，进行 HSS 模型参数敏感性分析。结果表明：影响最大者是 G_0^{ref}，其次是 E_{50}^{ref}，而 $\gamma_{0.7}$ 影响相对小一些。施有志和阮建凑等（2017）、施有志和林树枝等（2017）针对地铁车站深基坑工程，采用 HSS 模型并运用 PLAXIS 软件进行了小变形参数 G_0^{ref} 和 $\gamma_{0.7}$ 敏感性分析，结果表明 G_0^{ref} 对地表沉降和围护墙弯矩的影响较大，$\gamma_{0.7}$ 的影响相对较小。林乔宇（2019）在地铁车站深基坑工程数值分析中，对厦门残积土采用 HSS 模型。参数敏感性分析表明，小应变参数对基坑变形影响较大，其他参数影响相对较小。

（8）模型评价

HSS 模型是以 HS 模型为基础建立起来的，只是增加了两个小应变参数。HSS 模型是一种小应变弹塑性模型，不仅能反映 HS 模型的剪切硬化和压缩硬化等特性，还考虑了刚度在小应变情况下随应变的非线性变化。HSS 模型虽是硬化土弹塑性模型，但它不同于传统的弹塑性模型。一般弹塑性模型均假定屈服之前土是线弹性材料，而 HSS 模型能够描述高度非线性的小应变行为。所谓小应变本构模型，不是仅考虑小应变情况的模型，而是指能够反映小应变特性的全应变范围的本构模型。也就是说，这种模型既能模拟小应变行为，也能模拟大应变行为。

HSS 模型主要是针对正常固结土建立的，对于超固结土是有缺陷的。大多数黏性土都具有一定程度的超固结性，结构性和各向异性是天然黏性土的基本特征。这种土的颗粒间有胶结作用，应力水平较低时，模量较高；达到一定程度时，结构突然破坏。HSS 模型定义加载曲线的参数只有两个，无法描述土的结构性及各向异性。为此，张硕等（2019）改进了小应变剪切模量公式及本构模型。此外，结构性强的土多为软化型，而 HSS 模型是硬化土本构模型。但深基坑工程土体应变水平很少达到峰值，故可采用硬化土模型，而结构性对应力-应变关系的影响则可以通过小应变刚度特性反映。

大量数值计算研究表明，土体采用 HSS 模型比采用其他本构模型可更精确地计算基坑土体变形。尽管如此，由于 HSS 模型参数多，地区差异性较大，经验积累明显不足，选取难度较大，故限制了该模型的推广应用。

2.3.6　本构模型选用

目前，在深基坑变形分析中，应用较多的是 DC 模型、修正剑桥模型 MCC；其中，无黏性土多采用 DC 模型，黏性土多采用 MCC 模型。近些年来，HS 模型和 HSS 模型越来越受到人们的重视。大量数值分析研究表明，HS 模型或 MCC 模型比 MC 模型优越，HSS 模型优于 HS 模型。

例如，徐中华等（2010）对比分析了各种土体本构模型在深基坑工程中的适用性，指出 HSS 模型更适用于深基坑工程的精细分析。刘志祥等（2012）研究指出，由于 MC 模型、HS 模型没有考虑小应变刚度，计算值与实测值相差较大，而 HSS 模型计算结果更为精确。张钦杰等（2015）对某深基坑采用 HS、HSS 模型进行数值模拟，并将模拟结果与实测数据进行对比分析，结果表明 HSS 模型优于 HS 模型。宋二祥等（2016）利用 HSS 和 HS 模型模拟基坑变形，HSS 模拟结果较 HS 模拟结果更加符合实际。胡瑞赓等（2019）选用微型钢管桩-锚杆-土钉支护方式，基于现场实测数据和 PLAXIS 有限元软件，探讨不同土体本构模型对基坑开挖引起支护结构变形问题的适用性，在此基础上，研究本案例支护形式中两个关键因素（锚杆预应力系数、微型钢管桩抗弯刚度）对支护结构变形的影响规律。计算结果表明：采用 HS 模型与 HSS 模型所得基坑开挖引起的地表沉降模式相似，且与实测值的变化趋势一致。随着基坑开挖深度的增加，MC 模型和 MCC 模型计算的桩身水平位移值与实测值的误差逐渐增大，而 HSS 模型能较准确地描述邻近建筑物超载、基坑开挖卸载引起的桩身水平位移的变化规律。刘东等（2020）进行的数值分析也表明，采用 HSS 模型分析的结果好于 MCC 模型。刘旭东（2020）采用 MC、HS、HSS 模型分析盾构隧道地表沉降，将数值分析结果与监测资料对比，发现 HSS 模型与实际吻合度最好。盛旭圆（2020）运用 PLAXIS 软件对基坑开挖过程进行数值模拟，通过MC、HS、HSS 模型比较，HSS 模型能够较为准确地计算基坑变形。葛鹏等（2020）研究表明，MC 模型对加载和卸载采用统一的弹性模量，导致坑底产生较大回弹。采用 HS或 MCC 模型分析，结果较为合理。

第 3 章　土岩双元深基坑变形问题

深基坑开挖必然使周边一定范围内地层应力场发生变化，从而引起基坑体系变形。基坑变形过大不仅会影响基坑内地下结构施工，还可能引起周边建筑物、道路或地下管线等设施开裂甚至破坏。所以，深基坑变形研究对合理设计基坑支护结构，以确保基坑稳定、周边建筑物及其他设施安全意义重大。目前，变形控制设计已成为深基坑工程设计的基本原则，而这个设计原则给技术人员提出了多重挑战，如设计阶段的基坑变形预测、基坑变形允许值的确定、施工过程中基坑变形监测，以及基坑变形控制措施等。

深基坑变形远比浅基坑变形复杂，土岩双元深基坑变形比土质深基坑更为复杂。对于基坑变形问题，以往人们主要关注软土基坑，而对土岩双元深基坑的变形研究较少，其变形机制与规律至今尚不明确。不过，对于土岩双元深基坑变形问题，近些年来也有许多研究成果问世，因此有必要做出细致的总结。

3.1　深基坑变形机理

一般来说，深基坑变形是指基坑支护结构变形和基坑岩土体变形。从区域考虑，可将深基坑变形分为三部分，即围护结构变形、坑外岩土体变形、坑底岩土体变形，这三个区域的变形是相互联系的。围护结构变形主要是指桩墙水平位移和竖向位移，其中竖向位移通常较小，危害性也较低，故一般不予考虑。坑外岩土体变形主要是指坑外地表沉降和坑外深层水平变形。坑底岩土体变形主要是指坑底隆起变形。更全面地说，深基坑变形当指整个基坑体系的变形；除上述三个区域的变形之外，还包括周边设施的变形，如邻近建筑物开裂与倾斜、道路开裂与塌陷、地下管线沉降与断裂等。本节谈论基坑体系变形机理，首先对深基坑变形进行分析，其次说明土作为材料的变形机理，再次阐述深基坑变形机理。

3.1.1　深基坑特征变形

在深基坑工程设计中，人们特别关注的是深基坑特征变形，也即围护结构或坑壁的水平位移、坑外地表沉降和坑底隆起变形，故本章以下各部分的讨论主要针对这些特征变形展开。

3.1.2　土单元变形机理

所谓变形机理，是指物体的受力变形机制。就固体材料而言，其变形一般具有弹性、塑性和黏性三种成分，故常分为弹性变形、塑性变形和黏性变形。

（1）黏弹塑性

弹性是指在外力作用下产生变形，而撤去外力后立即恢复的性质，弹性变形是卸荷后可恢复的变形。塑性指应力超过屈服极限时仍能继续变形而不断裂，撤去外力后变形又不能恢复的性质。塑性变形就是卸荷后残留下来的变形。对于具有晶体结构的金属材料，其弹性性质常用物质质点间的相互作用力来说明。根据固体物理学，材料之所以能够平衡是因为原子之间存在着相互平衡的力。荷载作用改变了质点间距，相应产生了变形，同时也建立了新的平衡。一旦荷载消失，质点随即产生位移，返回到原来的平衡位置。晶体材料的塑性变形与晶体内部原子层间发生相对滑动密切相关。试验表明，塑性变形的基本机理是滑移，即当滑移平面上沿着滑移方向的剪应力达到某临界值时便发生错动。从时间方面考虑，变形可分为瞬时变形和流动变形。瞬时变形是指在加荷瞬间完成的变形，包括弹性变形和塑性变形。一般来说，瞬时变形随着应力水平提高而增大。流动变形是随时间而发展的变形，这种性质就是黏性。

土的变形通常也包含弹性、塑性和黏性这三种成分，但由于它是多相摩擦型材料，所以其变形机制要比金属材料复杂得多。例如，骨架整体压缩或歪斜，而颗粒之间不发生滑移；小颗粒被挤入孔隙中；颗粒之间的相对滑移；颗粒旋转和重新排列；颗粒弯曲或被压碎；在排水条件下，孔隙水和气体被挤出。其中，由土颗粒弹性变形构成的土骨架整体变形表现为弹性变形，而其他成分则均导致塑性变形。理论分析表明，在极小的剪切作用下，土颗粒接触处便可发生滑动。在各向等压条件下，从宏观上说试样并不受剪切作用；但在微观上，局部剪切作用不可避免，所以颗粒间有相互错动。对于土来讲，其压缩变形是独特的。研究表明，土颗粒的压缩性远比水的小，完全可以忽略不计；在饱和土中，孔隙水的压缩量与土骨架的压缩量相比也很小，故体积减小是孔隙水排出的结果。此外，与黏土骨架的压缩量比较，砂土及一定程度上粉土的骨架压缩量要小得多。因此对于黏土与砂土相间的地基，黏土层的变形是沉降的主要来源。

（2）土结构损伤

高精度室内试验和现场试验发现，土在小应变条件下具有显著的高模量和非线性，其真实刚度比常规试验得到的变形模量高得多。那么，小应变机理如何？与土的结构性有关。郑智能（2010）利用弹性接触力学理论讨论了胶结结构对土小应变特性的影响。研究表明在土体变形过程中存在一个由胶结结构控制的变形区域，该区域内微量的胶结结构（胶结厚度为土颗粒直径的万分之一）也会使土的宏观模量增加10余倍。微量胶结也可以使土颗粒间点接触转换成面接触，从而使土表现出较高的模量。当应变进一步增加时胶结破损，颗粒间的面接触转换为点接触，从而使土的模量迅速降低。颗粒流分析表明，在小应变范围内，颗粒滑动趋势较小，摩擦力还未得到充分发挥。也就是说，在小应变范围内，主要是黏聚力发挥作用，而摩擦力相对影响较小。天然土都有一定的结构性，在小应变状态下，土的结构只是受到一定程度的损伤，不至于完全破坏。这是小应变模量远高于通常变形模量的原因。

3.1.3　深基坑变形机理

这里所说的深基坑变形机理当然与上述土的变形机理有关，但主要是指基坑体系的受力变形机制。在基坑开挖过程中，坑内岩土体被逐渐挖出，开挖面上的应力得以释放；这种卸荷效应使坑外岩土体中的应力状态产生变化并向坑内移动，从而引起基坑体系变形。就桩墙围护的深基坑而言，可以从四个方面来说明其变形。

（1）围护结构水平位移

在基坑开挖之前，围护结构受静止土压力作用，两侧压力处于平衡状态。当开挖围护结构内部岩土体时，将导致内侧土压力不断减小，使围护结构两侧受力不平衡；在不平衡的两侧土压力作用下，围护结构将向坑内移动；结果导致坑外岩土体应力状态的改变，并引起相应的变形。即便支护作用能够完全补偿开挖卸除的荷载，由于开挖与支护之间有一定的时间差，围护结构也必然会发生变形。

众所周知，刚性挡墙在土压力作用下主要发生平移或倾斜，墙体本身的变形很小。对于深基坑围护结构而言，由于其刚度相对较小，故变形主要表现为弯曲变形，而不像刚性挡墙那样平移或倾斜。当然，深基坑支护结构也可产生一定程度的倾斜和平移，但主要表现为弯曲变形，因此更接近柔性支护。

（2）坑外地表沉降

从机理与构成讲，坑外地表沉降分为三部分，一是围护结构水平位移所致，二是基坑降水引起地层固结，三是坑底隆起所影响。基坑开挖使围护结构及坑壁岩土体受力平衡状态被打破，引起围护结构侧移，从而导致坑外土体应力状态发生变化并产生变形，包括水平位移和地面沉降。基坑降水使地下水位下降，导致地层发生固结变形；或渗流场改变并与应力场耦合，引起坑外土体变形。坑外土体向坑内移动，挤压坑底并产生塑性隆起，进而引起地面沉降。此外，锚撑施作也影响坑外土体变形，坑壁漏水涌砂也引起坑外地表沉降甚至地面塌陷。

（3）坑底隆起变形

基坑开挖释放了岩土体自重，坑底岩土体因回弹而隆起。由于桩墙对坑底土体的约束作用，基坑回弹变形的特征是两边小、中间大，即坑底中部隆起最高。坑两侧桩墙挤压可以使坑底产生塑性隆起，其特点是两边大、中间小，并引起地面沉降。也即坑底两端产生塑性变形，使其隆起逐渐超过中间。地下水绕围护结构在坑内产生自下而上的渗流，从而引起向上的渗透力，进而导致坑底隆起变形。当坑底以下有承压水存在时，隔水层以上土体因承压水的浮托力作用而产生隆起。若坑底为黏性土，开挖将使土体产生负孔隙水压力；这种孔隙水压力的消散导致土体吸水膨胀和软化，使土体进一步隆起。此外，基坑开挖后若搁置时间过长，也会造成隆起变形。

对于较浅的基坑，由于坑底卸荷量小，回弹也较小，一般不会对工程桩产生危害。对于超深基坑，坑内土体卸荷量很大，坑底可能会产生较大的回弹变形和塑性隆起。在软土地层中开挖基坑，坑底隆起须特别注意，因为它与基坑稳定、周边建筑物安全密切相关。当支护结构插入软土且深度较小时，其底部出现较大的变形，呈现出踢脚形态。当支护结构进入硬土层时，其底部位移较小；对于土岩双元深基坑，坑底为较坚固的岩层，隆起很小，一般不考虑。如邵志国（2012）指出，青岛地区土岩双元深基坑工程实践表明，当基坑开挖深度小于上覆土层厚度时，基坑隆起较大；当基坑开挖至基岩时，坑底隆起量较小。刘小丽等（2015）也认为基坑底部岩体强度较高、变形小，无需考虑坑底隆起问题。不过，若岩体中有特殊方位的软弱结构面，则仍需注意因剪切而引起的隆起甚至滑动失稳。

（4）周边设施变形

坑外土体变形可以引起邻近建筑物、道路、地下管线等设施开裂甚至破坏。就周边建筑物而言，其受力变形往往极为复杂，当坑外土体发生不均匀沉降及水平变形时，将使建筑物承受弯曲、剪切、拉压、扭剪等形式的作用与变形。因此，要彻底搞清每条裂缝的变形机理是困难的。

3.1.4　深基坑变形过程

深基坑变形可以发生在基坑施工与使用的几乎所有环节，基坑变形机理与阶段有关。大致分为围护结构施工、基坑降水、基坑开挖、基坑使用、支撑拆除、地下水位恢复等，也可分为三个阶段，即基坑开挖前、开挖过程中、开挖完成后。

（1）基坑开挖前

在深基坑开挖之前，先施工排桩或地连墙，会引起岩土体应力状态的改变。如就地连墙施工而言，一般包括导墙施工、沟槽挖掘和混凝土浇筑三个阶段。其中导沟引起的位移较小，常被忽略。在沟槽开挖时，采用泥浆进行护壁；开挖槽壁上的原始侧压力与泥浆压力之差将导致土体侧向卸荷，从而使槽壁及周边土体发生位移。当进行墙体混凝土浇筑时，混凝土产生的侧压力大于泥浆压力，故槽壁将发生一定的回缩，但其对减小地表土体位移的作用很小，故地连墙施工导致的坑外地表位移主要发生在沟槽开挖阶段。一般认为地连墙施工引起的地表沉降占基坑变形总量的比例很小，但有些情况占比较大，若环保要求较高，须给予足够重视。此外，开挖之前的降水会引起沉降，这种变形可用有效应力原理来解释。

（2）开挖过程中

开挖引起变形。开挖引起岩土体、支护结构受力状态改变，从而导致变形。从力学机制上讲，由于基坑开挖，围护结构内外两侧不平衡的土压力使围护结构产生变形，并导致坑外土体变形。开挖后将产生瞬时变形，若支撑或拉锚不及时、支护力不足，还将随时间产生持续的变形。对于土岩深基坑，下部岩层爆破开挖，引起支护结构和岩土体振动，将导致一定的变形。此外，还有锚撑施工变形。特别值得注意的是，渗水、漏水等携带砂粒等引起地层损失。

（3）开挖完成后

深基坑开挖完成之后，也会引起一定的基坑变形。例如，在达到拆除支撑条件之前拆除支撑，或地下室外墙与桩墙之间回填土不密实，都将引起基坑变形。在基坑使用阶段，引起基坑变形的情况主要有以下几种：截水帷幕渗漏造成水土流失；土体蠕变；坑外动荷载扰动土体，使土的强度降低；坑外注浆使作用在墙体上的土压力增大等。地下水位恢复、承压水头恢复。此外，承压水对上覆隔水层产生扬压力，导致地下室底板上浮。

3.2　深基坑变形规律

如上所述，深基坑变形很复杂，而且是全方位、全过程的。不过，人们特别关注的是基坑开挖完成时的变形模式。现已得到某些一般规律，掌握这些规律对设计是有益的，如在土质基坑中，由于围护墙的最大水平位移常发生在基坑开挖面附近，故最下道支撑越接近坑底时，将能更有效地约束墙体位移。对于土岩双元基坑嵌岩支护，最下道支撑则不宜接近坑底。

3.2.1　土质深基坑变形规律

到目前为止，对于土质深基坑变形，学者们进行过大量研究，并做出了相当可靠的概括与总结。必须指出，即便是土质深基坑，其变形模式也并非表现为某种单一形式，而通常是多种变形形式的组合。

（1）围护结构水平位移

深基坑支护结构基本上都是柔性的，其变形以弯曲为主，刚性平移、倾斜的成分通常较小。当基坑开挖较浅且未架设内支撑或锚固时，围护结构的水平位移主要呈悬臂式，最大水平位移发生在围护结构顶部。随着开挖深度的逐渐增加，基坑内开始架设内支撑或锚索，使围护结构上部区域发生侧移受到了约束作用，进而围护结构变形呈两端小、中间偏上部大的特点，围护结构变形呈抛物线形。随着开挖深度以及支撑数目的增加，围护结构发生侧移的曲线呈悬-抛混合形，与上一变形阶段不同的是发生最大水平位移的位置逐渐下移。对于土质基坑，围护结构水平变形的基本模式有内倾式（首道支撑刚度较小或支撑不利）、内凸式、复合式（开挖深度较大且嵌固较长）和踢脚式（短嵌固且土质较差），如图 3.1 所示（龚晓南，1998）。对于设有多道内支撑的围护结构，比较常见的水平位移形式为抛物线形，即两头小、中间大，最大位移位置处于开挖面附近（王建华等，2007）。

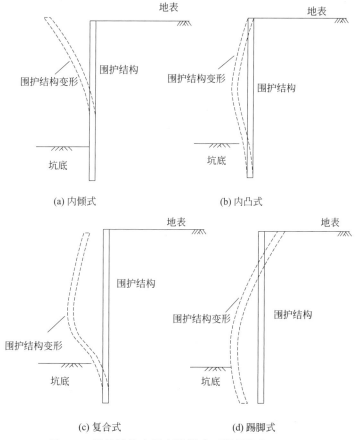

(a) 内倾式　　　　　　　　　(b) 内凸式

(c) 复合式　　　　　　　　　(d) 踢脚式

图 3.1　围护结构水平变形模式（据龚晓南，1998）

（2）坑外地表沉降

在基坑开挖过程中，围护结构的水平位移会导致周围土体应力的重新分布，加上土体自重以及流塑性的一并影响，使坑外土体产生向下联动的趋势，最终产生地表沉降。Ou等（1993）将坑外地表沉降归结为两种基本模式(图 3.2)。若基坑开挖初期墙体产生较大的侧移量，后续基坑开挖围护桩侧移量较小，则地表沉降较易产生三角形模式。若初期基坑开挖支护结构变形不大，随着基坑的继续开挖，由于支撑体系有较大的刚度，使支护结构侧移量较小，但开挖面附近的支护机构变形较大，此时支护机构顶端侧移较小，地表沉降模式为凹槽形。

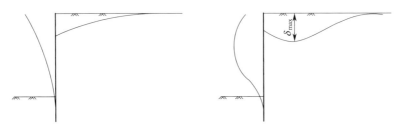

图 3.2　基坑变形曲线（据 Ou 等，1993）

我国学者也认为（龚晓南，1998），坑外地表沉降形式主要分为两类（图 3.3）。一类为三角形沉降，主要发生在悬臂开挖或围护结构变形较大的情况下，沉降特点为距离围护结构越近的区域，地表沉降值越大；另一类为凹槽形沉降，主要发生在围护结构入土深度较深或者有多道内支撑的基坑开挖，其沉降特征为在距围护结构一定距离处发生最大地表沉降值。

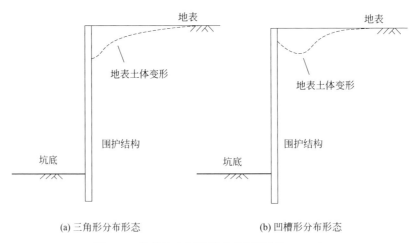

(a) 三角形分布形态　　　　　　　　(b) 凹槽形分布形态

图 3.3　坑外地表沉降模式(据龚晓南，1998)

Hsieh 等（1998）基于大量实测数据提出了主影响区和次影响区的概念（图 3.4）。在两种地表沉降模式中，基坑开挖对周围地表的影响范围均为基坑开挖深度的 4 倍，主影响区和次影响区范围均为基坑开挖深度的 2 倍。对于三角形模式，地表沉降最大值位于围护结构后侧，曲线由两段组成，转折点位于 2 倍基坑开挖深度处，转折点地表沉降值为地表沉降最大值（δvm）的 1/10。对于凹槽形模式，地表沉降最大值位置并非位于围护结构后侧，而是距围护结构 $0.5H$（H 为基坑开挖深度）处，而墙后地表沉降值为最大地表沉降值的 $1/2$，该地表沉降曲线由三段折线组成，2 倍开挖深度处地表沉降值为地表沉降最大值的 $1/10$。

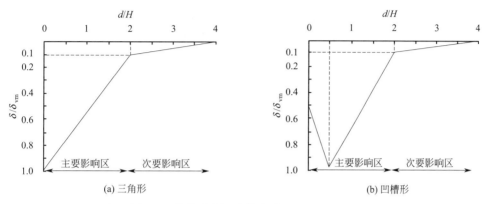

(a) 三角形　　　　　　　　　　(b) 凹槽形

图 3.4　坑外地表沉降模式（据 Hsieh，1998）

Ou 等（2011）为了更合理地反映地表沉降变形特性，综合考虑多方面的因素提出了新的地表沉降曲线（图 3.5）。该模式考虑了基坑开挖深度、开挖宽度和硬土层埋置深度等因素的影响。在两种地表沉降模式中，改进后基坑开挖对周围地表的影响范围均为基坑开挖深度的 2 倍，地表沉降主要影响区和次要影响区均为基坑开挖深度的 1 倍。对于三角形模式，改进后的主要影响区和次要影响区转折点地表沉降值为地表沉降最大值的 $1/6$；对于凹槽形模式，地表沉降最大值位置位于距围护结构 $1/3H$ 处，主影响区和次影响区转折点地表沉降值为地表沉降最大值的 $1/6$。

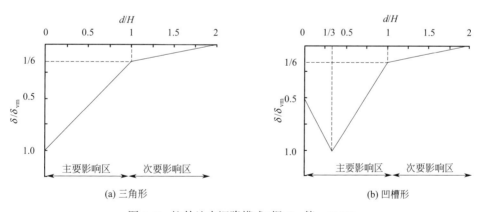

(a) 三角形　　　　　　　　　　(b) 凹槽形

图 3.5　坑外地表沉降模式（据 Ou 等，2001）

3.2.2　土岩深基坑一般变形规律

一般情况下，围护结构最大水平位移的位置随基坑开挖深度不断变化。在基坑开挖初期，支撑尚未施作时，围护墙处于悬臂状态，其最大水平位移发生在墙顶；围护墙顶支撑架设后，墙顶水平位移受到限制。随着开挖深度的增大，墙体中部逐渐向坑内凸出，最大水平位移也相应逐渐下移，并发生在开挖面附近。若深度继续增大且底部为硬层或岩层，则开挖硬层时，最大水平位移仍保持在上部较软土层位置，而非发生在基坑的开挖面处。可见，围护墙最大水平位移的位置与地层分布有密切关系，尤其是位于开挖面处地层的性质。当开挖面处地层坚硬时，墙体位移受到较强约束，最大水平位移一般将发生在开挖面以上，墙底端部则一般不发生位移。土岩双元深基坑正是这种情况，所以最大水平位移的位置一般在上部土层内。

（1）变形主要在土层

大量监测资料分析和数值模拟研究表明（刘红军、张庚成等，2010；刘红军等，2011；刘红军、于雅琼等，2012；杨金华等，2012，2013；祝文化等，2012；刘毅，2012；杨超，2013；王洪德等，2013；黄敏，2013；白晓宇等，2015），无论是采用嵌岩桩墙还是吊脚桩墙，土岩双元深基坑变形主要发生在土层部分，下部岩层变形很小。例如，刘红军、张庚成等（2010）介绍青岛岩石地区土岩双元的一个典型超深基坑工程案例，采用吊脚桩加锚索支护体系，局部放坡结合钢管桩预支护。通过有限元数值分析结果与现场实测数据对比表明：在上覆土层较薄的地区，围护结构的变形主要集中在土层部分。刘红军等（2011）研究表明：土岩双元基坑变形的主要特点是水平位移主要发生在土层深度范围内。祝文化等（2012）以某采用桩撑支护的土岩双元深基坑为研究对象，通过FLAC3D数值模拟软件进行分析，得出围护桩侧移主要发生在土体部分，岩体部分位移较小。刘毅（2012）对某土岩双元深基坑排桩加内支撑支护体系进行数值模拟，发现基坑变形最大值发生在上部土层。杨金华等（2012）介绍武汉某地铁车站深基坑采用嵌岩排桩＋内支撑＋旋喷桩截水帷幕支护，监测表明基坑变形主要集中在上部土层，而下部岩层变形较小。王洪德等（2013）对放坡土钉墙支护的土岩双元基坑进行三维数值分析，结果表明支护结构水平位移主要发生在土层，水平变形主要发生在覆土层部分，微风化岩体几乎未发生水平变形。黄敏（2013）对土岩双元深基坑的研究表明，地表沉降也主要是由土体开挖引起的。郭康等（2018）对某地铁站深基坑（采用嵌岩桩撑支护结构，桩体穿过3m厚中风化砂岩，进入微风化砂岩）进行数值模拟，计算结果与实测值基本吻合：基坑变形主要发生在土体部分，最大位移处于土体中下部。

（2）基坑变形比较小

与土质深基坑相比，土岩双元深基坑变形较小。沈园顺（2012）对青岛地区地铁车站土岩双元深基坑监测资料进行分析，结果表明：吊脚桩支护的深基坑最大侧移平均值为$0.04\%H$，嵌岩桩支护的基坑最大侧移平均值为$0.06\%H$。蔡景萍（2015）针对青岛地区嵌岩桩基坑和吊脚桩基坑，基于现场实测数据对土岩双元深基坑地表变形规律进行研究，建立了18个基坑工程案例数据库。总体上讲，地表最大沉降随着开挖深度的增大而增加，沉降量一般小于$0.1\%H$，地表最大沉降的平均值为$0.05\%H$。测点处地表沉降主要在0~10mm之间，大于10mm的测点仅占8.29%。个别工程由于基坑存在特殊不良地质（如厚淤泥质土层、污水泄漏形成水囊）而沉陷过大，不具有一般性。蔡景萍分析指出，青岛地层基坑地表沉降值比较接近 E. H. Y. Leung 和 C. W. W. Ng 统计的香港城区地层范围为$0.02\%H\sim0.12\%H$；稍好于李淑统计的北京城区土（平均值$0.1\%H$）；但比 Clough 统计的硬黏土、残积土及砂土中基坑的最大地表沉降（平均值$0.15\%H$）要小得多；也比 Wong 统计的新加坡地区基坑的最大地表沉降（大于$0.2\%H$）要小；更远小于 Peck 统计的软土深基坑（大于$1\%H$）和徐中华统计的上海软土基坑（平均值

$0.42\%H$）。可见，地表沉降受地质条件的影响很大，且青岛二元地质结构下的地表变形量要远小于大多数土质地层。

唐聪等（2019）基于实测资料对徐州市某地铁车站土岩双元深基坑（基坑开挖深度为 $23\sim31m$，采用地连墙＋内支撑方案，墙体进入土岩界面深度为 $10m$ 左右）变形进行研究，结果表明：最大侧移为 $0.031\%H\sim0.129\%H$，平均值仅为 $0.063\%H$，远小于软土地区相应的统计值；与软土地区最大侧移点埋深落在开挖面附近不同，土岩双元基坑的平均值约位于开挖面以上 $5m$；最大地表沉降的平均值为 $0.04\%H$，均小于软土地区的统计值。卢途（2020）通过实测数据统计分析，研究了济南地区土岩双元基坑三种支护形式（吊脚桩、放坡嵌岩桩、放坡土钉墙）的地面沉降、支护桩水平位移等变形特性，结果表明：地面变形以沉降为主，最终变形值大多较小，最大沉降量约为 $0.046\%H$，平均值为 $0.024\%H$，远小于设计要求 $0.2\%H$；桩体最大水平位移随着开挖深度的增大而增大，最大值约为 $0.069\%H$，平均值为 $0.039\%H$，小于设计要求的 $0.2\%H$。

土岩基坑变形较土质基坑变形小，显然是因为土层厚度相对较小。蔡景萍（2015）针对青岛地区土岩双元深基坑变形的系统研究表明，吊脚桩支护基坑地表沉降的下限为 $0.016\%H$，小于嵌岩桩支护基坑的 $0.034\%H$，这是因为吊脚桩支护基坑的地层中基岩面普遍较浅，地质条件要好一些；下部虽然没有内支撑，但是锚喷支护还是很好地控制了地层的移动。当然，土岩双元基坑变形之所以较小，不仅是由于岩层本身的变形小，还有从机理上讲，上软下硬地层界面处应力集中，对软弱层产生约束作用。也就是说，岩层刚度较大，有效控制了上覆土层变形的发展。

（3）基坑变形的特点

土岩双元深基坑变形除以土层变形为主外，还有两个特点。一是土岩界面变形较大，二是坑底隆起变形很小。邵志国（2012）基于青岛土岩双元深基坑工程实践指出，土岩界面处的基坑水平位移通常较大。杨超（2013）研究表明，土岩双元地层上下两层强度和刚度上差异显著，交界面常由于地下水的作用成为薄弱面。伊晓东等（2013）研究表明，在某些情况下，土岩界面处的变形可发生急剧变化。他们运用数值方法对基坑开挖全过程进行非线性分析，结果表明土岩界面是引起支护结构急剧变形的关键位置。事实上，由于岩性上存在软硬突变，以及降雨下渗时地下水沿土岩界面向坡脚渗流，倾向坑内的土岩界面常为边坡破坏的潜在滑动面。刘宏力等（2017）为了给边坡防护提供参考依据，利用不同含水量土样进行室内试验，探究土岩界面的剪切特性。结果表明，不同含水量的土岩界面在剪切过程中表现出不同程度的软化特征，正应力越大，界面应变软化越明显。

当基坑开挖深度较小时，基坑坑底隆起以弹性变形为主，且中部变形量最大。若开挖深度很大，隆起变形与开挖宽度有密切关系。当基坑宽度较小时，隆起为中间大、两头小的弹性变形；当宽度较大时，基坑两侧和中部变形较大而三者过渡区变形较小。在软土地区的深基坑工程中，坑底隆起值比较大，可达数厘米甚至超过 $10cm$，这对基坑中的工程桩、支护结构内力、邻近建筑物、地下管线等有较大影响，必须进行有效控制。但在土岩双元深基坑中，基本没有这个问题（蔡景萍，2015；吴晓刚，2016）。例如，蔡景萍（2015）通过对青岛地区土岩深基坑的系统研究指出，由于开挖卸载作用，坑底较硬的岩体将会产生一定的隆起，但隆起量非常小。

（4）基坑变形分布

　　大量研究表明，土岩双元深基坑变形模式比较简单：围护结构变形基本呈抛物线形或三角形，坑外地表沉降呈凹槽形。至于基坑变形范围，王洪德等（2013）通过对大连市某带阳角的深基坑工程进行数值分析和现场监测发现，土岩双元深基坑竖向变形集中出现在基坑边4m范围内。黄敏（2013）研究表明，存在强风化岩层时，沉降范围为1.5～3.0倍土层厚度；只存在中风化和微风化岩层的基坑，沉降范围约为0.7～1.3倍土层厚度。地表沉降最大值为桩体水平位移最大值的0.5～0.7，其位置距基坑边缘约0.5倍土层厚度。蔡景萍（2015）通过对青岛地区土岩深基坑工程监测数据研究表明，就地表沉降范围而言，吊脚桩为$1.5H$，嵌岩桩为$1.8H$，远小于上海软土地区的$3.5H$。此外，无论是嵌岩桩还是吊脚桩，地表沉降最大值均落在$0 \leqslant d/H \leqslant 0.4$范围内，而在$0.4 \leqslant d/H \leqslant 0.8$区域内，地表沉降逐渐减小到可以忽略的水平。刘嘉典（2020）采用数值方法和硬化土小应变模型，对济南市区土体与土岩双元深基坑变形规律进行了研究。结果表明，前者围护结构最大变形位于开挖面附近，地表沉降范围为2.5～3.0倍的开挖深度；后者围护结构最大变形一般在岩层以上3～5m处，地表沉降范围为1.5～2.0倍的开挖深度。

　　地表沉降主要是由土层开挖引起的，岩层的开挖对基坑地表沉降的贡献较小。当岩层对基坑地表沉降的贡献较大时，主要是由强风化岩层的开挖所致，中风化和微分化岩层的开挖对地表沉降的贡献很小，可以忽略。当岩层开挖对地表沉降影响较小时，地表沉降最大值与桩体水平位移最大值之比为0.4～0.5；反之，地表沉降最大值与桩体水平位移最大值之比为0.5～0.7。地表沉降最大值发生的位置与相应基坑土层厚度的比值相对集中，基本为0.2～0.3。

3.2.3　土岩深基坑特殊变形规律

（1）土岩深基坑嵌岩桩

　　周贺（2012）针对某土岩双元深基坑嵌岩桩撑支护体系进行数值模拟，结果表明：支护桩水平位移最大值位置距桩顶约$0.5H \sim 0.7H$；地表沉降最大值位置比较稳定，距基坑边约$0.4H$。支护桩水平位移最大值和地表沉降最大值之间也存在较稳定的关系，即支护桩水平位移最大值约为地表沉降最大值的1.7倍。刘方克等（2016）收集青岛地铁车站深基坑现场实际监测数据，研究了土岩双元深基坑围护结构的变形问题。对于嵌岩桩支护侧向位移，最大侧移与土层厚度近似呈线性关系，其位置深度与土层厚度也呈线性关系；侧移沿深度的变化规律是两头小、中间大，近似呈抛物线形状；侧移最大值随深度增加而增大，在基坑中上部达到最大，而后随深度逐渐减小，并在桩底端趋于零。个别测点呈现桩顶侧移最大、桩底端为零的线性形式，可能是内支撑及锚索并未发挥或未完全发挥作用，对桩体没有产生足够的约束力。个别测点桩顶端侧移为负值，可理解为内支撑结构预加轴力过大。后随着基坑的逐渐开挖，侧移曲线也逐渐呈现两头小、中间大的一般规律。

　　刘俊利（2018）针对某地铁车站深基坑采用现场监测和数值模拟方法进行研究，该基坑开挖深度为7.5m，采用嵌岩桩锚支护＋旋喷桩止水。结果表明：基坑最大水平位移往往发生在基坑开挖深度的约1/2～2/3处。坑外地表沉降曲线呈凹槽形，最大沉降值发生在距基坑5～10m处。白晓宇等（2018）结合某地铁车站深基坑工程，采用数值方法研究了土岩双元深基坑排桩支护体系的受力变形特征。该基坑开挖深度15.4～16.0m，上覆土层厚度小于 5m，桩穿过强风化、中风化层（厚 2.5m），进入微风化花岗岩层 1.5m。对比研究了桩锚、桩撑、桩锚撑三种支护体系，其中第三种体系第一道为钢支撑，第二道和第三道为预应力锚索。研究结果表明：①桩锚撑组合支护体系的土岩双元基坑最大变形发生在基坑上部土层，基坑变形呈现出中部大、两端小的趋势（图 3.6）；由于围护桩的约束作用，基坑周边地表沉降呈先增大后减小的趋势，即靠近坑边的地表沉降较小，距坑边 7.0～8.0m 出现最大值，在坑边 8.0m 以外的地方，地表沉降开始逐渐变小，远离基坑边缘处沉降趋于稳定（图 3.7）。②通过不同支护形式的对比分析可知，全钢支撑支护时基坑变形最小，全锚索支护时基坑变形最大，钢支撑与锚索混合支护时基坑变形介于两者之间。③桩身水平位移随着钢支撑预应力增大逐渐减小，桩顶水平位移变化尤为显著。

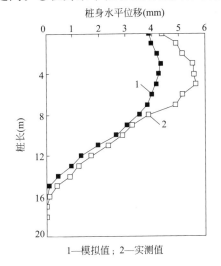

图 3.6　桩体水平位移模拟值与实测值
（据白晓宇等，2018）

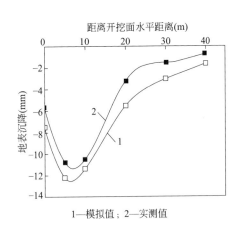

图 3.7　坑外地表沉降模拟值与实测值
（据白晓宇等，2018）

郭康（2019）对某地铁车站嵌岩桩撑支护的土岩深基坑研究表明：①地表沉降变形模式均呈凹槽形，随着上覆土层厚度的不断增大，地表沉降影响范围逐渐增大，地表沉降最大值不断增大且与上覆土层厚度呈线性关系，地表沉降最大值位置逐渐远离围护结构；桩体侧移均呈抛物线形，随着上覆土层厚度的不断增大，桩体侧移不断增大，其最大值位置逐渐向下部移动，但均处于土层中部以下位置，桩体侧移最大值与上覆土层厚度呈线性关系。土体深度 5m 之内的深层水平位移较大，这会对周围管线造成较大影响。②在强风化岩厚度不同条件下，地表沉降均呈凹槽形，桩体侧移均呈抛物线形。开挖土层时，土体对围护桩产生土压力，围护桩向基坑内侧移动，开挖岩层时，岩体没有对围护桩产生压力，但悬臂梁长度不断增长，在上覆土层土压力的作用下围护桩也逐渐向基坑内侧移动。③随着基坑开挖深度的不断增大，地表最终沉降值和桩体最终侧移量逐渐增大，地表沉降影响范围和桩体侧移影响范围逐渐增大，但地表沉降最大值位置随基坑开挖深度的增大基本保持不变，桩体侧移最大值位置随基坑开挖深度的增大逐渐向下部移动，但一直处于土层中，位于土体中部以下位置。地表沉降最大值与桩体侧移最大值随基坑开挖深度的不断增大呈线性增长。在开挖不同刚度的岩土层时，由于岩土层分界面出现相对错动，引起地表沉降和桩体侧移急剧变化。因此，对于不同刚度的土岩分界面处建议可通过设置锚杆使不同刚度的岩层或者土层成为一个整体以有效减小基坑的变形。④随着桩体刚度的增大，地表沉降最大值和桩体侧移最大值逐渐减小，而且减小幅度较大，说明桩体刚度对基坑变形影响较大。

（2）土岩深基坑嵌岩墙

目前，对于地连墙支护结构变形的研究主要是围绕软土地基展开。上海地区工程实践表明，基坑最大变形一般发生在开挖面附近，并且在支护结构底端也有相当大的位移。图 3.8 给出了一个典型上海地区地下连续墙支护结构的变形曲线，开挖深度为 15m，分别在 2m、5m 和 10m 深度处设置了 3 道支撑。

对于嵌岩地连墙，实测资料虽然有限，但是规律性是很明显的，图 3.9 给出了润扬大桥北锚基坑的变形监测数据（李劭晖等，2007）。与软土地基中地连墙支护结构不同的是：基岩对地连墙的嵌固作用阻止了最大变形位置下移，在基岩附近，嵌岩地连墙变形逐渐集中，进入岩层出现明显的拐点，而软基地连墙则持续向下发展，曲线较平顺；从地连墙钢筋应力的监测数据可以看出，由于在基岩的顶面地连墙变形出现了反弯点，所以在该处有较大的负弯矩，钢筋应力增长迅速。

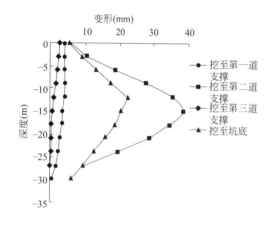

图 3.8　普通地连墙支护

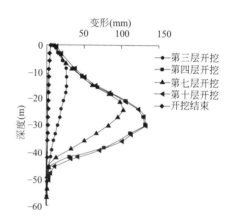

图 3.9　嵌岩地连墙支护

（据李劭晖等，2017）

（3）土岩深基坑吊脚桩

黄敏和刘小丽（2012）以青岛土岩双元地区桩锚支护体系的吊脚桩基坑为研究对象，运用数值分析手段，探讨了基坑开挖在土层厚度、围护桩嵌入岩层的相对深度、岩层组合及岩层开挖方式等不同条件下基坑的变形，得到以下结论：存在强风化岩的基坑，地表沉降影响范围为上覆土层厚度的 4 倍；仅存在中风化岩及微风化岩的基坑地表沉降影响范围为上覆土层厚度的 2.5 倍。由于中风化岩层和微风化岩层的开挖对地表沉降基本无影响，强风化岩层有些条件下影响较小，有些条件下对地表沉降的影响相对较大，故对于这种开挖深度范围内岩层占较大比例的土岩双元型基坑，若采用通常的考虑方式，即以基坑开挖深度的倍数表示地表沉降影响范围，则显然是不适用的，因为并不是基坑开挖深度越深，地表沉降的影响范围就越大。

吴晓刚（2016）针对地铁车站深基坑吊脚桩支护，采用数值分析方法研究了基坑变形规律，结果表明：支护结构侧移形态为上部小、中下部大的花瓶形，地表沉降为凹槽形。

刘方克等（2016）收集青岛地铁车站深基坑现场实际监测数据，建立了 11 个基坑工程案例数据库，研究了土岩二元地质条件下深基坑围护结构的变形问题。对于吊脚桩支护侧向位移，基坑开挖后桩体产生轻微的整体平移，这是由于围护措施的抗力效果未充分发挥。在平移一段距离后，抗力完全发挥，桩身不再滑移，而是随开挖深度增大而产生正常的侧移；最大侧移及其位置与土层厚度间的关系不明显，离散性很大；一般是桩顶侧移最大，底端侧移最小；围护结构侧移最大值与基坑深度比值范围为 0～0.12％。在开挖深度 15～20m 的基坑中，侧移最大值位置大多分布在桩顶标高处，部分位置偏离桩顶，但偏离距离不超过基坑深度的一半。济南黄金国际广场深基坑，开挖深度 12.8～18.5m，吊脚桩锚支护，桩端进入岩层不小于 2m，下部锚喷支护，放坡 1∶（0.15～0.2）。监测结果表明（黄薛等，2019）：桩身水平位移随深度呈减小趋势，最大水平位移位于桩顶附近。在锚索附近，位移有所减小，即锚索的约束作用。

张波（2019）针对厦门某地铁深基坑吊脚桩撑支护体系，采用数值方法研究了嵌固深度、岩肩宽度及锁脚锚索自由段长度对基坑受力变形的影响，结果表明：嵌岩深度越深，桩体位移越小；当嵌岩深度为 0～0.5 倍桩径时，嵌固作用不明显；当嵌岩深度达到 1.0 倍桩径时，桩身变形变化曲线显著降低，桩身自上而下的变形均有明显改善；当嵌岩深度达到 1.5 倍桩径时，桩身变形曲线与 1.0 倍曲线基本吻合。说明超过 1 倍桩径后这一变化趋势对桩身变形的改善并不明显。据此，张波认为吊脚桩嵌岩深度对基坑位移影响有限，可考虑 1.5 倍桩径。当成桩困难且岩性相对完整、风化程度较弱时，嵌岩深度可按 1 倍桩径考虑。此外，岩肩宽度越大，桩底位移越小。从吊脚桩底部岩肩作用机理分析，增大岩肩宽度有利于限制吊脚桩的位移。但岩体由于开挖卸载必然出现应力释放而产生变位，这变位是桩底岩肩难以控制的，故需要与锁脚锚索共同作用以控制变形。

3.2.4 土岩深基坑变形影响因素

（1）影响因素

深基坑施作是引起基坑变形的根本原因，影响基坑变形的主要因素有工程地质条件（地层岩性、岩体结构、岩层风化程度、地下水及季节性变化、上覆土层厚度、土岩比、岩土力学性质、土岩界面性状等）、基坑因素（基坑尺寸、基坑形状、开挖深度等）、支护体系（基坑支护类型、围护结构刚度、桩墙嵌固深度等；锚撑布置方式、间距、长度、预应力大小等；基坑控水方案。这些是决定性因素，因为在其他条件一定的前提下，它们是可调控的）、施工因素（工程周期、施工方法、开挖工艺、开挖次序、开挖速度、施工队伍水平等；超挖、无支撑开挖面暴露等）、附加荷载因素（地面堆载、车辆荷载、爆破荷载、建筑物超载等）、周边环境因素（邻近建筑物、构筑物、道路、地下管线、地下设施、降雨等）、地基加固（加固方法、加固方式、加固范围等）等。

（2）因素分析

影响土岩双元深基坑变形的因素非常多，各种因素对基坑变形的影响程度如何？常用的方法是基于所考虑的因变量如桩体最大水平位移，分析确定多个因素，指令模型中每个因素在取值范围内变化，研究此种变化对因变量的影响程度。这就是因素分析方法，包括单因素分析和多因素分析。所谓单因素分析就是每次选定一个因素在取值范围内变化，同时保持其他因素不变，计算出指标变化，并绘制出相应曲线，由此可判断该因素的影响程度。单因素分析方法简单，但由于忽略各因素间的相互关联性，只能大致分析各因素对指标的影响程度。

多因素分析是指同时考虑多个因素的变化，每个因素设置若干水平，按一定方法将各因素的不同水平组合进行试验设计，常用的设计方法有均匀设计、正交设计。例如，郭康（2019）针对某地铁车站深基坑进行参数研究，该基坑最大开挖深度为 23.1m，上部为土层、下部为强风化和中风化砂岩。基坑采用钻孔灌注排桩＋内支撑＋旋喷桩截水帷幕，排桩嵌固深度 2.5～8.0m。采用数值方法分析上覆土层厚度、强风化岩层厚度、基坑开挖深度、桩体刚度对基坑变形的影响。祝文化等（2012）采用数值模拟方法研究支撑、车辆荷载和堆载等因素对土岩双元基坑变形的影响。王洪德等（2013）对放坡土钉墙支护的土岩双元基坑进行三维数值分析，研究土层厚度、地面超载、土岩界面倾角对带阳角基坑变形的影响。

（3）若干有价值的结论

土岩双元深基坑变形与土层厚度和土岩比密切相关（沈园顺，2012；王洪德等，2013；杨超，2013）。例如，沈园顺（2012）研究表明，土层厚度对底面沉降的范围和最大值影响较大，嵌岩桩最大侧移与土层厚度呈线性关系。杨超（2013）研究表明，土层厚度和土岩比对基坑变形模式及大小有影响。对于桩锚支护结构，当土层厚度和土岩比较大时，地面沉降呈凹槽形，桩顶沉降与最大沉降的差值也较大。但随着土层厚度和土岩比的减小，桩顶沉降与最大沉降的数值越来越接近，沉降模式也由凹槽形转变成三角形。基坑水平变形与土层的厚度和性质、岩层厚度或开挖深度等有关，其中土层厚度是引起水平变形的主要变量。此外，土性对水平位移影响很大，有研究表明，随着内摩擦角的增大，最大水平位移逐渐减小，几乎呈线性关系。由于基坑变形主要取决于上覆土层厚度和性质，所以高基岩面一侧支护桩最大水平位移和最大地面沉降较小，低基岩面一侧桩体最大水平位移和最大地面沉降较大。

土岩双元深基坑变形的另一个重要影响因素是土岩界面及其倾向和倾角。伊晓东等（2013）研究表明，基坑支护结构的变形往往在土岩界面处产生较大变化。王洪德等（2013）通过三维数值分析表明，土岩结合面倾角对基坑变形有重要影响。当土岩界面倾角为正（即内倾）时，加大了基坑变形量，在支护设计中应重点考虑。此外，地面超载对基坑周边土体的水平与竖向位移均构成较大影响，取地面超载 25kPa 是安全系数较高的方案。彭晶（2014）、刘小丽等（2015）针对土岩双元深基坑桩撑支护，采用数值分析方法研究邻近建筑物与基坑开挖之间的相互作用，结果表明：远超载侧围护桩的水平位移均小于无超载（即不存在建筑物）时的位移，表明建筑物的存在对远超载侧的围护桩变形是有利的；存在一个建筑物超载作用的临界深度，当建筑物基础埋深大于此深度时，建筑物的存在会减小围护桩的水平位移，即对基坑变形起有利的作用。临界深度与建筑物超载大小及距基坑边距离相关，随超载的减小和距离的增大，临界深度有所减小。超载与距基坑边距离对远超载侧的围护桩水平位移基本无影响；近超载侧地表沉降最大值的位置与建筑物超载深度有关，当建筑物基础埋深小于其临界深度时，地表沉降最大值发生在建筑物距基坑边最近的位置；当建筑物基础埋深大于其临界深度时，地表沉降最大值发生在距基坑边（0.3～0.5）H 范围内。

3.3 深基坑变形预测

由于环境复杂及保护的缘故,对基坑变形控制的要求越来越严格,深基坑工程进入变形控制设计的时代,这也使基坑变形预测成为设计的突出问题。显然,要提高设计水平,必须准确预测基坑变形。遗憾的是,这项工作难度极大,主要是因为影响因素太多,而且许多因素具有不确定性。由于土岩二元地质结构的复杂性、基坑支护结构的多样性,影响基坑变形的因素很多,机理也相当复杂,故与土质深基坑工程相比,土岩双元深基坑变形预测更为困难。目前可用的基坑变形预测方法主要有经验公式法、理论计算法、数值计算法、模型试验法、时间序列法、神经网络法等,其中经验公式法是基于土质基坑发展起来的,现在还不能直接用于土岩双元深基坑。事实上,深基坑周边环境因素对变形预测来说非常重要,但它难以量化处理,甚至都难以类化分析。所以,很难指望得到普遍适用的基坑变形预测经验公式。此外,想要考虑所有因素进行理论计算恐怕是行不通的,最适用的方法是数值计算。现在深基坑变形研究主要取决于两个方面,一是数值模拟方法的进步,二是基坑监测技术的发展。人们采用的主要方法也是现场实测和数值模拟,特别是将两种方法相结合。这种研究的重要目的之一是通过实测结果验证数值模拟的可靠性,为设计阶段进行基坑变形预测奠定可靠基础。此外,在数值模拟中,可以通过多因素分析进行参数研究,从而实现深基坑工程的优化设计。

从时段上讲,深基坑变形预测包括设计阶段预测和施工阶段预测。在设计阶段,主要采用理论计算法、数值计算和经验公式。在施工阶段,基于监测资料进行统计分析预测,如时间序列分析、神经网络预测等。此外,还可以基于监测资料通过位移反分析确定岩土力学参数,进而进行数值模拟,预测后继阶段的基坑变形。深基坑变形预测的对象主要是围护结构水平位移、坑外地表沉降和坑底隆起变形。其中,坑底隆起变形计算方法主要有两类:一是按分层总和法和回弹模量计算回弹变形,如《建筑地基基础设计规范》GB 50007—2011 推荐者,刘国彬等(2009)提出的残余应力分析法;二是采用经验公式,如同济大学提出的基坑隆起计算公式。由于土岩双元深基坑的坑底隆起变形通常较小,故本节不予考虑。

3.3.1 经验预测法

对于深基坑开挖引起的坑外地表沉降,现有经验预测方法主要是 Peck 经验曲线法。Peck(1969)认为基坑外地表沉降与土质条件、基坑深度、支护结构形式等因素有关,他基于监测资料总结出预测曲线,后来学者又提出修正公式。该法简单实用,但结果偏于保守,仅可用以初步估算。

为估算围护结构最大水平位移,提出了稳定安全系数法。一些学者(Adbulaziz I. Mana 等,1981;Clough 等,1990)基于实际工程数据,将围护结构的最大水平位移与基坑抗隆起稳定安全系数联系起来建立了经验关系,由此关系及抗隆起稳定安全系数,便可估算围护结构的最大水平位移。

目前,坑外地表沉降的经验预测方法均基于土质基坑经验资料提出。根据预测方法的原理,Peck 经验曲线法不能推广用于土岩双元深基坑,因为基坑土岩比这个重要变量未加考虑。对于土岩双元深基坑，坑外地表沉降可采用偏态分布模式，由现场实测数据拟合沉降曲线，在此基础上可以总结出经验曲线。例如，周贺（2011）基于现场实测沉降数据，采用偏态分布模式进行统计分析：

$$\delta(x)=\frac{S_{\mathrm{w}}}{\sqrt{2\pi}\omega x}\exp\left[-\left(\ln\frac{x}{Bx_{\mathrm{m}}}\right)^2/2\omega^2\right] \tag{3.1}$$

式中，x 为待求沉降点距基坑边的距离；x_{m} 为最大沉降点距基坑边的距离；S_{w} 为沉降曲线包络面积；B、ω 为待求常数。根据土岩双元基坑开挖变形数值模拟结果进行统计分析，可取 $B=1.57$，$\omega=0.67$。储小宇等（2014）假定最大沉降点位置与基坑开挖深度成比例：

$$x_{\mathrm{m}}=\alpha H \tag{3.2}$$

沉降曲线包络面积 S_{w} 与围护结构变形曲线包络面积 S_{p} 成比例：

$$S_{\mathrm{w}}=\beta S_{\mathrm{p}} \tag{3.3}$$

则

$$\delta(x)=\frac{\beta S_{\mathrm{p}}}{\sqrt{2\pi}0.67x}\exp\left[-\left(\ln\frac{x}{1.57\alpha H}\right)^2/2\times0.67^2\right] \tag{3.4}$$

但在土岩双元深基坑工程中，基坑变形的影响因素太多、太复杂，难以建立起普遍适用的经验公式。

3.3.2　理论计算法

深基坑变形的理论计算法主要有弹性抗力法，还有就是半理论半经验的地层损失法。弹性抗力法也称为弹性地基梁法、弹性支点法，这种方法可以计算基坑围护结构的水平位移与内力。由于实际设计时常利用杆系有限元法求解，故可视为半理论方法。通常采用平面弹性地基梁法，为了考虑空间效应，可采用空间弹性地基板法计算。这种方法仅考虑水平土压力引起的支护结构内力和变形，未考虑坑底隆起。实际上，水平变形与坑底隆起是相互影响的。

地层损失法由侯学渊（刘建航等，1997）提出，后经其他学者发展。该法先利用弹性抗力法求得围护结构水平变形曲线，然后根据坑外地表沉降与围护结构水平位移的相关性求得地表沉降曲线。根据墙体位移与地表沉降之间关系的假定，分为两种方法。一是面积相关性，即假定地表沉降曲线面积与墙体侧移面积相等；二是位移相关性，即假定地表最大沉降与墙体最大位移间具有一定的关系。现以面积相关法为例加以说明。

首先，利用弹性抗力法求得墙体水平位移曲线，计算墙体位移曲线与原始轴线之间的面积 S_{w}，即：

$$S_{\mathrm{w}}=\sum_{i=1}^{n}\delta_i\Delta H \tag{3.5}$$

其次，假设地表沉降影响范围为：

$$x_0=H_{\mathrm{w}}\tan(45°-\varphi/2) \tag{3.6}$$

式中，H_{w} 为围护墙的高度；φ 为土体的平均内摩擦角。

最后，选取典型的地表沉降曲线，根据此曲线面积 S_{s} 与 S_{w} 相等，可以求得地表沉降曲线。

此外，深基坑降水形成漏斗形的地下水位面，相应地引起以水位漏斗为中心的地表不均匀沉降；其机理是水位降低使地层中的有效应力增大，从而引起地层固结变形，并表现为地面沉降。为了计算基坑降水引起的地面沉降，学者们发展了多种理论，包括经典弹性地面沉降理论、准弹性地面沉降理论、弹塑性地面沉降理论、黏弹性地面沉降理论等，计算的实施则须求助于数值方法。

3.3.3　数值模拟法

深基坑体系包括基坑岩土体、支护结构以及基坑施作影响范围内的周边建筑及设施，这也就意味着基坑变形除与基坑本身情况有关外，还与邻近建筑物及设施有关。既然如此，基坑变形分析必须考虑邻近建筑物及设施的存在，而除数值模拟分析和经验统计分析外，似乎没有更合适的方法。许多学者认为，在深基坑工程设计阶段，预测基坑变形的最好方法是数值计算，主要为有限单元法、有限差分法。这种方法可以考虑比较符合实际的材料本构模型（通常支护结构材料采用线弹性模型，岩体材料采用摩尔-库仑模型，土可采用 MCC 模型、HS 模型、HSS 模型等），可以模拟基坑施工全过程，可以考虑支护结构与岩土体之间的相互作用，可以进行基坑降水及土体变形的流固耦合计算。除二维分析外，还可进行三维数值模拟，从而更好地反映深基坑的空间效应。

采用数值模拟方法分析基坑体系，必须掌握工程问题的物理本质，以建构符合实际的数值模型；也必须深刻理解数值方法本身，以确定其对所分析问题的适用性。否则，数值方法的应用效果将大打折扣。目前，可用的有限元分析软件有 ABAQUS、ANSYS、MIDES、PLAXIS 等，有限差分软件有 FLAC 等。

3.3.4　现场监测与变形预测

在基坑工程设计阶段，预测基坑变形靠理论计算或数值分析；在基坑工程施工阶段，除了通过现场监测得到实时基坑变形外，还可以采用两种方法进行基坑变形预测：一是通过位移反分析获得岩土力学参数，然后采用数值模拟法进行正演计算预测后续变形；二是基于监测数据，采用非线性科学方法来预测后续变形。基坑工程施工过程中监测所得基坑变形是所有相关因素综合作用的结果，根据监测数据可进行基坑变形预测，如回归分析、时间序列分析、灰色系统分析、人工神经网络模型等。这些方法的实质是通过对监测数据进行分析，找出规律性并建立模型，以便对基坑变形的后续发展做出预测。其中，神经网络是 20 世纪 80 年代后期迅速发展起来的一种智能科学，是由大量的简单处理单元即神经元所构成的非线性动力学系统，是一种模仿延伸人脑认知功能的新型信息处理系统。神经网络具有自适应性、容错性，以及较强的非线性映射能力和学习能力，即使数据不完整或不明确也能够寻找最接近的匹配。在处理信息十分复杂、背景知识不清楚、推理规则不明确的问题时，更能显示出其独特的优越性。张清等（1986，1992）首先将这种方法引入岩土工程领域，此后发展很快并受到广泛重视。以下仅简要介绍神经网络预测方法。

神经网络模型很多，目前应用最广泛的是多层前馈神经网络模型，简称 BP 网络。这种神经网络一般由输入层、输出层和隐含层组成，各层含有一个或多个神经元，层内各个神经元之间没有信息的反馈，相邻两层之间通过调节权值和阈值连接。一般情况下，隐含层神经元的传递函数为 Sigmoid 型非线性函数，输入层和输出层神经元的传递函数常选用线性函数。从本质上讲，BP 神经网络的学习过程就是通过各层的连接权值和阈值的调整和组合，以达到一种满意的巨量并行拓扑结构，这种拓扑结构能将学习样本的给定输入矢量空间映射到给定的输出矢量空间。可以把 BP 网络看成是一个从输入到输出的高度非线性映射，这种预测模型是通过学习和训练建立起来的，即用许多输入输出训练一个网络模型，然后便可从未训练的输入值中得到正确的输出值。现已证明，一个三层的 BP 网络理论上可逼近任意的非线性映射，因此一般采用三层 BP 网络（图 3.10）就可以满足实际需要。

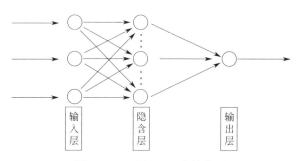

图 3.10　三层 BP 网络结构图

神经网络可以通过学习功能从大量学习样本中获得复杂的非线性关系。由于没有集中处理单元，信息存储和处理表现为整个网络全部单元及其连接模式的集体行为，故具有良好的容错性。BP 神经网络采用误差反传学习算法，学习过程由正向传播和反向传播组成。在正向传播过程中，输入信号从输入层经隐含层单元逐层处理，并传向输出层。每一层神经元的状态只影响下一层神经元的状态。如果在输出层不能得到期望的输出，则转向反向传播，将输出信号的误差按原来的连接通路返回。通过修改各层神经元的权值，使得误差信号最小。得到合适的网络连接权值后，便可对新样本进行预测。在确定合理的网络结构后，利用大量的实际资料对网络进行训练，即可获得神经网络模型。在实际应用中，还可不断地用实际资料来扩充样本库并训练网络，这样就可提高网络的预测精度。

传统的专家系统所采用的知识表示方式是显示表示，而神经网络则采用隐式表示。用神经网络表示知识是用网络结构、网络连接权值表示问题求解的知识，知识的获得是根据积累的大量工程实例通过学习进行的。也就是说，神经网络系统的知识获取不需要由工程师来整理、总结、消化领域专家的知识，只要求领域专家提供范例或实例及相应的解，通过特定的学习算法对样本进行学习，经过网络内部自适应算法不断修改权值分布以达到要求，把专家求解实际问题的启发式知识分配到网络的拓扑结构及权值分布上（Lee 等，1992）。纵观目前的应用，神经网络所起的作用基本上类似于经验回归分析和函数逼近。也就是说，神经网络可以对输入与输出间的关系做出正确的映射。这种映射与经验公式相似，但却是高度非线性的。神经网络只是针对给定的某些样本点确定映射关系即"从事例得规律"。经验公式的本质意味着神经网络的缺陷，因为它假定学习样本中存在的模式亦适合于其他情况。显然，这种外推对于全新的情况并不合适。另外，质量不高的样本会降低整个非线性关系的可靠性，因为机器不可能识别样本质量的高低。

神经网络可以对输入与输出间的关系做出正确的映射，在模式识别和变量计算方面效果显著，对于解决基本依靠经验的复杂问题具有现实的可能性和良好的前景。在深基坑工程领域，邓子胜等（2005）将神经网络引入基坑变形分析。陈勇（2013）采用神经网络法，基于监测资料对土岩双元基坑变形进行预测。在影响因素分析的基础上，选取基坑深度、土层厚度、支撑方式、预加力、围护结构刚度、黏聚力等参数作为控制因素，结果表明该方法预测与现场监测数据较为吻合，绝对误差精度在 10％以内。神经网络模型没有考虑到实测数据中包含误差信息，这些信息应当去除，而小波分析具有很好地去噪效果（杨哲峰等，2014）。余少平等（2017）采用神经网络模型和小波神经网络模型，基于基坑监测数据研究了土岩双元深基坑吊脚桩支护体系的变形问题。结果表明，小波神经网络模型的预测误差小于神经网络模型，能够为基坑后续监测工作提供可靠依据。

3.4　深基坑变形控制

现代深基坑支护工程的核心是有效保护邻近建筑物及地下管线等设施，其实质是对基坑变形进行控制。从现有经验看，土岩双元深基坑变形通常较小，变形问题并不十分突出，一般都能满足基坑变形控制要求。但若设计不当或施工失误，也会出现变形过大的问题，故须谨慎对待。深基坑变形控制问题极为复杂，涉及变形预测理论、变形控制理论、变形控制标准及变形控制技术与方法。

3.4.1　基坑变形控制标准

由于建筑及设施对土岩基坑和土质基坑变形的要求并无本质上的不同，故土岩双元深基坑控制标准与土质深基坑无异。基坑按变形控制设计时，不是基坑变形越小越好，也不宜统一规定。以不影响周边建筑物及其他设施正常使用为标准。基坑变形控制值与正常使用极限状态相关联，对于支护结构而言，其变形不得妨碍地下结构施工，也不得影响基坑周边建筑物、道路及其他设施的正常使用。制定基坑变形控制标准，要考虑基坑施工影响及既有设施的承载能力和抗变形能力（李兴高，2010）。由于基坑变形限值主要由周边建筑物及设施的要求来确定，故土质基坑与土岩双元基坑没有实质性的区别，可以直接套用土质基坑变形控制标准。

一般最大水平位移在 30mm 以内，地面不致有明显的裂缝；当最大水平位移达到 40～50mm 时，会有可见的地面裂缝。因此，一般基坑最大水平位移应控制在 50mm 以内；对于一级基坑，最大水平位移不宜大于 30mm；对于较深的基坑，最大水平位移应小于 $0.3\%H$。上海市基坑工程规范对一级基坑的变形要求极为严格，围护结构最大水平位移和地表最大沉降控制要求分别为小于 $0.18\%H$ 和 $0.15H$（陈少杰等，2019）。

深基坑变形的允许值是难以确定的，为什么？要确定各种情况下邻近建筑物、道路、地下管线等设施的地基变形允许值是非常困难的，因为它们与周边建筑物或其他设施的类型、距离坑边远近、对地基变形的敏感程度等有关。地面变形在建筑物中产生拉应变。根据经验确定各种结构的极限拉应变。研究各种情况下各类设施对基坑变形的适应能力，特别是对不均匀沉降的抵御能力。那么，基坑变形与建筑物、地下管线等设施损坏间的关系，坑外地表水平变形对建筑物等设施的影响，许多方面都缺乏可靠的结论。

深基坑体系的允许变形量应根据基坑周边环境保护要求来确定，也就是具体情况具体分析，单纯依赖规范是不适当的。事实上，对此不宜做出统一规定。所以，《建筑基坑支护技术规程》JGJ 120—2012 没有规定基坑体系的变形控制值，而是要求由各地区根据各自的经验确定。一些地方基坑支护技术标准根据当地经验提出了支护结构水平位移的量化要求，如北京市标准《建筑基坑支护技术规程》DB11/489—2016 中规定，当无明确要求时，最大水平变形限制：一级基坑为 $0.002H$，二级基坑为 $0.004H$，三级基坑为 $0.006H$。如深圳市标准《深圳市基坑支护技术规范》SJG 05—2011 对支护结构顶部最大水平位移允许值规定如下：对于排桩、地连墙加内支撑支护，一级基坑时为 $0.002H$ 与 30mm 的最小值，二级基坑时为 $0.004H$ 与 50mm 的最小值；对于排桩、地连墙加锚拉、双排桩、复合土钉墙支护，一级基坑时为 $0.003H$ 与 40mm 的最小值，二级基坑时为 $0.006H$ 与 60mm 的最小值。这种标准显然取决于基坑特征变形与建筑物损坏之间的关系。

基坑变形控制标准如何确定？国外基坑变形控制标准主要依据周边建筑或其他设施的变形控制标准而定，如各类结构的极限拉应变。各类建筑及设施对变形的敏感性不同，对其变形极限值和允许值提出要求，依此制定地面沉降控制标准。为最终落实到基坑变形上，还须弄清邻近建筑物及其他设施的变形破坏与基坑变形间的关系。这个问题十分复杂，目前我国这类研究较少，不足以支撑变形控制标准的制定。我国现行标准为保证环境安全，对基坑变形特征量值做出限定，主要是基坑围护结构的最大水平位移、坑外最大地表沉降及地面附加倾斜，以及相应变形速率。这种标准是在广泛调查研究基础上基于经验确定的。也即建筑物、构筑物、地下管线、道路等设施的允许地面沉降、围护结构最大水平位移，由各地专家经验加以规定。如北京地铁施工规定地面任意点的下沉量均不得超过30mm；深圳地铁施工规定地面任意点的下沉量均不得超过 $30\sim40$mm，地面附加倾斜不得超过 1/300。

根据现行《建筑基坑支护技术规程》JGJ 120，当基坑开挖影响范围内有建筑物时，支护结构水平位移控制值、建筑物的沉降控制值应按不影响其正常使用的要求确定，并应符合现行国家标准《建筑地基基础设计规范》GB 50007 中对地基变形允许值的规定；当基坑开挖影响范围内有地下管线、地下构筑物、道路时，支护结构水平位移控制值、地面沉降控制值应按不影响其正常使用的要求确定，并应符合现行相关标准对其允许变形的规定；当支护结构构件同时用作主体地下结构构件时，支护结构水平位移控制值不应大于主体结构设计对其变形的限值；当上述情况时，支护结构水平位移控制值应根据地区经验按工程具体条件确定。

必须指出，按基坑变形控制设计，并不是变形越小越好，而是以保证基坑安全、地下结构顺利施工、周边设施安全为标准。基坑变形控制主要是为保护环境，即保护周边建筑物及设施，故与建筑物及设施正常使用允许的变形或应变密切相关。然而，即便建筑物及设施的允许变形或应变能够明确地加以规定，基坑变形控制标准也将十分复杂，因为建筑物及设施相对于基坑边的位置千差万别，允许的围护结构最大水平位移、坑外地表最大沉降等也将有所不同。除非建构包括建筑物及设施在内的基坑体系模型进行数值模拟计算，直接得到建筑物及设施的变形或应变。

3.4.2 基坑变形全过程控制

在设计正确、施工质量得到保证的前提下，深基坑变形应满足变形控制要求。但这只是理想的情况，实际上设计不可能完美无缺，施工也往往有疏漏。所以，对基坑变形有严格要求的深基坑，应尽可能采取全方位、全过程的有效措施以达到控制基坑变形的目的。通过对基坑变形影响因素的研究，可以从勘察、设计、施工、使用等多方面寻找控制基坑变形的措施，防止发生过大的基坑变形。在勘察设计阶段，须查清工程地质条件，并根据基坑特点选择合理的支护方案。在设计计算中，充分考虑各种因素，并适当增加支护结构的刚度以减小围护结构侧向位移；保证围护结构的最小嵌固深度，必要时加大嵌固深度。从理论角度考虑，在设计阶段尽可能准确地预测基坑变形，并采取恰当措施。就基坑工程施工而言，一般将其全过程划分为 6 个阶段，即围护墙施工、基坑降水、基坑开挖、基坑使用、支撑拆除和地下水位恢复；每个阶段均可产生基坑变形，故须进行相应的变形控制。一般认为，基坑变形主要发生在基坑开挖阶段，但也不可轻视其他阶段。

（1）围护结构施工阶段

地连墙成槽、大直径密排灌注桩成孔、水泥搅拌桩截水帷幕施工等，均有可能导致土体变形。如果支护结构施工时清孔不净，墙底有沉渣，则基坑开挖阶段支护结构可能下沉。钻孔或挖槽出现临空面，从而引发周围土体侧移。泥浆护壁提供一定的压力，但不足以补偿开挖卸除的原始侧压力，从而使槽壁发生水平位移，并引发地表沉降。此外，在地连墙混凝土强度形成期间，坑外土体因超静孔隙水压力消散而固结，亦将引起一定的位移。灌注桩与旋喷桩间也须严密结合，以形成封闭的截水帷幕，防止水土流入基坑内，导致地面沉降甚至塌陷。

一般认为，地连墙施工引起的位移占基坑总位移的比例很小，可以不考虑。但在一些工程中，地连墙施工引起的地表沉降相当可观，甚至可能高达总沉降量的 50%。基坑工程实践表明，排桩施工引起的地表沉降范围约为 2 倍的桩深，最大沉降值一般为 0.05% 桩深；而最大侧移的影响范围约 1.5 倍的桩深，最大位移可达 0.08% 的桩深（王自力，2016）。因此，特别是当基坑周边环保要求高时，必须考虑围护结构施工变形控制。可以考虑的控制措施有与建筑物之间设置隔离排桩或隔离墙，或减小槽段长度、桩实行跳打等。

（2）基坑降水阶段

基坑降水分为 3 种情况，即基坑开挖前的降水、基坑开挖过程中的降水、基坑下伏承压水的降水（压）。在基坑开挖前，坑内降水将导致坑内地层有效应力增大，从而引起坑内地面沉降，并可使桩墙产生水平变形。如某地铁车站基坑采用地连墙支护，基坑开挖前降水引发地连墙发生侧移，墙顶最大位移达 9.7mm。为控制此种变形，可分层降水、分段降水、先设置水平支撑。开挖过程中基坑降水导致降水深度范围内墙两侧产生水头差，从而引起地面沉降、桩墙水平位移。若截水帷幕未进入隔水层，则坑内疏干降水将导致坑外地下水位明显下降，从而使有效应力增大，引起坑外地表下沉。可以采取的措施是保证截水帷幕进入隔水层，或进行坑外回灌。

（3）基坑开挖阶段

基坑土石方开挖将引起桩墙水平位移、坑外地表沉降、坑底隆起。为减小开挖阶段的变形，开挖前桩墙必须达到设计强度，以保证围护结构的强度和刚度；及时设置支撑、控制坑外荷载等；为了减小坑底隆起，可增大桩墙插入深度、被动区土体加固、分块开挖土方、分块施工基础底板、缩短基坑暴露时间、降低承压水头等。由于深基坑开挖具有明显的时空效应，故需制定合理的开挖方案。尽量减小基坑无支撑暴露的时间，特别要注意头道锚撑施工的时间和位置，否则会产生较大水平位移；预应力对于墙体的变形有较大影响，施加适当的预应力能有效减小支护结构的水平位移。此外，若地层为砂土层或粉土层，则锚杆施工时往往通过钻孔产生水土流失，从而引起地表下沉，威胁邻近建筑物及其他设施。对此，可采取防止水砂流失的措施，如渗漏水量不大且基本上不带泥砂，只要及时用速凝材料堵漏即可。关于吊脚桩支护的锚杆施工，第一道锚杆对抑制围护结构变形作用最大，而锁脚锚杆预加力对减小桩底水平位移效果显著（鲍晓健，2019）。

（4）基坑使用阶段

基坑开挖至设计坑底标高后，便进入基坑使用阶段。在此阶段，坑外动荷载、截水帷幕渗漏、坑外土体固结与流变、温差导致的支撑涨缩、坑外土体冬季冻结等，均可产生基坑变形。地下室施工时，浇筑混凝土的泵车和运送混凝土的卡车离支护结构太近、基坑边缘有时也成为地下室建材的中转站，这些可能会使支护结构产生过大变形。基坑使用阶段的许多因素应在设计阶段考虑以控制变形，另一些方面则根据需要采取相应的措施，如及时封堵渗漏点、对钢支撑进行浇水降温等。

（5）支撑拆除阶段

随着基础底板和地下结构的施工，水平支撑可逐渐拆除。在主体结构施工过程中，将自下而上逐步卸去内支撑，此过程将进一步增加基坑变形。若未达到拆除条件而提前拆除支撑，或地下室外墙与桩墙之间回填土不密实，则均会产生围护结构的附加水平位移。一些基坑工程事故表明：地下室建成后，在支护结构与地下室之间未设临时支撑，也没有及时回填或回填不实，致使支护结构产生不利变形。因此，必须按设计要求拆除支撑、换撑和填实。

（6）地下水恢复阶段

若在坑底基础及地下结构施工进度未达到停止抽降承压水的条件前停止抽降水，可能导致基础底板上浮，对工程桩造成不利影响。若地下室外墙与围护桩之间填土不实，地下水位上升可导致回填土湿陷，从而引起围护桩水平位移及地面沉降。除应保证回填土质量外，还可在围护墙与地下室楼板标高处设置混凝土传力带。

最后指出，当深基坑变形无法得到有效控制时，必须采取加固技术进行处理，常用的方法有注浆加固、桩体加固、横隔墙加固等。岩土体加固包括坑外加固、坑底岩土体加固。实践表明，对基底一定范围内的岩土体进行加固，可显著限制支护结构的侧向位移、地表沉降和基底隆起。

3.4.3　建筑物变形分析与控制

就基坑周边建筑物而言，其受力变形往往极为复杂；当坑外土体发生变形时，可使建筑物承受弯曲、剪切、拉压、扭剪等形式的作用与变形。除基坑因素外，影响建筑物变形的因素包括建筑结构形式、基础类型、形状尺寸、荷载情况、建造时期、使用情况等。

（1）建筑物变形分析

建筑物变形分析方法主要有简化分析和三维数值分析，还有就是通过对监测资料的系统分析寻找建筑物变形的规律性。其中，简化分析方法不考虑建筑物与基坑体系其他部分的相互作用，即在不考虑建筑物的条件下，预估坑外土体位移；将建筑物假设为简支梁、叠合梁等，进行变形分析并预估相应的破坏程度。这种方法的缺陷是没有考虑基坑体系内部的相互作用。三维数值分析则建构整个基坑体系的模型，可充分考虑建筑物与基坑土体及支护结构的相互作用，以及复杂的时空效应。

（2）建筑物变形控制标准

欲进行建筑物变形控制以保护环境，须比较准确地预测建筑物变形，并制定建筑物变形控制标准。就变形控制标准而言，须判定建筑物在何种变形条件下将产生开裂。对此，学者们的研究主要集中在开裂的拉应变和角变形。此外，学者们针对不同类型结构，研究了建筑物的容许沉降、容许不均匀沉降、容许角变形等。

（3）建筑物变形控制措施

由于邻近建筑物变形预测和变形控制标准均不成熟，环境破坏直接源于坑外土体变形，而坑外土体变形主要取决于围护结构变形和坑底隆起，所以目前我国深基坑变形控制主要着眼于围护结构水平位移、坑外地表沉降和坑底隆起变形。

所以，为了有效保护邻近建筑物等设施，必须设法减小围护结构或坑壁水平位移及坑外地表沉降，如在建筑设施与基坑之间注浆加固、加强基坑支护刚度、严格控制爆破振速（邹玉娜，2019）。必要时，须对既有建筑物地基进行加固，或通过托换基础来提高承载力，从而达到减小建筑物沉降的目的。

第 4 章　土岩双元深基坑稳定问题

深基坑稳定问题是一个突出的技术难题，始终受到技术人员的高度重视。此外，由于基坑稳定性与坑外地表沉降、围护结构水平位移直接相关，所以即使基坑本身不发生失稳破坏，当安全系数较小时也可导致较大的基坑变形，从而对周边环境造成危害。就土岩双元深基坑工程而言，由于基坑变形通常较小，稳定问题相对就成为一个重要风险。目前，土质基坑稳定性分析理论与方法比较成熟，而土岩双元深基坑与土质基坑相比有显著差异，在破坏模式、稳定性分析方法等方面至今尚存在许多问题。例如，设计中一般按圆弧法进行基坑整体稳定性分析，而这种破坏模式往往并不符合实际。

在土岩双元深基坑稳定问题中，破坏机理研究具有重要的理论意义和工程应用价值，因为基坑稳定性定量计算的基础，也是制定基坑体系施工监测方案的基础。学者们对此领域已经进行过一些有益的探索，如通过数值模拟和现场监测来研究基坑破坏模式：对基坑施工全过程做数值模拟，获得可能的整体破坏模式；针对模拟判定的破坏模式布置监测系统，获得实际开挖过程滑移面。又如通过透明土模型试验研究坡顶荷载作用下土岩界面接触滑移机理和规律，实现土岩边坡内部滑移变形的可视化等。本章主要探讨土岩双元深基坑破坏模式与机理，总结相应的基坑稳定性分析理论与方法。

4.1　深基坑破坏问题

深基坑破坏是指基坑体系的破坏，而破坏可视为变形的最后阶段。深基坑体系失稳主要分为两种，一是因基坑岩土体强度不足而造成整体失稳；二是因支护结构的强度、刚度及稳定性不足使支护系统丧失承载能力，进而导致基坑失稳。前者包括围护结构倾覆、围护结构踢脚失稳、基坑整体滑动失稳、坑底隆起失稳等，后者包括内支撑轴力过大而发生折断、锚杆断裂导致围护结构受力过大而出现显著变形、围护结构刚度不足引起变形过大、围护结构强度不够而折断等。其中，围护结构折断或剪断的原因可能是其本身强度不够，也可能是支撑或腰梁的截面不足、节点处理不当、围护结构不闭合等。锚杆破坏主要表现为锚杆断裂或应力松弛、被拔出，这种破坏大多是局部的。内支撑失稳往往是整体性的，即便是局部破坏也常造成整体失稳，尤其是钢支撑体系。本节主要讨论基坑岩土体稳定问题。

4.1.1　单元基坑破坏模式

虽然深基坑一般需要支护，但研究无支护条件下的稳定性也是有意义的，特别重要的是大致估计潜在滑动面的位置，以便进行锚杆设计。众所周知，对于无黏性土边坡，滑动面近乎平面，保持稳定的最大坡角为土的内摩擦角；对于黏性土坡，潜在滑动面一般是通过坡角的圆弧；当土质较软时，也可能发生较为深层的滑动，即滑动面经过坡角以下。对于纯岩质基坑，岩体结构与基坑边界的空间关系是主要的稳定性控制因素；基坑失稳模式最常见的是沿单一结构面发生平面滑动，其次是沿两个以上结构面发生折线滑动，或沿两个以上结构面发生空间楔形体滑动。

对于有支护的土质基坑，可分为桩墙支护、土钉墙支护、预应力锚杆支护三类来讨论基坑破坏模式。桩墙支护体系分为悬臂式、单支撑、多支撑，这里所说的支撑包括内支撑和锚杆；其围护结构的失稳主要有两种形式，即围护结构倾覆破坏和踢脚破坏。采用悬臂式支护体系时，围护结构容易发生倾覆破坏，嵌固深度主要由抗倾覆破坏控制。对于支撑式支护体系，若坑底土体强度较低，则可能会发生踢脚破坏。这种破坏多发生在单支撑基坑中，即绕支撑点转动，围护结构上部向坑外倾倒、下部向上翻。在多支撑基坑中，一般不会发生踢脚破坏，除非只有一道支撑起作用而其他支撑都已失效。当支撑刚度和强度足够时，坑壁水平位移受到有效的限制，此时最容易发生的是坑底隆起破坏。此外，设计时必须验证深基坑整体稳定性，所谓整体失稳是指在土体中形成滑动面，围护结构连同基坑外侧及坑底土体一起丧失稳定性；一般外部形态是围护结构上部向坑外倾斜、围护结构底部向坑内移动、坑底土体隆起、坑外地面下沉。

对于土钉墙支护的基坑体系，有两种可能的整体失稳模式。一是外部失稳，此时土钉墙与重力式挡墙相似，整体失稳可能是水平滑移、倾斜、深部整体失稳，其中深部整体失稳一般只发生在坑底土体非常软弱的情况。二是内部失稳，即滑动面通过土钉墙体，稳定性计算时需在滑动面上计入土钉的作用。对于预应力锚杆支护的基坑体系，其破坏模式主要是剪断锚杆的整体滑动失稳；与土钉墙内部整体失稳类似，稳定性计算时需计入预应力锚杆的锚固作用。

4.1.2　土岩基坑破坏模式

对于土岩双元深基坑，失稳也包括围护结构失稳和基坑岩土体整体失稳。其中，围护结构可能发生倾覆或踢脚破坏。当嵌岩深度不足或坑底岩体破碎软弱时，悬臂式支护较容易发生倾覆破坏，支撑式支护则可能会发生围护结构踢脚破坏。如本来设计时嵌入中风化岩，实际嵌入的却是强风化岩，此时应特别注意踢脚破坏。当设计采用吊脚桩支护体系时，如果锁脚锚杆失效，则可能会发生踢脚破坏。就深基坑岩土体整体稳定性而言，破坏较为复杂，主要有圆弧滑动、圆弧-切面滑动、圆弧-平面滑动、圆弧-平面滑切、圆弧-结构面滑动等（杨超，2013；王兴政，2017），以下做简要说明。

（1）圆弧滑动

当潜在滑动面位于土层或土层及全风化岩层内时，破坏模式基本为圆弧滑动（图4.1）。有时，土层及强风化岩层边坡的潜在滑动面也近似于圆弧。王兴政（2017）针对岩体中不存在软弱结构面的放坡开挖基坑，采用强度折减法对破坏模式进行了比较系统的研究，结果表明：1）土＋全风化岩基坑边坡为圆弧滑动，整体可视为土层。2）土＋全风化＋强风化基坑边坡，其破坏模式与坡率有关：当坡率大于1:0.8时，圆弧滑动；当坡率小于1:0.8时，土＋全风化岩层内为圆弧，滑动面底端与强风化岩层界面相切。3）土＋全风化＋强风化＋中风化基坑边坡，其破坏模式与坡率有关：当坡率大于1:0.8时，在土层、全风化、强风化圆弧滑动；当坡率小于1:0.8时，土＋全风化岩层内为圆弧，滑动面底端与强风化岩层界面相切。4）土＋中风化岩石，滑动面底端相切于中风化岩界面，中风化岩层不破坏。

（2）圆弧-切面滑动

在大坡率条件下，土、全风化、强风化岩双元边坡多发生滑切破坏，即土体与全风化岩的滑弧正好与强风化岩切角斜边对接，形成完整切面破坏（图 4.2）。这种破坏可称为圆弧-切面滑动，简称切面滑动；实质上切面为一圆弧连接的岩石切角，只是半径较大，简化为斜平面，为与平面滑动区别称为切面。

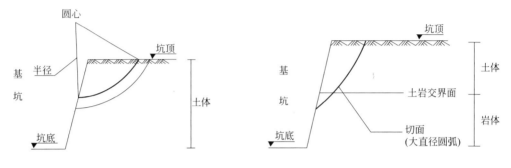

图 4.1　圆弧滑动示意图　　　　　　　图 4.2　圆弧-切面滑动

（3）圆弧-平面滑动

土岩双元深基坑边坡最常见的破坏模式是：下部岩体稳定，仅上部土层发生破坏；土体先是圆弧滑动或开裂，再沿土岩界面滑移，形成圆弧-平面滑动或裂面-平面滑动的破坏模式（图 4.3）。当土岩界面倾角较大、强度较低、有水渗透、振动等作用时，这种破坏更容易发生。

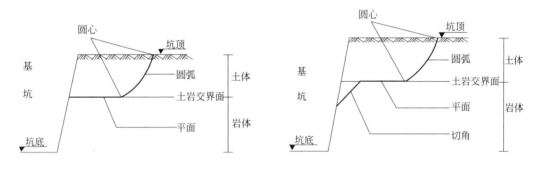

图 4.3　圆弧-平面滑动示意图　　　　　图 4.4　圆弧-平面滑切示意图

（4）圆弧-平面滑切

适当坡率条件下，土与强风化岩双元边坡上部土体圆弧-平面滑动，邻近坡面强风化岩局部产生切角破坏，呈现圆弧-平面-切面破坏模式（图 4.4），简称为滑切破坏。

（5）圆弧-结构面滑动

当土岩界面外倾或水平、强度较高，且岩体中存在倾角较大的内倾结构面时，可能的破坏模式为：上部土层内为圆弧滑动，下部岩层中沿软弱结构面滑动（图 4.5）。

（6）深基坑破坏模式判断

如上所述，对于土岩双元基坑，其破坏模式远比土质基坑和岩质基坑复杂，特别是具有多样性。除了基坑边坡局部破坏如冲刷、剥落、坍塌之外，主要破坏模式为：上覆土层

内圆弧滑动；上覆土层内圆弧滑动、再沿强风化
岩层内切面滑动；土层被拉裂或圆弧滑动、再沿
土岩界面滑动；土层被拉裂或圆弧滑动、再沿岩
体中软弱结构面滑动等。至于何种情况下发生何
种形式的破坏，目前尚未获得一致的结论。如杨
超（2013）研究表明，当土层厚度和土岩比很大
时，超载及土层自重达到基坑开挖面岩层所能承
受的极限荷载，从而导致岩层与土层一起沿某一

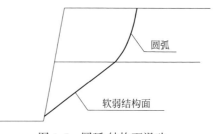

图 4.5　圆弧-结构面滑动

弧面发生整体滑动破坏。陈晗（2018）研究表明，边坡破坏形式与土岩相对厚度具有密切
相关性。若上覆土层较厚，则多以土质边坡破坏形式为主；若土层较薄，则除分析土体浅
层滑动外，还需考虑全风化与强风化岩体及其间弱面夹层的破坏。此外，若土层传下来的
竖向荷载较大，岩体中存在高倾角裂隙，则可能出现劈裂破坏。

　　根据现有研究成果，对深基坑破坏模式可做出如下判断：全风化岩可视为土，当基坑
地层为土层＋全风化岩层时，为圆弧滑动；当基坑地层为土层＋强风化岩层时，由于深基
坑坡率一般较大，潜在滑动面主要位于土层和全风化岩层中，强风化岩层具有较大的稳定
性。对于土＋强风化岩＋中风化岩基坑，边坡失稳模式与前者相似，强风化岩和中风化岩
层内部均不发生破坏。当土岩比较小且岩体中存在软弱结构面时，须考虑沿软弱结构面滑
动的破坏模式。

　　土岩双元深基坑破坏机制之所以复杂，主要原因如下：（1）土坡段的厚度变化大，土
岩比对破坏模式有影响；（2）土岩界面性状复杂多变，其倾向、倾角和强度对破坏模式有
影响；（3）岩体中结构面往往十分发育，结构面的发育程度特别是软弱结构面的存在对边
坡稳定性具有较大影响等。

4.1.3　土岩基坑稳定影响因素

　　土岩双元深基坑稳定性与土岩双元高边坡稳定性相类似，但前者多为直立开挖，且为
临时边坡。与永久边坡相比，稳定性分析理论与方法并无本质区别，只是永久边坡稳定须
考虑强度参数降低、蠕变问题、支护结构耐久性等。此外，两类边坡对变形的要求不同，
深基坑要求往往更为严格。

　　由于基坑破坏是基坑变形的最后阶段，故影响基坑破坏的因素与影响基坑变形的因素
基本一致，包括工程地质条件、基坑因素、支护体系、施工因素、附加荷载因素、周边环
境因素、地基加固等。深基坑稳定性影响因素很多，直接触发失稳的原因可能是暴雨、管
道破裂漏水或生活用水渗入，也可能是严重超载或爆破施工振动等。有些基坑失稳并无明
显的触发原因，而是由于岩土体或支护结构强度不足造成的，这显然是设计错误或施工质
量问题。

　　对于土岩双元深基坑稳定性，岩体结构往往会产生重要影响。当岩层近似水平时，节
理层理的影响不大，而土岩界面、岩体软弱结构面则具有控制作用。特别地，土岩界面的
倾角、在基坑侧面出露的位置、地下水作用等因素对边坡稳定性有重要影响（陈晗，
2018）。众所周知，在边坡工程中，土岩界面常成为边坡失稳的滑动面（李政，2012）。这
是因为土岩双元地层上下两层在强度和刚度上差异显著，土岩界面常由于地下水的作用成

为薄弱面，如广西红黏土层位于基岩之上，在土岩交界处存在一层软流塑土（乌青松等，2017）。刘宏力等（2017）采用不同含水量土样进行室内试验，以探究土岩界面的剪切特性。结果表明，不同含水量的土岩界面在剪切过程中表现出不同程度的软化特征，正应力越大，界面应变软化越明显。因此基本上可以断言，由于岩性上存在软硬突变，以及降雨下渗时地下水沿土岩界面向坡脚渗流，倾向坑内的土岩界面最容易成为潜在滑动面。

4.2　深基坑稳定性分析理论

深基坑稳定性分析沿用岩土力学中的边坡稳定分析理论与方法，主要包括极限平衡理论、极限分析理论和数值分析理论。前两者属于理想刚塑性分析，即假定边坡材料为理想刚塑性体，而数值分析则可以采用非线性弹性模型、弹塑性模型等。本节将简要阐述上述三种方法的基本原理，参见薛守义（2007）。

4.2.1　安全系数定义

针对边坡滑动的各种不同情况，人们给出了安全系数 F_s 的相应定义，如当滑动面为圆柱面或圆弧时，F_s 定义为抗滑力矩 M_R 与滑动力矩 M_S 之比，即：

$$F_s = \frac{M_R}{M_S} \tag{4.1}$$

为了适用于一般滑动面，毕肖普（1955）将安全系数定义为滑动面上的抗剪强度 τ_f 与剪应力 τ 之比：

$$F_s = \frac{\tau_f}{\tau} \tag{4.2a}$$

或

$$\tau = \frac{\tau_f}{F_s} = \frac{\sigma' \tan\varphi' + c'}{F_s} \tag{4.2b}$$

上述定义相当于通过降低强度或强度参数使滑体达到极限平衡状态，这样做是比较符合实际情况的，因为实际边坡的失稳通常也是由于抗剪强度降低所致。但强度参数有两个，引用一个安全系数意味着黏聚力和摩擦系数按同一比例衰减，而这样的假定与实际情况并不完全相符。

4.2.2　极限平衡理论

极限平衡理论的基本假定是滑体为刚体，只是滑动面上的剪应力达到抗剪强度。极限平衡理论的实质是通过降低滑动面强度参数，使可能的滑动体达到极限状态，然后对其进行极限平衡分析，以确定抗滑安全系数。由于假设滑动面上各处安全系数相等，各点同时达到极限状态，所以极限平衡理论无法考虑累进性破坏对稳定的影响。极限平衡分析包括两个基本步骤。其一，假定滑动面，根据静力平衡条件确定其抗滑安全系数。其二，针对所有可能的滑动面重复上述计算并找出最小安全系数及其相应的最危险滑动面。目前，深基坑整体稳定分析一般采用条分法，其基本思想是针对若干滑动面，寻找安全系数最小的最危险滑动面和最小安全系数。现以条分法为例，说明极限平衡分析理论与方法。

如图 4.6 所示的滑体 ABC 被分成 n 个竖直条块，每个条块都视为刚体。由于条块的宽度较小，故底面近似为平面，条块 i 的底面与水平面的夹角为 α_i。当滑动面确定、滑体分为条块后，条块 i 的几何参数随之确定；滑面上的强度参数也是给定的。现对典型条块 i 进行分析。注意到力的三个要素，每个分割面上（底面和条间面）各有三个未知数，即力的大小、方向和作用点或力的法向和切向分量以及法向分力的作用点。共有 n 个底面和 $n-1$ 个条间分割面，故未知数个数为 $3（2n-1）=6n-3$。在平面问题中，每个条块可列出三个平衡方程（即两个力的平衡条件和一个力矩平衡条件），共 $3n$ 个。很显然，除非 $n=1$，否则问题总是超静定的。为了消除问题的超静定，必须做出补充假设。

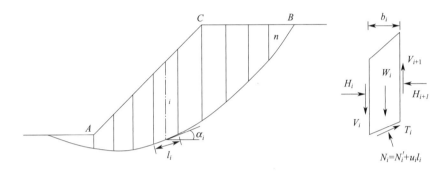

图 4.6　边坡条块模型

首先考虑条块 i 底面上的阻滑力，它们可能达到的最大值为抗剪强度的合力，即：

$$T_{fi}=\tau_{fi}l_i=(c'_i+\sigma_i\tan\varphi'_i)l_i=c'_il_i+N'_i\tan\varphi'_i \tag{4.3}$$

式中，c'_i、φ'_i 为第 i 个滑面强度指标；l_i 为第 i 个条块底面的长度。引入安全系数 F_s 并假定所有条块的安全系数相等，则滑动面上实际的阻滑力 T_i 为：

$$T_i=\frac{T_{fi}}{F_s}=\frac{c'_il_i+N'_i\tan\varphi_i}{F_s} \tag{4.4}$$

这样便增加了 n 个方程，但又多了一个未知数 F_s。

到此为止，问题的超静定次数仍为 $2n-2$。一般假定条块底面上的法向力 N_i 作用在底面的中点。这样又增加了 n 个条件，故超静定次数变为 $n-2$。为了完全消除超静定，学者们针对条间力的大小、方向、作用点提出了各种假设，从而发展出多种条分法，通常假定条块间推力的作用方向。

条分法引入了多种假定：一是按平面应变问题处理，不考虑空间效应；二是假定滑动面、滑体为刚体；三是对条间力做出假定，基于不同的假定将得到不同的条分法；四是通常稳定性验算中仅试算少数几个滑动面，可能会漏掉最危险的滑动面。土坡滑动面的形状通常为簸箕形，按平面应变分析时，由于忽略两侧稳定土体对滑体的抗滑力，故结果偏于保守。滑坡时滑动土体虽然产生大的变形，但刚滑动的瞬间却为一整体，故在稳定性分析中假定滑体为刚体是合理的。

针对最危险滑动面问题，学者们进行了深入研究。对于简单均质土坡，陈惠发（1980）根据大量计算指出，最危险滑弧通过坡底的 a 点和坡顶的 b 点，这两点分别距坡脚和坡肩 $0.1nH$，而圆心位于 ab 的垂直平分线上（图 4.7a）。

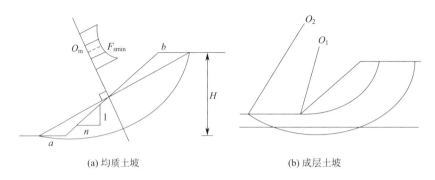

(a) 均质土坡   (b) 成层土坡

图 4.7 最危险滑动面搜寻

对于复杂边坡，采用计算机程序计算时可在一定范围内有规律地选取多个圆心，确定各滑弧并求得安全系数，再通过比较得出最小安全系数。对于成层土坡或具有渗流的土坡，可能出现多个 F_s 的极小值区（图 4.7b），必须进行大量试算以确定 F_s 的最小值。寻找最危险滑动面时，可采用随机生成法搜索。首先在一个较大范围内进行初步搜索，记录安全系数最小的一部分滑动面，它们通常处于一个较小的范围之内。然后在这个缩小的范围内进行新一轮搜索。如果前后两次搜索的结果相差不大，便可认为找到了最危险滑动面。

一般来说，考虑条间力的影响可使安全系数提高。如与更精确的分析方法相比，费伦纽斯（Fellenius）法的误差在 5%～20%，但偏于安全。简化毕肖普法的误差不超过 7%，大多在 2% 左右且偏于安全。但对 φ 等于零或很小的软黏土，滑面底部的正应力对有效抗剪强度影响较小，采用费伦纽斯法并不一定比其他方法更保守。

4.2.3 极限分析理论

严格的理想刚塑性分析是滑移线场理论，所谓滑移线就是剪切滑动面的迹线，滑移线场理论就是关于滑移线性质的理论。这种理论是 Kötter（1903）首先提出的，法国学者普朗特（Prandtl，1920）最早利用滑移线场理论求得无重条形地基极限荷载的解析解。苏联学者索科洛夫斯基（В. В. Соколовский，1954，1965）采用滑移线数值解法成功求解了一系列课题。滑移线场理论作为求解极限荷载的严密理论与方法，满足定解问题的所有控制方程和边界条件。

滑移线场理论假定土体为理想刚塑性体，且分为塑性区和刚性区。极限荷载应满足下述条件：平衡微分方程和应力边界条件，几何方程及位移或速度边界条件，在塑性区域内还需满足本构方程及屈服条件。由于边界条件的复杂性，采用滑移线场理论求解土体的塑性极限荷载通常是行不通的。为此，学者们发展了各种近似解法，Drucker 等（1952）提出的塑性极限分析方法就是其中之一。这种方法经 Shield 等（1953）、沈珠江（1962）、Chen（1975）、陈祖煜（1988，1994，1997）等的研究获得显著进展，并在土力学中获得广泛应用。塑性极限分析法基于上、下限定理，采取放松极限荷载的某些约束条件，来寻求极限荷载的上限值和下限值；在可能的情况下，从上限和下限两个方向逼近真值。如果下限解等于上限解，即 $p^- = p^+$，则所得到的解就是真实解。

利用下限定理计算极限荷载 p^- 的方法称为静力法。根据与真实体力和面力平衡且不违背屈服条件的要求设定一个静力场，确定其对应的应力边界值，此值即为极限荷载的近似值。根据下限定理，真实的极限荷载不小于该近似值。采用静力法时，必须选取一系列静力场进行计算，以最大荷载为最佳近似解。通常是构造为应力间断线所分割的不连续应力场，使每一塑性区具有尽可能简单的应力状态。下限定理应用起来比较困难，因为很难找到合适的静力许可应力场。利用上限定理计算极限荷载 p^+ 的方法称为机动法，此时需设定一个机动场，与其对应的荷载满足虚功率方程，由此可得极限荷载的上限 $p^+ = p^*$。采用机动法时，必须选取一系列机动场进行计算，以最小荷载为最佳近似解。通常是假定滑动面，将土体分成若干刚性块体并构造协调的速度场，然后用虚功率原理求解极限荷载。假定的滑动面越接近真实滑动面，所得结果越接近真实极限荷载。

4.2.4　数值分析理论

随着计算技术的飞速发展以及材料本构理论研究的巨大进步，数值分析理论与方法已达到相当高的水平，常用的数值分析方法是有限单元法和有限差分法。对基坑体系进行数值分析，可以建构比较符合实际的结构模型，可以采用比较合理的本构模型，可以考虑岩土体与支护结构的相互作用。至于抗滑稳定安全系数的计算，则主要有两种方法，一是极限平衡法，即基于弹塑性数值分析得到的应力场和极限平衡原理，确定最危险滑动面及相应的安全系数；二是强度折减法，以下做简要介绍。

在理想弹塑性有限元分析中，如果分析模型由于强度不足而处于不稳定状态，则有限元数值计算将不收敛。基于此点，在分析过程中可通过引入折减系数，逐渐降低岩土材料强度，使系统达到临界状态，即计算不收敛；此时的折减系数就是岩土体的安全系数，滑动面则大致在塑性应变或水平位移突变的地方，呈条带状。就边坡整体失稳判据而言，郑颖人等（2007）指出：从破坏现象上看，边坡失稳、滑体滑出，滑动区域节点位移和塑性应变将产生突变，此后将以高速无限发展。这一现象符合边坡破坏的概念，因此可以把塑性应变或位移突变作为边坡整体失稳的标志。与此同时，静力平衡有限元计算正好表现为不收敛，故不收敛判据是合理的。具体计算中可采用优化理论中的二分法进行强度参数折减，以减少试算次数。计算实践表明，通常经十几次有限元计算便可使安全系数的精度达到要求。

上述方法称为有限元强度折减法，也基于极限平衡理论。很显然，强度折减这种做法并不新鲜，在极限平衡分析的条分法中，也是引入安全系数来降低强度参数来达到极限平衡状态的。但相比之下，有限元强度折减法具有一系列优点。首先，这种方法不必事先假定滑动面的形状和位置，而是直接计算出安全系数和滑动面，并可考虑岩土体的渐进破坏过程。其次，这种方法的适应性强，特别是可方便地用于三维稳定分析和任何类型的岩土体。最后，采用有限元强度折减法进行支挡结构计算，既可以考虑支护结构与岩土体的相互作用，也可以直接计算出结构内力。

有限元强度折减法采用理想弹塑性模型，总变形或应变的大小并不是关注的重点，重要的是塑性应变的突变及塑性流动。因此，所采用的屈服或破坏准则至关重要，必须保证其可靠性，目前常用的有 Drucker-Prager 准则（简称 DP 准则）和 Mohr-Coulomb 准则（简称 MC 准则）。此外，在有限元计算中，采用关联或非关联流动法则，取决于膨胀角

ψ。当 ψ 等于摩擦角 φ 时为关联法则，否则为非关联法则。对于平面应变条件下 DP 准则，ψ 可以取 $0 \sim \varphi$ 之间的不同值。计算实践表明（郑颖人等，2007），采用关联流动法则时的安全系数比采用非关联流动法则时的结果略大。最后，应用强度折减法要求有性能良好的有限元分析程序，因为不收敛可能表明岩土体处于不稳定状态，也可能仅是由有限元数值问题造成的。

4.3 深基坑稳定性分析方法

如前所述，深基坑稳定性分析沿用岩土力学中的边坡稳定分析理论。就方法而言，主要有极限平衡法、极限分析法和数值分析法。目前，最常用的是极限平衡分析中的费伦纽斯条分法和简化毕肖普法，这两种方法均假定滑动面为圆柱面，也即通常所说的圆弧滑动。对于土岩双元深基坑边坡，稳定性往往受土岩界面或岩体结构面控制，圆柱形滑动面假设显然是不合理的。遗憾的是，人们在设计实践中仍在进行简单的圆弧滑动分析。本节除圆弧条分法之外，介绍了非圆弧条分法即 Janbu 法，以及适用于岩体边坡的各种块体稳定分析方法。此外，这里谈论的方法不考虑支护体系的存在，故只适用于纯基坑岩土体稳定性分析，这种分析的价值在于估算基坑边坡的稳定性并确定潜在滑动面，以为支护结构设计提供科学依据。

4.3.1 土坡极限平衡法

（1）费伦纽斯条分法

费伦纽斯条分法也称瑞典条分法，该法假定滑动面为圆弧。此外，为了消除超静定，还忽略土条两侧面上的作用力，或假定土条两侧面上的合力与土条底面平行（图 4.8）。由于各土条底面的倾角不同，上述假定违背了作用反作用定律。费伦纽斯条分法利用土条底面法向平衡条件和对滑弧圆心的整体力矩平衡条件求解安全系数。根据典型土条 i 底面法向平衡条件，有：

$$N'_i + u_i l_i = W_i \cos\alpha_i$$

即
$$N'_i = W_i \cos\alpha_i - u_i l_i \tag{4.5}$$

对圆心取整体力矩平衡，有：

$$\sum_{i=1}^{n} T_i R = \sum_{i=1}^{n} W_i R \sin\alpha_i \tag{4.6}$$

式中 T_i 可表示为：

$$T_i = \frac{1}{F_s}(c'_i l_i + N'_i \tan\varphi'_i) \tag{4.7}$$

将式（4.5）、式（4.7）代入式（4.6）得：

$$F_s = \frac{\sum_{i=1}^{n}(c'_i l_i + N'_i \tan\varphi'_i)}{\sum_{i=1}^{n} W_i \sin\alpha_i} = \frac{\sum_{i=1}^{n}[c'_i l_i + (W_i \cos\alpha_i - u_i l_i)\tan\varphi'_i]}{\sum_{i=1}^{n} W_i \sin\alpha_i} \tag{4.8}$$

采用总应力法时，上式成为：

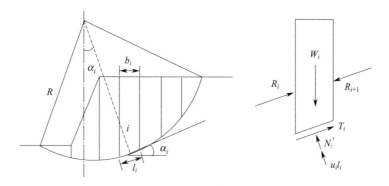

图 4.8 费伦纽斯条分法

$$F_s = \frac{\displaystyle\sum_{i=1}^{n}(c_i l_i + W_i \cos\alpha_i \tan\varphi_i)}{\displaystyle\sum_{i=1}^{n} W_i \sin\alpha_i} \tag{4.9}$$

（2）简化毕肖普法

为了使分析更为精确，毕肖普（Bishop，1955）提出了一种圆弧条分法，该法利用条块竖向平衡条件和对滑弧圆心的整体力矩平衡条件求解安全系数。根据条块 i 的竖向平衡条件（图 4.9），有：

$$W_i = V_{i+1} - V_i + (N'_i + u_i l_i)\cos\alpha_i + T_i \sin\alpha_i \tag{4.10}$$

将式(4.7)代入式(4.10)，可解得：

$$N'_i = \frac{1}{m'_{\alpha i}}\left[W_i + (V_i - V_{i+1}) - \frac{c'_i l_i}{F_s}\sin\alpha_i - u_i l_i \cos\alpha_i\right] \tag{4.11}$$

式中

$$m'_{\alpha i} = \cos\alpha_i + \frac{\sin\alpha_i \tan\varphi'_i}{F_s} \tag{4.12}$$

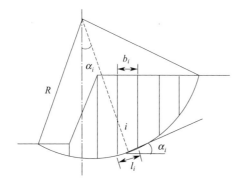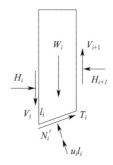

图 4.9 毕肖普条分法

注意到条间力为内力，对圆心取整体力矩平衡得：

$$\sum_{i=1}^{n} T_i R = \sum_{i=1}^{n} W_i \sin\alpha_i R \tag{4.13}$$

将式（4.7）和式（4.11）代入上式得：

$$F_s = \frac{\sum_{i=1}^{n} \left[c'_i b_i + (W_i + V_i - V_{i+1} - u_i b_i) \tan\varphi'_i \right] / m'_{ai}}{\sum_{i=1}^{n} W_i \sin\alpha_i} \tag{4.14}$$

上式中（$V_i - V_{i+1}$）是未知的，须估算其值并通过逐次逼近以求出 F_s。在试算中，V_i 和 H_i 均应满足每个条块的平衡条件，且整个滑体的 $\sum (V_i - V_{i+1})$ 和 $\sum (H_{i+1} - H_i)$ 等于零。研究表明，忽略（$V_i - V_{i+1}$）所产生的误差仅为 1%，如此得到应用相当普遍的简化毕肖普法公式：

$$F_s = \frac{\sum_{i=1}^{n} \left[c'_i b_i + (W_i - u_i b_i) \tan\varphi'_i \right] / m'_{ai}}{\sum_{i=1}^{n} W_i \sin\alpha_i} \tag{4.15}$$

由于 m'_{ai} 内含有 F_s，所以计算 F_s 时需要试算。可先假定 $F_s = 1$，代入式（4.15）的右边，计算出 F_s；再用此 F_s 代入式（4.15）的右边计算新的 F_s。如此反复迭代，直到假定的 F_s 和算出的 F_s 足够接近为止。根据计算经验，通常只要 3～4 次就可满足精度要求。

如果不考虑孔隙水压力，则可得总应力法公式：

$$F_s = \frac{\sum_{i=1}^{n} \left[c_i b_i + W_i \tan\varphi_i \right] / m_{ai}}{\sum_{i=1}^{n} W_i \sin\alpha_i} \tag{4.16}$$

$$m_{ai} = \cos\alpha_i + \frac{\sin\alpha_i \tan\varphi_i}{F_s} \tag{4.17}$$

（3）Janbu 条分法

当滑动面呈非圆弧形状（图 4.10）时，可采用 Janbu 提出的适用于任意形状滑动面的条分法，该法假定：忽略（$V_{i+1} - V_i$）的影响（与简化毕肖普法相同），即设 $V_{i+1} = V_i$；作用于条块间水平方向的力，作为整体是平衡的，即：

$$\sum_{i=1}^{n} (H_{i+1} - H_i) = 0 \tag{4.18}$$

列条块 i 的竖向平衡方程，有：

$$T_i \sin\alpha_i + (N'_i + u_i l_i) \cos\alpha_i = W_i$$

将式（4.7）代入上式得：

$$N'_i = \frac{1}{m'_{ai}} \left(W_i - \frac{c'_i l_i}{F_s} \sin\alpha_i - u_i l_i \cos\alpha_i \right) \tag{4.19}$$

式中，m'_{ai} 见式（4.12）。

列条块 i 的水平向平衡方程，有：

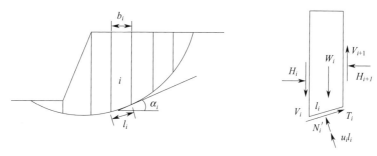

图 4.10　Janbu 条分法

$$T_i\cos\alpha_i - (N'_i + u_i l_i)\sin\alpha_i = H_{i+1} - H_i$$

考虑到式(4.18)，有：

$$\sum_{i=1}^{n}\left[T_i\cos\alpha_i - (N'_i + u_i l_i)\sin\alpha_i\right] = \sum_{i=1}^{n}(H_{i+1} - H_i) = 0$$

将式(4.7)和式(4.19)代入上式，可得：

$$F_s = \frac{\displaystyle\sum_{i=1}^{n}\left[c'_i b_i + (W_i - u_i b_i)\tan\varphi'_i\right]/(m'_{ai}\cos\alpha_i)}{\displaystyle\sum_{i=1}^{n}W_i\tan\alpha_i} \tag{4.20}$$

4.3.2　土坡极限分析法

采用塑性力学上下限定理求解问题，就是利用虚功率原理从上限和下限两个方向逼近真实解。

（1）虚功率原理

假定应力场和速度场都是连续场，则虚功率原理表述为：对于任一组静力许可应力场 σ_{ij}^{*} 和任一组运动许可速度场 $\dot{u}_i^{*}$，外虚功率等于内虚功率，即：

$$\int_{\Omega} f_i \dot{u}_i^{*}\, \mathrm{d}\Omega + \int_{\Gamma} p_i^{*} \dot{u}_i^{*}\, \mathrm{d}\Gamma = \int_{\Omega} \sigma_{ij}^{*} \dot{\varepsilon}_{ij}^{*}\, \mathrm{d}\Omega \tag{4.21}$$

式中，$\Gamma = \Gamma_\sigma + \Gamma_u$。

在极限分析中常遇到应力或速度间断场，如边坡达到塑性极限状态时将在土体中出现速度间断面即滑动面。在连续介质中，间断面实际上是一个薄层区域，在此区域中状态变量的变化过程要比薄层之外的变化剧烈复杂得多。但鉴于该区域很窄，作宏观处理时不考虑薄层内部的情况，只考虑穿过薄层后变量总的变化多少，而把这个薄层视为变量发生间断的一个曲面。在应力间断面处，两侧总是作用大小相等、方向相反的力，而两侧的速度则相等，故内功率总是相抵消，这表明应力间断面对虚功率原理的基本等式没有影响。速度间断时表现为滑动或塑性流动，故沿间断面有附加内功率，即土体在塑性流动中的能量消耗：

$$\int_{\Omega} f_i \dot{u}_i^{*}\, \mathrm{d}\Omega + \int_{\Gamma_\sigma} p_i^{*} \dot{u}_i^{*}\, \mathrm{d}\Gamma = \int_{\Omega} \sigma_{ij}^{*} \dot{\varepsilon}_{ij}^{*}\, \mathrm{d}\Omega + \int_{\Gamma_D} c v^{*} \cos\varphi \mathrm{d}\Gamma \tag{4.22}$$

式中，Γ_D 为速度间断面。由于真实应力场 σ_{ij} 必定是静力许可应力场，真实速度场 $\dot{u}_i$ 一定是运动许可速度场，故有：

$$\int_\Omega f_i \dot{u}_i^* \mathrm{d}\Omega + \int_{\Gamma_\sigma} \bar{p}_i \dot{u}_i^* \mathrm{d}\Gamma = \int_\Omega \sigma_{ij} \dot{\varepsilon}_{ij}^* \mathrm{d}\Omega + \int_{\Gamma_D} cv^* \cos\varphi \mathrm{d}\Gamma \tag{4.23}$$

$$\int_\Omega f_i \dot{u}_i \mathrm{d}\Omega + \int_{\Gamma_\sigma} p_i^* \dot{u}_i \mathrm{d}\Gamma = \int_\Omega \sigma_{ij}^* \dot{\varepsilon}_{ij} \mathrm{d}\Omega + \int_{\Gamma_D} cv \cos\varphi \mathrm{d}\Gamma \tag{4.24}$$

（2）上下限定理

根据上述各式及德鲁克（Drucker）公设，可证明上下限定理。上限定理可表述为：运动许可速度场对应的荷载是极限荷载的上限 p_+，即 $p_+ \geqslant p_s$，p_s 为真实极限荷载。下限定理可表述为：静力许可应力场对应的荷载是极限荷载的下限 p_-，即 $p_- \leqslant p_s$。在土力学的平面应变问题中，速度间断面便可看作间断线。此外，估算极限荷载的上限时，常用速度间断线将物体划分为若干个刚性块。此时内功率便只有间断线的贡献，例如式（4.23）成为：

$$\int_\Omega f_i \dot{u}_i^* \mathrm{d}\Omega + \int_{\Gamma_\sigma} \bar{p}_i \dot{u}_i^* \mathrm{d}\Gamma = \int_{\Gamma_D} cv^* \cos\varphi \mathrm{d}\Gamma \tag{4.25}$$

对于给定荷载 f_i 和 $\bar{p}_i$ 作用下稳定的土坡，上述极限平衡式并不满足。可以通过降低黏聚力 c（即用 c/F_s 代替 c，F_s 为安全系数）使土坡达到极限平衡状态。这样，式（4.25）成为：

$$F_s = \frac{\int_{\Gamma_D} cv^* \cos\varphi \mathrm{d}\Gamma}{\int_\Omega f_i \dot{u}_i^* \mathrm{d}\Omega + \int_{\Gamma_\sigma} \bar{p}_i \dot{u}_i^* \mathrm{d}\Gamma} \tag{4.26}$$

（3）土坡临界高度

为求垂直土坡（图 4.11）临界高度的上限解，现构造一个机动场：AB 为拉裂缝，BC 为剪切面，宽度为 Δ 的刚性土条向下移动。根据前面的分析，v^* 与剪切面呈 φ 角。显然，刚性土条向下移动的速度 $v_1 = v^* \cos(45° + \varphi/2)$。由于拉裂缝处没有能量耗散，故总功率等于剪切面上的内功率，即：

$$\int_{\Gamma_D} cv^* \cos\varphi \mathrm{d}\Gamma = cv^* \cos\varphi \cdot \frac{\Delta}{\cos(45° + \varphi/2)} \tag{4.27}$$

而重力的功率为：

$$\int_\Omega f_i \dot{u}_i^* \mathrm{d}\Omega = \left[\gamma H\Delta - \gamma \frac{\Delta^2}{2} \tan\left(45° + \frac{\varphi}{2}\right) \right] v^* \cos\left(45° + \frac{\varphi}{2}\right) \tag{4.28}$$

将式（4.27）、式（4.28）代入式（4.25）得：

$$H_{cr}^+ = \frac{2c}{\gamma} \tan\left(45° + \frac{\varphi}{2}\right) + \frac{\Delta}{2} \tan^2\left(45° + \frac{\varphi}{2}\right) \tag{4.29}$$

为求临界高度的下限解，建立如图 4.12 所示的应力场，其中虚线为应力间断线，它们把全区分为 3 个应力区。Ⅰ区为单向压缩区：$\sigma_x = 0$，$\sigma_y = \gamma y$；Ⅱ区为双向压缩区：$\sigma_x = \gamma(y - H)$，$\sigma_y = \gamma y$；Ⅲ区为双向等压力区：$\sigma_x = \sigma_y = \gamma(y - H)$。在Ⅰ区底部，土单元应满足屈服条件，即：

$$\frac{1}{2}\gamma H = \frac{1}{2}\gamma H \sin\varphi + c\cos\varphi$$

从而有：

$$H_{cr}^{-} = \frac{2c}{\gamma}\tan\left(45°+\frac{\varphi}{2}\right) \tag{4.30}$$

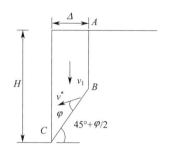

图 4.11　机动场

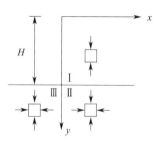

图 4.12　静力场

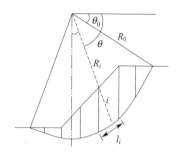

图 4.13　对数螺旋线滑动

（4）土坡安全系数

现利用上限法求均质土坡的安全系数。对于具有摩擦性的土体来说，发生刚体滑动时，速度间断面必须是对数螺旋线或直线。设滑体为单一刚体，滑动面为螺旋线（图 4.13），其方程为：

$$R=R_0\exp\left[(\theta-\theta_0)\tan\varphi\right] \tag{4.31}$$

式中，R_0 和 θ_0 分别为滑面在坡顶起始处的半径和角度。当滑体绕螺旋线中心瞬时旋转角速度 $\dot{\omega}=1$ 时，土条 i 底面上的速度为 $v_i=R_i\dot{\omega}=\dot{R}_i$，与底面夹角为土的内摩擦角 φ。于是，外力功率和耗散功率分别为：

$$\int_{\Omega}f_i\dot{u}_i^*\,\mathrm{d}\Omega+\int_{\Gamma_\sigma}\overline{p}_i\dot{u}_i^*\,\mathrm{d}\Gamma=\sum_{i=1}^{n}W_i v_i\sin\varphi=\sum_{i=1}^{n}W_i R_i\sin\varphi \tag{4.32}$$

$$\int_{\Gamma_D}cv^*\cos\varphi\,\mathrm{d}\Gamma=\sum_{i=1}^{n}cl_i v_i\cos\varphi=\sum_{i=1}^{n}cl_i R_i\cos\varphi \tag{4.33}$$

根据式（4.26），安全系数为：

$$F_s=\frac{\sum\limits_{i=1}^{n}cl_i R_i\cos\varphi}{\sum\limits_{i=1}^{n}W_i R_i\sin\varphi} \tag{4.34}$$

4.3.3　岩坡滑动分析法

（1）单块体滑动

滑体沿与边坡倾向大致相近的单一滑面滑动，滑动面可以是土岩界面、软弱夹层、断层或长大节理等。滑面倾角缓于地形坡度，在坡面上出露。如图 4.14 所示，AB 为贯通切割边坡的软弱结构面，并成为潜在滑动面。ABC 为滑体，其重量为 W。根据极限平衡分析原理，安全系数 F_s 为：

$$F_s=\frac{W\cos\alpha\cdot\tan\varphi+c\cdot l}{W\sin\alpha} \tag{4.35}$$

式中，α 为滑动面的倾角；l 为滑动面的长度；c、φ 为滑动面的黏聚力和内摩擦角。

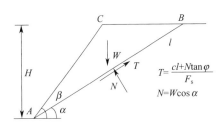

图 4.14 块体单面滑动

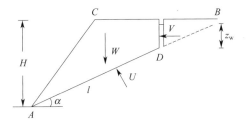

图 4.15 水对稳定性的影响

当 $F_s=1$ 时，意味着边坡处于极限状态，这时的边坡高度 H 就是极限高度 H_{max}，其计算公式为：

$$H_{max}=\frac{2c\sin\beta\cos\varphi}{\gamma\sin(\beta-\alpha)\sin(\alpha-\varphi)}\qquad(4.36)$$

式中，β 为边坡倾角；γ 为滑体的重度。

如图 4.15 所示，在坡顶常存在着张开的裂隙，地表水从张裂隙渗入后，沿滑动面渗透并在坡脚 A 点出露。张裂缝中的水对边坡稳定性具有重要影响。在分析时可认为滑体和不动岩体不透水。若张裂隙中的水柱高为 z_w，则它对滑体产生的静水压力 V 为：

$$V=\frac{1}{2}\gamma_w z_w^2\qquad(4.37)$$

地下水沿 AD 面渗透时，将对该面产生水压力，其值在 A 点为零。这样，作用于 AD 面上的水压力合力 U 为：

$$U=\frac{1}{2}\gamma_w z_w\frac{H_w-z_w}{\sin\alpha}\qquad(4.38)$$

将 U 和 V 对稳定性的影响考虑进去时，式(4.31) 变为：

$$F_s=\frac{(W\cos\alpha-U-V\sin\alpha)\tan\varphi+cl}{W\sin\alpha+V\cos\alpha}\qquad(4.39)$$

（2）两块体滑动

如图 4.16 所示的滑体被结构面分成两块，此时就不能将其视为完整的刚体，因为滑体沿滑动面滑动的同时，块体之间也可能产生错动。假设两块体底面和分界面同时达到极限平衡状态，且具有相同的安全系数，则其上阻滑力分别为：

$$T=\frac{N\tan\varphi+cl}{F_s}\qquad(4.40)$$

$$T_1=\frac{N_1\tan\varphi_1+c_1l_1}{F_s}\qquad(4.41)$$

$$T_2=\frac{N_2\tan\varphi_2+c_2l_2}{F_s}\qquad(4.42)$$

第二个块体的平衡方程为：

$$T_2+N\sin(\alpha_2+\alpha)-T\cos(\alpha_2+\alpha)-W_2\sin\alpha_2=0\qquad(4.43)$$

$$N_2-N\cos(\alpha_2+\alpha)+T\sin(\alpha_2+\alpha)-W_2\cos\alpha_2=0\qquad(4.44)$$

从中可解得：

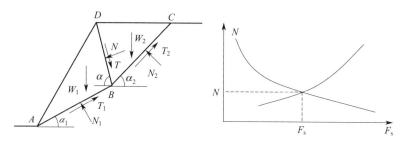

图 4.16　分块极限平衡分析

$$N = \frac{F_s^2 W_2 \sin\alpha_2 + [cl\cos(\alpha_2 + \alpha) - c_2 l_2 - W_2 \tan\varphi_2 \cos\alpha]F_s + cl\sin(\alpha_2 + \alpha)\tan\varphi_2}{(F_s^2 - \tan\varphi_2 \tan\varphi)\sin(\alpha_2 + \alpha) - (\tan\varphi_2 + \tan\varphi)\cos(\alpha_2 + \alpha)F_s} \tag{4.45}$$

第一个块体的平衡方程为：

$$T_1 + T\cos(\alpha_1 + \alpha) - W_1 \sin\alpha_1 - N\sin(\alpha_1 + \alpha) = 0 \tag{4.46}$$

$$N_1 - W_1 \cos\alpha_1 - T\sin(\alpha_1 + \alpha) - N\cos(\alpha_1 + \alpha) = 0 \tag{4.47}$$

从中可解得：

$$N = \frac{-F_s^2 W_1 \sin\alpha_1 + [cl\cos(\alpha_1 + \alpha) - c_1 l_1 - W_1 \tan\varphi_1 \cos\alpha_1]F_s + cl\sin(\alpha_1 + \alpha)\tan\varphi_1}{(F_s^2 - \tan\varphi_1 \tan\varphi)\sin(\alpha_1 + \alpha) - (\tan\varphi_1 + \tan\varphi)\cos(\alpha_1 + \alpha)F_s}$$

$$\tag{4.48}$$

由式（4.45）和式（4.48）可知，结构面 BD 上的法向力 N 是安全系数 F_s 的函数。绘出两条 $N-F_s$ 曲线，如图 4.16 所示。显然，这两条曲线的交点所对应的 N 即为作用于结构面上的实际法向力，与交点对应的 F_s 值即为所求的安全系数。

（3）多块体滑动

多块体滑动稳定性分析有多种方法，其中 Sarma 法具有重要地位。这种方法是 S. K. Sarma（1979）提出的，由 E. Hoek（1987）作了进一步的修改。Sarma 法假定破坏面为一系列的直线段，滑体被分割线分成若干条块，条块间的界面也达到了极限平衡（图 4.17）。边坡滑动时，滑动块体不仅要克服主滑面的阻力，而且还要克服块体与块体之间的阻力。条块底面和侧面的水压力、张裂缝中的水压力以及加固力等都可以在这种分析中加以考虑。

为了诱导出边坡的极限平衡状态，除通过安全系数降低强度参数外，还引入了一个临界水平加速度 K_c 系数。在边坡安全系数大于 1 的情况下，用实际滑面强度参数 $f = \tan\varphi$ 和 c 计算出的 K_c 必然大于零。若引入安全系数 F_s 降低强度参数，用 $\tan\varphi/F_s$ 和 c/F_s 计算，则 K_c 将减小。当不断改变 F_s，使 K_c 接近于 0 时，则边坡进入极限平衡状态，此时的 F_s 就是所求的安全系数。

第 i 条块上的作用力如图 4.17 所示，其中 $K_c W_i$ 为条块底面上的安全系数等于 1 时的水平附加力。假定条间分割线上的安全系数也等于 1，这样可列出第 i 条块铅直方向和水平方向的平衡方程：

$$N_i \cos\alpha_i + T_i \sin\alpha_i = W_i + X_{i+1}\cos\delta_{i+1} - X_i \cos\delta_i - E_{i+1}\sin\delta_{i+1} + E_i \sin\delta_i \tag{4.49}$$

$$T_i \cos\alpha_i - N_i \sin\alpha_i = K_c W_i + X_{i+1}\sin\delta_{i+1} - X_i \sin\delta_i + E_{i+1}\cos\delta_{i+1} - E_i \cos\delta_i \tag{4.50}$$

在第 i 条块底滑面和两个侧面，极限平衡方程为：

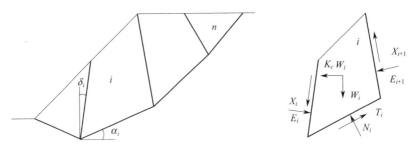

图 4.17 Sarma 法中作用于条块上的力

$$T_i = (N_i - U_i)\tan\varphi_i + c_i l_i \tag{4.51}$$

$$X_i = (E_i - P_{wi})\tan\varphi_i^j + c_i^j d_i \tag{4.52}$$

$$X_{i+1} = (E_{i+1} - P_{wi})\tan\varphi_{i+1}^j + c_{i+1}^j d_{i+1} \tag{4.53}$$

式中，φ_i^j 和 c_i^j 为界面上的平均内摩擦角和黏聚力；d_i 为界面的长度；l_i 为底面的长度；P_{wi} 为界面上的孔隙水压力。

在上述 5 个方程中，消去 T_i，X_i，X_{i+1} 和 N_i，可得到 E_{i+1} 用 E_i 表达且含有 K_c 的递推方程：

$$E_{i+1} = a_i - b_i K_c + E_i e_i \tag{4.54}$$

考虑到 $E_{n+1} = E_1 = 0$，由上式可得 K_c：

$$K_c = \frac{a_n + a_{n-1}e_n + a_{n-2}e_n e_{n-1} + \cdots + a_1 e_n e_{n-1}\cdots e_3 e_2}{b_n + b_{n-1}e_n + b_{n-2}e_n e_{n-1} + \cdots + b_1 e_n e_{n-1}\cdots e_3 e_2} \tag{4.55}$$

其中

$$
\begin{aligned}
a_i &= \frac{W_i\sin(\varphi_i - \alpha_i) + R_i\cos\varphi_i + S_{i+1}\sin(\varphi_i - \alpha_i - \delta_{i+1}) - S_i\sin(\varphi_i - \alpha_i - \delta_i)}{\cos(\varphi_i - \alpha_i + \varphi_i^j - \delta_{i+1})\sec\varphi_i^j} \\
b_i &= \frac{W_i\cos(\varphi_i - \alpha_i)}{\cos(\varphi_i - \alpha_i + \varphi_i^j - \delta_{i+1})\sec\varphi_i^j} \\
e_i &= \frac{\cos(\varphi_i - \alpha_i + \varphi_i^j - \delta_i)\sec\varphi_i^j}{\cos(\varphi_i - \alpha_i + \varphi_i^j - \delta_{i+1})\sec\varphi_i^j} \\
R_i &= c_i l_i - U_i\tan\varphi_i \\
S_i &= c_i^j d_i\sec\alpha_i - PW_i\tan\varphi_i \\
\varphi_1^j &= \delta_1 = \varphi_{n+1}^j = \delta_{n+1} = 0
\end{aligned}
\tag{4.56}
$$

K_c 确定后，E_i，F_i，N_i，T_i 都可依次求得。

当 K_c 不等于零时，则将所有滑面上抗剪强度指标都除以一个安全系数 F_s 作为新的指标，重新计算 K_c。这样，可绘出 K_c-F_s 关系曲线。当 K_c 减小到零时，F_s 就为实际的安全系数（图 4.18）。

当边坡发生多块体滑动时，一些学者主张，从偏于安全考虑，条块间界面的强度参数取零值。但是，这样做一般会严重低估安全系数，过于保守而不可取。

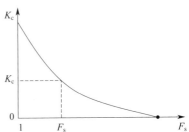

图 4.18 安全系数与加速度系数

（4）楔形体滑动

工程岩体经常被多组结构面切割，形成空间危险滑动体。空间问题稳定性分析的力学原理与平面问题无本质差别，只是计算要复杂得多。在进行力学分析前，首先要根据岩体中各软弱结构面的分布确定出可能的危险滑移体，并用赤平极射投影的方法确定出滑体的空间位置和必要的几何参数，在此基础上进行力学分析。

在岩体边坡失稳中，楔形体滑动是最常见的一种形式。楔体由两个或两个以上的结构面切割岩体而成，滑体同时沿两个面发生滑移，故其滑移方向沿该两个结构面的组合交线方向，该交线的倾角缓于坡角并在坡面出露。楔形体有两种类型，即无后缘面的和有后缘面（图 4.19）。

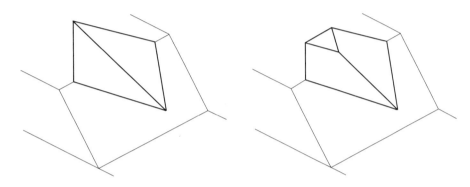

图 4.19　无后缘和有后缘的楔形体

如图 4.20 所示，由 ABD、BCD 两斜交结构面构成空间滑体 $ABCD$。两结构面的组合交线为 BD，其倾角为 α，垂直于组合交线的结构面 ABD 和 BCD 的视倾角分别为 α_1 和 α_2。楔形体的重量为 W。当岩块平行于交线移动，且与两平面同时保持接触时，安全系数为：

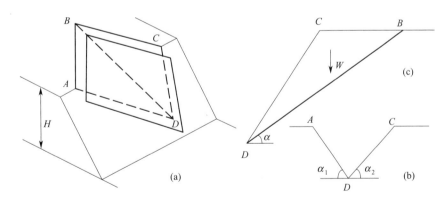

图 4.20　楔形体滑动分析
（a）立体视图；（b）正交交线视图；（c）沿交线视图

$$F_s = \frac{N_1 \tan\varphi_1 + N_2 \tan\varphi_2 + c_1 \cdot S_{ABD} + c_2 \cdot S_{BCD}}{W \sin\alpha} \tag{4.57}$$

式中，c_1，φ_1 为滑动面 ABD 的抗剪强度参数；c_2，φ_2 为滑动面 BCD 的抗剪强度参数；

S_{ABD}，S_{BCD} 分别为滑动面 ABD 和 BCD 的面积；N_1，N_2 分别为滑动面 ABD 和 BCD 上的法向力，即：

$$N_1 = W\cos\alpha_1\cos\alpha \tag{4.58}$$

$$N_2 = W\cos\alpha_2\cos\alpha \tag{4.59}$$

陈祖煜等（2005）根据上述方法，编制了楔形体稳定分析程序 WEDGE。该程序可考虑锚固作用、地下水作用，可计算各种情况下的安全系数，以及给定安全系数和锚固方向时所需锚固力的大小。

4.4　深基坑稳定性分析与控制

根据本章前节分析可知，土岩双元深基坑边坡的潜在破坏模式有多种；边坡破坏模式不同，所需采用的稳定性分析方法也就不同。此外，深基坑稳定性评价主要基于基坑整体稳定性分析结果，须考虑支护结构对滑动面和抗滑力的影响。当桩墙本身强度足够而不发生破坏时，滑动面将从桩墙底以下通过；若桩墙强度不足，可导致切桩墙整体稳定破坏。故在验算桩墙支护的基坑整体稳定时，既要验算过桩墙底圆弧滑动，也要验算切桩墙圆弧滑动。

4.4.1　深基坑稳定分析法

当破坏发生在上部土层之内且为圆弧滑动时，可采用瑞典条分法或毕肖普简化条分法进行稳定分析。当上部土层圆弧滑动或拉裂，并沿土岩界面滑动时，可采用 Janbu 条分法。当上部土层圆弧滑动或拉裂，并沿岩体中软弱结构面滑动时，可采用 Janbu 条分法；也可简化分析：将上部土层作为超载施加到基岩顶面，然后按岩体内平面滑动进行稳定分析（图 4.21）。当岩体内部发生多块体滑动、楔形体滑动时，可采用第 4.3.3 节中介绍的方法。

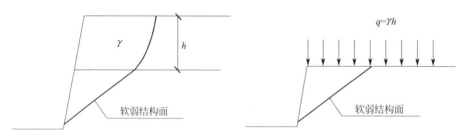

图 4.21　简化分析示意图

在深基坑稳定性分析中，是采用总应力法还是有效应力法？从理论上讲，采用有效应力法进行土体稳定性分析比较理想，因为土的有效应力强度指标基本上是土的固有参数，而总应力强度指标与剪切排水条件密切相关，而且任何情况下均可采用有效应力分析方法。但运用有效应力法的前提是能够计算或测定超静孔隙水压力，而进行流固耦合数值计算是比较困难的，在设计阶段进行测量是做不到的。因此，稳定性分析中很少采用有效应力法。若采用总应力法分析，须保证抗剪强度试验时的剪切排水条件与现场土的剪切排水条件一致或相近。此外，在基坑施工过程中，某些区域土体由于卸荷而产生负孔隙水压力，故选取不排水强度指标进行总应力法分析将偏于保守。

4.4.2　抗剪强度参数取值

在深基坑稳定性分析中，抗剪强度参数取值至关重要，而参数取值与土的种类、现场剪切排水条件和稳定分析方法相关联。对于无黏性土，渗透性较大，施工过程中基本不产生超静孔隙水压力，应采用有效应力强度指标进行有效应力法稳定性分析，分析中地下水位以下用浮重度。对于黏性土基坑，情况比较复杂。若施工速度较快，施工过程中将产生超静孔隙水压力且来不及消散，可采用总应力法进行稳定性分析，并选用初始应力状态固结下的三轴不排水或固结快剪强度指标；当施工过程较慢，或施工完成后有足够的时间让施工引起的超静孔隙水压力消散，且破坏过程很慢，剪切引起的超静孔隙水压力为 0 时，基坑稳定性由排水强度控制，稳定分析采用有效应力法；若施工速度较慢而部分固结或施工结束并完全固结，但破坏过程较快，剪切引起的超静孔隙水压力来不及消散，则实际设计中常采用固结不排水或固结快剪强度指标和总应力法分析。

4.4.3　深基坑稳定性控制

深基坑稳定性控制的关键问题之一是设计安全系数的确定。目前，我国现行标准对基坑稳定性的要求是，承载力极限状态的基本组合综合分项系数不小于 1.25。由于对于安全等级为一、二、三级的基坑，相应的结构重要性系数分别为 1.1、1.0、0.9，因此一级基坑的设计安全系数为 1.375。在设计实践中，对于安全等级为一级、二级、三级的支挡结构，一般规定安全系数不应小于 1.35、1.3、1.25。

必须指出，深基坑稳定性分析所得安全系数并不能准确反映基坑安全储备，因为有些因素如暴雨、严重超载、地表水渗入、地下管道漏水等在设计中未适当考虑。所以，在重要深基坑工程中，应当根据实际情况并结合经验合理选用设计安全系数。

第5章 土岩双元深基坑渗流问题

在深基坑工程中，基坑的变形及稳定对水十分敏感。工程实践表明，基坑事故大多与水的作用有关，占 80% 以上。水对基坑工程的影响，不仅表现在支护结构施工期间，而且从基坑施工开始到地下结构施工结束一直存在着威胁。因此，对水进行有效的控制，关乎深基坑工程的成败。特别是当地层渗透性大且地下水位高，或工程影响范围内存在承压水时，地下水控制往往成为基坑工程设计的主要矛盾。

在深基坑工程中，对水的作用必须有充分理解。为了正确制定地下水控制方案，必须掌握地下水分布和运动规律，搞清地下水位变化对环境的影响。从总体上讲，土质基坑工程中常用的渗流计算理论、地下水控制技术适用于土岩双元深基坑工程。但与单一土层相比，土岩双元地层中地下水赋存形态、运动规律将更为复杂，同时存在一些值得注意的特殊问题。本章简要说明岩土体的水力介质特征，介绍岩土介质渗流模型，阐述深基坑渗流分析方法、渗透稳定性以及地下水控制问题。

5.1 地下水与渗流介质

与土质基坑工程相比较，土岩双元深基坑工程的工程地质条件和水文地质条件更为复杂。对于基坑岩土体的渗流分析，关键问题之一是搞清岩土体的水力介质特征，建立岩土体的渗流介质模型，获得较为准确的渗透性参数，掌握地下水渗流规律。须特别指出的是，现在人们已经清楚地认识到，岩土体的结构不仅对岩土体的变形与破坏起控制作用，也往往是岩土体水力特性的决定性因素，即决定地下水的成因、分布及渗流场特征。

5.1.1 深基坑工程中的水

深基坑工程中涉及的水包括地下水、地表水以及基坑周边市政管线中的流动水等。所谓地下水，泛指一切存在于地面以下地层中的水；而在基坑工程中，主要涉及地面以下 50m 内的浅层地下水；这部分地下水埋藏相对较浅、与大气降水或地表水体有直接补排关系。地表水首先指降雨入渗及雨水形成的地表径流，其次是施工中产生的生活废水。

（1）地下水的类型

按受力情况，地下水分为两类，即结合水和自由水。结合水是受颗粒表面电场引力作用的水，不能自由流动；这种水又分为强结合水和弱结合水，前者呈固态，被视为固体颗粒的一部分；后者呈黏滞态，是黏性土具有黏性和可塑性的主要原因。自由水不受电场引力作用，包括重力水和毛细水。重力水是在重力作用下可以自由流动的水，毛细水则在重力和表面张力作用下可移动。

按赋存形式，地层中的重力水可分为 3 种类型，即上层滞水、潜水和承压水。其中，上层滞水是存在于包气带中、局部隔水层之上的重力水，接近地表并接受当地大气降水或地表水的补给，以蒸发的形式排泄。在基坑工程中，上层滞水可通过坑壁渗出。潜水是埋藏于地面以下的第一个稳定隔水层之上的具有自由水面的重力水，一般储存在第四系松散沉积物中，也可形成于基岩中。潜水面上一点的高程称为该点的潜水位，潜水面到地面的距离为潜水埋藏深度。承压水是充满于两个隔水层（或弱透水层）之间具有静水压力的重力水，承压水含水层上部的隔水层称为顶板，下部的隔水层称为隔水底板，顶板与底板之间的垂直距离称为承压水含水层的厚度。承压水的形成主要取决于地质构造，适宜形成承压水的蓄水构造为承压盆地或承压斜地。在适宜的条件下，无论是孔隙水、裂隙水或岩溶水，均能构成承压水。

按含水层的性质，地下水又可分为孔隙水、裂隙水和岩溶水。孔隙水主要是指土体中的水，而裂隙水主要赋存于基岩裂隙中，地下水连续性较差，其富水性和透水性视裂隙发育程度及张开程度而定。若基岩中含水岩组透水性弱、赋水性差，则呈隔水特征，这种裂隙水对基坑工程影响较小。

（2）水的不利影响

水对深基坑工程可能造成多种危害，如基坑降水引起地面沉降，截水增大围护结构上的水土压力，渗透力引起坑壁及坑底渗透破坏，承压水引起坑底突涌等。此外，基坑工程施工中可能会遇到降雨，也可能有生活废水渗入，还可能发生地下管道破裂漏水；当水渗入土体中时，将使土的抗剪强度降低，并可引起基坑土体破坏。

5.1.2　岩土水力介质特征

根据地下水的类型及流动特征，可将岩体水力介质划分为两种基本类型，即孔隙介质和裂隙介质。孔隙介质是由多种物质构成的，其中至少有一种为非固态，这种非固态物质可以为液体或气体；组成多孔介质骨架的固态组分必须分布在介质所占的整个空间，并存在于每个代表性单元体内；固态骨架的空隙至少有部分相互连通，可以容许流体通过。表征孔隙介质渗透性的指标为渗透系数。在渗流特性研究中，土体往往被看成典型的多孔介质，而岩体的情况则复杂得多。当岩体具有完整结构时，可以视为孔隙介质。大多数岩石特别是孔隙度大、连通性强的砂岩和砂砾岩，它们的孔隙是连通的，因而在一定的压力作用下，地下水可以在岩石中通过。另外，散体结构岩体一般也可作为孔隙介质处理。表层岩体很少可以视为孔隙介质，因为不连续面往往是张开的。而在极深的地层，虽然可能有不连续面存在，但由于应力极高而闭合了，故可采用孔隙介质模型。

一般来说，各种岩石的孔隙率很小，尽管大孔砂岩的孔隙率可达 26%。所以，岩体多为裂隙介质，其水力特性取决于结构面的性质、几何形状、分布组合规律，以及岩石内部孔隙分布与连通性。岩体中的裂隙常成组分布，使岩体渗流具有明显的方向性，不同方向的渗透系数差别很大，即岩体是渗透各向异性的。岩石的渗透系数一般为 $10^{-8} \sim 10^{-7}$ cm/s，而裂隙岩体的渗透系数一般为 $10^{-5} \sim 10^{-2}$ cm/s，比前者大 3～5 个数量级。可见，裂隙是裂隙岩体中水流的主要通道，对岩体渗流起控制作用。换言之，裂隙岩体的渗透性一般由裂隙系统的几何性质决定。

由于岩体中的破裂面为水提供了优良的通道，所以目前普遍认为裂隙在水力学分析中起着决定性作用。非常简单的计算就可使人们相信：哪怕是很小的裂隙也将使岩体的渗透系数比岩石高得多。在该领域里，把介质看作是各向异性的不连续体，裂隙破坏了岩体的完整性并成为水流的优先路径。不连续面内的充填物及其特征是岩体渗透性的一个重要影响因素。在许多情况下，地表附近风化岩体的渗透性常低于裂隙无充填物的深部岩体的渗透性，其原因就在于此。

必须指出，在各种岩体中，都可能含有相对不透水隔层，这种隔水层对岩体的渗流状况将产生明显的影响。此外，在研究具有较大断层的岩体中的水流时，必须仔细研究这种局部排水通道的相对重要性。较为普遍的现象是断层的一侧渗透性能很强，而另一侧几乎是不透水的。对待这类断层的最好办法就是将其作为流动的边界。也就是说，当不连续面中充填有相对不透水的黏土时，便形成隔水层。在考虑隔水层的情况下，要特别注意可能存在的过水通道。

5.1.3　岩土渗流介质模型

在岩土渗流分析中，所采用的渗流介质模型主要有 5 种，即孔隙连续介质模型、等效连续介质模型、裂隙网络介质模型、裂隙孔隙介质模型和管道网络介质模型。

第一，土体和散体结构岩体（如强风化岩体、破碎的古滑坡体、锥状崩塌体、断层泥等）可视为孔隙连续介质。

第二，等效连续介质模型将裂隙透水性按流量等效原则均化到岩体中，采用达西定律并以渗流张量表达各向异性连续介质的渗透性，运用经典的连续介质渗流理论进行分析。由于将裂隙岩体视为等效连续介质时，可借用土体渗流领域中成熟的理论和方法，故此种模型获得广泛应用。但对于岩体，等效连续介质模型只在一定条件下可以使用，这些条件主要包括（张有天，2005）：裂隙岩体存在一个渗透系数的 REV 值，且 REV 值与计算域尺度相比很小；所研究的问题与时间无关。前者是确定渗透张量和进行渗流有限元分析的必要条件，无须赘述，以下仅对第二个条件作简要说明。

等效连续介质模型中的等效是流量等效，而在水流速度上，模型计算值与真实值则相差甚远。连续介质中水流的速度等于流量除以整个过水断面，这个断面既包含固相部分，又包含孔隙和裂隙，故达西流速是一个抽象的流速，不是水的真实流速。岩体中裂隙的间距常为几十厘米，隙宽很小，通常不大于 0.05mm。裂隙水流平均到整个岩体中，按等效连续介质模型算得的渗流速度较小，可能比实际渗流速度要小 4～6 个量级或更多。所以，进行裂隙充填物渗透稳定分析、计算裂隙中动水压力时，不能采用等效连续介质模型。此外，在与时间相关的问题中，如降雨入渗水压力传播过程、库水位变化引起坝基扬压力的变化等，必须用实际水流速度，故此时不能采用等效连续介质模型（张有天，2005）。

第三，裂隙网络介质模型也称为离散介质模型，该模型假设岩石本身不透水，流体只在裂隙网络中流动，渗流场为裂隙网络渗流场。以各裂隙交叉点处的流体质量平衡为基础，可以建立渗流控制方程。在裂隙网络模型中，裂隙网络必须是水力连通的。由于岩体中裂隙分布的不规则性和未确知性，采用这种模型进行分析会遇到很大困难。目前，基于裂隙测量与统计分析，求得裂隙各几何参数的统计特征，然后利用 Monte-Carlo 方法生成计算裂隙网络。计算机生成的裂隙网络可大体反映实际情况，但由于岩体中裂隙的极度复杂性，这种网络不可能达到很高的精度。在建构裂隙网络模型时，重在抓住主要特征，而追求更精确的裂隙网络则没有多大意义。

第四，裂隙孔隙介质模型也称双重介质模型，是苏联学者于 1960 年提出的理论。该模型考虑了岩体裂隙与岩石孔隙之间的水交换，认为孔隙系统和裂隙系统充满整个研究领域，介质中的每一点同时属于两个系统；一点处既存在代表孔隙系统的水头值，又存在代表裂隙系统的水头值；两水头之差使两个系统产生流量交换，依据两种介质之间的水交换来联立求解各自的渗流场，并取两种介质的水头平均值作为最终渗流场的水头值。裂隙孔隙介质模型应当说是一种较为理想的模型，既考虑了水在岩石孔隙中的渗流，又考虑了裂隙中水的流动。在裂隙岩体中，岩块常被裂隙包围。虽然岩块的渗透系数很小，但它们距裂隙的渗距短，故与裂隙间水的交流很容易实现。降雨时水由裂隙流入岩石，雨停后岩石中的水再缓缓排向裂隙。正是由于这种储蓄调节作用，经常出现山涧水流终年不断的现象。裂隙孔隙介质模型过于复杂和抽象，用于岩体渗流分析尚存在许多问题，故并未在工程中广泛应用。但有些情况下，必须采用这种模型进行渗流分析。如当裂隙密度较小、裂隙网络不能将计算域的上下游边界沟通时，显然无法用裂隙网络模型进行分析。有时，裂隙网络虽能沟通上下游边界，但水流仅顺少数裂隙由上游流向下游，计算域中大部分区域将无水流。这种情况下，不采用裂隙孔隙介质模型将无法得到符合实际的渗流场（张有天，2005）。

第五，管道网络介质模型，是针对岩溶介质提出的。在岩溶化岩体中，溶蚀管道在空间上相互交叉形成网络状空隙结构，管道中的水流基本处于层流状态，仵彦卿等人（1995）将此种渗流介质称为岩溶管道网络介质。当岩体中除溶蚀管道网络之外，还包含稀疏的大岩溶管道（或暗河）时，称之为溶隙管道介质；在这种介质中，溶蚀网络中的水流一般为层流，而大岩溶管道中的水流为紊流。

5.1.4 岩土渗流定律及渗透性

在深基坑工程中，作为渗流介质的岩体一般采用等效连续介质模型，这种介质中的渗流定律及渗透系数与孔隙连续介质完全相同，故以下仅以土体渗流为例加以说明。

（1）渗流定律与渗透性

水在土体中流动的现象称为渗流。之所以能够发生渗流现象，是因为土体介质具有渗透性，并受水头差的作用。H. Darcy（1856）通过砂土渗透试验发现，单位时间内渗透过试样的流量与试样断面面积和试样两端的水头差成正比，与渗透水流的流程长度即渗径成反比，渗流速度为：

$$v = ki \tag{5.1}$$

这就是著名的达西（Darcy）定律，其中的比例系数 k 称为渗透系数；$i = \Delta h / L$ 为水头差与渗径之比，称为水力坡降或水力梯度。渗透系数 k 的物理意义是单位水力坡降时的渗流速度，达西定律表达的是均匀不可压缩流体的单向渗流方程，要把它普遍化推广到多维渗流，就要表达为微分形式。对于各向异性介质，一般形式为：

$$
\begin{Bmatrix} v_x \\ v_y \\ v_z \end{Bmatrix} = - \begin{bmatrix} k_{xx} & k_{xy} & k_{xz} \\ k_{yx} & k_{yy} & k_{yz} \\ k_{zx} & k_{zy} & k_{zz} \end{bmatrix} \begin{Bmatrix} \dfrac{\partial h}{\partial x} \\[2mm] \dfrac{\partial h}{\partial y} \\[2mm] \dfrac{\partial h}{\partial z} \end{Bmatrix} \tag{5.2}
$$

式中，k_{xy} 为渗透张量；h 为总水头。如果 x，y，z 为正交各向异性介质渗透性的主方向，相应的渗透系数主分量为 k_x，k_y，k_z，则式（5.2）为：

$$
\left. \begin{aligned} v_x &= -k_x \frac{\partial h}{\partial x} \\ v_y &= -k_y \frac{\partial h}{\partial y} \\ v_z &= -k_z \frac{\partial h}{\partial z} \end{aligned} \right\} \tag{5.3}
$$

试验研究表明，大多数土中的渗流服从达西定律，但有些情况下却出现偏离。渗流偏离达西定律与多种因素有关，如水流的形式、土的类型等。通常将水流分为层流和紊流两种基本类型。所谓层流就是流线（即水质点的运动路径）相互平行无交叉，此时水头损失与流速成比例，流动阻力以黏滞力为主，惯性力可忽略不计。紊流时水质点的流动途径是不规则的，其流线可任意相交和再相交，水头损失与流速的平方成比例，运动阻力以惯性力为主。达西定律适用于层流的情况。从实用角度看，除堆石体和反滤排水体等大孔隙粗粒土外，大多数土都在这个范围内。

（2）现场抽水试验

土体和岩体的渗透性。当土体中存在裂隙时，将为水提供优良的通道。非常简单的计算可使人相信：哪怕很小的裂隙也将使土体的渗透性比孔隙介质高得多。例如，裂隙黏土中由于裂隙网络的存在，其渗透系数接近于粗砂，且具有严格的方向性。此外，当土体中有相对不透水的黏土层时，也会显著影响土体中的渗流方式。土的渗透系数可由室内渗透试验测定，而土体中不规则裂缝对土体渗透性的影响只能通过现场渗透试验来研究。在现场设置一个抽水井（直径 15cm 以上）和两个以上的观测井。边抽水边观察水位情况，当单位时间从抽水井中抽出的水量 Q 稳定，并且抽水井及观测井中的水位稳定之后，测定抽水井和观测井的水位，据此可计算渗透系数。

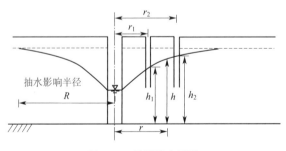

图 5.1　现场抽水试验

假定水流是水平的，则流向水井的渗流过水断面为一系列同心圆柱面。从距离抽水井

轴线为 r 的地方取一过水断面，其自由面水位高度为 h，则过水断面面积为 $A = 2\pi rh$（图 5.1）。设该断面上各处的水力坡降 i 为常数，且等于自由水位面在该处的坡度，即 $i = \mathrm{d}h/\mathrm{d}r$。根据达西定律，有：

$$Q = kiA = k\frac{\mathrm{d}h}{\mathrm{d}r} \cdot 2\pi rh \quad \text{或} \quad Q\frac{\mathrm{d}r}{r} = 2\pi kh\,\mathrm{d}h$$

积分上式

$$Q\int_{r_1}^{r_2}\frac{\mathrm{d}r}{r} = 2\pi k\int_{h_1}^{h_2} h\,\mathrm{d}h$$

得

$$k = \frac{Q}{\pi(h_2^2 - h_1^2)}\ln\frac{r_2}{r_1} = 2.3\frac{Q}{\pi(h_2^2 - h_1^2)}\lg\frac{r_2}{r_1} \tag{5.4}$$

5.2　深基坑渗流计算

在深基坑工程中，水的赋存形态与运动方式往往非常复杂，上层滞水、潜水、承压水可能同时存在。地下水控制无论采用降水方案还是隔水方案，都将形成基坑岩土体渗流场。当采用降水方案时，地下水位下降使地层有效应力增大，从而引起地面沉降，抽水量和地面沉降是主要问题；当采用桩墙支护结构并以截水帷幕隔水时，在坑内降水与开挖的过程中，必然在坑内与坑外之间出现水头差，从而产生由坑外到坑内的渗流。坑内外水头差将使土体发生渗流，可引起坑壁渗漏涌砂、坑底渗透变形。因此，深基坑工程设计必须进行基坑渗流分析。

5.2.1　渗流方程

由于岩土介质具有渗透性，故在水头差作用下将发生渗流现象。通常渗流过程伴随着岩土体变形，但若只着眼于渗流量或研究骨架变形已稳定的情况下渗流对岩土体稳定性的影响，则可以假定骨架不变形，这种分析称为渗流计算。

（1）地下水的势能

渗流是地层中水分转移的现象，其内因在于岩土具有渗透性，外因则是各点孔隙水势能的不平衡。众所周知，介质中各点水的势能相等时，水处于静态平衡；否则将发生水分转移，而且水分总是从高势能处流向低势能处。地下水的势能有重力势、压力势、速度势、广义毛管势等。重力势即土中水的位能，取决于所研究点和基准面的相对位置。在基准面以上，重力势为正；基准面以下，重力势为负。基准面可任意确定，因为描述流动所需的是两点间的能量梯度。压力势是由水所受压力引起的，在地下水位以下相当于测压管压力。在非饱和土中，当饱和度小于某一数值后，将不存在压力势。速度势是由水流速度引起的。广义毛管势是骨架与水相互作用形成的势能，不仅取决于孔隙中弯液面的表面张力，而且与颗粒表面同水的物理化学作用有关。地下水位以上广义毛管势为负值，地下水位以下为零；处于平衡状态时，与重力势大小相等符号相反。在地下水位以上，主要的势能组合为重力势和广义毛管势；地下水位以下，主要为重力势、压力势和速度势。在渗流分析中，势能常用水头来表示，如饱和土体中某处的水头 h 为：

$$h = h_z + h_p + h_v = z + \frac{u}{\gamma_w} + \frac{v^2}{2g} \tag{5.5}$$

式中，z 为该点的位置坐标，即到基准线的距离；u 为该点的孔隙水压力；γ_w 为水的重度；v 为该处水的渗流速度。式(5.5) 中的三项分别是位置水头、孔压水头和速度水头。通常土体中的水流速度很小，其势能与总势能相比可忽略不计，从而有：

$$h = h_z + h_p = z + \frac{u}{\gamma_w} \tag{5.6}$$

当岩土体中两点之间的总势能差或水头差 Δh 不为零时，这两点之间便会产生水的流动，而且总是从 h 高的地方流向 h 低的地方。Δh 称为水头损失，是由于水流动过程中与土颗粒间黏滞阻力产生的能量损失。

（2）渗流基本方程

假定岩土体中的渗流服从达西定律，通过微元分析可得渗流基本方程：

$$\frac{\partial}{\partial x}\left(k_x \frac{\partial h}{\partial x}\right) + \frac{\partial}{\partial y}\left(k_y \frac{\partial h}{\partial y}\right) + \frac{\partial}{\partial z}\left(k_z \frac{\partial h}{\partial z}\right) + Q = S_s \frac{\partial h}{\partial t} \tag{5.7}$$

式中，k_x、k_y、k_z 分别为 x、y、z 方向的渗透系数；Q 为岩土体的内源，即单位时间流入单位体积的水量；$S_s = \rho_w g(\alpha + n\beta)$ 为单位贮水量，即单位体积的岩土体在下降单位水头时，由于岩土体压缩（$\rho_w g\alpha$）和水的膨胀（$\rho_w g n\beta$）所释放出来的水量。α、β 分别为岩土和水的压缩系数，n 是土的孔隙率，ρ_w 是水的密度。

若无内源、固相和水本身不可压缩、骨架不变形，且渗透系数与坐标无关（即渗流场均质），则式(5.7) 变为：

$$k_x \frac{\partial^2 h}{\partial x^2} + k_y \frac{\partial^2 h}{\partial y^2} + k_z \frac{\partial^2 h}{\partial z^2} = 0 \tag{5.8}$$

如果渗透性是各向同性的即 $k = k_x = k_y = k_z$，则上式进一步简化为：

$$\frac{\partial^2 h}{\partial x^2} + \frac{\partial^2 h}{\partial y^2} + \frac{\partial^2 h}{\partial z^2} = 0 \tag{5.9}$$

即水头满足拉普拉斯（Laplace）方程。

通常情况下，实际岩土层是水平成层的，只需考虑垂直方向和水平方向渗透性的各向异性。此时，$k_x = k_y = k_h$，$k_z = k_v$，式(5.8) 变为：

$$k_h \frac{\partial^2 h}{\partial x^2} + k_h \frac{\partial^2 h}{\partial y^2} + k_v \frac{\partial^2 h}{\partial z^2} = 0 \tag{5.10}$$

这种问题可以通过坐标变换转换为各向同性问题。采用新坐标系 $\bar{x}\bar{y}\bar{z}$，且

$$\bar{x} = \frac{x}{\sqrt{k_h}}, \ \bar{y} = \frac{y}{\sqrt{k_h}}, \ \bar{z} = \frac{z}{\sqrt{k_v}} \tag{5.11}$$

则式(5.10) 变为：

$$\frac{\partial^2 h}{\partial \bar{x}^2} + \frac{\partial^2 h}{\partial \bar{y}^2} + \frac{\partial^2 h}{\partial \bar{z}^2} = 0 \tag{5.12}$$

（3）渗流定解条件

在渗流问题中，定解条件包括边界条件和初始条件。边界条件主要有三种类型。在第一类边界 Γ_1 上已知边界水头，如当基坑一侧存在河流时，可视为单侧恒水头补给边界。

第一类边界条件为：

$$h\big|_{\Gamma_1}=\overline{h}\,(x,y,z,t) \tag{5.13}$$

在第二类边界 Γ_2 上，已知边界流量值 q，即单位时间内通过单位面积流出的水量，边界条件为：

$$k_x\frac{\partial h}{\partial x}l+k_y\frac{\partial h}{\partial y}m+k_z\frac{\partial h}{\partial z}n\bigg|_{\Gamma_2}=-q(x,y,z,t) \tag{5.14}$$

显然，不透水边界属于第二类边界的特例，即 $q=0$，从而：

$$\frac{\partial h}{\partial n}\bigg|_{\Gamma_2}=0 \tag{5.15}$$

第三类边界 Γ_3 为混合边界，边界水头与交换的流量之间保持一定的线性关系。还有一种特殊类型的边界，即自由面或浸润面边界。在自由面上各点水头恒等于垂直坐标，即：$h=z$。

如果渗流场中各点的水头和流速等均不随时间变化，则这种渗流称为稳定渗流。对于稳定渗流，不需要初始条件。在非稳定渗流情况下，水头和流速随时间而变化，需给出渗流场中各点的初始水头，即：

$$h\big|_{t=0}=h_0(x,y,z) \tag{5.16}$$

5.2.2 深基坑渗流

在深基坑工程中，周边地下水位的显著变化或坑内外水头差的增大，将对环境产生十分不利的影响，可能的渗透破坏对坑壁或坑底安全也构成威胁。这是一个极为重要且难度很大的课题。然而，在深基坑工程设计中，除降水设计外，很少进行专门的渗流计算，这也是一些基坑事故发生的原因，如某工程在东南沿海的燕山期花岗岩地层中开挖基坑，由于没有进行渗流稳定分析，导致基坑底部残积土管涌流泥，使基坑无法下挖（龚晓南等，2020）。因此，必须强化深基坑渗流研究。

（1）深基坑渗流问题

在深基坑工程中，可能遇到的渗流问题情境主要包括：①降水条件下的渗流分析，即地下水控制采用降水方案，井点降水形成稳定的渗流场。这种问题相对说比较简单，主要是渗流量估算。②截水条件下的渗流分析，即地下水控制采用截水方案，当不考虑岩土体变形时，所面对的是随开挖过程而不断变化的渗流场。③截水条件下的渗流分析同时考虑基坑变形。在深基坑施工过程中，渗流场与应力场发生耦合。若考虑这种耦合作用，并模拟基坑开挖变形过程及渗流作用，则需进行更为复杂的流固耦合计算。④降雨条件下的渗流分析，即考虑基坑施工过程中降雨渗入岩土体中，涉及更为复杂的非饱和土体渗流及变形问题。一般情况下，深基坑渗流分析不考虑降雨渗入。

（2）渗流计算方法

深基坑工程设计要求进行渗流计算，以确定水头场、渗流量、水力梯度、渗透力等。渗流分析方法主要有解析法、流网法和数值分析法。在简单条件下，降水将形成漏斗形的地下水位面，并引起漏斗形的地面沉降，可采用理论解析方法进行渗流计算，也可采用数值模拟方法分析降水过程，以解决井群干扰、非稳定井流计算、降水井点平面布置优化等课题。当存在截水帷幕且地层复杂时，解析法不再适用；除了采用简化的流网法，通常只能进行渗流数值分析。

必须指出，深基坑渗流计算难度很大，这是由于在实际深基坑工程中，含水层厚度往往不均匀、作为渗流介质的岩土体不均质且各向异性、地层中存在设施或障碍物。此外，深基坑多设置截水帷幕，甚至采取回灌措施。在上述条件下，基坑渗流是三维的，而且具有复杂的边界条件，渗流计算只能求助于数值方法以求得近似解。目前，可以采用的数值分析方法主要有限单元法、有限差分法等。在深基坑渗流数值计算中，土体被视为多孔介质，岩体也常采用等效连续介质模型。采用数值方法计算出渗流场中水头分布后，很容易计算流速、流量等。当进行二维渗流数值分析时，可选择若干断面进行；为直观方便起见，通常将结果用流网来表示。

5.2.3　深基坑渗流量计算

深基坑井点降水形成局部漏斗，造成地面不均匀沉降。除基坑变形必须满足要求外，抽水井设计也应科学合理，关键问题是进行渗流量计算以布置井点。在深基坑降水设计中，通常选用渗流公式，以确定降水井的数目、间距、深度、井径和流量等。针对降深进行渗流计算，若达不到设计要求，则须重新调整井点数量和井点间距，再进行降水渗流场的水位计算。流量是单位时间内通过一定过水断面的水的体积，基坑涌水量 Q 是降水系统设计的基本数据，可按基坑长宽比确定基坑形状（圆形基坑、条形基坑或线状基坑），选择响应的公式进行计算。降水系统的井点管数量 $n \geqslant Q/q_{max}$，其中 q_{max} 是单根井点管的允许最大出水量（m^3/d）。

（1）抽水井与水流

根据水井揭露的地下水类型，水井分为潜水井和承压水井。根据揭露含水层的程度和进水条件不同，可分为完整井和不完整井。凡贯穿整个含水地层，在全部含水层厚度上都安装有过滤器，并能全面进水的井称为完整井；如果水井没有贯穿整个含水层，且只有井底和含水层的部分厚度上能进水，则称为不完整井。采用井点抽水时，潜水含水层中每点水位低于其初始位置的垂直距离称为降深，抽水井周围的水位降落面称为降落漏斗，从井中抽出水的体积为整个漏斗体积与给水度的乘积。从承压含水层中抽水时，测压水面因抽水而降低，水位降深是某点初始测压水位与时间 t 后测压水位间的垂直距离，从承压含水层排出水的体积为含水层的释水系数与降落漏斗体积的乘积。

在无限含水层中，当无垂直补给时，不论是潜水含水层还是承压含水层，都不可能形成稳定流动。在垂直补给的条件下，当补给量与抽水量相等时，将形成稳定的降落漏斗，地下水向井的运动也进入稳定状态。在有侧向补给的有限含水层中，当漏斗扩展至补给边界后，侧向补给量与抽水量平衡时，地下水向井的运动达到稳定状态。不过，从实用的观点看，几乎测不到降深的点可视为稳定漏斗边界，从抽水井到该点的距离称为井的影响半径，可认为水流达到似稳定状态，并按稳定流进行渗流计算。

在抽水井设计计算中，一般假定含水层无限延伸、底板水平、厚度稳定，含水层介质均匀、各向同性、渗流服从达西定律。人们针对各种条件下的稳定流及非稳定渗流，已推导出相应的渗流计算公式（龚晓南等，2020），以下仅介绍各向同性介质中稳定的承压完整井渗流计算方法。

（2）承压完整井流

从井中定流量抽水，经过一定时间的非稳定渗流后，降落漏斗扩展到一定的影响半径 R 处，边界水头 h_0 保持不变，周围的补给量等于抽水量 Q，则地下水运动呈稳定状态（图 5.2）。根据裘布依（Dupuit）稳定流理论，此时承压完整井流具有如下特征：①水流为水平径向流，即流线为指向井轴的径向直线，等水头面为以井为共轴的圆柱面；②通过各过水断面的流量相等，并等于井的抽水量；③水头满足拉普拉斯方程，其轴对称形式为：

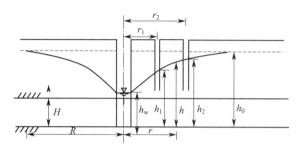

图 5.2 承压完整井的径向流

$$\frac{\mathrm{d}}{\mathrm{d}r}\left(r\,\frac{\mathrm{d}h}{\mathrm{d}r}\right)=0 \tag{5.17}$$

其边界条件为：

$$h=h_0，当\ r=R\ 时 \tag{5.18}$$

$$h=h_\mathrm{w}，当\ r=r_\mathrm{w}\ 时 \tag{5.19}$$

求解上述定解问题，得：

$$Q=\frac{2.73kHs_\mathrm{w}}{\ln(R/r_\mathrm{w})} \tag{5.20}$$

式中：s_w——井中水位降深；

　　Q——抽水井流量；

　　H——含水层厚度；

　　k——含水层介质渗透系数；

　　r_w——井的半径；

　　R——影响半径。

在抽水井附近有任意两处，距离井分别为 r_1 和 r_2，相应的水位值分别为 h_1 和 h_2，或相应的水位降深分别为 s_1 和 s_2，则可得：

$$Q=2.73\,\frac{kH(s_1-s_2)}{\ln(r_2/r_1)} \tag{5.21}$$

5.2.4 深基坑流网法计算

解析方法能够求解的问题非常有限，流网法则得到较为广泛的应用。所谓流网法就是通过绘制流网来研究渗流问题，利用流网可以计算出各种渗流特征量，如水头、渗流量、渗透力等，有较大的实用价值。由于流网概念清楚、简便实用，故数值分析的结果也多整理为流网。

（1）流网的性质

流网法适用于平面或二维稳定渗流，这种渗流场中的等势线是指势能或水头相等的曲线，也即在其上水头处处相等，或每根等势线上的测压管水位都是齐平的；流线是指水质点的运动路线，处处与渗流速度矢量相切；流网是由流线和等势线组成的网络，其重要性质是等势线与流线正交。流网的另一个特性是：如果流网各等势线间的差值相等，各流线间的差值也相等，则各个网格的长宽比为常数。

（2）特征量计算

设上下游总水头差 H 被分为 m 等分，每相邻两等水头线间的差值均为 $\Delta h = H/m$。若总流量为 q，流线所划分的流槽数为 n，则每相邻两流线间的流量为 $\Delta q = q/n$。取渗流场中任一网格，沿流线和等势线的边长分别为 a 和 b，则该网格的平均水力梯度和渗流速度分别为：

$$i = \frac{\Delta h}{a} \tag{5.22}$$

$$v = ki = k\frac{\Delta h}{a} = k\frac{H}{am} \tag{5.23}$$

通过该网格及其流槽的流量为：

$$\Delta q = vb = k\frac{b}{a}\frac{H}{m} \tag{5.24}$$

由于流网上的 Δq 及 $\Delta h = H/m$ 处处相等，所以各网格的长宽比 b/a 相同。单宽纵流量 q 为：

$$q = n\Delta q = kH\frac{b}{a}\frac{n}{m} \tag{5.25}$$

（3）流网的绘制

根据流网的性质，流线越密的部位，流速越大；等势线越密的部位，水力梯度越大。利用流网的性质绘制流网，关键是找出特殊的流线和等势线，根据正交性调整网格。当存在渗流自由水面时，流网须反复试画；而且调整网格和浸润面会相互影响，故有一定难度。图 5.3 是基坑开挖中的隔水板桩与地基渗流的流网。在复杂条件下，流网可通过数值计算绘出；在简单条件下，流网可手工绘制，其步骤如下：

①按一定比例尺绘出结构物和地层的剖面图；

②根据边界条件绘出特殊的等势线和流线，如基坑渗流场中的进水面和出水面为两条等势线，不透水面和围护墙表面为两条流线；

③在特殊流线之间，绘制若干条流线；

④在特殊等势线之间，绘制若干条等势线，并与流线正交。

（4）复杂介质中的流网

对于水平成层介质，可以简化为各向异性的均匀介质；对于各向异性介质体，其平面渗流方程为：

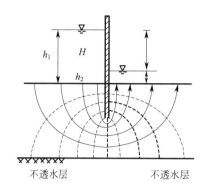

图 5.3　各向同性地基的流网

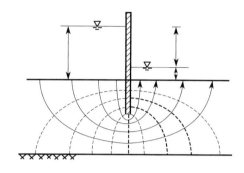

图 5.4　各向异性地基的流网

$$k_{\mathrm{h}}\frac{\partial^2 h}{\partial x^2}+k_{\mathrm{v}}\frac{\partial^2 h}{\partial z^2}=0 \tag{5.26}$$

令 $\bar{x}=x\sqrt{k_{\mathrm{v}}/k_{\mathrm{h}}}$，代入式（5.26）得：

$$\frac{\partial^2 h}{\partial \bar{x}^2}+\frac{\partial^2 h}{\partial z^2}=0 \tag{5.27}$$

可见，只要把渗流区的 x 坐标转换为 $\bar{x}$，就可以在 $\bar{x}z$ 坐标系中按各向同性介质绘制流网，然后再将正交流网转换为 xz 坐标系实际渗流域的非正交流网。例如，当 $k_{\mathrm{h}}=4k_{\mathrm{v}}$ 时，$\bar{x}=x/2$，即网格在竖向不变而在水平方向放大一倍（图 5.4）。渗流量可根据正交流网计算，等效渗透系数 k 由下式确定：

$$k=\sqrt{k_{\mathrm{h}}k_{\mathrm{v}}} \tag{5.28}$$

5.3　深基坑渗透稳定

在深基坑工程中，地下水问题除强透水层的大量涌水、降水引起的地面沉降及环境安全之外，主要是渗透稳定性，即渗流引起的流土、管涌及坑壁坍塌，以及承压水引起的坑底突涌。深基坑抗渗稳定性设计要求：（1）坑底及坑壁不发生灾难性的管涌和流土，即保证坑底及坑壁渗透稳定性；（2）坑底不会因承压水顶托而发生突涌破坏。

5.3.1　渗透力及作用

在渗流场中存在水头差，水头差作用下地下水发生流动，并对土骨架产生拖曳作用。渗透水流作用于单位体积土骨架上的冲击力称为渗透力，也即水流对土骨架的动水压力，用 j 表示。研究表明，渗透力具有如下性质：（1）体积力；（2）方向与水流向一致；（3）对于土体来说是内力，对于土骨架来说是外力；（4）渗透力的大小为 $j=\gamma_{\mathrm{w}}i$。

在渗透力的作用下，土体可能发生变形或破坏，即渗透力可引起管涌、流土。流土是表层土局部范围的土片或颗粒群在渗透水流作用下同时发生悬浮、移动的现象，主要发生在地基或堤坝下游渗流出逸处。在无黏性土中，流土表现为颗粒群同时悬浮；在黏性土中，流土表现为土片隆起、浮动、断裂等。管涌是土中的细粒在粗粒形成的孔隙通道中移动乃至流失的现象，是一种渐进性质的破坏：随着孔隙不断扩大，渗流速度不断增加，较大的颗粒也被水流逐渐带走，最终导致土体内形成贯通的管道，造成土体下沉、开裂或坍塌。

判别渗透变形的类型时，须考虑渗透变形机理。对于管涌来说，显然只有当粗粒形成的孔隙通道直径大于细粒的粒径时才可能移动。均匀的砂土中孔隙平均直径总是小于土粒直径，故为非管涌土。事实上，当不均匀系数 $C_u < 10$ 时，粗粒形成的孔隙通道不允许细粒顺利通过，所以这种土通常不会发生管涌。当 $C_u > 10$ 时，渗透变形是否发生还要视级配和细粒含量而定。试验表明，当细粒含量小于 25% 时，填不满粗粒形成的孔隙，可能发生管涌；当细粒含量大于 35% 时，则可能发生流土。对于黏性土，由于颗粒间有黏聚力，单个颗粒难以移动，故一般不会发生管涌。但分散性黏土中都含有易分散的黏土颗粒，在流水中这种颗粒容易变为悬浮状态，侵蚀与渗流可能导致表面冲沟或内部管涌。此外，土体中局部阻力较小的部位（例如土体中未压实的土层、强透水夹层、坝体与内埋管道的接触面等），容易产生集中冲刷而形成管涌。

渗透力达到一定程度时才可能冲动土块或带动土中的细粒，因而存在临界水力坡降。所谓临界水力坡降就是土体发生渗透变形时的最小水力坡降，用 i_{cr} 表示。假设流土发生在向上渗流出逸处，则临界水力坡降为 $i_{cr} = (1-n)(d_s-1)$，其中 n 是孔隙比，d_s 为土粒相对密度。一般来说，发生管涌的临界水力坡降比发生流土的临界值低，但其变化范围很大。到目前为止，还没有管涌临界水力坡降的理论计算方法。表 5.1 给出了一些经验数据。

发生管涌的临界水力坡降　　　　　　　　　　　　　　表 5.1

临界水力坡降	级配连续土	级配不连续土
极限值	0.2～0.4	0.1～0.3
允许值	0.15～0.25	0.1～0.2

5.3.2　深基坑渗透稳定

在深基坑工程中，渗透变形主要表现为两种形式。一是坑壁渗透破坏，即截水帷幕有空洞或因变形而开裂，地层为砂层、粉砂层、砂质粉土等透水性较好的土层，可发生坑壁涌水流砂。若大量的地下水夹带砂粒涌入基坑内，坑外水土严重流失，将导致地表沉降甚至塌陷。二是坑底渗透破坏。当坑内外水头差较大时，坑底渗流力大于土的浮重度，发生坑底渗透破坏。例如，在粉砂性土层中开挖基坑，当坑内外水头差在坑底处产生的水力梯度达到其临界值时，将发生坑底流砂。因此，坑底以下为粉土和砂土时，应验算抗流土稳定性，即满足以下要求以保证基坑不发生渗透破坏：

$$i < [i] \tag{5.29}$$

式中，$[i]$ 为允许水力梯度，粉细砂土层为 0.1～0.2。

若坑底存在薄弱地层或隔水层突然变薄部位，则容易渗透失稳。当坑底没有或仅有极薄隔水层、下面砂层与透水基岩互相连通时，最容易产生渗透破坏。此外，不同支护结构的连接部位、承受特殊荷载的部位等，也容易渗透破坏。当桩墙嵌固深度过小时，可能在宽度为 0.5 倍嵌固深度范围内发生土体的渗透破坏。当基坑底部为碎石土或砂土时，桩墙嵌固深度除满足结构强度和稳定性要求外，还要满足抗渗稳定要求。

当存在承压水时，须考虑深基坑突涌破坏，即承压水作用下坑底地层被破坏。当基坑底部有不透水的薄层黏性土，其下部为承压水含水层时，若承压含水层顶板以上土层的重量不足以抵抗承压水头的压力，则坑底将发生突涌破坏。此时，须进行基坑突涌稳定性验算，保证透水层顶板以上到基坑底部之间的土重力大于承压水的浮托力。抗突涌安全系数为覆盖层重量与承压水作用于覆盖层底面的静水压力之比：

$$K = \frac{\gamma_{sat} t}{\gamma_w h_w} \qquad (5.30)$$

式中：K——抗突涌安全系数，一般要求达到 $1.1 \sim 1.3$；

　　　t——透水层顶板以上到坑底的不透水层厚度；

　　　h_w——承压水头，即透水层顶板以上的水头。

若抗突涌不满足稳定性要求，须采取一定的工程措施。如用深井井点对承压水进行降压处理，降低承压水的水头可减小承压水对基坑底板的顶托力，从而防止坑底突涌。若环境条件不允许降水时，可进行坑底土体加固。

5.3.3　土岩深基坑渗透稳定

对于土岩双元深基坑，若基坑土层部分为砂层、粉砂层等透水性较好的地层，且围护结构的截水效果不好，则土体渗透破坏主要是围护结构渗水、涌砂，这种情况与土质基坑没有区别。坑底若有薄土层或强风化岩，也可能在向上的渗流或承压水作用下发生管涌、流土或隆起等渗透破坏。当基坑下部或坑底部通常为中微风化岩层时，渗透稳定问题不大。但有些特殊情况必须慎重对待，例如（龚晓南等，2020）某基坑工程中岩石弱（中）风化层的渗透性不仅比基岩表层全风化和强风化层大，甚至比表层的第四系砂层还大。因此，不能认为渗透破坏只发生在第四系的软弱地层中，超深基坑底部透水性较大的岩层中也可能发生渗透破坏。土岩双元基坑设计与施工时，必须关注岩石的水化性。如全风化辉绿岩遇水呈砂状，强风化泥岩遇水扰动后易软化呈泥状。事实上，当坑底为强风化岩时，受地下水湿润后可能易软化，故基槽开挖时应做好排水工作，避免扰动和长时间浸水。此外，土岩界面处的渗流情况值得注意：在界面处形成向上的定向水压和冲击颗粒的渗流力，这些对基坑岩土体的稳定是不利的。

一般情况下，土岩深基坑中的截水帷幕进入风化岩层一定深度（如 $0.5 \sim 1.0$m）。当坑底有薄层相对不透水的黏土层、下卧风化岩中有承压水时，应注意抗突涌稳定性。若坑底位于强风化岩或软岩层，当坑内外水头差很大而桩墙嵌固深度不足时，容易出现坑底大量漏水而难以排干，或发生灾难性的流土，或渗水将岩体中的细颗粒及易溶解于水的物质挟带出来而导致基坑破坏。如广州某悬索桥锚碇深基坑，坑底以下为基岩裂隙含水层。三维渗流数值分析表明，坑底最大出逸梯度远大于强风化层的允许梯度（两者比值大于3.0），井壁地连墙嵌岩深度 $h_d = 3.0$m 是不安全的，尽管此嵌岩深度下结构和稳定计算结果均能满足要求（龚晓南等，2020）。此外，许多强风化岩层的透水性很强，底部涌水量很大；这种情况也许不影响渗透稳定，但出水量过大往往会造成降水困难，使开挖和浇筑无法进行。

因此，深基坑设计时应验算截水帷幕嵌入隔水层内的深度是否满足抗渗稳定要求，特别是当悬挂式截水帷幕的底部位于粉土、砂土、强风化岩等透水性较大的地层时，必须进行抗渗稳定性验算，坑底渗流的水力梯度不应超过临界水力梯度，即：

$$i \leqslant i_{cr} = \frac{\gamma'}{\gamma_w} \tag{5.31}$$

近似取最短渗流路径计算水力梯度，即紧贴围护结构的路线：

$$i = \frac{h}{h + 2t} \tag{5.32}$$

则抗渗流安全系数为：

$$K_s = \frac{\gamma'}{i\gamma_w} = \frac{\gamma'(h + 2t)}{\gamma_w h} \tag{5.33}$$

式中：h——坑内外水头差；

　　　t——坑内水头到维护墙底的距离。

抗渗流稳定性安全系数 K_s 的允许值，各地取值有所不同，如《深圳市基坑支护技术规范》SJG 05—2011 对一、二、三级支护工程分别取 3.00、2.75 和 2.50；而上海《基坑工程技术规范》DG/TJ 08—61—2010 规定，当墙底土为砂土、砂质粉土或有明显的砂土夹层时取 3.0，其他土层取 2.0。

此外，规范对桩墙嵌入不透水层的深度 t 要求：

$$t \geqslant 0.2h_w - 0.5b \tag{5.34}$$

式中：h_w——水头；

　　　b——墙厚。

5.4　深基坑地下水控制

在含有地下水的地层中进行基坑开挖，必须设法降低地下水位，保证基槽在干燥条件下开挖，并保证基础和主体地下结构的施工顺利进行；对于复杂条件下的深基坑工程，降水必须保证基坑周边环境的安全。鉴于基坑工程水的问题十分突出，地下水控制的重要性怎么强调都不过分。

深基坑控水设计是基坑支护设计的重要组成部分，所谓地下水控制是指为保证支护结构、基坑开挖、地下结构的正常施工，特别是防止地下水变化对基坑周边环境产生影响所采用的截水、降水、排水、回灌及堵漏措施。地下水控制问题涉及诸多方面，如完善地下水控制理念、制定地下水控制方案、发展地下水控制技术，旨在提高地下水控制能力，以有效控制地下水。

5.4.1　地下水控制理念

从我国基坑工程发展过程来看，地下水控制理念经历了一个发展过程。20 世纪 80 年代以前，基坑开挖比较浅，一般小于 10m，环境要求相对较低。所以，地下水控制着眼于开挖无水作业，保证安全施工，并以降排水为主。随着基坑开挖深度的不断增大、场地限制与环境要求的逐渐严苛，地下水控制理念与方式发生了变化，特别注重邻近建筑物及周边设施的安全，并由降水为主转变为截水为主。此外，在渗透破坏问题中，渗流量、渗透力及其影响可以计算，但施工缺陷造成的质量问题在计算中不能考虑，故必须采取相应的工程措施。

在当代绿色工程理念下，对基坑工程地下水控制提出了新的要求。除上述安全施工和周边设施安全要求外，还须考虑地下水环境效应，也即要求符合地下水资源保护政策规定。这是因为基坑工程会对地下水环境造成干扰，如抽取地下水时，会减少地下水资源；若水质较差的上层水渗入下层水，将造成下层水的水质恶化；过多抽取地下水不仅造成地下水资源损失，而且也导致污水处理量的增加，相应增加了社会负担（龚晓南等，2020）。

5.4.2　地下水控制方案

深基坑地下水控制措施是支护结构的重要组成部分，所要达到的目的有：疏干基坑内的储水，以便在干燥条件下施工；控制坑壁渗漏、流砂，以保证施工安全；控制流砂以及降水引起的地面沉降，以保护周边环境；降低承压水的水头，以避免坑底突涌。为此，须进行合理的疏干井设计、减压井设计、地面沉降计算等。深基坑开挖与地下结构施工要求使地下水位在开挖底面以下 0.5～1.0m，因此当场地的地下水位较高时，须进行基坑降水；由于基坑降水不可避免地引起坑外土体变形，也可能造成坑壁流砂、坑底突涌，从而使环境受到破坏，故须进行地下水控制。深基坑控水方案是基坑支护方案的重要组成部分，在许多深基坑工程中，控制好地下水是确保施工安全的关键。例如，当基坑地层渗透性大且地下水位高，或工程影响范围内存在承压水时，地下水控制往往成为基坑工程设计的主要矛盾（龚晓南，2016）。

在深基坑工程中，须慎重制定地下水控制方案，其基本原则是安全可靠、经济合理、技术可行。就地下水控制的实质而言，主要有两种思路，一是降水，二是截水。降水当然是降低地下水位，其目的在于为基坑开挖、地下结构施工创造便利条件。当基底下有承压水时，往往须抽水降压以防止坑底突涌。降水对基坑稳定是有利的，工程造价也较低。但若周边设施对地面沉降有严格要求，则应采用截水帷幕，必要时还须回灌。否则，降水可能会对周边建筑物、地下管线等设施造成损害。截水就是采用隔水体将地下水截住，不使坑外水流入基坑内部。除降水和截水之外，还有排水和防水。无论是降水还是截水，基坑内部降水与排水总是必要的。此外，坑顶地面防止雨水及生活用水渗入也是必要的。排水系统包括坑内排水和地表排水，防水则主要是指防止地表水渗入、地下管道漏水、坑壁渗水、坑底渗水等，因为渗入土体中的水将使土体软化，降低土的抗剪强度、锚杆的锚固力，并增大作用于围护结构上的侧压力，这些作用对基坑变形和稳定都是不利的。

（1）降水方案

降水是按设计要求降低地下水位，包括明排降水和井点降水。集水明排是在开挖面上开挖集水沟和集水井，从坡体中流出的水通过集水沟集水汇入集水井中，用水泵从集水井中排水。明排一般适用于土层比较密实、坑壁较稳定、基坑较浅、降水深度不大的降水工程。须注意，当基坑开挖至地下水位以下时，周围地下水会向坑内渗流，渗透力对边坡和坑底稳定产生不利影响，严重时造成边坡坍塌和地基承载力下降。井点降水是在基坑周围埋入深于坑底的井点管，配置一定的抽水设备，不间断地将地下水抽走，使基坑范围内的地下水降至设计深度。也就是以总管连接抽水或每个单独抽水，使地下水位下降形成降落漏斗，并将地下水位降低到坑底以下 0.5～1.0m。

井点降水中的井点包括轻型井点、管井（深井）井点、喷射井点、电渗井点等，如轻型井点降水是沿基坑周围以一定间距埋入井点管（下端为滤管），在地面上用水平铺设的集水总管将各井点管连接起来，在一定位置设置真空泵和离心泵。当开动真空泵和离心泵时，地下水在真空吸力的作用下经滤管进入管井，然后经集水总管排出，从而达到降低水位的目的。又如管井降水适用于渗透系数较大、地下水丰富的地层。管井是指抽汲地下水的大直径抽水井，由滤水井管、吸水管和抽水机械等组成。管井设备比较简单，排水量大，降水较深，水泵设在地面，易于维护。井点可以设在坑外，可以设在坑内，也可以基坑内外同时降水。就前者而言，由于降水井在坑外，坑底处于降水曲线的上凸部位，故降水井深、降水范围大，对周边环境影响也比较大。就坑内降水而言，由于井群在坑内，降水漏斗最低点在坑内，降水井比坑外降水方案浅，故降水效果明显。但在坑内设置降水井，对基坑开挖、封底及结构施工有影响。

采用降水方案控制地下水，将减小土的含水量，提高土的自重应力和抗剪强度，减小作用于围护结构上的侧压力，这些对深基坑稳定是有利的。但降水不可避免地会引起坑外地下水位下降，相应的地表沉降可能会超过允许范围，如引起地下管线开裂、邻近建筑物不均匀沉降、开裂、倾斜甚至倒塌。很多供水管线、排水管线本来就有渗漏，基坑降水和开挖引起管线变形，从而产生更多的渗漏。管线渗漏有两种后果，一是土体自重增大，二是土的强度指标明显下降。这些后果将导致基坑侧壁主动土压力和变形增大，使管线进一步变形、增大渗漏。如此相互作用、恶性循环的结果，若不及时处理，终将导致基坑事故发生。

（2）截水方案

截水是指在坑外设置隔水体，并同时进行坑内疏干排水或井点降水。竖向设置的隔水体称为截水帷幕，水平向设置的称为不透水层。截水帷幕主要有地连墙、排桩旋喷、搅拌桩或旋喷桩水泥土墙等，分为落底式和悬挂式两种。对于截水帷幕，须注意地连墙各段连接处的防渗、排桩旋喷截水帷幕的完整性等。由于注浆形成完整的不透水层比较困难，故一般采用旋喷法形成水泥土不透水层。水平防渗帷幕一般只用于不允许降水的基坑工程中，尤其是垂直防渗帷幕也不能解决问题的基坑工程中。

截水方案可细分为3种，即落底式截水帷幕＋明沟排水、截水帷幕＋井点降水和截水帷幕＋抽水降压。由于深入不透水层的落底式截水帷幕使周围地下水得到较好的控制，故基坑内地下水疏干量不是很大。若开挖范围内地层为弱透水层，采用截水帷幕时于基坑四周设排水沟，对基坑内少量渗水进行明排。当隔水层埋藏较深且含水层较厚、采用落底式截水帷幕技术难度大或不经济时，可采用悬挂式截水帷幕与基坑内降水相结合的方案。当基底以下存在承压水含水层，且有突涌风险时，可采用落底式帷幕＋降低承压水头方案。

当采用截水方案时，基坑开挖越深，坑内外水头差就越大；基坑面积越大，隔水层的平面连续性越差，发生事故的可能性也就越大。

（3）降水＋截水方案

当基坑开挖深度大、地下水位高、岩土体渗透性强时，完全依靠降水难以将水位降低至坑底以下，此时可以考虑降水＋截水方案，即坑内降水与悬挂式截水帷幕相结合的方案。当坑底下存在承压含水层、坑底抗突涌稳定性不满足要求、落底式截水帷幕施工困难时，可采用悬挂式截水帷幕＋坑内外减压降水方案，此时必须注意评估承压水头降低对环境的影响。

　　降水＋截水方案除上述两种形式之外，还有一种可以考虑的地下水控制方案，即截水帷幕＋坑外降水。基坑周边环境虽然相对复杂，但允许建筑物地基产生一定量的沉降，此时一定程度的坑外降水可提高土的强度，减小围护结构上的侧压力，也减小坑内外水头差以及由此而引起的渗透力，从而减小围护结构的内力和变形，降低截水帷幕渗漏的可能性，也有利于在截水帷幕局部渗漏后进行封堵补救，还有利于坑底抗渗稳定。

　　一般情况下，多种方式结合会得到更令人满意的效果。基坑控水体系包括降水、排水、截水、回灌，四者作用不同，通常须组合使用，如在坑外设置止水帷幕、坑内降水和排水。降排水系统应保证水流排入市政管网或排水渠道，应采取措施防止抽排出的水倒灌流入基坑。

　　（4）地下水控制方案选择

　　制定基坑地下水控制方案时，须考虑地层岩性及渗透性、地质结构、地下水位、含水层厚度、承压水、上层滞水、地下水补给、排泄条件等诸多因素。其中关键问题在于：是降水还是截水？这要视周边环境限制和地质条件而定。一般来说，降水对基坑稳定有利，对控制基坑水平变形也有一定的好处。这是因为降水使土体压密，且有效应力增大，这些使土体的强度显著提高，也可减小围护结构上的水土压力，增大被动区土的抗力。就强度增长机理而言（刘陕南等，1997），对于黏性土，降水前后土的内摩擦角虽几乎不变，但黏聚力却因降水而提高，黏聚力和有效应力的增大将使强度提高；对于无黏性土，强度增长则主要是有效应力增大所致。此外，降水方案造价低，一般情况下截水帷幕方案的造价是降水方案的 2.5～5 倍，且存在渗漏风险。所以，龚晓南（2016）认为："在基坑工程中，能降水就尽量不用止水帷幕堵断水，若必须采用止水措施也要尽量降低坑内外的水头差。止水帷幕的设计容易，但施工形成不漏水的止水帷幕比较困难，或成本较高。目前只有采用 TRD 技术施工才能确保止水帷幕不漏水。"

　　然而，降水必然引起地面沉降，从而威胁邻近建筑物或地下设施。因此，问题在于会不会给周边建筑物或其他设施造成损害。绝不能贸然采用降水方案，必须进行降水沉降分析，必要时进行抽水试验，以观察地面沉降。此外，有时为保护地下水资源，也不允许采用敞开式降水方案。也就是说，从保护周边建筑设施、地下水资源和地下水环境的角度，以最大限度地减小地下水抽排水量为前提，同时兼顾经济合理、技术可行的原则，一般优先选择截水帷幕方案，其次选择截水＋降水方案，再次考虑降水方案。可见，降水和截水这两种方案各有利弊，适用条件也不相同。由于环境保护要求越来越严格，现在很少有深基坑允许坑内外同时降水。

　　众所周知，降水将引起基坑周边地面沉降。若周边环境复杂，对变形有严格要求，通常的做法是设置止水帷幕，必要时配合回灌。即便如此，也不能完全消除降水对周边环境的影响。若地下水处理不当，很容易引发基坑事故。在一些超深基坑工程中，地下水控制方案的制定需非常慎重。如润扬长江大桥北锚基坑工程，采用地连墙＋内支撑支护，地连墙下帷幕注浆，地连墙接缝处高压旋喷，以及坑外高压旋喷。在粉砂土层中进行基坑开挖，宜在坑外采用井点持续降水，这是避免和减少流砂的重要措施。如果时开时关以控制坑外降水深度，则容易堵塞井管。此外，不宜采用深井降水的方法，因为此法对砂性土体扰动较大，水的流动会引起大量粉砂颗粒的移动，造成塌孔、破坏井体（徐至钧等，

2011)。

（5）土岩基坑地下水控制方案

在土岩双元深基坑工程中，一般基岩裂隙水含量较少，多采用集水明排；岩体中的岩溶水可采用集水明排，或管井降水。若遇浅部岩溶承压水，水量不大者可用管井降水或集水明排；水量很大且强排无效时，宜做帷幕堵塞岩溶通道后降水疏干。

土岩双元基坑工程中地下水控制比土质基坑更为复杂，如采用搅拌桩截水帷幕很难嵌入基岩，因此土岩分界面处极易渗涌水并引发基坑破坏（吴晓刚，2016）。如前节所述，土岩双元深基坑渗透稳定问题不可忽视。例如，深基坑底部位于风化岩或软岩中，当坑内外水头差很大而支护结构底部嵌入深度不足时，就会出现坑底大量涌水而很难排干，或渗水把岩体中的细颗粒或易溶于水的物质挟带出来，从而导致基坑破坏（龚晓南等，2020）。以下简要介绍济南深基坑工程经验。

济南市城区坐落在山前倾斜平原和黄河冲积平原的交汇地带，地下水位较高。在含有地下水的深基坑工程中，一般采用管井降水，即先行降低地下水位，以保证基槽开挖干燥和基础施工顺利。但是，降水将引起基坑周边地面不同程度的沉降。如果拟建工程周边环境复杂，既有建筑密度较大，通常的做法是设置止水帷幕并配合回灌。这种做法可减小沉降，但也不能完全消除降水对周边环境的影响。遇到大型基坑工程或结构形式复杂，有时降水周期要一年以上。这样长时间抽取地下水不仅威胁周边环境安全，而且对济南市保泉护泉相当不利。在这样的背景下，提出了深基坑止水理念（李连祥和黄志焱等，2006）。当基坑工程所涉及的地层中既有潜水也有承压水时，便同时存在侧壁发生渗漏和坑底发生突涌的可能性。通常的做法是设置截水帷幕，进入坑底以下一定深度，形成悬挂式或嵌入承压水隔水层顶板的截水帷幕；同时布设井点进行减压降水和疏干降水。在基坑周边环境严峻，对地面沉降很敏感时，可采用落底式竖向帷幕：如将地连墙嵌入承压水含水层以下的隔水层底板中，并辅以坑内深井降水或疏干降水。

5.4.3 控水技术简要说明

在深基坑工程中，地下水控制技术主要包括降排水技术、截水技术、回灌技术等。此外，还有防止地表水渗入的防排水技术。在实际工程中，地下水控制常采用多种技术相结合的方式。

（1）基坑降水与回灌措施

深基坑降水分两种情况，一种是基坑内降水，另一种是坑外地层降水。对于渗透性很小的地层，可采用明沟排水方式处理开挖过程中产生的少量积水，一般采用基坑内集水明排。坑内降水总是必要的，否则便无法顺利进行基坑开挖及地下结构施工。所以，一般说到基坑降水主要是指坑外降水。深基坑外降水常受到限制，因为这会导致地面沉降，从而对环境造成影响，所以只有那些对环境保护没有严格要求的基坑，才允许进行基坑降水。在此种情况下，将地下水位降到开挖面以下，不仅可以保证开挖和主体地下结构施工的顺利进行，还可以减小岩土体中的含水量，提高岩土介质的物理力学性质指标、有效应力、土的抗剪强度，减小围护结构上的土水压力，增加锚杆的锚固力，从而提高基坑稳定性，并减小基坑水平位移。

当采取基坑降水而不设置截水帷幕且周边有建筑物及其他设施时，必须慎重对待降水

引起的地面沉降问题，合理评估地下水位下降对周围环境的影响。为减小基坑降水对周围
环境的影响，可通过回灌以提高基坑外侧地基中的地下水位，也即降水的同时在靠近建筑
物一侧进行回灌。回灌是为提高邻近建筑物地基中地下水位，使地基中地下水位的降低在
允许范围之内，以防止有害的基础沉降。基坑回灌的基本原理是在基坑降水的同时，向回
灌井或回灌沟注入一定水量，形成一道阻渗水幕，使基坑降水的影响范围不超过回灌点的
范围，以阻止地下水向降水区流失，保持既有建筑物所在地原有地下水位基本不变，从而
最大限度地减小建筑物因降水而产生的沉降。

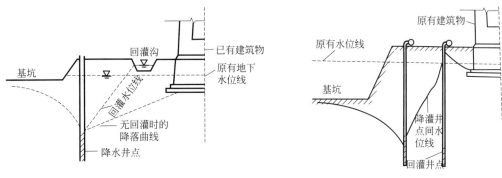

图 5.5　回灌沟回灌示意图　　　　图 5.6　回灌井回灌示意图

　　深基坑回灌有两种方式，一是回灌沟回灌（图 5.5），二是回灌井回灌（图 5.6）。若
建筑物离基坑较远，且地层为较均匀的透水层，可采用最简单的回灌沟进行回灌；若建筑
物离基坑较近，且为弱透水层或透水层中间夹有弱透水层，则须采用回灌井方法进行（王
自力，2016）。

　　（2）基坑截水与截水帷幕

　　为避免基坑降水造成地面沉降，影响周边建筑物、地下管线等设施的正常使用，需要
设置截水帷幕，切断基坑内外的水力联系，既避免坑外水位下降，也能够有效减少坑内降
水量。当地下水位较高、邻近建筑物或设施对沉降敏感时，通常须采取隔水措施，即设置
截水帷幕，同时进行坑内集水明排。截水帷幕是一种幕墙状竖向隔水体，位于支护桩外
侧，用以阻隔或减少地下水通过基坑侧壁与坑底流入基坑、控制基坑外地下水位下降。截
水帷幕采用水泥土搅拌桩或高压旋喷桩，在水利工程中也采用帷幕灌浆，其隔水原理是在
基坑周边阻隔含水层，设置地下水水平流动障碍，从而增加渗流路径，减小水力梯度，以
降低渗流速度和渗透力，达到控制流砂和管涌的目的。也就是说，截水帷幕的主要作用是
阻隔地下水或延长其渗径，防止基坑发生渗透破坏，使基坑开挖顺利进行，同时避免基坑
周边发生过大的沉降变形。

　　截水帷幕效果的好坏直接关系到基坑工程的成败，必须认真对待。按施作方法，截水
帷幕分为高压旋喷桩、深层搅拌桩和帷幕注浆，此外还可以将地连墙包括在内。当地质条
件复杂或施工机械难以保证垂直度要求时，注浆法很难形成连续的截水帷幕。当遇到不良
地质时，咬合桩墙施工很难无缝咬合，故咬合桩墙漏水事故不少。深层搅拌桩截水帷幕适
用于黏土、淤泥质土和粉土。高压旋喷法的效果要好一些，但不良地质条件下也很难无
缝。特别是当围护墙变形较大时，钢筋混凝土与水泥土桩间容易产生新的裂缝。所以，建
造连续完整的截水帷幕并非易事，须特别关注截水帷幕或止水措施的可靠性，并制定相应

的监测方案和应急措施。此外,当对地下水控制要求很高时,更为有效的地下水控制方案是堵水方案,即采用注浆、冷冻、旋喷等方法对基坑周边进行隔水封闭,如对于明挖基坑,可通过两侧垂直帷幕和基底水平帷幕的形式进行封闭,水平截水帷幕可采用压力灌浆法。

对于超深基坑工程,坑内外水头差可能很大,这不仅产生很大的水土压力,渗流还使被动区土的有效应力减小,从而对基坑稳定产生不利影响。必须指出,深基坑工程采取隔水措施是为了保护环境;故在环境允许的情况下,应尽可能部分降水,因为降水不仅减小坑内外水头差、降低渗流力,还可减小作用在围护结构上的荷载、提高土体的强度,这些效应均有利于基坑稳定。

(3)地面渗水与防水排水

地表水对基坑稳定影响很大,必须引起高度重视。如基坑在雨期施工时,由于防排水措施不当,基坑可能被雨水冲塌。大雨过后常出问题,这说明地面防排水不良,雨水渗入坡体。水的渗入说明坡顶裂缝,特别是微裂缝不可避免。此外,坑顶地面的平行微裂缝,当降雨时可能会突然增大,甚至引起坑壁坍塌或滑坡。渗水除雨水、生活用水外,还有可能是因为管道破裂。有许多基坑事故发生在近坑管道破裂之时,说明问题的严重性,当地下水位很低时应特别注意。所以,当基坑周围有地表水汇流、排泄、管道破裂时,应对基坑妥善采取保护措施。

从作用机理上讲,地表水渗入、地下管道漏水使土体含水量增大,将显著降低土的强度参数,裂缝扩展及水压力导致水土压力大增;若有软土夹层,则进一步软化并形成滑面,从而进一步增大土压力。所以,地面防排水至关重要,不可掉以轻心。基坑周围地面应进行防水、排水处理,严防雨水和生活用水侵入基坑周边土体。就地表水控制方案而言,主要是硬化坑外地面、设置地面排水沟,以集水明排的方式收集和排出地表雨水、生活废水。此外,沿基坑边缘,地面要垫高,以防止地表水注入基坑内。

(4)上层滞水与坑壁流砂

当截水帷幕有空洞或开裂时,将发生围护墙渗漏,造成基坑外水土流失,严重时会引起地面塌陷。若基坑存在深厚的渗透性强的粉砂、砂土,则截水措施的效果往往成为工程成败的关键,而且建造可靠止水帷幕的难度比较大。在实际工程中,常因帷幕渗流引起土水流失、坑外土的强度降低等而造成基坑事故。所以,帷幕截水效果至关重要。遗憾的是,完全不漏水的截水帷幕难以形成,在灌注桩+止水帷幕+粉砂层体系中,桩间漏水很普遍。解决办法一是及时挂网喷混凝土护壁,二是尽可能减小坑内外水头差。因此,在不影响邻近建筑物安全的情况下,坑外设置井点降水。

有时上层滞水的水量比较大,必须引起重视。工程勘察忽略对上层滞水的评价,因而未能引起设计、施工人员的足够重视。基坑开挖之后,由于坑内外产生较大的水头差,出现侧壁渗水、涌水、流砂,使粉土、粉砂大量流失,边坡坍塌。上层滞水通常所在的杂填土很不均匀,渗透系数变化极大,且与地下管道的位置和泄漏程度密切相关。有些粉土地层很特别,井点、深井抽不出水来,基坑开挖时却发生流砂。粉质黏土层的上层滞水,也不能通过降水达到理想的降水效果。所以,若上层滞水较多,邻近建筑物对变形敏感,则可用截水帷幕。对于上层滞水,降水处理效果较差,可采用抽降结合的方案,即将上层地下水引流渗入下层地下含水层,然后抽水。

在土岩双元深基坑中，截水帷幕往往不能有效截断裂隙水与坑外地下水的联系，所以必须重视基岩裂隙水。在明排的同时，对基坑外的地下水进行回灌，以减少坑外因水位下降而造成周围环境的变形。此外，截水帷幕的效果在很大程度上取决于围护结构，因为围护结构的变形往往是截水帷幕失效的罪魁祸首。如要规避地连墙漏水风险，接缝处、锚索孔是关键。为此，可在地连墙接缝处迎土侧埋 2 根通长注浆导管，管径不小于 25mm。围护结构施工完成后对接缝进行灌浆止水，并在现场备足应急物资。

（5）承压水及控水技术

当承压含水层顶板以上的岩土自重不足以抵抗承压水头的顶托力时，坑底岩土层将发生突涌破坏，故须对承压水进行降压处理，以减小承压水头对基坑底板的浮托力；也可采用封底加固法，即采用水泥搅拌桩或高压旋喷桩等加固坑底岩土体，使其达到抵抗承压水浮托力的要求。工程实践表明，承压水引起的坑底突涌或流土很难控制。因此，当基坑存在承压水突涌风险时，须对承压水进行降压处理。

当承压含水层分布很厚，即使采用很深的地连墙或止水帷幕也难以截断时，承压含水层抽水降压对环境的影响及控制就成为一个重要课题。值得注意的是，在工程勘察阶段，必须对勘察孔进行有效的封孔处理，防止基坑开挖阶段承压水从勘察孔涌入基坑内，并带入大量承压含水层中的砂土，造成基坑开挖面以下水土损失，影响底板浇捣施工。这种风险必须引起高度重视，一旦高承压水沿勘察孔上来，后果不堪设想，因为现有的降水井没有能力将承压水位控制在基坑开挖面以下，除非降水设计时考虑大量备用井。此外，深层监测孔同样要求做好止水封孔工作，降低承压水突涌风险。

除坑底突涌外，承压水的危害还有：①坑侧渗漏，即由于围护结构缺陷造成开挖面以上渗漏。这种渗漏往往被认作和潜水渗漏没有本质区别。但从渗流角度看，承压水作用下的渗漏属于有压渗流，而潜水渗漏属于无压渗流。潜水渗漏发生时，水位随之降低，往往形成相对稳定的边界；而承压水渗漏时水位并不持续降低，一旦发生险情且不能快速处置，坍方区可能会持续扩大；②底侧突涌，即开挖面以下围护结构渗漏导致坑底涌水、流土，渗流出口一般在围护墙附近；③坑外地层固结沉降，即施工降承压水头引起坑外地层固结沉降，目前对这种沉降的规律知之甚少，尚无法进行准确的定量计算。可见，以往简单地抽降承压水以防止坑底突涌的思路已不适应新形势的要求，须考虑"以水位控制为前提，以沉降控制为中心的承压水危害综合治理"的防治思路（龚晓南等，2020）。

承压水控制技术。当基坑开挖深度较小，且周边建筑物对降水不敏感时，可采用全降水方案。当周边建筑物对降水较为敏感时，过量抽取承压水极易造成危害，可以采用全截水方案，即截水帷幕穿越承压水层进入不透水层，以隔断基坑内外承压水的水力联系。此方案造价偏高，对施工质量要求也很高。

（6）特殊地层与控水技术

龙照等（2015）曾比较全面地介绍了兰州市深基坑工程止水问题。兰州市的典型地层是强透水卵石层和弱透水风化砂岩组合。2010 年之前，兰州市内新建高层建筑一般设 1～2 层地下室，基坑开挖深度最深不超过 12m，此范围内地层以填土、黄土状粉土和卵石层为主，即使进入下部第三系风化砂岩层，也鲜见超过 3m。在以往较浅的基坑工程中，基坑降水主要采用坑外管井降水、坑内设置排水沟和集水坑二次降水的方法，其中管井深度一般按滤管进入砂岩层 0.5～1m 控制，即管井降水针对的是卵石层地下水，风化砂岩层渗水主要依靠坑内收集后明排解决。2010 年以后，高层建筑地下室层数增至 3～4 层，基坑开挖深度也随之增大。于是，便不可避免地遇到越来越多的土岩双元基坑。在这种基坑工程中，开挖进入风化砂岩的深度大幅度增加，常用的管井降水方法已不适用，陆续发生了因下部风化砂岩层渗流、坑壁管涌破坏导致基坑坍塌，或因砂岩层渗水无法控制导致地下室减层等事故。为什么会出现这种情况？

这些现象与兰州市的特殊地层有关。兰州市第三系风化砂岩属半成岩，以粉砂岩或细砂岩为主。当保持原状结构时，岩层很密实，强度很高；基坑开挖后若遇水浸泡，组织结构遭破坏，扰动即呈散砂状。管井施工时，若管井滤网或滤料规格等不符合要求，极易出现抽出红砂、下部抽成空洞、地面塌陷等现象。基坑开挖进入下部风化砂岩层后，地下水从坑壁坡脚处渗出。在渗流作用下，砂岩中的粉细砂颗粒逐渐流入坑内，从而使边坡下部掏空，甚至引起边坡坍塌。为解决上述问题，设计人员首先考虑采取止水帷幕方案。在我国中东部地区，采用止水帷幕、坑内降水的方案往往能取得良好的效果，但在兰州市却行不通，因为在这类土岩双元地层中高压旋喷桩止水帷幕成型极其困难。接着便考虑采用地连墙方案，并在红楼时代广场项目某超高层商业综合体深基坑工程中首次采用地连墙＋钢筋混凝土内支撑的支护方案。但基坑开挖进入下部风化砂岩层后，因受坑外高水位影响，坑底渗水更严重、砂岩软化、设备人员无法进场作业。最后，还是靠特殊的止水方案解决了问题。这是一种组合控水方案，即采用坑外管井降水方案，解决上部卵石层的地下水问题；进入下部风化砂岩层后，采用于坑壁设置斜向简易轻型井点（30°入射角）、坑底布设竖向简易轻型井点，分层向下施工的方案，以解决风化砂岩层的渗水问题。

（7）挡土与控水技术结合

李连祥、黄志焱等（2006）针对某深度 12.4m、周边环境复杂的高层建筑基坑，采用如下支护方案：高压旋喷桩直接坐落在中风化岩层形成落地帷幕，以实现全封闭止水；在旋喷桩中插入钢管，发挥超前支护功能，既挡土又止水，与预应力锚索和土钉墙形成复合土钉墙体系，相比桩锚支护和止水帷幕，回灌井联合支护体系降低造价 50％以上。

第6章 土岩双元深基坑工程设计总论

《建筑基坑支护技术规程》JGJ 120—2012 适用于一般土质地层,《建筑边坡工程技术规范》GB 50330—2013 适用于一元结构地层,即土质边坡或岩质边坡。对于土岩双元基坑工程,技术规范是空白的。仅湖北省标准《基坑工程技术规程》DB42/T 159—2012 做了一些简单规定,但也未对设计计算方法做出具体规定。其实,土岩双元深基坑工程的勘察、设计、施工、监测均缺乏相应规范。目前,土岩双元深基坑支护设计大多套用土质基坑支护理论,或借鉴岩质边坡稳定性支护设计方法,尚未形成独立、系统的土岩双元基坑支护设计理论和方法体系,设计的随意性较大。当采用现行《建筑基坑支护技术规程》JGJ 120 按土质基坑工程进行设计时,可能出现下列结果:当支挡构件深入中、微风化岩层过长时,开挖较困难,施工成本高,工期也长。在许多土岩双元基坑支护设计中,存在着过分保守的现象,从而造成巨大浪费。如济南丁家村最深剖面开挖 25.5m,土层厚度 14.1m,开挖岩层 11.4m,1m 桩径支护桩桩长32.5m,中风化石灰岩嵌固 7m。若按吊脚桩设计,桩长 16m,锚索 3 道,支护工程量将减少约一半,工程造价和工期将大为节省。

由设计失误引起的深基坑工程事故比例较大,因此要求精心设计,尽最大可能避免盲目设计、不遵守规范、支护方案选择不当、荷载取值不准、强度指标取值不当、设计计算错误、设计安全系数过小、设计人员缺乏经验等问题。对于土岩双元深基坑工程,设计的关键首先是充分利用岩体较强的自稳能力和承载能力,其次是正确处理土岩界面产生的特殊问题。深基坑工程设计领域问题繁多,涉及设计原则、支护结构选型、计算模型建构、本构模型选用、岩土参数取值、优化设计等。本章就深基坑工程设计问题做一般性阐述,而土岩双元深基坑各类支护设计问题将在后续 3 章中讨论。

6.1 深基坑工程设计原则

在深基坑工程中,一定范围的地层、周边建筑、各种设施共同构成基坑体系,这个体系在基坑开挖、使用与维护过程中不断变化,故属于一种变结构体系。将整个基坑体系作为对象进行受力变形及稳定性分析,目前尚没有比较符合实际的理论分析方法。因此,只能进行近似的理论分析和简化计算,目前都是分别考虑局部并应对特定问题,如变形问题、稳定问题、渗流问题,再就是通过监测和经验判断来指导设计与施工。深基坑工程设计主要包括支护结构方案比选、基坑稳定性验算、支护结构内力与变形计算、降水技术要求、土方开挖技术要求、基坑监测要求、环境保护技术措施等,本节从总体要求和安全等级出发,阐述深基坑工程设计的基本原则。

6.1.1 总体要求

深基坑支护设计须考虑主体结构（包括地下结构）的类型及要求、工程地质条件、周边环境资料、工程成本要求和工期要求等，及相关技术规范。一般来说，深基坑工程设计对支护结构有如下要求：（1）不滑移；（2）不倾覆；（3）有足够的强度；（4）有足够的刚度；（5）其基础满足地基承载力要求；（6）与环境相协调，避免对环境造成破坏；（7）永久性支护结构须进行耐久性设计；（8）满足施工要求。

关于深基坑工程设计的总体要求，人们曾提出安全可靠、经济合理、施工方便、技术可行、节省工期、技术先进、环境友好等。很显然，在上述目标要求中，安全可靠是必要的前提；而且各项要求之间存在一些矛盾冲突，具体情况下应综合考虑上述诸方面以寻求恰当的平衡；除安全可靠之外，其他要求都不是绝对的；即便是安全目标，也不是安全度越大越好，而是以适度为理想状况。所以，深基坑工程既是一门科学技术，也是一个艺术领域。

进一步分析，深基坑工程设计的基本要求是安全和经济，或者说在安全得到保证的前提下，尽可能经济。也可以说，在安全可靠的基础上，追求经济合理；在安全可靠与经济合理的基础上，最大限度地追求施工方便、缩短工期等。当然，技术先进很重要，否则即便能保证安全，经济则往往谈不上。

深基坑支护大多是临时性工程，所以安全与经济之间恰到好处，难以把握。过于安全会造成浪费，但为节约造价而导致事故，后果则更为严重。既安全又经济的目标实现起来已属不易，若再考虑施工方便、缩短工期就更加困难。所以，关键是在分清主次的前提下，于上述要求之间取得令人满意的平衡。

6.1.2 安全等级

从事深基坑工程设计，应综合考虑基坑开挖深度、工程地质条件，以及周边环境的复杂程度等因素，确定支护结构安全等级。此外，还需要考虑基坑工程等级和基坑工程环境保护等级。

（1）支护结构安全等级

《建筑基坑支护技术规程》JGJ 120—2012 中规定了基坑支护结构的安全等级，其划分与设定主要是基于基坑周边设施的重要程度，即规定保护的不同级别。进一步说，依据《工程结构可靠性设计统一标准》GB 50153—2008 对结构安全等级确定的原则，以破坏后果严重程度，将支护结构划分为三个安全等级（表 6.1）。

支护结构的安全等级　　　　　　　　　　　　　　　　表 6.1

安全等级	破坏后果	γ_0
一级	支护结构失效、土体过大变形对基坑周边环境或主体结构施工安全的影响很严重	1.10
二级	支护结构失效、土体过大变形对基坑周边环境或主体结构施工安全的影响严重	1.00
三级	支护结构失效、土体过大变形对基坑周边环境或主体结构施工安全的影响不严重	0.90

基坑侧支护结构安全等级的划分与重要性系数是对支护设计、施工的重要性认识及计算参数的定量选择。安全等级划分难以定量化，因此属于原则性划分，采用结构安全等级

划分的方法，按支护结构破坏后果分为很严重、严重及不严重三种情况，分别对应于三种安全等级。此外，对同一基坑的不同部位，可采用不同的安全等级。但当采用内支撑结构时，基坑各边支护结构相互影响，应取相同的安全等级。安全等级的作用主要反映在设计时支护结构及其构件的重要性系数 γ_0 和各种稳定性安全系数的取值上，一级、二级、三级对应的重要性系数分别为 1.10、1.00、0.90。支护结构的重要性系数遵循《工程结构可靠性设计统一标准》GB 50153—2008 的规定。当提高安全标准时，可根据实际情况，取大于上述取值。

（2）基坑工程等级

《建筑基坑支护技术规程》JGJ 120—2012 原则性地规定了支护结构的安全等级，而没有明确规定基坑工程等级。那么，在具体设计时，如何确定基坑支护结构安全等级？如何把握原则性划分？一些规范对基坑工程进行了分级，并要求基坑工程等级不同，勘察测试孔的深度、提供的物理力学试验指标统计值、支护结构设计采用的抗剪强度指标和安全系数都不同。

一般根据基坑工程的重要性，将其分为三个等级，分级标准则不尽相同。如上海市《基坑工程技术规范》DG/TJ 08—61—2010 规定，符合下列情况之一时属于一级基坑工程：①支护结构作为主体结构的一部分；②基坑开挖深度大于等于 10m；③距基坑边两倍开挖深度范围内有历史文物、近代优秀建筑、重要管线等需严加保护。当开挖深度小于 7m，且周围环境无特别要求时，属于三级基坑工程。除一级和三级基坑工程以外，均属于二级基坑工程。如《建筑地基基础工程施工质量验收标准》GB 50202—2018 规定，符合下列情况之一者为一级基坑：①重要工程或支护结构作为主体结构的一部分；②开挖深度大于 10m；③与邻近建筑物、重要设施的距离在开挖深度以内；④基坑范围内有历史文物、近代优秀建筑、重要管线等需严加保护。开挖深度小于 7m 且周围环境无特殊要求的基坑为三级基坑。除一级和三级以外的基坑属于二级基坑。

（3）基坑工程环境保护等级

基坑工程环境保护等级也分为一级、二级、三级，其中一级是指邻近有重要的历史保护建筑、超高层建筑、地铁、隧道、复杂地下管线、重要建筑物、老式民宅等周边环境复杂的基坑工程；三级是指周边环境空旷、无建（构）筑物、地下管线等的基坑工程；其他的基坑工程均属于环境保护等级二级。

此外，基坑工程也影响地基基础设计等级，如《建筑地基基础设计规范》GB 50007—2011 规定，当基坑工程满足下述条件之一时，地基基础设计等级为甲级：①位于复杂地质条件及软土地区的 2 层及 2 层以上地下室；②开挖深度大于 15m；③周边环境条件复杂、环境保护要求高。

6.1.3　设计原则

对于深基坑工程设计的基本原则，可以从两个层面上谈论：一是极限状态设计，包括承载力极限状态和正常使用极限状态；二是按稳定控制设计与按变形控制设计。此外，还有一些分量较轻的设计原则。

（1）极限状态设计方法

我国现行《建筑基坑支护技术规程》JGJ 120 规定，深基坑支护结构设计采用分项系数表示的极限状态设计方法，其极限状态分为两类。一是承载力极限状态，即对应于支护结构达到最大承载能力或岩土体失稳，以及过大变形导致支护结构或基坑周边环境破坏。二是正常使用极限状态，即对应于支护结构的变形已妨碍地下结构施工或影响基坑周边环境的正常使用。承载力极限状态主要包括基坑边坡失稳、锚撑系统失效、挡土结构破坏等，正常使用极限状态主要包括基坑变形不影响地下结构施工、不影响基坑周边设施的正常使用、不发生影响正常使用的耐久性局部破坏（如裂缝等）。

深基坑支护结构均应进行承载能力极限状态计算，对于安全等级为一级及对支护结构变形有限定的二级基坑，尚应进行基坑变形验算。当基坑开挖影响范围内有建筑物时，建筑物的沉降控制值应按不影响其正常使用的要求确定，并应符合《建筑地基基础设计规范》GB 50007—2011 中对地基变形允许值的规定。当基坑开挖影响范围内有地下管线、道路、地下建筑物时，基坑变形控制值应按不影响其正常使用的要求确定，并符合现行相关标准规定的允许值。

（2）按稳定与变形控制

从变形与强度角度考虑，深基坑工程设计分为两种类型，即按稳定控制设计和按变形控制设计（龚晓南，2008）。若基坑周围环境复杂，相关设施重要性高，对基坑变形有严格限制，则基坑工程设计应按变形控制；否则，基坑变形不会对周边环境产生不良影响，设计可按稳定性控制进行。也就是说，当基坑周边空旷、允许基坑体系产生较大变形时，可按稳定控制设计；当基坑周边环境保护要求高、不允许基坑体系产生较大变形时，应按变形控制设计。

所谓变形控制设计是指在满足基坑稳定性要求的前提下，将基坑变形控制在允许范围内，以确保基坑变形对周边建筑、道路、地下管线等设施不会产生不良影响，即不影响其正常使用。实际上，那些不必进行变形计算的基坑工程，根据经验也满足变形要求。现在，城市深基坑工程大多对变形有严格要求，宜按变形控制设计。近些年来，基坑周边环境复杂程度日益加剧，对周边环境的保护成为主要目标；所以从总体上讲，深基坑工程设计已由稳定控制设计转为变形控制设计（刘杰等，2010；郑刚等，2010；王卫，2011；孙剑平等，2012；木林隆等，2014）。

最先谈论深基坑变形控制设计原则的是侯学渊等（1996），这种设计理念主要是为保护周边环境，即保证建筑物及设施正常运行。不仅要求设计阶段计算基坑体系的变形并确定变形控制值，还必须谨慎考虑施工过程中的变形控制问题，合理制定基坑变形控制措施，还涉及基坑监测、信息化施工及动态设计，以达到按要求控制基坑变形的目的。现在，深基坑工程设计应当明确是按稳定还是按变形控制设计，以进一步提高基坑工程设计水平。此外，深基坑工程特别是土岩双元深基坑工程，基本上应按照变形控制原则设计。不仅如此，若要保护设施对变形非常敏感，尚须采取特殊工程措施，如使用地连墙，并增大厚度和插入深度；在地连墙与被保护设施之间增设钻孔灌注桩作为隔离桩，以减小基坑开挖变形的传导等。

按稳定控制设计时，只要求基坑体系满足稳定性，允许其产生较大的变形；而按变形控制设计时，不仅要求满足稳定性要求，还须基坑体系变形小于规定的控制值。实际上，这种考虑与极限状态设计原则是一致的；而且基坑工程不论是按变形控制设计，还是按稳定控制设计，都必须同时考虑承载力极限状态和正常使用极限状态。当然，按变形和按稳定这两种设计类型之间存在一项重要区别：由于作用在围护结构上的土压力与位移有关，故作为荷载的土压力设计值是不同的；若按变形控制设计，则基坑岩土体基本处于小应变状态，故受力变形计算时应考虑土的小应变特性。

（3）变形控制基本标准

现行行业标准《建筑基坑支护技术规程》JGJ 120 强调了变形控制设计原则：当基坑周围有重要建筑物或市政设施时，必须按变形控制设计，即除满足稳定性要求外，还要求支护体系的变形小于某控制值。也就是说，规范明确周边环境及各种设施的变形控制要求，包括变形和变形速率的要求（表 6.2）。

基坑变形控制值　　　　　　　　　　　　　　表 6.2

支护结构安全等级	支护结构累计水平位移（mm）	变化速率（mm/d）	周围地表累计沉降（mm）
一级	$0.0025H$ 且不大于 40	2～3	$0.0015H$ 且不大于 30
二级	$0.004H$ 且不大于 80	3～4	$0.003H$ 且不大于 40
三级	$0.015H$ 且不大于 80	4～5	$0.010H$ 且不大于 50

《建筑基坑支护技术规程》JGJ 120—2012 规定，一级基坑的最大水平位移不大于 $0.25\%H$，一般宜不大于 30mm；对于较深的基坑，应小于 $0.3\%H$，H 为基坑开挖深度。对于一般的基坑，最大水平位移宜不大于 50mm。为什么这样规定？一般来说，最大水平位移在 30mm 内时，地面不致有明显的裂缝；当最大水平位移在 40～50mm 时，会有可见的地面裂缝。

目前基坑变形控制的工程通常采用常规设计方法，即用经典土压力理论计算土压力，支护体系满足整体稳定、抗隆起和抗渗要求。也就是说，现有基坑工程设计软件大多是按稳定控制进行设计，变形控制则靠安全系数间接进行。这里有个矛盾：按稳定控制设计来解决变形控制问题。为解决这个矛盾，按变形控制设计时，应进行动态设计与施工，信息化施工不可避免。

按变形控制设计时，由于土体和支护体系变形不充分，主动土压力计算值偏小，被动土压力计算值偏高，从而降低设计的安全度。解决问题的办法是降低土的力学参数，即降低强度指标，这可使计算的主动土压力增大，稳定安全系数变小。必须指出，按变形控制设计时，基坑变形控制量并不是越小越好，因为太小就意味着土压力增大，工程投资随之增大。所以，变形控制量以不影响周围设施的正常使用为标准。

（4）基坑设计其他原则

在深基坑工程设计中，还有一些较为细节的原则。如现行标准规定支护结构使用期限应不小于 1 年，即便使用期不足 1 年的工程，也应使支护结构一年四季都能适用。如设计与施工条件、当地经验相适应，也即尽可能因地制宜地确定设计方案，使其与当地施工技术水平、施工习惯相匹配。如采用内支撑时，内支撑及腰梁的设置应便于地下结构及其防水的施工。如支护结构设计时，必须考虑用地红线的限制等。

6.2　深基坑支护方案设计

深基坑支护设计的核心是方案设计，也就是基坑支护结构选型。这项工作主要根据工程规模、基坑深度、周边环境、地质条件、当地经验、技术条件、安全等级等进行，其基本要求首先是安全可靠，其次是经济合理，再次是施工方便、节省工期。目前，在深基坑工程设计中，往往重计算而轻概念，也不太重视地方经验。本节首先简述深基坑工程设计的基本任务，然后说明支护方案设计思路，重点阐述概念设计的基本内涵。

6.2.1 设计任务

一般采用工程类比和理论计算相结合的方法，进行深基坑工程设计。首先应根据基坑规模与开挖深度、场地工程地质条件、岩土物理力学性质、周边环境对变形控制的要求、主体地下结构的要求、施工季节变化、支护结构使用期、施工技术条件与水平、当地基坑工程经验、工期及造价要求等因素进行综合分析，特别是基于工程经验并采用工程类比法，提出若干可供选择的支护结构类型；然后在计算分析的基础上对各方案进行经济技术比较，从中选择最优方案。深基坑支护方案对成本、工期、安全度等均有重大影响，尤以开挖深度超过 15m 的基坑工程影响最为显著。

在深基坑工程设计之前，应详细了解工程背景，收集设计所需原始资料和参考资料，并制定工作计划。设计原始资料主要包括：（1）岩土工程勘察报告；（2）邻近建筑物和地下设施的类型及分布图；（3）地界线及红线图、邻近地下管线图、建筑总平面图、地下结构平面和剖面图等。深基坑工程高质量设计的基本前提是充分搞清并掌握场地的地质条件，详细掌握基坑周边环境情况，在丰富的工程经验和大量的工程案例，以及设计计算和工程经验基础上的综合判断。

深基坑工程设计的主要内容有：（1）确定支护结构方案并进行方案比选，包括地下水和地面水控制方案；（2）围护结构内力和变形计算，包括结构优化设计；（3）基坑稳定性验算；（4）基坑抗渗稳定计算；（5）土石方开挖方案；（6）监测方案；（7）环境保护要求等。最后提供的深基坑设计文件主要包括设计说明书、计算书、施工图等。

6.2.2 总体方案

由于深基坑支护总体方案直接关系到基坑安全、工程造价、施工工期以及周边环境的安全，因此必须特别慎重。选择深基坑支护方案时，应重视各类支护结构的适用条件；这里所谓"适用条件"是指在此条件下能做到安全、经济、快捷，而在其他条件下却无法做到既安全又经济合理。

任何支护类型都有自己的适用条件，因而都有一定的局限性。此外，不通透基坑支护体系的造价各不相同，大致按如下顺序依次递增：放坡开挖、土钉墙、复合土钉墙、桩锚、地连墙。所以，在条件允许的情况下，放坡开挖是首选。若放坡开挖不满足稳定要求，可采用土钉墙或普通锚杆支护。进一步讲，当有控制位移要求时，可采用复合土钉墙支护，如加预应力锚杆，或加微型桩超前支护等；当要求严格控制基坑变形时，应考虑桩墙支护或预应力锚固支护。桩锚支护一般用于规模较大、邻近有建筑物或重要管线而不允许发生较大变形的深基坑。双排桩支护结构有侧向刚度大、桩身受力比较合理，无需设置支撑等优点，但设计计算比较复杂，目前计算理论不能充分考虑桩土相互作用。地连墙具有良好的抗渗能力，坑内降水对坑外地层的影响较小。如果地连墙兼做地下室外墙，则在成本总体控制上得到较好的经济效益。但是，若土层自稳时间过短，地连墙或许难以施工。

对于土岩双元深基坑工程，嵌岩桩墙、吊脚桩墙、复合土钉墙是优先的支护结构，其中排桩支护最为常用。如在青岛地铁车站深基坑工程中，最常用的是灌注桩＋截水帷幕＋锚撑支护，其中排桩分为嵌岩和吊脚两种。当下部岩层为中、微风化岩时，具有很好的边坡自稳能力。若仍沿用上部土层支护方式，既不经济也难施工，一般采用吊脚桩比较合适，桩锚支护无需深入基坑坑底。当然，在复杂条件下，更常见的是多种支护结构组合而成的复合支护体系。事实上，由于土岩双元深基坑方案的多样性和复杂性，许多情况下只有综合采用多种支护形式才能达成优化设计的目标。

具体来说，深基坑支护设计方案比选可逐层进行。（1）支护类型比选，如考虑采用土钉墙支护还是复合土钉墙、预应力柔性锚杆或桩墙支护？（2）若选桩墙支护，是选排桩支护还是地连墙支护？（3）选定排桩或地连墙之后，考虑是采用锚拉方案、内支撑方案，还是混合支撑方案？（4）若选内支撑方案，尚需确定是钢支撑、钢筋混凝土支撑，还是混合支撑体系？

6.2.3　概念设计

在深基坑工程设计中，工程师往往重结构计算而轻概念设计。实际上，许多基坑工程事故的发生是由于概念错误导致的，如基坑开挖较深却采用悬臂式支护。因此，概念设计比计算更重要，许多学者都曾强调过这一点（顾宝和，2015；龚晓南，2018）。几乎每个深基坑工程都有自己的个性，有些工程是从未遇到过的全新课题。因此，深基坑工程设计既不要盲目相信规范，更不要盲目相信计算。若过分依赖规范，过分相信计算，则容易使工程异化。

何谓概念设计？目前，工程界对此并无明确一致的观点。但普遍认为，概念设计是总体方案设计。在设计领域始终倡导并努力实践概念设计的是工业设计，特别是汽车工业，还有艺术设计、建筑设计等。就一般建筑工程而言，设计包括概念设计和结构设计；其中，结构设计也分阶段进行并表现出层级性：方案设计、初步设计和施工图设计。较高层级的设计关系到复杂的情境因素，需要考虑经济、政治、技术等，而最低层级的设计只涉及纯粹的技术问题。在建筑方案设计阶段，结构工程师一般不投入工作；他们常注重细节而忽视总体方案，对结构概念和结构体系不感兴趣，缺乏对结构受力和变形的整体概念；这种结构设计模式可归结为规范加一体化计算机结构设计。实际上，这种设计模式是有缺陷的，理想的方式是建筑师与结构工程师密切合作。

无论在哪个领域，概念设计总是工程设计的前期阶段，其任务是寻找各种可能的解决方案，并包括两个基本阶段：一是概念形成，即根据需求所产生的多重目标和约束条件，形成各种合理可行的解决方案；二是概念选择，即对所有可能的备选方案进行评估和比较，从中筛选出少数几个优秀的方案进行分析、研究、技术经济比较，最终确定一个最佳的概念设计方案。

（1）把握概念

这里所说的概念并非指具体的科学概念或技术概念，而是对工程问题所获得的本质性把握，具有深刻内涵。如果概念不清，支护选型或模型建构很容易失误，而随后的计算再精确亦无济于事。换句话说，概念错误是原则性错误，其根本原因在于没有看透整个问题的本质。进一步说，支护选型不当是概念问题，即未充分考虑主要问题；而概念清楚的设计师能透过现象看到本质，能抓住问题的要害。

工程师可以尝试着从基坑工程事故案例中分析概念问题，更要熟悉基于经验而形成的重要概念，如：①在软土基坑中，锚杆预应力值很难提高，故使用锚杆应慎重；②分层开挖土层不能自稳时，须及时加固以防止片帮导致塌方；③当基坑较深时，采用悬臂式支护必须格外慎重；④当基坑同一侧分布不同地层时，若基坑左右两段围护结构采用不同类型：左段地连墙，右段排桩支护，则将存在两种支护类型的结合问题。地连墙与排桩无缝对接是困难的，结合部成为薄弱环节，很可能成为渗漏点（魏云峰，2018）。所以，在有大量地下水的情况下，采用两种支护类型平行结合的设计就是概念错误；⑤在施工过程中，不论是内撑还是锚杆，施作都是在开挖一定深度之后，也即围护结构由于土体被挖出而产生一定变形。故欲使其变形减小，且使支撑构件发挥作用，则须施加一定的预应力。在后续施工过程中，内撑或锚杆轴力必定发生变化，故须通过现场监测实时掌握其变化情况并做出调整。

把握概念须综合分析判断，如按变形控制设计时并非变形越小越好。在深基坑工程中，欲满足变形控制要求，基坑变形必然很小，土体基本都处于小应变状态。与此变形状态相应的受力状态如何？围护结构的受力状态如何？须知若围护结构几乎不变形，则土压力接近静止土压力。若土体不变形，土钉、锚杆便难以发挥作用。若围护结构不侧移，则内支撑难以发挥作用。

（2）工程类比法

高质量的概念设计依赖大量的工程实例，或基于丰富的工程经验，故与工程类比设计关系密切。工程类比设计方法大致可分为两种，一是传统的类比设计法，二是改进的类比设计法。前者是定性的，难以满足设计定量化的要求。解决问题的一种途径是建立专家系统，所谓专家系统就是利用某个专门问题的专家知识建立人机系统来进行问题求解。但是，目前专家系统研制和开发的很多，而达到实用程度的有限。另外，还存在输入数据量大、运行效率低等问题。另一种途径是采用从定性到定量的综合集成法。这种方法可以使设计达到定量或至少达到半定量的水平，其原理详见第6.4节，此处则简要说明工程类比原理（薛守义等，2002；薛守义，2010）。

所谓类比就是在两个对象间进行比较，类比推理基本上可以被看成是一种特殊的归纳推理。如果两个类比对象的某些方面具有类似性，那么根据某对象的一个已知特性或特征，便可以推出另一对象也具有与此类似的特性或特征，这就是类比推理，也称为类比迁移。将用于类比的已知课题称为基础课题，有待解决的新课题称为目标课题。类比推理的目的在于利用已解决课题即基础课题的答案，来求解新课题即目标课题的问题。专家与新手的差异主要表现是，各自贮存的基础课题和问题的图式在量上和质上有显著的差异。类比推理具有巨大的认知意义，应用于工程则有助于揭露潜在问题、启发设计方案。但目前采用这种方法仍存在许多问题，如必须深入理解现有成功设计实例并正确地表征它们，以使其能在适当的情境被迅速检索识别。此外，在类比对象检索、类似性判断、差异处理等方面都需要做大量的研究工作。

工程类比设计实质是继承与创新：首先接受经验的指导，尽可能收集以往同类工程的资料，做出组织上的类比、程序上的类比、方案上的类比，等；然后针对特殊问题提出修正方案，因为工程的特殊性必使工程师遇到新问题，这就要求设计上的创新；最后针对各种备选方案，通过建模、仿真与试验进行优化。

6.2.4　深基坑工程概念设计

深基坑工程设计既是科学又是艺术，特别强调概念的重要性，即依靠理论、经验和健全的直觉做出概念性判断。概念设计需要充分掌握基坑工程条件、丰富的工程案例，以及丰富的工程经验和综合判断能力，并充分把握各种支护形式的适用条件。合理确定设计计算模型、强度参数、土压力取值等，都需要工程师综合判断。综合判断能力要求广博的科学知识，丰富的工程经验，特别是大量的工程案例。仅科学知识或工程经验是远远不够的，丰富的基坑工程实例涉及成功的经验、失败的教训，这些都将是深基坑工程设计参考的重要资源。故设计工程师掌握的工程案例越丰富，支护设计质量越高。

（1）抓主要矛盾

如前所述，概念设计是总体方案设计，是一种宏观设计。首先，在深基坑工程概念设计中，挡土、支撑、地下水控制、施工应作为整体考虑。例如，桩墙与锚撑是一个整体，若设计不匹配，则可降低支护体系的安全度。因此，支撑结构体系的设计必须与围护结构同时考虑，不能忽视由于桩墙变形对支撑体系杆件强度及稳定性的影响。其次，每个深基坑往往都有自己独特的关键问题，概念设计时必须详细分析基坑的特点、主要问题、主要矛盾、关键技术等，综合考虑全部重要因素，使整体设计理念清晰化。

概念设计的关键是抓主要矛盾，如项目的重点或关键是什么？周边环境保护？不良地质基坑稳定？地下水控制？是变形控制还是稳定控制？是地下水控制还是特殊地层控制？也即是地下水问题还是土压力问题？该基坑工程的难点是什么？是土难挡还是水难控？土水压力是分算还是合算？基坑稳定性分析采用总应力法还是有效应力法？抗剪强度参数用不排水剪指标还是固结不排水剪指标？是否存在地下水管道破裂问题？是否有可能基坑土体浸水，从而使强度降低、土压力增大？

（2）重视复合支护

在同一基坑工程中，采用复合支护结构体系是常见的。在许多情况下，基坑四周的地层或环境情况各不相同，设计中对不同地段采用不同的支护方式。在场地宽敞的区段，尽可能采用放坡开挖；若能容纳重力式挡墙，亦应优先采用，以节省造价；放不下重力式挡墙的区段，才考虑排桩等其他支护形式。对同一区段，也常采用复合支护结构，如上部土钉墙、下部桩锚等。上部采用土钉墙可避免桩锚支护中的锚索对建筑桩基、道路管线的影响，下部采用桩锚支护有利于控制基坑体系的变形、提高整体稳定性。

从效果上看，复合支护体系也往往比较好。例如，卢途（2020）通过实测数据统计分析研究了济南地区土岩双元基坑 3 种支护形式（吊脚桩、放坡嵌岩桩、放坡土钉墙）的地面沉降、支护桩水平位移等变形特性，结果表明吊脚桩支护基坑外的地面沉降较大，放坡土钉墙和放坡嵌岩桩组合支护基坑的地面沉降较小。这说明放坡开挖对坑外地表沉降控制效果较好。当然，采用两种或两种以上支护结构形式时，其结合处应考虑相邻支护结构的相互影响，且应有可靠的过渡连接措施。

（3）重视特殊问题

深基坑工程中往往会遇到一些特殊问题，设计时值得特别重视。如工程经验表明，若地层有较厚粉砂土层，主要矛盾是地下水控制；若有较厚软弱土层，则主要矛盾是土压力引起的变形和稳定问题。一般来说，饱和软黏土基坑采用排桩+内支撑支护可解决土压力引起的变形和稳定问题。若基坑比较深，可采用地连墙+内支撑支护。粉砂和粉土地层中的基坑工程，主要问题是地下水控制。截水帷幕成本较高，有时施工还比较困难，止水效果也往往难以保证。故有条件降水时，应首先考虑降水措施，或降水与截水相结合，或降水与回灌相结合。此时，必须合理评估地下水位下降对周边环境的影响。又如在较厚软土地区，难以提供足够的锚固力，故锚杆不适用，宜采用内支撑。当基坑面积大时，支撑量巨大，设置及拆除均需耗费大量资金，工期也较长。为保证有足够的施工空间，同时减少工期，可采用桩锚支护。

对于土岩双元深基坑工程，设计的关键首先是充分利用岩体较强的自稳能力和承载能力；其次是正确处理土岩界面产生的特殊问题，特别要确保土岩界面处抗滑稳定；最后是控制上覆土层变形与稳定。其中，有一个关键问题，即围护结构是嵌岩还是吊脚？当基岩面较低时，可采用嵌岩桩墙支护、锚喷支护、复合土钉墙支护；当基岩面较高时，可采用吊脚桩支护、锚喷支护、复合土钉墙支护。采用桩锚撑支护，一般能较好地控制基坑变形，但造价较高。若上部存在砂层或淤泥质土层，开挖面可能不稳定，此时可采用微型钢管桩超前加固，再加预应力锚杆。

（4）支护选型实例

对于土岩双元深基坑工程，宜按照土体、岩体特征基坑进行支护结构选型（表6.3）。当岩层较厚且岩性较好时，基坑支护可考虑采用上、下两层基坑的吊脚桩墙方案，即上部土层和较差的岩层采用常规方法进行支护，如地连续墙或灌注桩等；下部较好的岩层则采用喷锚支护。这样可显著降低施工难度，减少工程量，达到节省投资、缩短工期的目的。在上、下两层基坑的支护方案中，上、下两层基坑交界的位置是整个基坑最关键的部位，直接关系到基坑的安全性。一般情况下，在上、下基坑之间预留一定宽度的岩肩，上基坑的支护桩墙要有足够的嵌固深度，且在上基坑底部设置锁脚锚杆或底层水平撑，以防止踢脚破坏。

土岩双元深基坑支护结构选型   表 6.3

分类	形式	适用条件
土体特征基坑	土钉墙	非软土地层、全风化基岩
	复合土钉墙	
	吊脚桩（墙）锚（撑）	各种土层、强风化以上岩层
岩体特征基坑	锚喷支护	强—微风化岩层
	（多阶）微型桩复合锚喷支护	

6.3　深基坑支护设计计算

深基坑支护方案确定之后，应针对具体工程场地条件和工程要求，对基坑支护进行精心设计。现行行业标准《建筑基坑支护技术规程》JGJ 120规定，基坑工程应采用分项系数表示的承载力和正常使用极限状态设计方法进行设计。因此，在深基坑设计阶段，必须尽可能准确地计算基坑变形、支护结构内力，以及基坑稳定性验算。如在桩锚支护设计中，主要内容有支挡结构土压力计算（主动、被动）、支挡结构构件承载力计算（正截面、斜截面）、锚杆或内支撑轴力计算、基坑体系稳定性验算、支挡结构水平位移和坑外地表沉降计算等。当深基坑体系按平面问题分析时，应按基坑各部位的开挖深度、周边环境条件、地质条件等因素划分设计计算剖面。对每一计算剖面，应按其最不利条件进行计算。对电梯井、集水坑等特殊部位，宜单独划分计算剖面。必要时，可采用基坑围护非线性空间设计计算理论和方法。

必须指出，由于特殊的地形地貌以及土岩界面的存在，土岩双元基坑支护结构受力变形比土质基坑支护复杂。深基坑支护设计计算方法一般分为 3 种，极限平衡法、弹性抗力法和数值计算法，此外就是基坑稳定性验算。最理想的是针对各种情况下基坑支护设计计算方法的选用，提出清晰、合理的建议，并提供成套的计算方法与软件。本节主要从概念上阐明上述设计计算理论与方法。

6.3.1　极限平衡法

极限平衡法是基坑工程早期发展起来的一种方法，也是现代计算技术普及之前工程师所采用的设计计算方法。目前，计算支护结构的内力虽已可用弹性支点法，但确定嵌固深度往往还是采用极限平衡法。此外，由于这种方法的模型和计算都很简单、便于手算，故现仍比较适合二级和三级基坑的设计计算。极限平衡法包括静力平衡法、等值梁法、二分之一分割法和太沙基法等，目前国内采用较多的是静力平衡法和等值梁法。

（1）静力平衡法

静力平衡法又称自由端法，该法认为在各种力的作用下，围护结构绕开挖面以下某点转动，该点的净土压力为零，且位置不发生变化。在该点以上，支护结构向坑内偏转，坑内侧在开挖面以下作用被动土压力，坑外侧是主动土压力；在该点以下，支护结构的主动土压力和被动土压力则与上述情况相反。

静力平衡法适用于底端自由支撑的悬臂式或单支点挡土结构。当挡土结构入土深度不太大时，结构底端就可视为非嵌固，即底端自由支撑。该法的要点是用经典土力学理论计算土压力，根据力矩平衡条件计算桩的入土深度，再验算挡墙抗倾覆、抗滑移稳定性。

（2）等值梁法

对于有撑或锚的挡土结构，其变形曲线有一反弯点，该点的弯矩为零。等值梁法计算内力时须假定这个铰的位置，故又称假想铰法，其步骤如下：首先假定挡土结构弹性曲线反弯点即假想铰的位置；然后把挡土结构划分为上下两段，上部为简支梁，下部为超静定结构。上部简支梁为原梁的等值梁，即断梁与原整梁的弯矩相同；再按弹性结构的连续梁求解挡土结构的弯矩、剪力和支撑轴力。

等值梁法可求解多道支撑或锚杆的挡土结构内力，关键在于假想铰位置的确定，如假定为土压力为零的点，或假定为挡土结构入土面的位置，或假定为离入土面一定距离处。但是，以上假定并无理论根据。一般来说，等值梁法算得的锚固力、弯矩要比弹性支点法中的 m 法大，故偏于安全。

（3）极限平衡法的缺陷

极限平衡法有一定的局限性，因为它采用经典土压力理论计算作用在围护结构上的土压力，而经典土压力计算是以刚性挡土墙发生平移或转动且达到极限状态为理论依据的。实际上，深基坑土体变形非常有限，一般达不到极限状态，尤其是基坑内侧远达不到被动极限状态。对被动土压力取值比较敏感，即当被动土压力取值改变时会对支护桩的嵌固深度和内力计算产生较大影响。

深基坑体系是一个有机整体，而且是一种变结构体系，其最危险状态可能不是基坑施工结束时的状态，因此应进行全过程分析与设计。采用极限平衡法进行设计计算时，较难分析支护体系的整体状况，也难以考虑开挖过程的各种条件。具体来说，虽然能够得出支护结构的内力，但计算误差较大；不能计算支护结构的位移和基坑岩土体的变形，从而无法估算基坑开挖对周边环境的影响；不能计算开挖过程中支撑轴力、挡墙内力、基坑体系位移的变化。

6.3.2 弹性支点法

弹性支点法对静力平衡法做了改进，又称弹性地基梁法。该法以弹性地基梁理论为基础，根据桩墙与地基土共同工作时的受力情况，通过建立微分方程来求解（一般经离散后用有限元法近似求解）。由于环境对支护结构位移的控制性要求，基坑内侧土压力不可能完全达到被动状态，而是处于弹性抗力阶段，故弹性支点法也称为弹性抗力法。

（1）m 法

弹性支点法将外侧主动土压力作为水平荷载施加于围护结构上，内侧抗力和撑锚用弹簧模拟，采用弹性地基梁法来计算结构内力与变形。也就是说，将围护结构视为弹性支承的地基梁，其上任一点的抗力与该点位移成比例，即：

$$\sigma = Cx \tag{6.1}$$

式中，C 为土的水平向基床系数，是反映土弹性的一个指标；x 为该点水平位移。通常假定 C 随深度成比例增大，即：

$$C = mz \tag{6.2}$$

式中，m 为比例系数。按此 C 进行结构计算时称为 m 法，解析法计算中需确定整个深度的 m 值，如两层土时：

$$m = \frac{m_1 h_1^2 + m_2 (2h_1 + h_2) h_2}{(h_1 + h_2)^2} \tag{6.3}$$

（2）m 取值

如上所述，弹性支点法通常用 m 法计算基床系数，故计算可靠与否取决于 m 的取值。采用杆系有限元数值方法时，每一层土可以采用不同的 m 值。土层的 m 值可以根据单桩水平承载力试验确定，但这种方法比较复杂，多层土时更是如此。目前条件下，要准确得到各工况下的 m 值不现实。因此，实际工程中，m 值使用经验值，《建筑基坑支护技术规程》JGJ 120—2012 中对土层提供了 m 值计算公式：

$$m_i = \frac{1}{\Delta} (0.2 \varphi_{ik}^2 - \varphi_{ik} + c_{ik}) \tag{6.4}$$

式中：m_i——第 i 层土的水平抗力系数；

c_{ik}——第 i 层土的固结不排水或固结快剪黏聚力的标准值（kPa）；

φ_{ik}——第 i 层土的固结不排水或固结快剪内摩擦角的标准值（°）；

Δ——基坑底面处位移量（mm），按地区经验取值，无经验时可取 10。

对于土岩双元深基坑，上述方法并不适用。杨光华（2004）指出，对中风化或微风化岩层，由上式确定的 m 值偏小很多；对强风化岩层，一般也偏小。用偏小的 m 值计算时，嵌岩深度将增大，会使设计过分保守。在广州一些基坑工程中，支护结构入岩过深，很大程度上是由 m 值取值偏小造成的。

（3）弹性支点法的缺陷

弹性支点法简单实用，是目前基坑支护设计计算的主流方法。该法考虑了岩土体、支护结构、撑/锚的共同作用，采用增量法可以模拟复杂的施工过程，因此在很大程度上解决了极限平衡法的问题，一般基坑工程设计能满足精度要求。但这种方法只考虑水平向土压力的作用，没有考虑坑底隆起的影响，也无法考虑地下水渗流、空间效应等；只能计算围护结构水平向变形，无法计算坑外地表沉降和坑底隆起。实际上，坑底隆起与围护结构位移、坑外地表沉降之间是相互影响的。由于不能计算地面沉降，故只能根据经验估计对周边建筑物的影响。

6.3.3　数值模拟法

科学合理的深基坑支护设计理论与方法，必须考虑支护结构与岩土体的相互作用，特别是在设计计算中考虑基坑体系变动的全过程，数值方法可以很好地解决这些问题。目前，在基坑工程中常用的数值方法主要是有限单元法和有限差分法。

（1）数值计算模型

几何模型的边界。深基坑的开挖必然会改变原场地中应力分布状态，对一定范围内的地层产生影响，范围的大小受岩土性质、地质条件、开挖深度、施工状态的影响而不同。对基坑体系进行数值模拟时，距离基坑开挖面超过 3 倍开挖深度位置处的模拟结果与基坑周围相比小得多，可忽略不计，故在计算模型的左右边界施加水平约束，底部施加竖向约束，对吊脚桩与立柱施加 Z 向转动约束，其他边界自由。

二维与三维计算。Finno 等（2007）研究表明，基坑边长为 $6H$ 时，适宜进行平面应变分析。贾彩虹等（2010）认为，当基坑长宽比大于 4 时，取基坑中部典型断面建立的二维数值模型和三维数值模型，基坑变形相差很小。建构三维空间整体模型进行三维数值分析，可以考虑空间效应。在土岩双元深基坑数值模拟中，对称假设往往是不合理的，故三维分析是必要的。二维平面应变计算结果往往比较保守，三维数值分析更符合实际，可反映空间效应，模拟三维渗流场。当开挖区域很大时，二维分析是合理的。在实际设计中，可先采用二维数值分析，确定设计方案和参数之后，再进行三维模拟。一是验证二维模拟结果的合理性和可靠性，二是利用三维模拟结果进行设计。

深基坑体系离散。在三维数值计算中，计算域内的岩土体采用空间等参单元离散。预应力锚杆的锚固段用土工格栅单元模拟，自由段用点对点锚杆单元模拟。地连墙既可用空间等参单元离散，也可用板单元离散。由于地连墙厚度较大，且主要受弯和抗剪，故当采用板单元时，宜选用考虑剪切变形影响的厚板单元。若围护结构为排桩，则可按抗弯刚度等效的原则将其等效为地连墙，利用板单元来模拟，采用线弹性模型。桩与墙等效的等效刚度为：

$$\frac{1}{12}(D+t)h^3 = \frac{1}{64}\pi D^4 \qquad (6.5)$$

式中，D 为钻孔灌注桩桩径；t 为桩净距；h 为等效墙厚度。桩墙被离散成板单元，等效板的抗弯刚度为：

$$EI = E\frac{bh^3}{12} \qquad (6.6)$$

式中，E 为板材料的弹性模量；b 为单位板长度为 $1m$；h 为等效板厚度。

显然，单根独立工作的桩被连续化为板，将增加水平抗弯刚度，由此可能引起挡墙水平位移计算值偏小。为解决这一问题，可将等效板视为双向异性材料，通过对板的水平弹性模量取小值达到降低板水平抗弯刚度的目的（林鸣等，2006）。此外，深基坑体系建模时应注意岩土与结构、围护结构与支撑、支撑与立柱、楼板与立柱、楼板与围护结构之间关系的合理模拟。如桩墙与岩土的接触面采用界面单元模拟，一般假定法向变形协调。

材料的本构模型。通常假定桩、墙、内支撑、立柱、锚杆、锚索等构件均处于弹性状态，采用线弹性本构模型。岩体为理想弹性或弹塑性介质，采用胡克定律或 MC 模型，一般采用 MC 模型。土为弹塑性介质，可采用 MC 模型、DC 模型、MCC 模型、HS 模型、HSS 模型等。无黏性土多用 DC 模型，黏性土多用 MCC 模型和 HSS 模型。此外，还可以采用接触面本构模型来模拟土与结构相互作用，以便更好地反映接触面上的变形机理与受力状态。

（2）施工过程模拟

在深基坑工程施工过程中，基坑体系是不断变化的，模拟施工过程的增量计算是最合理的。数值计算软件通过对开挖岩土层、水压力以及结构对象的激活或者关闭来实现分步开挖的过程，其一般步骤为：①将基坑施工过程分成若干工况。②使用软件初始应力及静水压力生成功能，模拟实现土体初始应力和水压。③激活模型的板单元来模拟桩体施工，不考虑施工对初始应力的影响，并在模型中将位移归零。④冻结土体单元来模拟开挖，开挖至内支撑或锚固处，激活支撑或锚杆，输入预加力值，实现内支撑或锚固。⑤按工程实际操作步骤，通过冻结激活各构件，逐步模拟开挖过程至基底标高。

在基坑开挖之前，桩墙立柱等作用静止土压力，岩土体应力亦为初始应力，即不考虑这些支护件施工引起的岩土体应力状态改变。当基坑有邻近建筑物超载时，第一次生成初始应力场并将其位移置零以后，激活邻近建筑物或建筑超载，并将其位移再次设置为零，然后进行开挖模拟（彭晶，2014）。根据施工顺序将每一开挖阶段作为计算工况，每一工况需考虑前后工况土压力的增加量和位移增量，当前工况下的实际内力和位移为与前几步工况内力和位移增量的累计值。此种计算方法反映了土压力随基坑开挖深度增加而逐渐增加的实际情况，在计算中计入结构的先期位移值以及支撑的弹性压缩，符合先变形、后支撑的实际施工工况。以下是某基坑工程模拟分析案例（白晓宇等，2018）。

工况 1：围护桩施工完毕，开挖至第 1 道钢支撑平面下 0.5m 处。模型中激活桩体，开挖至第 1 道钢支撑底部 0.5m。

工况 2：钢支撑施工完毕，开挖至第 1 道锚索施工平面下 0.5m。模型中激活钢支撑，开挖至第 1 道锚索底部 0.5m。

工况 3：第 1 道锚索施工完毕，开挖至第 2 道锚索施工平面下 0.5m。模型中激活第 1

道锚索，开挖至第 2 道锚索底部 0.5m。

工况 4：第 2 道锚索施工完毕，开挖至基底。模型中激活第 2 道锚索，开挖至基坑底部。

（3）设计参数研究

采用数值方法的突出优点之一是通过数值模拟研究相关参数的影响，在此基础上合理确定设计参数。在深基坑工程中，通过数值分析进行参数研究（岩土参数，支护参数如嵌固深度、桩径、锚杆倾角、位置、长度等），探究各影响因素的敏感性，找出影响基坑变形与稳定的主要或关键因素，从而有针对性地确定基坑变形控制措施。由于影响基坑变形及稳定的因素很多，要找到其影响规律，所需数值模拟计算的次数非常多。数值模拟采用正交试验来安排，将大大提高效率。正交试验是一种高效率、快速、经济的试验设计方法，即根据正交性从全面试验中挑选出部分有代表性的点进行试验，这些点具备了"均匀分散、齐整可比"的特点。在多因素多水平分析的任务中，数值模拟相当于在计算机上做试验，计算结果就是试验结果。

（4）数值方法评价

数值计算法针对整个基坑体系进行数值建模，考虑开挖过程多个工况和增量法，采用增量方法模拟基坑开挖施作过程进行数值分析，常规设计方法所存在的问题都可以在数值计算中得到不同程度的解决，计算方法本身的精度也很高。具体来说，数值模拟可以考虑基坑体系中桩墙、锚杆、土岩相互作用、共同工作，可以模拟基坑开挖施作过程并得到全部设计所需变量，可以考虑基坑体系与周边建筑设施的相互作用。此外，采用数值计算还可以对多种支护方案进行对比分析，特别是可以研究各设计参数对基坑体系受力变形的影响，从而在一定程度上实现优化设计。这种方法的不足之处在于，建构数值计算模型时假设较多，尤其是岩土本构模型及参数的精度往往比较有限。

（5）数值分析软件

目前，在岩土工程领域常用的数值方法主要是有限单元法和有限差分法，通用软件较多且都已相当成熟，在深基坑工程设计中应用也很普遍。其中，PLAXIS 程序是由荷兰开发专门用于岩土工程变形及稳定分析的大型有限元软件，提供了多种材料模型，包括 MC 模型、MCC 模型、HS 模型、HSS 模型、蠕变模型、软土模型、节理岩体模型等。此外，用户还可以自定义本构模型。Z-Soil. PC 是由瑞士 Zace Services Ltd 开发的岩土三维有限元分析软件，内置丰富的单元库、大量的本构模型，包括 MC 模型、DP 模型、DC 模型、MCC 模型、HS 模型、HSS 模型等。该软件能对应力场、变形场、渗流场、温度场、湿度场进行耦合，适用于分析绝大部分岩土工程问题。ABAQUS 软件自带 MC 模型、MCC 模型。刘东等（2020）通过二次开发，将 HSS 模型子程序嵌入 ABAQUS 软件中。此外，MIDAS/GTS 有限元软件中也有 MCC 模型。

6.3.4　深基坑体系稳定验算

按照《建筑基坑支护技术规程》JGJ 120—2012 的规定，深基坑稳定性验算包括基坑整体稳定性验算、抗隆起稳定验算、抗渗稳定性验算、坑底突涌稳定性验算等。对于土岩双元深基坑工程，抗渗稳定性和坑底突涌稳定性问题见第 5.3 节。对于土质深基坑，常基于地基承载力模式进行基坑抗隆起稳定性验算。对于土岩双元深基坑，坑底隆起变形一般很小，抗隆起稳定性也不会有问题。但用此法进行抗隆起稳定性验算是不合适的，因为破坏模式不符合实际。此处仅考虑土岩双元深基坑整体稳定性验算，要求支护结构保证上部土体边坡、下部岩体边坡各自稳定，以及整体边坡稳定。

（1）破坏模式判断

根据岩土工程勘察报告进行基岩辨识，判断下部岩体边坡破坏模式；当勘察资料无法获得岩体边坡破坏模式信息时，应进行基坑施工勘察；下部岩体存在结构面时，应结合基坑开挖深度、土岩厚度、位置、范围等综合因素，考虑基坑边坡土体圆弧与岩体结构面的整体组合滑动破坏模式，并应分析基坑另两侧对该边坡整体稳定的影响；下部岩体不存在基坑内倾结构面时，采用土体与不同风化程度岩体组合的破坏模式，可按表6.4选取。当基坑地层条件复杂，特别当岩体边坡存在破碎、断裂带等情况时，应根据破碎岩体强度、范围具体问题具体分析，最好通过无支护条件下的数值分析确定可能的破坏模式及大致位置，以便合理设计支护体系。

基于岩体风化程度的土岩边坡破坏模式   表6.4

土岩双元基坑边坡土岩组成	破坏模式
土＋全风化岩	圆弧滑动
土＋全风化岩＋强风化岩	圆弧-平面、滑切、切面滑动
土＋全风化岩＋强风化岩＋中风化岩	
土＋中或微风化岩	圆弧、圆弧-平面

当存在基坑内倾结构面时，应首先判断基坑各侧土岩边坡可能的整体破坏模式，分析基坑周边整体约束下单侧边坡沿结构面破坏的可能性，明确基坑工程系统范围，并应同时考虑受坑外关键变形控制的既有环境安全。这种基坑边坡破坏模式较为复杂，涉及岩体深度、上覆土体以及坑底和相邻边坡对于局部内倾结构面边坡的约束，必须全面判断、准确分析。

（2）支护设计与稳定验算

当土岩双元深基坑稳定由内倾结构面控制时，宜选择桩（墙）锚（撑）、锚喷等支护结构，按照刚体极限平衡法进行整体稳定性分析。当基坑坑底处于全风化岩中，应考虑圆弧滑动整体破坏模式，进行选型和验算。支护构件如桩、墙、锚、撑等应在首先满足关键变形控制的前提下，确定强度、刚度并符合局部稳定的要求。基坑上部土体边坡土钉、全粘结预紧力土钉、预应力锚杆等支护构件设计按照《建筑基坑支护技术规程》JGJ 120—2012的规定执行。

圆弧-平面破坏的土岩基坑边坡宜采取如下构造措施之一：①设置穿透土岩交界面的构造锚杆。锚杆成孔直径宜为90～150mm，杆体直径不小于20mm，进入岩体长度不宜小于1.0m。②当上部土体边坡采用土钉墙或复合土钉墙时，也可以将下部土钉调大倾角，锚入岩石不小于1.0m。在土岩界面设置错台，错台宽度宜不小于1m（图6.1）。

滑切和切面破坏模式的边坡构件设计计算应符合如下规定：采用岩石锚喷时，锚杆应穿越切角范围（图6.2），长度超过切角斜面，具体参数应根据上部土体刚体沿土岩界面滑移推力具体分析。当采用吊脚桩、微型桩复合土钉墙支护时，支护桩、微型桩的嵌固深度应超过岩体切角破坏面一定深度。微型桩宜按安全储备考虑。

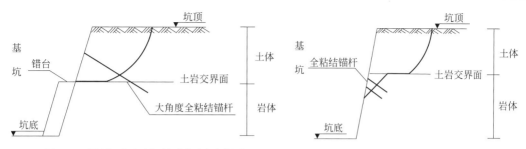

图 6.1　圆弧-平面破坏构造加固示意图　　　　图 6.2　滑切破坏加固示意图

（3）土岩双元深基坑稳定分析

土岩双元深基坑宜按照相应破坏模式采用条分法进行整体稳定性验算，滑切破坏模式中切角破坏体如图 6.3 三角形 ABC 所示，当下卧岩体的风化程度为中风化及以下时，切角破坏体深度 $AB \leqslant 2\text{m}$；切角破坏体长度 BC 建议取值 2~3.5m，对于硬质岩岩体（坚硬岩、较硬岩）取小值，对于软质岩岩体（较软岩、软岩）取大值。对于支护结构安全等级为一级、二级、三级的基坑，整体稳定性安全系数 K_s 应分别不小于 1.35、1.3、1.25，K_s 按下列公式计算，并符合以下规定：

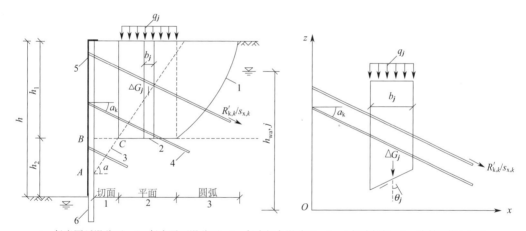

1—任意圆弧滑移面；2—任意平面滑移面；3—任意切角滑移面；4—土钉或锚杆；5—喷射混凝土面层；
6—支护桩或止水帷幕；h_1—上覆土层厚度；h_2—下卧岩层厚度；h—基坑开挖深度

图 6.3　土岩基坑破坏模式及受力分析示意图

$$K = \min\{K_{s,1}, K_{s,2}, \cdots, K_{s,i}, \cdots\} \geqslant K_s, \text{且 } \min\left\{\frac{R_{mi}}{T_{mi}}\right\} \geqslant K_s \tag{6.7}$$

$$K_{s,i} = \frac{\sum R_{mi} + R_k}{\sum T_{mi}} \geqslant K_s \tag{6.8}$$

$$R_{mi} = \sum R_{mij}, \quad T_{mi} = \sum T_{mij} \quad (m=1,2,3; i=1,2\cdots n; j=1,2\cdots n) \tag{6.9}$$

$$R_{1ij} = c_j l_j + \left[(q_j l_j + \Delta G_j)\cos\theta_j - u_j l_j\right]\tan\varphi_j + \frac{R'_{k,k}\left[\cos(\theta_j + \alpha_k) + \psi_v\right]}{s_{x,k}} \tag{6.10}$$

$$R_{2ij} = c_j l_j + (q_j l_j + \Delta G_j - u_j l_j)\tan\varphi_j + \frac{R'_{k,k}\left[\cos(\theta_j + \alpha_k) + \psi_v\right]}{s_{x,k}} \tag{6.11}$$

$$R_{3ij} = c_j l_j + [(q_j l_j + \Delta G_j)\cos\theta_j - u_j l_j]\tan\varphi_j + \frac{R'_{k,k}[\cos(\theta_j + \alpha_k) + \psi_v]}{s_{x,k}} \quad (6.12)$$

$$T_{1ij} = (q_j b_j + \Delta G_j)\sin\theta_j \quad (6.13)$$

$$T_{3ij} = (q_j b_j + \Delta G_j)\sin\theta_j \quad (6.14)$$

$$R_k = \frac{D}{L_d}\left(0.7 f_t b_0 h_0 + 1.25 f_{yv}\frac{A_{sv}}{S_0}h_0\right) \quad (6.15)$$

土岩双元基坑边坡破坏模式为圆弧-平面-切角破坏（滑切破坏）时：

$$K = K_{s,i} = \frac{R_{1i} + R_{2i} + R_{3i} + R_k}{T_{1i} + T_{3i}} \geqslant K_{s1} \quad (6.16)$$

土岩双元基坑边坡破坏模式为圆弧-平面破坏时：

$$K = K_{s,i} = \frac{R_{2i} + R_{3i} + R_k}{T_{3i}} \geqslant K_{s2} \quad (6.17)$$

土岩双元基坑边坡破坏模式为圆弧-斜平面破坏（切面破坏）时：

$$K = K_{s,i} = \frac{R_{1i} + R_{3i} + R_k}{T_{1i} + T_{3i}} \geqslant K_{s3} \quad (6.18)$$

式中：　　K——土岩双元基坑整体稳定性安全系数；

$K_{s,i}$——土岩双元基坑第 i 种破坏路径整体抗滑力与整体下滑力的比值；

K_{s1}、K_{s2}、K_{s3}——土岩双元基坑滑切、圆弧-平面、切面破坏模式整体稳定安全系数；

R_{mi}——第 m 段内第 i 种破坏路径时土（岩）整体抗滑力；

T_{mi}——第 m 段内第 i 种破坏路径土（岩）整体下滑力；

R_{mij}——第 m 段内第 i 种破坏路径第 j 土（岩）条的抗滑力；

T_{mij}——第 m 段内第 i 种破坏路径第 j 土（岩）条的下滑力；

R_k——支护桩对破坏滑移土（岩）体提供的抗剪力；对于微型桩、止水帷幕，$R_k = \tau_q A$，τ_q 为滑移面处微型桩、止水帷幕的抗剪强度标准值，由相关经验或试验结果确定；A 为微型桩、止水帷幕截面面积；

c_j、φ_j——第 j 土（岩）条滑移面处土（岩）的黏聚力（kPa）、内摩擦角（°）；

b_j——第 j 土（岩）条的宽度（m）；

θ_j——第 j 土（岩）条滑移面中点处的法线与垂直面的夹角（°）；

q_j——作用在第 j 土（岩）条上的附加分布荷载标准值（kPa）；

ΔG_j——第 j 土（岩）条的自重（kN），按天然重度计算；对于多层土（岩）组合地层，取各层土（岩）按厚度加权的平均重度计算；

u_j——第 j 土（岩）条在滑移面上的空隙水压力（kPa）；基坑采用落底式截水帷幕时，对地下水位以下的砂土、碎石土、粉土，基坑外侧，可取 $u_j = \gamma_w h_{wa,j}$；基坑内侧，可取 $u_j = \gamma_w h_{wp,j}$；地下水位以上或地下水位以下的黏性土，取 $u_j = 0$；

$R'_{k,k}$——第 k 层土钉、锚杆在滑动面以外的锚固段的极限抗拔承载力标准值与土钉、锚杆杆体受拉承载力标准值（$f_{ptk}A_p$）的较小值（kN），锚固段应取滑动面以外的长度；

α_k——第 k 层土钉、锚杆的倾角（°）；

$s_{x,k}$——第 k 层土钉、锚杆的水平间距（m）；

ψ_v——计算系数；可按 $\psi_v = 0.5\sin(\theta_k + \alpha_k)\tan\varphi$ 取值，此处，φ 为第 k 层土钉、锚杆与滑移交点处土（岩）的内摩擦角，θ_k 为滑移面在第 k 层土钉、锚杆处的法线与垂直面的夹角；

D——支护桩桩径（mm）；

L_d——支护桩桩轴间距（mm）；

f_t——混凝土抗拉强度设计值（N/mm^2）；

b_0——桩体截面宽度（mm）；圆形截面中截面宽度 b_0 以 $1.76r$ 代替，r 为圆形截面的半径（mm）；

h_0——桩体截面有效高度（mm）；圆形截面中截面有效高度 h_0 以 $1.6r$ 代替，r 为圆形截面的半径（mm）；

f_{yv}——箍筋的抗拉强度设计值（N/mm^2）；

A_{sv}——桩体截面箍筋的截面积（mm^2）。

6.3.5　深基坑工程设计荷载

一般来说，工程荷载分为静荷载、活荷载和动荷载。静荷载又称恒荷载，指长期作用于结构上且大小、方向和作用点不变的荷载，如结构自重、岩土压力、地下水压力等。活荷载指可能的变动荷载，其大小和作用位置都可能变化，如吊车荷载、堆积物、车辆荷载以及施工过程中产生的临时性荷载等。动荷载指瞬时作用的荷载，如地震作用、爆破荷载等。就深基坑工程而言，一般作用于支护结构上的荷载有土水压力、变温荷载，以及建材堆放和临时堆土产生的地面超载、邻近建筑物产生的荷载、车辆荷载、吊车运行等附加荷载引起的侧压力。土岩基坑爆破开挖时，应考虑爆破荷载对基坑体系的影响。当围护结构作为主体结构的一部分时，还应考虑人防和地震作用等。

在深基坑工程中，荷载复杂多变，须慎重考虑由此造成的影响。在支护结构设计中，土水压力是主要荷载，后面专门讨论。在现行行业标准《建筑基坑支护技术规程》JGJ 120 中，对基坑顶面堆载有明确要求，但并没有规定是否考虑基坑周边车辆荷载的影响，对此当引起重视。此外，还须注意基坑两侧堆载不平衡、两侧挖深不同、两侧建筑物荷载不对称等情况。以下简要说明施工荷载、建筑超载和爆破荷载。

（1）施工荷载

除基坑堆载、土石方栈桥运输荷载外，最值得关注的施工荷载是龙门吊移动荷载。龙门吊具有宽度大、作业空间大、占地面积小、带荷载行走等特点。一般龙门吊轨道铺设于基坑支护后排桩冠梁上，离基坑较近且带载行走，作为移动荷载会使排桩产生振动；基坑围护结构在龙门吊移动荷载作用下会产生动态响应，从而对基坑安全施工产生影响。

白晓宇等（2015）针对青岛某地铁车站进行数值分析，结果表明：①在龙门吊移动荷载作用下，桩身正弯矩和负弯矩最大值位置处的土压力动力响应较大，而且当移动荷载刚经过时其影响最大，建议合理设置龙门吊移动速度，以免对围护结构的稳定性产生较大影响。②桩脚处水平位移响应和土压力响应都比较大，说明吊脚桩嵌岩处的处理将直接关系到围护结构的安全性，应采取增加围护桩嵌岩深度、增加预留岩肩宽度及增大桩脚处锁脚锚杆预应力等措施，以增大桩脚嵌岩处的约束刚度。③对于有龙门吊的土岩基坑，建议增加围护结构刚度，减小基坑无支撑暴露时间，及时施作桩脚处的锁脚锚杆，采用信息化施工等手段确保基坑及周边环境安全。杨晓华（2018）所进行的研究也表明，围护结构在龙门吊移动荷载作用下会产生较为明显的动态响应，使桩体侧移及桩周土体沉降增加，同时锚杆内力增加。可见，开展移动荷载作用下土岩双元地层深基坑支护结构的变形分析与监测非常重要。

（2）建筑物超载

在深基坑工程中，基坑周边往往有建筑物存在，可能是一侧，也可能是多侧。一般来说，邻近建筑物相当于较重的荷载，可导致基坑变形加剧，所以设计时须认真对待。同一般基坑临时超载相比，建筑物超载有其特殊性：一是先于基坑工程存在，故在地层中引起了附加应力场；二是建筑物超载是永久超载，并通过改变基坑体系的初始应力状态而引起基坑变形与稳定问题；三是建筑物具有一定的刚度和基础埋深。目前，大多视建筑物为均布超载，且忽略建筑物本身及其基础刚度与埋深的影响。实际上，邻近建筑物与基坑开挖之间有复杂的相互作用，建筑物超载的大小、距基坑边距离、建筑物刚度、建筑物基础埋深等因素均对基坑变形产生影响（彭晶，2014；刘小丽等，2015）。

由于建筑物超载与基坑临时堆载不同，故数值模拟分析时须特殊处理。在基坑开挖之前既有建筑物与地层已稳定，故建筑物荷载并不使岩土体变形，建筑物超载对基坑变形的影响是通过改变开挖前初始应力状态来实现的。因此，数值分析中，在围护结构施作之后、基坑开挖之前施加建筑物超载，确定基坑体系初始应力场，并将变形置零。施加建筑物超载的方式有三种（彭晶，2014）：①建立三维立体模型或二维框架结构模拟建筑物，建筑物模型内部充填线弹性材料，其重度为零，建筑物超载通过等效为建筑物构件总重量进行施加，作用于建筑物基础埋深处；②将建筑物直接简化为均布荷载；③筏基或桩基＋均布荷载。

（3）爆破荷载

当土岩双元深基坑爆破开挖时，爆破振动波携带能量在岩土介质中传播，并传到支护结构、边坡体、周边建筑物等设施上。刘小丽等（2012）采用数值分析方法研究了吊脚桩支护结构的受力变形特性，结果表明岩层爆破施工对微型钢管桩位移有较大的不利影响。黄敏（2013）对土岩双元深基坑围护结构变形的研究表明，数值模型计算的变形量较实际变形量偏小，这表明在实际施工中还有其他因素影响围护结构变形，如对基岩进行爆破开挖、车辆的动荷载等。

要获得边坡、支护结构及周边建筑物的动力响应，除现场监测外，还可对基坑体系进行动力分析。在数值分析中，须在模型的某处施加爆破荷载，可以是加速度时程、速度时程或集中力时程。林潮等（2018）对观澜调蓄池深基坑应用吊脚桩支护体系，采用数值模拟进行爆破开挖动力分析，动荷载输入方式为在炮孔周边节点速度加载，并将爆破产生的冲击波波形主要部分简化为一个三角波（图6.4）。

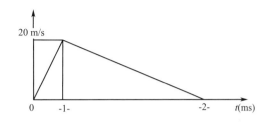

图 6.4　爆破荷载加载压力时程曲线

6.3.6　深基坑围护墙土压力计算

土压力是指作用在挡土结构上的侧压力，土水分算时土压力也指土骨架对挡土结构的侧压力，此时尚需计算水压力。土压力是经典土力学的一个基本课题，也是深基坑工程设计中的一个重要问题，因为它是作用在基坑围护结构上的主要荷载，故其计算的可靠性在很大程度上决定着支护结构设计的可靠性。对土压力估计不足，很容易造成事故。近几十年来，伴随着基坑工程实践的迅速发展，学者们对土压力进行了大量的现场实测、理论分析和数值计算，认识上取得明显进展。以下首先简要说明土压力问题，然后阐述土压力计算中的若干重要方面。

（1）关于土压力问题

对于深基坑工程而言，一般先施作围护结构如排桩或地连墙，然后是边开挖边支撑或锚固。在基坑开挖之前，围护结构两侧压力均可视为静止土压力，且处于平衡状态；随着基坑的逐步开挖，墙体将发生复杂的变形与位移，两侧土压力因此而发生变化；其基本倾向是主动侧土压力减小，被动侧土压力增大。计算或选用符合实际的土压力难度很大，因为其值与很多因素相关，如墙体位移的方向与大小、墙体本身的刚度与变形、墙后岩土体的类型及物理力学性质、地面作用荷载、邻近建筑物荷载、施工因素等。在基坑降水、开挖、撑锚过程中，作用在围护结构上的土压力是不断变化的，设计时通常选择典型的代表性工况进行计算。

目前，计算土压力主要采用经典土压力理论。但这种理论是基于刚性挡墙和极限平衡理论建立起来的，本来就有多方面的缺陷。对于深基坑支护这样的复杂结构体系，土压力问题变得更加复杂，因为围护结构的变形以弯曲为主，其柔性比经典意义上的刚性挡土墙要大得多。特别地，经典土压力理论计算的是极限状态下的土压力，而只有发生足够大的位移且土体发生剪切破坏时，实测土压力与经典土压力理论计算值才相吻合。为简化设计，通常认为围护结构主动侧可近似采用主动土压力作为外荷载，而被动侧为与变形有关的抗力。这样，可以把围护结构看作一竖放的弹性地基梁，并进一步假定：挡土侧基坑面以上为三角形分布的主动土压力，基坑面以下为矩形分布的附加压力，即近似认为土体自重所产生的主动土压力与坑内土体的土压力相平衡；而坑内土体的抗力显然不能超过被动土压力值。此外，根据实测资料进行统计分析，可以得出近似土压力图形并用于支护设计，这就是计算土压力的经验方法。

由于深基坑围护墙土压力问题的复杂性，在设计采用常规算法的同时，必须充分考虑那些重要的影响因素，包括围护墙位移的大小、水土压力分算与合算、抗剪强度指标取值、渗流影响等。支护结构设计时，应根据工程经验分析判断计算参数取值和计算分析结果的合理性。全面深刻地认识土压力，可为改善计算理论与方法提供依据，至少有助于正确评价设计的安全储备。

（2）围护墙位移

众所周知，土压力与围护结构的位移密切相关。由静止土压力向主动土压力或被动土压力发展，取决于围护结构位移的方向及大小。此外，围护结构为柔性结构，不同于刚性挡土墙，故常配合内支撑或锚杆使用。围护结构侧向土压力分布更为复杂，与其刚度及变形状况密切相关。

在深基坑支护设计中，多采用经典的朗肯理论或库仑理论计算土压力，但这是极限状态下的土压力值。由挡土墙土压力实测和模型试验可知，主动极限状态比较容易达到，如对于砂土，挡墙平移或转动 $0.001H$ 即可；对于黏性土，$0.004H$ 即可。而达到被动极限状态则需相当大的位移，如对于砂土，平移或转动 $0.05H$ 方可达到被动极限状态，也即所需位移是主动状态的 50 倍。可见，在基坑设计中，把握土压力与支护变形间的关系至关重要。若基坑深 10m，则达到主动极限状态所需位移为 10mm（砂土）、40mm（黏土），而被动极限状态则要求达到 500mm 以上。在实际工程中，对深基坑体系变形往往有严格限制，故土体达不到极限状态，特别是被动土压力状态更难达到。即便是主动极限状态，若限制挡墙最大水平位移 30mm，黏土层也达不到极限。这就意味着挡墙位移严格受限时，主动侧土压力在主动土压力与静止土压力之间，被动侧土压力在静止土压力与被动土压力之间，通常远小于被动土压力计算值。也就是说，计算所得主动土压力偏小、被动土压力偏大；若采用这种计算值，便使设计偏于危险。

（3）水土分算与合算

土压力计算分为水土合算和水土分算两种（李广信，2000）。一般认为，对于透水性强的碎石土、砂土，宜按土水压力分算，采用有效应力指标；对于透水性弱的黏性土，宜按水土合算，采用总应力指标。这种做法是比较合理的，因为对于透水性弱的黏性土，土颗粒与水相互作用，形成一种整体结构；其中水主要是弱结合水，故水土合算即用饱和重度计算土压力是正确的。对于透水性强的砂性土和碎石土，弱结合水相对很少，主要为静孔隙水压力作用，故水土分算更为合理。但是，对透水性较弱的粉质黏土、粉土，水土压力计算比较混乱。

从理论上说，水土分算比较合理，但仔细分析也有许多问题。首先，当支护结构有渗漏时，水压会降低，水土分算所得值过高。其次，水土分算须用有效应力强度指标，而一般勘察报告很少提供；即便提供这种指标，也未必可靠。最后，通常直接采用浮重度计算土骨架产生的侧压力，这意味着假定没有超静孔隙水压力，显然并不完全符合实际。在土体发生变形和渗流的条件下，土体中将存在由于变形和渗流引起的超静孔隙水压力；而获得这种数据，要么依靠现场实测，要么进行流固耦合数值计算。由于水土合算时低估了主动状态中的水压力作用而高估了被动状态中的水压力作用，因此可能使基坑工程计算偏于不安全。

在水土合算中，水压力也被乘了土压力系数，而水压力实际上是各向相等的。问题的关键在于土中的水是否为自重控制的自由水？显然，一部分水即结合水为非自由水，而通过孔隙流动的那部分水则是自由水。可见，实际的水土压力在分算值与合算值之间，似乎没有人能精确地将两者分开。水土合算在理论上有缺陷，但实施比较容易，可采用三轴固结不排水指标或直接固结快剪指标。

（4）渗流与变形影响

深基坑工程常采用防水围护墙（如地连墙、排桩加旋喷桩）及基坑内降水的方案，以防止周边地表因降水引起沉降。因此，基坑围护墙内外有很大的水头差，并形成基坑岩土渗流场，甚至透过墙体发生缝隙渗流或钻孔渗流。那么，渗流对作用在围护墙上的水压力有何影响？对于超深基坑工程，当坑内外存在很大水头差时，渗流对土水压力会有较大影响，须慎重对待。这种影响可能比较复杂。一方面，渗流引起的水头损失可能相当大，按地下水位计算水压力误差较大。另一方面，渗流力使主动区土的有效应力增大，这也相应地增大土压力。也就是说，在基坑外侧，渗透水流是向下的，渗流力使竖向有效应力增大，对土体产生压缩作用，故土压力增大；由于渗流伴随的水头损失，作用于围护结构上的水压力小于静水压力，而这对基坑稳定是有利的。此外，当渗流穿过墙底进入基坑内侧时，向上的渗流力变成浮托力，使被动区土的有效应力及土压力减小。

基坑土体变形可以产生超静孔隙水压力，这种压力在砂土中能很快消散，故设计计算时可以不考虑其作用。但在黏性土中，情况就不同了。超静孔压一方面增大水压力，即增大作用在围护墙上的侧压力；另一方面降低土的强度，从而影响基坑稳定性。那么，在设计计算中如何考虑超静孔压的影响？超静孔压虽然增大水压力，却也减小有效应力，即减小土骨架产生的侧压力。若综合考虑，超静孔压对侧压力将产生怎样的影响？目前还没有答案。由于超静孔压尚难以计算，只能通过现场实测，所以在设计中很难加以考虑。这样便只能用总应力法进行设计计算，而强度指标的试验条件尽可能与现场土受力变形条件一致。如黏性土排水比较困难，超静孔压难以消散，可用固结快剪或固结不排水剪指标，也可采用快剪或不排水剪指标。比较符合实际的是，先将试样在初始应力条件下固结，然后进行快剪或不排水剪。

（5）抗剪强度指标取值

《建筑基坑支护技术规程》JGJ 120—2012 规定：对地下水位以上的黏性土、黏质粉土，抗剪强度指标应采用三轴固结不排水指标或直剪固结快剪指标，对地下水位以上的砂质粉土、砂土、碎石土，抗剪强度指标应采用有效应力指标；对地下水位以下的黏性土、黏质粉土，可采用水土合算方法。此时，对正常固结和超固结土，抗剪强度指标应采用三轴固结不排水指标或直剪固结快剪指标；对欠固结土，宜采用有效自重压力下预固结的三轴不固结不排水指标。对地下水位以下的砂质粉土、砂土和碎石土，应采用水土分算方法。此时，抗剪强度指标应采用有效应力强度指标。对砂质粉土，缺少有效应力强度指标时，也可采用三轴固结不排水指标或直剪固结快剪指标代替；对砂土和碎石土，有效应力强度指标可根据标准贯入试验实测击数和水下休止角等物理力学指标取值。

在深基坑工程设计中，抗剪强度参数取值至关重要，而参数取值与土的种类、现场剪切排水条件和稳定分析方法相关联。对于无黏性土，渗透性较大，施工过程中基本不产生超静孔隙水压力，应采用有效应力强度指标。对于黏性土基坑，一般施工速度较快，施工过程中将产生超静孔隙水压力且来不及消散，应选用初始应力状态固结下的三轴不排水或直接固结快剪强度指标。在实际基坑工程设计中，一些人采用快剪指标或三轴不排水剪指标；这是比较保守的，应在自重下固结，然后进行不排水剪试验。此外，重要工程不宜采用直剪试验确定强度指标。

（6）岩层侧压力计算

在土岩双元深基坑工程中，作用在嵌岩桩墙上的侧压力很难确定，目前没有成熟的计算方法。《建筑地基基础设计规范》GB 50007—2011 规定：基坑设计应考虑岩体结构、软弱结构面对基坑的影响；单结构面内倾的岩体对支护结构的水平推力，可根据楔形平衡法进行计算，具有两组或多组结构面内倾的岩体对支护结构的水平推力，可采用棱形体分割法进行计算。而对无内倾结构面的岩质基坑边坡，郑生庆等（2003）认为以岩体等效内摩擦角按侧向土压力方法计算侧向岩压力，破裂角按 $45°+\varphi/2$ 确定。

（7）数值计算土压力

对于深基坑围护墙土压力计算，经典土压力理论存在许多缺陷。首先，这种理论属于极限平衡理论，只能求极限状态而非真实状态下的土压力。其次，它们是针对刚性挡墙发展起来的，且不能考虑支护结构与土体之间的相互作用。深基坑支护结构与一般挡土墙受力变形机制不同，其土压力分布更为复杂。通过数值模拟进行真实受力变形分析，则可以得到与实际变形状态相应的真实土压力。若以整个基坑体系作为分析对象进行数值分析，则土压力、支撑力或锚固力将成为内力，而荷载则包括结构和岩土自重、坑顶堆载、车辆荷载、建筑物荷载、爆破振动荷载、基坑周边堆载、施工机械荷载、邻近建筑物荷载、爆破荷载、地震作用等。

6.4 深基坑工程设计专题

深基坑工程从确定到实施，一般时间都比较短；所以，很难用较长时间进行有针对性的科学研究和方案论证。设计通常采用力学分析与经验相结合的方法，整体方案及设计参数偏于保守，其主要原因是缺乏对具体工程特点的系统把握，没有充分利用工程中的各种有利因素。本节将针对这种情况，阐述深基坑工程设计中的若干重要理论，包括优化设计、整体设计、时空效应等问题，以期有助于提高设计水平。

6.4.1 深基坑工程优化设计

许多深基坑特别是土岩双元深基坑，支护设计往往过于保守，这无疑会造成经济上的浪费。设计的过分保守表现在多个方面，如在地层质量较好的深基坑工程中，锚杆松弛而不起作用，坑壁却完好无损；围护结构内力实测值很小，远不能发挥其潜在能力。例如，何颐华等（1997）对我国京沪地区多个深基坑监测数据进行研究，发现主动区土压力只有朗肯主动土压力的 $35\%\sim50\%$，被动区抗力也只有被动土压力的 50% 左右，钢筋应力还达不到设计规定值的 50%。这种工程设计当然谈不上优化，也不能说是高质量的。

由于深基坑工程属于高风险工程，在设计中偏于保守情有可原。但深大基坑工程影响显著、造价昂贵，有必要进行优化设计，以使其更合理地实现基坑工程的基本原则，即安全可靠、经济合理、施工方便、节省工期。事实上，深基坑工程是一种复杂的系统工程，涉及多种理论、多种方法、多种技术的综合性应用，通常具有相当大的优化空间。工程师应该在保证安全和质量的前提下，对基坑支护进行优化设计。所谓优化设计是指在一定条件下，寻找最优设计方案。无论怎样优化，必须使整体方案最优，应作为一个整体统一考虑：围护结构、支锚结构、控水结构等，优化的目标有安全可靠、经济合理、施工方便、缩短工期、保护环境等，问题是如何综合考虑上述目标。

在深基坑工程优化设计领域，除了传统的经验优化之外，秦四清、周东等较早对基坑支护结构优化设计理论进行探索。影响深基坑支护形式的因素非常复杂且相互关联，学者们采用关联模糊法、灰色模糊法、集对分析法等对基坑支护方案进行优选，并且取得了一定的研究成果。例如，吴恒等（2002）将协同演化思想应用于基坑桩锚支护优化设计中，开发了深基坑桩锚支护优化设计系统；张维正等（2014）采用模糊综合评判法对深基坑工程方案进行优化。但是，由于问题的高度复杂性，这些研究均属于初步尝试，尚未达到可实际应用的程度。

（1）优化设计方法

目前，深基坑支护体系优化设计方法大致分为 3 种。

第一种是数学优化设计方法。从数学上讲，优化就是求目标函数的极大值或极小值。深基坑支护优化设计是指在满足一定约束条件（设计要求、地质条件等）下，按一定的评价指标寻求最佳设计结果。为进行这种优化设计，必须明确约束条件、目标函数或决策目标，必须确定优化方案与算法，并开发优化设计软件。其中，约束条件主要是指设计要求，目标函数可以是工程材料消耗、建造成本，也可以是特征变形，等。对支护结构进行数学优化设计的关键是构建目标函数，剩下的只是求极值问题，如在基坑变形和稳定性满足要求的前提下，求成本最小值。

这种基于数学分析的结构优化设计对设计变量进行寻优决策，涉及优化算法、结构分析、计算机技术、专门的优化设计软件。也就是将设计要求和目标定量化，基于数学优化算法求得最佳结果。深基坑体系的状态变量很多，影响基坑体系变形的因素太多，对基坑体系控制性要求的目标也较多，故全方位、全过程优化是不现实的。通常是在方案已确定的情况下进行参数优化，如支撑间距、桩径等。具体步骤是：根据结构设计变量，建立数值计算模型；定义设计变量、目标函数、约束条件、收敛标准；进行数值计算，求目标函数和响应量的灵敏度等；形成优化数学模型，求解得到新的设计变量。这种优化包括迭代过程，每次迭代将获得一组新的设计变量。

第二种优化设计方法是模糊综合评判。很显然，无论如何确定目标函数，总是可以争辩的，一般难以有定论。最简单的情况是其他方面既定，而清晰的处理方式则是在安全可靠的前提下最经济，即造价最低。然而，在深基坑工程中，许多因素是模糊的，很难用费用最低的单目标优化标准做出评价。此外，对初步选出的多个方案，如何从中选择最优者呢？每种方案都有其特点，有的较经济，有的较安全，有的较先进，有的工期较短，而这些很难直接进行定量化比较。事实上，在若干可行的方案之间，难以判断哪一个最优，尽管它们的经济性明确。一种可行的方法是采用模糊综合评判的方法来评价方案的好坏，评价的主要依据是安全性、经济性、技术可行性、技术先进性、工期长短等。张维正等（2014）在此领域做出了初步尝试，但尚未达到可实际应用的程度。

采用模糊综合评判法对深基坑工程方案进行优化时，张维正等首先将优化目标设定

A、B、C三层。其中，目标层A为方案优化，即总目标为方案最优。以安全可靠、经济合理、环境保护、施工便捷为设计基本准则，选取安全性指标、工程造价指标、环境影响指标、施工工期指标，构成准则层B。将准则层B的每个指标再细分为各个子指标以构成指标层C，如安全性指标即影响安全性的各因素，主要包括围护结构和支撑体系的强度、围护结构和支撑体系的变形、基坑岩土体变形、基坑整体稳定性等。然后确定指标因素集权重，即采用层次分析法计算评价指标体系中最低层C（各指标因素）相对最高层A（最优方案）的相对重要性总排序权重。也就是根据安全、经济、工期、施工难度、环境影响等因素对优化方案的重要性，确定判断矩阵。

第三种方法是分阶段优化设计，这是传统的、经验性的方法，也是目前最常用的优化方法。深基坑工程涉及的因素即变量太多，而且许多变量难以定量化，如很难用费用目标做出评价；对于初选的若干设计方案，往往很难判断何者最优。这样，不同支护方案不能采用统一的数学模型，目标函数难以建立，故全局统一优化难以实现。因此，一般情况下，深基坑优化设计分成两部分，即支护方案优化和结构参数优化。根据基坑设计要求，凭借以往的经验进行判断，初步选定若干可行的设计方案；通过仔细分析、经济技术上的比较，从中选出最好的方案；然后对所选方案进行强度、刚度、稳定性、变形等方面的计算分析与校核，以验证设计方案的可行性和可靠性，特别是通过定量分析对结构参数进行优化。

分阶段优化设计属于经验性优化设计，其结果只是所选几种方案中的最优者，即有限备选方案中的最优者，并不是全局意义上的最优，设计质量高度依赖设计工程师的经验、见识与水平。此外，优化常指在选定设计方案的基础上，进一步优化提出最终方案，使其比原设计方案节约造价或缩短工期或降低风险等。也就是说，两步优化并非截然分明，常是相互影响的。例如，方案优化时往往要求对细部设计参数根据经验进行优选，而在细部设计阶段精度上有所不同。之所以做出这种区分，主要是考虑到优化方法和精度上有所不同。如在方案优化时，须根据经验对结构参数进行优选；但在结构优化设计时，便须进行定量计算。

目前，深基坑支护设计一般是分步进行的，即先确定方案，后进行结构设计。在最好的情况下，也是先进行概念设计、基坑支护方案比选，再在优化选型的基础上对支护结构进行优化设计。遗憾的是，通常这两个阶段均缺少优化环节。为此，以下对分阶段优化设计的两个步骤做进一步阐释。

（2）方案优化设计

深基坑支护方案设计主要是概念设计、定性决策，方案优化是指选型优化，基本方式是技术经济比较。也就是说，方案优化须提出几个可行的备选方案，并对其进行严密的技术论证。这就要求设计师深刻认识、充分掌握各种支护形式的优点、缺陷、适用条件以及造价等，并对当前基坑工程的地质条件、周边环境、工期和造价要求有明确认识。评价一个方案优劣的主要依据是安全性、施工方便、工期、造价、环境影响等方面。确保基坑工程安全可靠，这是进行支护方案优化选择的首要目标，所有备选方案都应满足安全性要求，主要是基坑整体稳定性、抗滑稳定性、抗倾覆稳定性、抗隆起稳定性、抗渗稳定性以及周边建筑及设施对变形的要求。一般来说，不同方案满足安全性要求的程度是不同的。设计人员通常是在满足安全性要求的基础上，追求最经济的方案。当然，会在安全与经济间进行权衡。

当地质条件较好、周边环境要求较宽松时，可采用柔性支护体系，如土钉墙、复合土钉墙等。当周边环境对变形要求较高时，应采用较刚性的支护以控制水平位移，如排桩或地连墙等。对于支撑形式，当周边环境要求较高时、地质条件较差时，应采用内支撑；当地质条件特别差、周边环境要求高时，可采用地连墙加逆作法，这是最强的支护形式。优化设计时应首先明确工程特点，确定对支护体系敏感或需求多的部分进行支护加强，而自身稳定性充分的部分可合理减少支护体系以降低成本，从而使整个基坑支护设计更为合理、安全和经济。

采用不同支护方案，造价相差可能很大。所以，优化设计工作可能会创造可观的经济效益。如在深圳罗湖东站深基坑工程中，针对强风化岩层，把桩锚支护优化为土钉墙支护，节省造价 1000 多万元。据邓盛利（2012）介绍，深圳地铁 5 号线长龙站在受前期工程影响而工期无法保证的情况下，通过支护结构优化设计和采用吊脚桩，成功化解了工期风险，同时节约了成本。此基坑中风化、微风化角岩数量大，平均达 10m 以上。钻机钻进这种硬岩非常困难，施工进度无法保证。在保证基坑安全等级的前提下变更设计，加大桩径、增加间距、减少桩量及部分采用吊脚桩可成功化解该问题。

（3）结构优化设计

深基坑支护总体方案确定之后，便可建构数值模型、基于参数分析进行结构优化。优化的目标可以是基坑变形、稳定性，也可以是经济指标；优化的项目包括支护桩嵌固深度、支护桩刚度、拉锚预应力等；优化的方法是采用数值模拟方法，分析诸如桩径、桩长、桩间距、桩排距等变量对支护结构位移和内力的影响。在细部设计阶段或施工设计阶段，进行的是结构优化，许多因素可以定量化，并进行参数分析以找出最不利和最优组合。目前，数值模拟技术已经相当成熟，结构优化设计理论日趋成熟。

就支护结构优化设计而言，一般是基于支护结构参数研究结果提出优化设计建议，如吊脚桩支护的嵌固深度、岩肩宽度、桩径、桩间距，以及支撑间距、位置、轴力、刚度等均对围护结构变形有重要影响。从基坑体系安全和经济角度出发，通过基坑参数计算和验算，分析各支护形式参数的最合理值。丛宇（2011）以青岛地铁五四广场站施工为工程背景，初步探讨盖挖逆作法、浅埋暗挖法施工的设计可行性，比较二者的优缺点。利用有限元分析软件 ABAQUS，对不同设计方案的围岩及其支护结构进行稳定性分析，并对相关参数进行优化。对盖挖逆作法设计中的桩基参数进行优化模拟，从地表沉降、围护结构和主体结构稳定性等方面进行对比分析，确定减小桩基深度 2m，依然可以保证现有围岩及结构的稳定性，围岩安全系数为 1.45。采用正交设计对浅埋暗挖法施工进行参数分析，确定影响围岩稳定性的因素顺序分别是埋深、衬砌强度、应力释放率，并得出最佳方案，即应力释放率 20%、衬砌强度 C35（2%）、埋深 23.73m，此时安全系数为 1.69。吴会军等（2019）以某深基坑工程为背景、吊脚桩支护结构为对象，采用均匀试验与敏感性分析相结合的方法研究各因素对支护结构稳定性的影响程度。结果表明：嵌岩深度、岩肩宽度、锁脚锚杆预应力对吊脚桩变形的敏感度逐渐降低，分别为 0.45、0.28、0.20；最佳设计值分别为 1.5m、2.0m、600kN；对吊脚桩桩脚变形影响最大的因素是锁脚锚杆预应力。因此，吊脚桩支护深基坑方案设计时，首先应保证吊脚桩的嵌岩深度和岩肩宽度满足基坑稳定性要求，而控制锁脚锚杆预应力的大小则是调整吊脚桩桩脚变形的重要辅助手段。

为追求支护结构受力的合理性，可有针对性地进行优化。如岩层变形较小，据杨金华等（2012）介绍，武汉某地铁车站基坑长 219m，宽度约 19m，标准段开挖深度为 16.14～16.60m。基坑采用嵌岩排桩＋内支撑＋旋喷桩截水帷幕支护，现场监测表明：基坑变形主要集中在上部土层，而下部岩层变形较小。他们建议设计时针对此特点进行优化。如岩层中支撑轴力通常较小，可优化支撑参数，主要是支撑间距（刘毅，2012）。又如为减少内支撑道数，须增加内支撑刚度。此时，可将原设计的钢支撑改为钢筋混凝土支撑。又如考虑时空效应进行优化。在开挖过程中，基坑体系表现为三维变结构体系；再考虑到岩土材料的流变特性，基坑变形和受力具有时空效应。由于空间效应的存在，基坑支护在基坑四角处可以减少支撑或锚杆，以及支护桩的配筋量。大量基坑实测资料表明，桩墙最大水平位移在基坑长边中间最大，基坑短边其次，基坑四角最小。利用空间效应优化方案，以节约投资。

6.4.2 深基坑工程整体设计

现行标准推荐的设计计算方法只能近似分析支护结构本身的受力和变形，难以考虑基坑体系的整体效应、评估基坑变形对周边环境的影响。王磊等（2010）研究指出，考虑基坑支护结构和地下室外墙共同作用时，地下室外墙承受的土压力会明显减小。因此，在桩锚支护存在条件下，地下室外墙设计依旧按半无限空间土体静止土压力计算，这显然与实际不符。刘兵（2017）采用 PLAXIS-3D 有限元软件及土的硬化本构模型，研究桩锚协同作用与桩锚支护结构永久化问题，得出如下结论：支护桩的存在显著减小地下室外墙土压力；通过设置连接构件，将支护桩与地下主体结构相结合，形成永久支护结构体系。在这种永久支护结构中，坑外土压力主要由支护桩和地下水平结构共同承担，地下室外墙只承担肥槽回填土体土压力，且远小于静止土压力。在无水条件下，地下室外墙设计只需满足构造要求。上述结论是常规设计计算方法得不到的。

（1）整体设计法概念

对于复杂条件下的深大基坑，常规设计计算已不能满足要求，须发展更为符合实际的设计理论与方法。李连祥等（2012，2016，2018）认为，对于深基坑设计应把握基坑整体工作机理，精细基坑设计的整体布局。数值模拟计算是解决这一问题的有效方法，这种方法的实用化、系统化、体系化成就了一种精细化设计，即整体设计法。刘嘉典（2020）对整体设计法进行了比较系统的研究，认为对于土体开挖深度超过 15m 的土体特征基坑、岩体深度超过 18m 的岩体特征基坑，应采用数值模拟方法进行专门研究。之所以如此，是因为这种深基坑存在"深度效应"，其根本在于现有挡土墙土压力理论与实际柔性支护存在较大差别，支护结构的计算分析应根据结构的具体形式与受力、变形特性等采用最接近实际情况的分析方法。

深基坑三维整体设计法是针对深基坑或超深基坑全寿命的设计、施工、监测、优化的决策过程。它以基坑周边环境安全变形控制为目标，以大型有限元程序为平台，以 HSS 本构模型为核心，利用被已有成果证明具有科学性的三维数值模型，获得基坑支护结构与周边环境动态性状，从而主动调整支护结构、掌握基坑周边状态、保证基坑支护结构与周边环境安全的全过程决策方法。整体设计法包括动态设计的核心环节，即后续深基坑体系的受力变形预测，涉及基坑体系计算模型的建立和岩土力学参数的反演确定。

（2）整体设计法核心

深基坑整体设计法是针对深基坑设计、施工、监测以及优化决策过程而提出的方法，这种方法以基坑周边环境变形为导向，以主动调整支护结构为手段，确保基坑支护结构及其周边环境安全。具体主要包括以下几个方面。

目标——基坑及周边环境安全。确保深基坑及周边环境的安全是整体设计方法的主要目标。首先，深基坑工程的主要作用是为地下结构工程提供施工空间。因此，必须保证深基坑工程本体的安全。其次，深基坑的开挖必然会导致基坑周围土体应力场的改变并形成相应的位移场，进而影响周边建筑物、地下管线等设施的安全。因此，深基坑工程在全寿命施工过程中必须确保周边环境安全。

依据——周围环境的安全变形。随着城市建设场地的日趋饱和，深基坑工程越来越多的出现于城市中心邻近既有建筑设施。为保障这些设施的运营安全，必须严格控制基坑自身的位移以及基坑施工产生的位移影响在周边环境变形安全范围之内。因此，变形控制设计是深基坑设计方法的主导因素。

平台——大型有限元分析软件。深基坑工程计算涉及复杂的动态非线性问题，一般得不到解析解答。由于计算机技术的迅速发展，数值方法在计算非线性问题上取得了突破。因此，深基坑整体设计方法主要以大型有限元软件为实现平台，如 ABAQUS、MIDAS，特别是 PLAXIS。

核心——土的 HSS 本构模型。深基坑整体设计方法依赖于数值计算，关键是本构模型的选用。大量数值模拟研究表明，在 DC、MC、MCC、HS、HSS 等土的本构模型中，HSS 模型计算深基坑变形效果最好。因此，整体设计法将 HSS 模型作为深基坑工程计算的核心本构模型。

工具——三维整体数值模型。深基坑变形表现出明显的空间效应，故宜建立精细化三维数值模型。深基坑整体设计方法以三维数值分析为基础，采用数值分析软件进行基坑受力变形分析。基坑工程是一个由土、围护结构及撑锚杆组成的空间整体，其变形与自身尺寸、形状和所处的环境密切相关，二维计算模型不能反映上述因素对基坑变形的影响，计算结果与实际变形通常存在不小差距。因此，深基坑工程整体设计法所采用的数值计算模型为更具科学性的三维模型，其科学性主要通过土体参数的合理选取，使模型计算结果与现场监测符合来体现。

特征——全过程主动控制。深基坑开挖与支护过程中，土体变形、土体与支护结构受力状态的改变是一个动态过程，基于变形控制的设计理念要求在开挖前及开挖过程的施工步中对基坑变形作出精确判断。深基坑工程整体设计法可以考虑基坑开挖对整体环境的影响，精细地掌握基坑围护结构、周边环境与相关设施的应力场、位移场改变，提前明确基坑及其环境风险，为基坑工程决策（支护优化、加固措施使用等）提供令人信服的技术支撑，故能成为一种主动控制的设计分析方法。

6.4.3　深基坑工程时空效应

由于在工程施工过程中，基坑体系的空间状况不断变化，而且岩土具有流变性，所以深基坑工程一般具有显著的时空效应，土岩双元深基坑工程尤其如此。所谓基坑工程的时空效应，广义上是指基坑体系的受力变形随时间和空间的变化而变化，即基坑开挖和支护的过程中，支护结构和周边岩土体的变形和位移随着基坑开挖的时间尺度和空间尺度而有不同影响。

（1）空间效应

人们很早就注意到，基坑小面积开挖产生的坑底隆起量比大面积开挖要小，这是因为前者空间约束要强于后者；基坑坑壁中央的土压力和位移值均大于两侧，这是因为两端处存在显著的约束，抑制了其邻近区域土压力和位移的发展。基坑工程体系本来就是三维问题，其空间效应本该存在，而且基坑尺寸越小，空间效应越显著。这种效应主要取决于基坑的形状、深度、大小，并表现在3个方面，即坑角效应、地层非对称效应和基坑开挖顺序不对称效应。此外，还有荷载不对称引起的空间效应等。

在深基坑空间效应中，最典型的是坑角效应（郁炳尧，2018；张壮等，2019）。首先是长短边与坑角效应，即坑角处围护墙及坑外土体的变形较小。许多学者通过三维数值分析和现场监测研究深基坑的坑角效应，所得基本结论是：坑壁侧向位移中间大两边小，边坡失稳也常常发生在长边居中位置。对于长条形基坑的短边，基坑变形随着与坑角距离的增大而增大，并在坑边中心处达到最大值；对于长条形基坑的长边，基坑变形在距离坑角一定位置处达到最大值，而中间段则不再受坑角的影响。也就是说，当基坑边较长时，中间部位将不受基坑两侧角部影响，可按平面应变问题考虑。坑角效应的影响范围与基坑开挖深度有关：当距离坑角大于 $B = H\tan(45° - \varphi/2)$ 时空间效应消失，其中 φ 是基坑深度 H 范围内的加权内摩擦角。其次是阳角与阴角效应。王洪德等（2013）研究表明，土岩双元基坑阳角与阴角的空间效应较显著，阳角处的水平位移与竖向位移显著大于阴角处量值，并随着地面超载的增加差距进一步加大。所以，从位移及稳定的角度看，阳角处比阴角处更危险。

最广泛的空间效应则是基坑非对称性引起的，非对称基坑的形式包括几何不对称、荷载不对称、地层不对称、支护结构不对称、开挖顺序不对称等。必须指出，严格意义上的对称基坑是不存在的，故此处所说的非对称是指上述因素具有较为显著的不对称。首先，特别值得注意的是，土岩双元深基坑的地层往往是不对称的。由于基岩面的起伏与不对称，土岩双元深基坑的空间效应更为显著。如据徐锦斌等（2014）介绍，某超高层建筑基坑长 224.55m，宽 19.15m，深 23.79m。场区岩层差异性较大，主体基坑南北两侧岩层深度相差 4～6m，地层为杂填土＋粉质黏土＋崩积层＋页岩/砂岩，基岩面深 9.5～35m，基坑采用嵌岩地连墙＋钢支撑支护。他们利用有限元软件 PLAXIS 进行数值模拟计算，在不对称土岩双元条件下，建立考虑下层地层差异性变化和忽略地层差异性变化两种模型，分析深基坑两侧在开挖与回筑过程中连续壁水平位移、弯矩和钢支撑轴力的变化。结果表明，在不对称土岩双元情况下，基坑两侧围护结构内力及位移都存在较大差异：两侧墙体最大弯矩差异大于 20%，两侧墙体水平位移差异大于 15%。

池秀文等（2017）介绍：珠海某地铁车站深基坑，开挖深度 24.5m，上部土层采用吊脚桩＋钢筋混凝土支撑＋预应力锚索，下部岩层采用锚喷支护，吊脚桩嵌入弱风化岩不小于 2.5m，岩肩宽度 3m。场地地层为土＋全风化花岗岩＋弱风化花岗岩，两侧地层不对称，数值分析表明基坑变形有显著差异。鲍晓健（2019）介绍：厦门某公路隧道明挖基坑开挖深度 15.2～19.30m，采用吊脚桩锚＋钢管桩锚喷＋旋喷桩截水帷幕支护方案，吊脚桩设计嵌岩深度为 1.5～2.0m。现场监测结果表明，在低基岩面断面，最大桩顶水平位移达到 94.37mm；在高基岩面断面，最大桩顶水平位移为 69.57mm。坑外地表沉降随基坑开挖不断增大，其变形曲线呈凹槽形分布。在低基岩面断面，最大沉降为 49.95mm，即 $0.27\%H$；在高基岩面断面，最大沉降为 26.81mm，即 $0.16\%H$；最大沉降点距基坑边 6m 左右，约为 $0.33H$。

周边建筑物或设施不对称意味着荷载作用不对称，必然会造成基坑应力变形不对称，如彭晶（2014）指出：某土岩双元基坑深 15.0m，桩端嵌入强风化岩和中风化岩，其中中风化岩 0.8m。基坑使用嵌岩桩撑支护，采用 PLAXIS 软件模拟，结果表明：非对称邻近建筑物的存在对远离建筑物一侧的基坑变形有利。

（2）时间效应

深基坑体系内的应力、变形与稳定性均随时间而变化，这就是所谓的时间效应。从广义上讲，时间效应问题比较复杂；这是因为在基坑施工过程中，基坑体系的几何要素、地下水位、本构特性等不断变化，即均与时间相关，从而使应力与变形与时间相关。从狭义上讲，由于岩土流变特性引起的蠕变、松弛才是时间效应。

淤泥和淤泥质土等软土地层具有灵敏度高、孔隙比和压缩性大、抗剪强度低、触变性等特点，此类地层的基坑开挖和支护具有很强的时间效应。此外，花岗岩残积土地层具有遇水易软化崩解的特性，天然工况下稳定性能满足要求，当遇长时间的暴雨入渗，雨水浸软土体则抗剪强度降低，饱和土体增重也加大土压力，基坑侧壁不稳定性增加。在此情况下，基坑开挖或无支护时间越长，风险就越大。也就是说，过长时间无支撑，基坑变形的时间效应将充分发挥作用。

（3）时空效应与设计

时空效应早就引起人们的重视，但在工程设计与施工中如何考虑仍有待探究。刘建航等（1997）针对软土深基坑工程提出时空效应及考虑时空效应的地表沉降预测方法，该法将施工阶段地表沉降最大值 δ_{vm} 分为两部分，即由正常施工条件下的沉降值 δ'_{vm} 和非正常因素导致的沉降值 $\Delta\delta_{vm}$ 所组成。其中，δ'_{vm} 可采用地层损失法求解，而 $\Delta\delta_{vm}$ 则主要是因为开挖缓慢、支撑滞后、坑底暴露时间长引起土体流变而产生的地表沉降，可通过下式计算：

$$\Delta\delta_{vm} = \sum a_i t_i + \sum K_i \alpha H \tag{6.19}$$

式中，a_i 为某道支撑延长 1d 引起的沉降量（mm/d）；t_i 为拖延天数；K_i 为某种施工因素引起的沉降增量系数。这些参数和系数均可通过实际工程经验确定。该法也提出利用基坑空间效应进行有序合理的开挖施工、利用土体自身强度抵抗基坑变形，从而减小坑外土体位移。为综合考虑时间效应和空间效应对基坑变形的影响，该法建议采用能考虑时间效应的黏弹性模型，并采用三维数值分析法考虑空间效应，同时，可以用反分析法确定土的流变参数，再用以推算后续开挖引起的基坑变形。

由于时空效应问题的复杂性，目前深基坑支护设计往往按平面应变问题考虑，即选择若干断面进行，常规计算也不考虑土的流变性，故不能很好地反映空间效应。实际上，这种设计仅适用于坑边较长且位于中部的地段，而邻近坑角部位的受力变形与平面应变有较大差异。必须指出，当基坑边长较小时，按平面应变分析偏于保守，考虑空间效应的设计更有意义；阳角部位内力比较复杂，应力集中、变形较大，容易出问题，故须特别加强；

在土岩双元深基坑工程中，往往是地层条件不对称、岩层倾斜、基岩面起伏、荷载不对称、建筑设施不对称等，这些因素使得其空间效应非常突出。所以，必须对基坑两侧或多侧的变形、内力分别进行验算，最好进行三维整体分析。

从简单实用出发，在常规设计计算时，可对被动区水平基床系数进行经验性修正。这个综合参数主要是土的力学指标、每一步挖土的空间尺寸、暴露时间、开挖深度函数，其数值经基坑变形反分析得出，是考虑时空效应的等效水平基床系数（唐业清等，1999）。对于时间效应，可引入流变本构方法进行黏弹塑性数值分析，也可在弹塑性分析中引入时变参数以反映土体的流变性，如将本构模型中的强度参数视为时间函数，可得到含时间变参数的本构模型，$c(t)$ 和 $\varphi(t)$ 由试验资料拟合而得（张维正等，2014）。

（4）时空效应与施工

人们发现，在基坑施工过程中，由于某种原因而暂停一段时间，基坑变形就会随时间不断增大。此外，无支撑暴露时间对墙体或侧壁变形的影响更为显著。目前，由于行业上对基坑工程的时空效应研究尚未深入，基坑规范和设计单位对该方面并未做出相应的规定和对应措施要求，故需要施工单位根据施工经验，从土方开挖顺序和方式、支撑的时间节点、实时监测和控制等方面加强施工技术措施和管理水平。对于软土基坑，考虑时空效应的施工方案制定须遵循"分层、分块、对称、平衡、限时"的原则。就一般情况而言，在施工中应尽量减小基坑无支护的暴露时间，这样可以显著减小支护结构的变形。

目前，深基坑工程的时间效应主要通过信息化施工，或现场监测来掌握。根据基坑工程设计所选定的施工参数，按基坑规模、开挖深度、支撑形式等条件，提出详细、可操作的开挖与支撑施工程序及施工参数。其中施工工序按分层、分步、对称、平衡及限时的原则制定，最主要的施工参数是分层开挖的层数、每层开挖深度、每层暴露时间等。在大面积敞开作业的情况下，必须加快施工节奏，以期尽快形成有效支撑体系，减小基坑变形（王自力，2016）。

第7章 土岩双元深基坑柔性结构设计

一般深基坑工程对变形均有严格要求，故多采用刚性较大的支护结构，如排桩支护、地连墙支护等。目前，在土岩双元深基坑工程中，比较常用的支护类型也是桩墙支护。但有些深基坑工程，可以采用以柔性结构围护及锚杆支护为主的柔性结构支护。这种支护结构的费用比较低廉，施工也比较简单。本章首先对柔性结构支护进行一般性说明；然后介绍各种类型的柔性结构支护，并论述各自设计计算要点；最后针对这种支护体系中广泛应用的预应力锚杆，简要探讨其设计与计算。

7.1 一般性说明

在土岩双元深基坑工程中，所采用的柔性结构支护主要包括土钉与锚喷支护、复合土钉墙支护、预应力锚杆柔性支护、预应力锚杆微型桩支护、预应力锚杆肋梁支护、预应力锚板墙支护等。

7.1.1 结构特点

在这种支护体系中，作为挡土结构的主要是喷射混凝土面层、钢管微型桩、钢筋混凝土肋梁、钢筋混凝土面板等。其中，面板和面层的刚度小，且不嵌入基底；微型桩、肋梁等构件相对传统的排桩或地连墙而言，其刚度也要小得多；此外，与桩墙支护体系相比，挡土结构及整个基坑体系的变形往往较大。考虑到以上特点，可称此类支护为柔性结构支护，以区别于桩墙支护。

7.1.2 结构优势

深基坑柔性结构支护主要有4个优点：第一，施工基本上不单独占用空间，能贴近既有建筑物开挖；第二，对周边环境干扰小，没有钻孔机械的轰隆声，也没有地连墙施工时污浊的泥浆；第三，支护结构轻柔，整个体系具有良好的延性和抗震性；第四，相对于桩墙支护体系，这种支护是比较经济的。考虑到柔性结构支护的上述优越性，在安全可靠的前提下宜优先采用。

7.1.3 设计与计算

（1）控水措施

深基坑柔性结构支护通常用于地下水位较低的场地，地下水控制采用降排水方案，而且主要是集水明排，即在基坑底部设排水沟和集水坑，必要时采用井点法来降低地下水位。当然，地下水位较高时，也可设置搅拌桩截水帷幕。截水帷幕技术原理就是设置能够阻挡地下水流通的结构，将工程控制范围与其外部的区域分隔开，使外部地下水无法流入控制范围。在土岩双元深基坑中，截水帷幕底部应进入弱透水性地层，且嵌入强风化岩深度为 0.5～1.5m，或进至中风化岩层顶面。

（2）变形计算

深基坑柔性结构体系的受力变形机制十分复杂，目前尚无成熟的设计计算理论与方法可用。特别需要指出的是，这种结构或基坑体系的变形只能采用数值模拟方法计算。常用的数值方法主要是有限单元法，计算分析软件主要有 PLAXIS、ABQUS 等。在数值模型中，微型桩、锚杆等结构材料采用线弹性本构模型，岩体材料采用摩尔库仑模型（MC），而土常用修正剑桥模型（MCC）、硬化土模型（HS）、硬化土小应变模型（HSS）。其中，土的本构以 HSS 模型的效果最佳。

7.2　柔性结构支护原理与设计

本节论述各种柔性结构支护的结构特征、支护原理、适用条件，并简要说明各自的设计计算要点。

7.2.1　土钉与锚喷支护

现代土钉支护技术出现在 20 世纪 70 年代，主要始于西方发达国家。这种技术在我国起步较晚，但近 30 年来发展十分迅速，在岩土工程各个领域得到广泛应用。本节所谓土钉与锚喷支护技术是指土钉技术与岩石锚杆技术联合使用，这是用于土岩深基坑开挖和岩土边坡稳定的一种新支挡加固技术；由于其安全可靠、费用低廉、施工快速简便，故受到工程界的欢迎。目前，土钉墙支护的土质基坑深度已达 20 多米，土钉与锚喷支护的土岩双元基坑则更深。

（1）支护结构

对于纯土质基坑，可设置土钉墙（图 7.1）；对于纯岩质基坑，可设置非预应力锚杆喷射混凝土支护（图 7.2）。土钉墙是由随基坑开挖分层设置、纵横向密布的土钉群，混凝土面层及原位土体所组成的支护结构体系。其中，面层由在坑壁上挂钢筋网喷射混凝土而形成。土钉是一种被植入土中、承受拉力与剪力且以受拉为主的杆件，一般通过钻孔、插筋、注浆设置，也可直接打入土体。

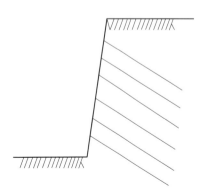

图 7.1　土钉墙支护体系

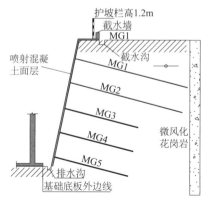

图 7.2　锚喷支护体系

按照施工方法，土钉可分为 3 种。一是钻孔注浆型土钉，即先在土体中成孔，后植入钢筋，再沿全长注浆填孔形成，土钉通过注浆与周围土体相连接。这种土钉抗拔力较高、质量较可靠、造价也较低，几乎适用于各种土层，故最为常用。二是直接打入型土钉，即在土体中直接打入钢管、角钢、圆木等杆体，不再注浆。这类土钉直径小、长度受限，与土体间粘结摩阻低，在坚硬黏性土中很难打入，故在我国很少采用。三是打入注浆型土钉，即在钢管中部及尾部设置注浆孔成为钢花管，直接打入土中后压灌水泥浆形成。这种土钉抗拔力较高，特别适用于成孔困难的各种土层，但造价较高。

在土岩双元深基坑工程中，对土层和岩层分别采用土钉和非预应力锚杆，从而形成土钉与锚喷支护。其中，土层部分形成土钉墙，岩层部分则为锚喷支护。就锚喷支护而言，在开挖面上喷射混凝土，岩层内部设置全粘结锚杆，通过锚杆锚固和面层共同作用保证岩体基坑边坡安全。与土钉墙支护类似，锚喷支护指喷射混凝土面层、非预应力锚杆、钢筋网联合支护。作为深基坑工程实例（王洪德等，2014），如某土岩双元基坑，开挖深度约 21m，基坑土层和岩层两级放坡开挖，并采用土层土钉＋岩层锚喷支护（图 7.3）。

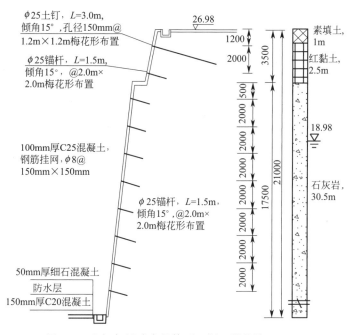

图 7.3　土钉与锚喷支护体系（据王洪德等，2014）

（2）支护原理

土钉与锚喷支护结构由土钉、非预应力锚杆和混凝土面层组成，其支护原理与土钉墙类似。在土钉墙支护中，土钉、面层与土体形成复合体。其中，土钉主要承受拉力，起到加固作用；依靠其与土体间的粘结力和摩阻力，在土体发生变形时被动承受拉力发挥挡土作用；混凝土面层承受侧压力，其围压效应可防止土体强度下降过多，阻止局部不稳定土体坍塌，并调节应力分布起整体作用；土钉与面层一起可有效限制基坑侧向变形；混凝土面层、土钉和土体形成一种加筋土复合体，共同承担外荷载，起到类似重力式挡墙的作用。由于随挖随支，故能有效保持土体强度，减少土体扰动。通过全长灌浆，可使土钉与土体形成复合体，弥补土体自身强度和稳定性不足，有效提高土体的整体刚度和延性。为使土钉与周围土体形成一个组合的整体，土钉的间距不能过大。可见，土钉墙支护原理与主动施加约束的预应力锚杆柔性支护是完全不同的。

在土钉与锚喷支护体系中，土钉和锚杆通长与岩土体接触，依靠接触面上的粘结力和摩阻力与周围岩土体形成复合体。其中，土钉加固土体、锚杆加固岩体，土钉和锚杆与岩土体的结合对岩土体的抗拉、抗剪能力起到了有效的补偿作用，弥补了岩土体自身强度不足的缺点；土钉和锚杆利用与岩土体的粘结及摩擦力起到抗拔作用；混凝土面层挡土、止水，对岩土体起约束作用，可以防止局部坍塌，还具有提高岩土抗剪强度的围压效应。土钉墙与锚喷支护实质上是对坑壁附近岩土体进行加固，以承受其后作用的侧压力，也类似于重力式挡土墙。

（3）优点与缺陷

土钉与锚喷支护的基坑，逐层逐段开挖，逐层支护，随挖随支，能充分利用岩土体自身强度；不需要大型施工设备，施工简单，速度很快；与其他类型支挡结构相比，其造价一般低 $\frac{1}{5} \sim \frac{1}{3}$。此外，土钉与锚喷支护是柔性支护体系，表现为渐进性的柔性破坏。即使岩土体内出现局部剪切面和张拉裂缝，土钉与锚喷结构仍可持续很长时间而不发生整体塌滑。由于经济、可靠且施工快速简便，故该支护结构已在我国得到广泛应用。但是，这种支护结构也有以下一些比较明显的局限性。

首先，由于土钉、锚杆和面层是开挖之后施工的，侧壁必须在无支挡条件下自稳一定时间，故对基坑岩土及地下水条件有较高要求。如土钉墙支护适用于黏性土、弱胶结粉土、破碎软弱岩石边坡，不宜用于含水丰富的粉细砂层、砂砾卵石层、淤泥质土，因为土钉成孔难度大。土钉和锚杆的抗拔力主要取决于岩土的抗剪强度，所以土钉墙锚喷支护不适用于淤泥和淤泥质土；开挖和锚杆施工扰动淤泥，强度降低，注浆后难以形成有效的锚固。

其次，大多需要占用一定的放坡空间，土钉与锚杆施作一般也会占用地下空间，甚至或超用地红线，故邻近有重要建筑物或地下管线、周边有严格限制时不宜采用。

最后，土钉与锚喷支护为柔性体系，由其支护的基坑变形较大，最大水平位移发生在基坑顶部，并沿深度逐步减小。对于地层较好的纯土质基坑，土钉墙最大水平位移一般为 $0.1\%H \sim 0.5\%H$，有时可达 $1\%H$；在软弱土层中，墙体最大水平位移可高达 $2\%H$ 以上。对于土钉与锚喷支护的土岩基坑，基坑变形相对要小些，墙体最大水平位移约为 $0.1\%H \sim 0.4\%H$。事实上，土钉和锚杆要发挥作用，必须产生一定的位移。也就是说，只有当岩土体发生一定变形后，土钉和锚杆才能被动受力。由于基坑变形较大，故不适用于开挖深度很大、对变形有严格要求的深基坑。

（4）适用条件

土钉与锚喷支护适用于土质较好、地下水位较低的场地。土钉墙可与排桩联合应用，即基坑上部采用土钉墙，下部采用桩锚，以降低基坑工程造价。由于土钉与锚喷支护体系变形可能较大，故对变形有严格要求的深基坑不能采用这种支护，但可组合用于深基坑支护体系中。如当坑壁岩土体自立性较差时，可设置微型桩，形成复合土钉墙。

土钉墙支护适用于地下水位以上或经降水后的填土、黏性土和弱胶结砂土基坑，当地下水位高于基坑坑底时，可采取降排水或截水措施；不宜用于淤泥质土层、砂砾卵石层和含水丰富的粉细砂岩；不得用于没有自稳能力的淤泥和饱和软弱土层。土钉与锚喷支护也适用于土质较好、地下水位较低的场地。为减小水土压力，坡面应留有泄水孔。坡面渗水严重时应设置深部排水孔，孔深大于土钉长度。当地下水位较高且邻近有建筑物时，可采用复合土钉墙支护，即在外侧打一排水泥土搅拌桩截水帷幕。

（5）设计与计算

在土钉与锚喷支护体系中，土钉和锚杆的最大荷载只有一部分传到面层，因此面层上只需设置较小的传力结构即可。一般情况下，在其端部用一小钢板与土钉或锚杆相连后直接喷于混凝土中即可满足承载要求。土钉与锚喷本身的设计包括 3 项内容：尺寸及参数初选，土钉和锚杆抗拔承载力验算，以及支护体系整体稳定性验算。对于土钉墙结构，目前主要是按整体滑动稳定性控制，同时对单根土钉抗拔力进行验算；而土钉墙面层及连接则按构造设计，这是因为大量研究表明（年廷凯等，2016），面层附近锚头的受力不大，总是小于土钉最大荷载；而且在土钉墙整体破坏之前，未发现面层和锚头破坏现象。因此，在对面层进行设计时，一般仅满足构造要求即可。由于土钉与锚喷支护体系变形计算问题仍未得到较好的解决，故要进行变形设计只能采用数值模拟方法。

土钉与锚喷支护的基坑体系，其稳定性验算采用极限平衡法；这种体系属于重力式围护结构，其支护机理是加固基坑边坡岩土体并形成自立式围护结构。就土钉墙支护而言，其基坑体系有两种失稳方式，即外部失稳和内部失稳。所谓外部失稳是指土钉与其间土体形成的土钉墙作为一个刚体而失稳，如滑移，即沿土钉墙底面滑动；倾覆，即土钉墙倾覆；整体滑动，即土钉墙连同周围土体发生整体滑动。所谓内部失稳是指，滑动面全部或部分穿过土钉墙；对此种情况进行稳定性分析时，需在滑动面上计入土钉的作用。对于土岩双元深基坑工程，须特别关注土钉墙沿土岩界面滑动，以及沿岩体中软弱结构面滑动的可能性，稳定性分析公式见第 6.3.4 节。

土钉与锚喷支护的基坑体系，要求在每一步开挖工况下，基坑整体滑动稳定性验算都应满足标准中对应的安全指标，而有些设计人员的做法是错误的；他们认为开挖到底的工况下基坑处于最不利状态，只要该工况安全验算满足，其他工况下安全指标不必完全满足标准要求。

7.2.2　复合土钉墙支护

由于土钉墙支护体系变形较大，故对变形有严格要求的深基坑不能采用，但可将其组合用于深基坑支护体系中。复合土钉墙就是这样一种复合型的支护结构，由土钉墙与预应力锚杆、深层搅拌桩、高压旋喷桩、微型桩等组合而成。这种组合支护技术是在土钉墙支护技术基础上发展起来的一种新型支护结构，弥补了单独采用土钉支护技术的一些缺陷和使用限制，极大扩展了土钉支护技术的应用范围。

（1）支护结构

目前，常用的复合土钉墙支护有 3 种基本形式，即土钉墙＋预应力锚杆、土钉墙＋截水帷幕和土钉墙＋微型桩。当基坑体系的变形有严格要求时，可采用土钉墙＋预应力锚杆支护（图 7.4）。其中，预应力锚杆主要是为减小基坑变形、提高基坑稳定性，一般布置在基坑顶部附近，对基坑主动区施加初始作用力并对潜在滑动面施加法向力，以减小基坑体系的水平位移、提高基坑稳定性。如果地下水位较高且周边环境不允许降水，可采用土钉墙＋截水帷幕支护（图7.5），其中截水帷幕主要解决止水问题。如果基坑开挖线距离用地红线或建筑物较近，地质条件又较差，搅拌桩无法施工，且不需要防渗帷幕时，则可采用土钉墙＋微型桩支护（图7.6），其中微型桩常采用直径为100～300mm的钻孔灌注桩、钢管桩、型钢桩等，主要作用是解决坑壁岩土体的自立问题。也就是说，当坑壁岩土体自立性较差、地下水位很低或地层渗透性较小时，可以不设防渗墙但可设置微型桩以形成复合土钉墙。

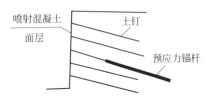

图7.4　土钉墙＋预应力锚杆

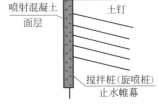

图7.5　土钉墙＋截水帷幕

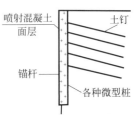

图7.6　土钉墙＋微型桩

根据工程的实际需要，可在基本形式的基础上进一步组合，形成更为复杂的形式，如土钉墙＋微型桩＋预应力锚杆、土钉墙＋预应力锚杆＋截水帷幕（图7.7）、土钉墙＋微型桩＋截水帷幕、土钉墙＋微型桩＋截水帷幕＋预应力锚杆（图7.8）等。例如，为减小基坑变形、提高基坑稳定性，在土钉墙＋截水帷幕支护的基础上，设置预应力锚杆。

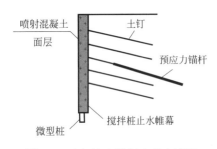

图7.7　土钉墙＋锚杆＋截水帷幕

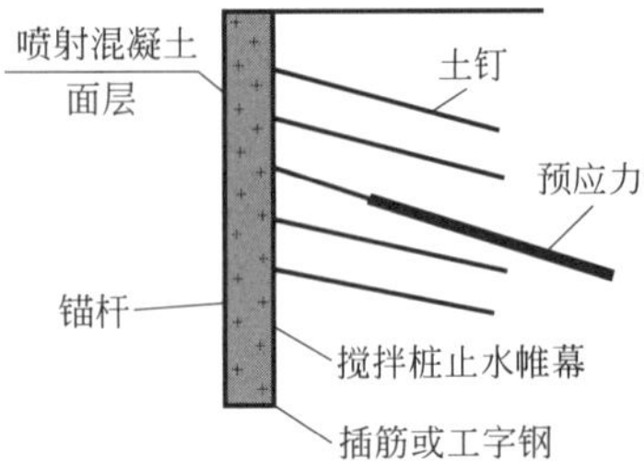

图7.8　土钉墙＋微型桩＋截水帷幕＋预应力锚杆

显然，支护体系的组合成分越多，其功能就越全面。庄岳欢等（2015）研究表明：若基岩面较浅且岩层力学性能较好，与桩锚/撑等支护形式相比，采用复合土钉墙支护可大幅加快施工进度、降低造价。图7.9为复合土钉墙支护，上部土层和风化程度较高的岩层采用复合土钉墙支护，下部较坚硬的中、微风化岩层采用放坡喷锚支护。复合土钉墙采用搅拌桩止水挡土，内插超前钢管，管底嵌入中风化岩不小于1m，钻孔安装后注浆。在土钉墙顶部和土岩交界面中上部各设置1道锚索，与内插钢管形成一种类似吊脚桩的支护体系，两道锚索中间为土钉。

（2）支护原理

复合土钉墙属于重力式挡墙、锚拉等受力模式的联合作用，具有主动加固和超前支护效果。其中，土钉和普通锚杆能加固岩土体，起到加筋作用；预应力锚杆为主动受力构件，使岩土体中潜在的滑体及滑面受到挤压，从而提高基坑边坡的稳定性，并可通过增加锚杆数量有效控制基坑变形；微型桩则可解决岩土自立性较差的问题，其超前支护作用也

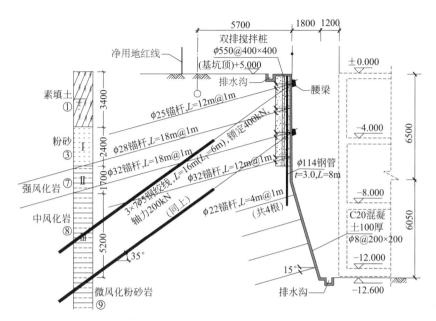

图 7.9　复合土钉墙支护（据庄岳欢等，2015）

有助于减小基坑变形。实践表明，在复合土钉墙支护中，微型钢管桩超前支护效果良好；搅拌桩或旋喷桩截水帷幕主要是为止水，但也具有超前支护的作用。若开挖深度范围内有淤泥层，为提高搅拌桩的抗弯刚度，可在水泥土内加设型钢或钢管桩。

值得强调的是，预应力锚杆支护含有主动支护的成分。土岩基坑工程实践表明，对于上覆土层设置预应力锚杆可有效控制基坑变形。特别是将锚固段设置于潜在滑动面以外的稳定岩土体中，通过微型桩等结构施加锚杆预应力，对潜在滑动面以内的岩土体进行锚固，同时对此滑动体有挤压加固作用。

（3）适用条件

所谓复合土钉墙就是将土钉墙与其他支护构件联合使用，如预应力锚杆、微型桩、旋喷桩、截水帷幕等；这种支护适用于土层更差、深度更大的基坑，且兼备主动支护和截水等功能。一般来说，复合土钉墙支护体系比一般土钉墙支护具有较高的安全性，比大直径桩锚支护施工方便且费用低。Macklin 等（2004）结合实际工程指出，对于土岩双元深基坑，使用微型钢管桩复合土钉墙支护可大大缩短工期。

普通土钉墙支护的最大水平位移一般都会大于 30mm，而复合土钉墙支护可将位移控制在较小的水平，最大水平位移在 30mm 以内。例如，据王兴政（2017）介绍，博鳌大厦基坑深 15.17m，土层+强风化石灰岩+中风化石灰岩，开挖土层 9.7m、岩层 5.47m。采用微型桩复合土钉墙支护，设置 3 排锚索、3 排土钉、两排岩钉。监测结果表明：桩体中部呈明显的内凸式变形，桩体上部开始时呈悬臂式变形，开挖后期逐渐竖直。整个桩体的水平位移较小，最终峰值为 9.34mm，出现在距地表 6.5m 处。微型桩弯矩和剪力峰值均出现在土岩界面处，轴力峰值出现在坑底开挖面处。

复合土钉墙支护可能出现的问题主要有两个：一是锚杆预应力松弛，土层难以承受预应力，达不到限制变形的预想效果；二是土钉墙施工造成帷幕漏水，即出现从钻孔中涌砂、冒水现象，从而导致坑外地面沉降。

（4）设计与计算

复合土钉墙支护的基坑体系，其稳定性验算也采用极限平衡法；这种体系属于重力式围护结构、锚拉等受力模式的联合作用，其支护机理是加固基坑边坡岩土体并形成自立式围护结构，还有预应力锚杆的主动锚固作用。对于土岩双元深基坑工程，也应特别关注符合土钉墙沿土岩界面滑动，以及沿岩体中软弱结构面滑动的可能性，稳定性分析公式见第6.3.4节。

对于复合土钉墙支护，基坑变形计算只能采用数值模拟方法。现以微型桩复合土钉墙（图7.10）为例说明。胡瑞赓等（2019）针对复合土钉墙支护（土钉墙＋微型钢管桩＋锚杆），基于现场实测数据和PLAXIS有限元软件，探讨不同土体本构模型对基坑开挖引起支护结构变形问题的适用性；在此基础上，研究本案例支护形式中两个关键因素（锚杆预应力系数、微型钢管桩抗弯刚度）对支护结构变形的影响规律。计算结果表明：HS、HSS模型中基坑开挖引起的地表沉降模式相似，与实测值的变化趋势一致。随着基坑开挖深度的增加，MC、MCC模型计算的桩身水平位移值与实测值的误差逐渐增大，而HSS模型能较准确地描述邻近建筑物超载、基坑开挖卸载引起的桩身水平位移变化规律。

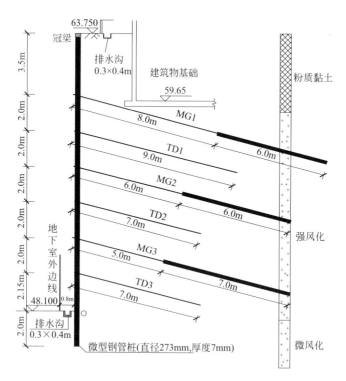

图7.10　微型桩复合土钉墙支护（据胡瑞赓等，2019）

7.2.3　预应力锚杆柔性支护

预应力锚杆柔性支护是一种新型基坑支护，自20世纪90年代以来得到广泛应用，如1993年在大连胜利广场深基坑工程中，首次使用预应力锚杆柔性支护并获得成功，目前采用此类支护的基坑深度已达 30m。在预应力锚杆柔性支护下，基坑坑壁水平位移最大值发生在基坑顶面，随着深度的增加而逐渐减小；坑外地表沉降最大值发生在坑壁处，随背离坑壁距离的增大而逐渐变小（贾金青，2014）。这与拉锚式支护结构变形是不同的，后者最大水平位移发生的位置取决于锚杆位置及受力状况。

目前，预应力锚杆支护形式也被成功用于土岩双元深基坑工程。如贾金青（2014）于 1995 年将此技术成功用于大连远洋大厦土岩双元深基坑工程中。该基坑开挖深度 25.6m，相邻浅基础建筑距基坑开挖线的最小距离为 1.7m。场区无地下水，主要地层分布为杂填土、残积土、强风化板岩、中风化板岩、微风化板岩等。环境要求对基坑变形进行严格控制。采用预应力锚杆柔性支护设计方案，从上到下共设置 11 排预应力锚杆，锚杆长度为 5.0～20.0m，竖向间距 2.0m，水平间距 1.6m，锚杆钻孔直径 130mm，注浆采用 M25 水泥砂浆，锚杆为高强度低松弛钢绞线。在基坑坡面绑扎 $\phi 6$ 钢筋网，间距 150mm×150mm，并喷射 C20 混凝土，面层厚度为 100～150mm。锚下承载结构采用 10 号槽钢和 14 号槽钢，锚杆通过锚下承载结构与混凝土面层连接，图 7.11 为基坑支护典型剖面图。监测结果表明，坑壁变形较小，最大位移为 28.7mm 即 $0.11\%H$，对周边建筑物未造成任何不良影响。与原设计的桩锚支护方案相比，节省工程造价 995 万元。

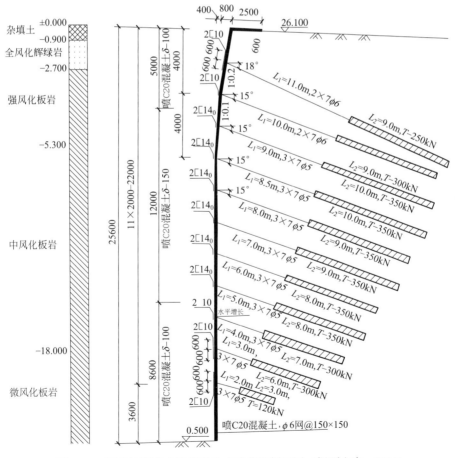

图 7.11　深基坑预应力锚杆柔性支护典型剖面图（据贾金青，2014）

（1）支护结构

预应力锚杆柔性支护体系包括面层、预应力系统锚杆、锚下承载结构及防排水系统（图 7.12）。面层起支挡岩土的作用，常采用挂钢筋网喷射混凝土。预应力锚杆分为自由段和锚固段，通过自由段将最大锚固荷载传递到坑壁上，故需要锚下承载结构，以防止刺穿挡土面层。锚下承载结构简称锚下结构，是由锚头、支承板（钢垫板）、腰梁（型钢、槽钢）组成的组合构件，其受力十分复杂，有可能发生的破坏模式为：面层和

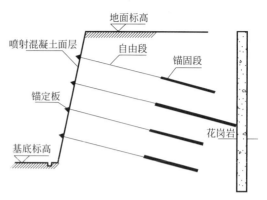

图 7.12　预应力锚杆柔性支护

锚下承压体间的冲切破坏、锚下承载体的挠曲破坏，以及锚具的拉伸破坏。由于锚下结构承受很大荷载，故需要一定的措施和结构体系来保证其安全。

预应力锚杆柔性支护通常用在无地下水或地下水位比较低的场地，施工时在坑底部设排水沟和集水坑，必要时采用井点降水法来降低地下水位。在贾金青（2014）介绍的基坑工程实例中，均为降水、防水、排水，未涉及止水帷幕。当地下水位高且周边建筑或其他设施对降水敏感时，可设置截水帷幕。此外，通常设置排水沟将地表水排走，防止地表水渗入岩土体中。在地下水位以下的坑壁上设泄水孔，以便将混凝土面层背后的水排走。

（2）支护原理

将锚固段设置于潜在滑动面以外的稳定岩土体中，通过微型桩、锚下结构和面层等施加锚杆预应力，对潜在滑动面以内的岩土体进行锚固，同时对此滑动体有挤压加固作用。与桩锚支护体系相比，锚杆作用机理是相同的，两者都是将不稳定岩土体锚固于稳定的岩土体之中，其差别在于：前者锚杆密度和数量比后者大得多，而前者单根锚杆的承载力比后者小得多。也就是说，预应力锚杆柔性支护由数量多、承载力小的系统锚杆构成。与土钉墙支护相比，两者均为柔性支护，外观上也有相似之处，但支护原理完全不同。预应力锚杆对不稳定坡体施加锚固力，属于主动支护；而土钉加固坑壁土体，并不施加锚固力，故属于被动支护。此外，土钉密度较大，间距一般为 1.0～1.5m。相对说来，预应力锚杆密度较小，间距通常为 2.0～3.0m。

进一步说，将较长的锚杆伸入潜在滑动面以外的稳定地层中，预应力锚杆分自由段和锚固段。由于受到预应力的约束及基坑位移的发展，锚下承载结构附近的岩土体变得相对密实，并形成一个压力区即土拱，土拱直接将土压力传递到锚下承载结构，再通过锚杆传递给稳定的岩土体。在预应力锚杆支护中，施加主动力来加固岩土体，将不稳定岩土体与稳定岩土体紧密地联锁在一起，依靠稳定岩土体提供的锚固力来增加边坡稳定性。锚杆提供强大的锚杆力，可有效控制坑壁位移。预应力约束作用减小岩土体变形，缩小岩土体塑性区范围，改变岩土体的受力状态。预应力锚固段在砂性土、碎石土、强风化岩、中风化岩地层中，可获得很高的锚固力。实践表明，随着锚杆预应力的增大，基坑水平位移大幅度减小；但达到一定值后，位移减小的效果不显著。

（3）优点与缺点

与传统排桩支护、地连墙支护相比，这种结构为柔性支护体系，其技术特点是施工方

便、快速灵活、随挖随支、适用性强、安全经济等。与桩墙支护相比，可显著节省造价、缩短工期。预应力锚杆柔性支护抛弃了传统的板、桩、墙，也不需要内支撑，是一种非常新颖的主动支护。该支护最大限度地加固并利用基坑岩土体自身强度，变荷载为支护体系。徐至钧等（2011）指出，一般工期缩短 30%，造价降低 50%，甚至更多。

一般认为，深基坑采用柔性支护是不安全的，但预应力锚杆支护虽属柔性支护，但却可有效控制基坑位移（贾金青，2014）。预应力锚杆柔性支护具有土钉墙支护和桩锚支护的主要优点，在深基坑支护设计中更有竞争力。对于土岩双元深基坑工程，预应力锚杆柔性支护具有优越性，这是因为岩层抗剪强度高，可设置抗拔力高的预应力锚杆。

当然，预应力锚杆柔性支护也有其局限性。首先，锚杆施工要求在岩土体中形成 2m 左右的堑坡，故岩土体必须有一定程度的自立性，否则需采取措施稳定坡面，从而增加施工复杂性和费用。其次，现场必须有设置锚杆的地下空间。若离相邻建筑物过近，则锚杆无法施工；此时只能采用桩锚支护，通过下调锚杆的位置和倾角使锚杆在建筑物基础下通过。最后，若锚杆钻孔困难，费用可能过高，采用众多锚杆的预应力锚杆柔性支护也受到限制。

（4）设计计算内容

在预应力锚杆柔性支护中，锚杆被固定在柔性的基坑坡面上，其力学行为很模糊，难以精确计算，因此设计中不得不采用简化计算方法。目前，预应力锚杆柔性支护设计主要是根据工程经验或采用工程类比法，初选支护各部件的尺寸和材料参数，然后进行各种计算，包括锚杆设计计算、面层设计计算、锚下承载结构设计计算、基坑稳定性验算、基坑变形计算等，且特别强调信息化施工与动态设计。

进一步说，支护设计的基本方面包括：按作用在支护结构上的荷载计算锚杆间距和内力；由锚杆内力和潜在滑动面估算确定锚杆尺寸，包括锚杆的截面和锚固段长度；基于上述设计结果计算基坑变形、验算基坑稳定性。估计滑动面位置时，须进行极限平衡分析。不考虑基坑支护，对岩土体进行最危险滑动面搜索。最危险滑动面以外的岩土体为稳定岩土体，根据最危险滑动面的位置可确定锚杆的自由段与锚固段长度。进行基坑稳定性验算时，考虑支护结构并假定岩土体破坏面上的所有锚杆都达到极限抗拉能力，其间距和抗拉能力应满足稳定要求。以下简要说明面层和锚下结构设计计算及整体稳定性问题。

（5）面层和锚下结构计算

面层计算包括面层内力分析、面层强度验算，主要问题是面层侧压力。预应力锚杆柔性支护的基坑变形较小，岩土体达不到极限平衡状态，用经典土压力理论计算土压力是不合适的，应按变形大小确定土压力。由于锚下承载结构形成拱脚支撑，故面层后侧岩土体产生相对变形时会形成拱效应，这种效应使面层侧压力一般远小于主动土压力。但当有地下水或地表有较大荷载作用时，面层可能会成为重要的受力构件。

作为挡土结构的面层，刚度小且不嵌入基底，其上侧压力分布情况比较复杂；面层在锚下承载结构处的变形较小，而在相邻锚下承载结构间的变形相对较大，面层内侧土体发生不均匀变形。现行《基坑土钉支护技术规程》CECS 96：97 针对土钉墙支护面层给出了土压力计算方法，主要基于主动土压力。因此，现行规程给出的公式计算值偏大，没有考虑土拱效应及面层与土体间摩擦角的影响。由于受力变形机理仍不很清楚，故多凭经验设计面层。目前，土压力计算的经验方法是根据实测资料进行统计分析得出的近似土压力土形，应用较多的有 Terzaghi-Peck 模型、铃木音彦模型。最好是基于现场实测土压力值，通过反演分析总结地区经验，以使设计计算更符合实际。贾金青（2014）基于现行标准采用的计算公式及自己的研究成果，将面层土压力简化为双直线分布，其大小仅为《基坑土钉支护技术规程》CECS 96：97 计算值的 1/6～1/4。

锚下结构计算主要包括锚下面层和承载体的冲剪强度、锚具的抗拉强度、承载体的承载力。锚下承载结构受力变形十分复杂，目前多凭经验进行设计，缺乏科学依据。为了保证锚下承载结构的安全，一般设计十分保守。为提高设计的科学性和合理性，可采用数值方法对锚下承载结构进行建模分析。

（6）基坑整体稳定性验算

预应力锚杆的锚固段位于潜在滑动面以外，深基坑支护设计时显然需要预估潜在滑动面的位置。在类比设计且未进行稳定性分析的阶段，如何确定锚杆长度？如何划分锚杆自由段和锚固段？只能根据经验初步拟定。然后，根据稳定性分析、变形分析结果，进行适当调整。可对无支护的素边坡进行稳定分析，大致确定潜在滑动面，并以此确定锚杆和锚固段长度。当然，假如基坑失稳，也是在支护条件下发生。支护条件下的基坑稳定性验算采用第 6.3.4 节中公式，若仅涉及全风化岩或强风化岩，也可按下述方法进行稳定性分析（贾金青，2014）。

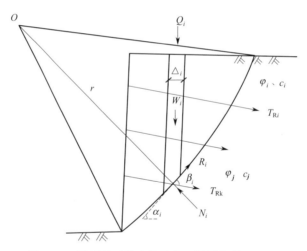

图 7.13　圆弧滑面及土条受力（据贾金青，2014）

预应力锚杆柔性支护基坑稳定性验算包括整体稳定性验算和局部稳定性验算，后者是指基坑开挖到不同深度时的稳定性验算。就整体稳定性而言，土钉墙支护体系须进行外部稳定性验算，而预应力锚杆柔性支护的锚固段位于潜在滑动面以外，只需进行滑动面以内岩土体沿滑动面的稳定性验算。滑动面通过锚杆自由段与锚固段交界处。在深基坑整体稳定性验算中，考虑到预应力锚杆的作用，假定锚杆均达到极限承载力，滑动面上岩土材料的极限平衡条件均符合摩尔-库仑准则（图 7.13）。若基坑岩土体为土层和强风化岩，可假定为圆弧滑动，则基坑稳定安全系数为：

$$K = \frac{\sum \left[c_j l_i + (W_i + Q_i)\cos\alpha_i \tan\varphi_j + T_{RK}\sin\beta_i \tan\varphi_j / S_H + T_{RK}\cos\beta_i / S_H \right]}{\sum \left[(W_i + Q_i)\sin\alpha_i \right]} \quad (7.1)$$

式中：α_i——土条 i 滑面切线与水平线的夹角；

l_i——土条 i 底面的长度；

S_H——锚杆的水平间距；

β_i——锚杆与土条 i 滑面切线夹角；

φ_j——土条 i 滑面处第 j 层土的内摩擦角；

c_j——土条 i 滑面处第 j 层土的黏聚力。

7.2.4　预应力锚杆微型桩支护

如果开挖面无支护状态下存在自立稳定问题，可在开挖后立即喷射混凝土；若还不能解决问题，则可在开挖前设置微型桩。微型桩支护施工作业面小、布置形式灵活、地层适应性强、具有超前支护作用、基坑变形小等，越来越多地用于土岩双元深基坑工程。

（1）支护结构

在土岩双元深基坑工程中，常用微型钢管桩锚支护，且与预应力锚杆组合使用，即微型钢管桩＋预应力锚索（杨志银等，2005；罗萍，2010；吴学峰等，2012；雷正勇，2014）。在基坑开挖前，采用普通地质钻机先钻孔至基岩内一定深度，然后放置钢管至桩孔底部，再在钢管底部进行压力注浆，使水泥浆充盈于桩孔内，以形成呈一定间距分布的一组钢管水泥浆桩体。然后，进行基坑分层开挖及分布设置锚杆和喷射混凝土面层。在微型钢管桩上，常设置冠梁或连梁，将桩连接在一起；桩顶贯穿冠梁，宜伸出冠梁板不小于50mm，使钢管桩与冠梁形成一个整体。冠梁使桩的变形由纯弯型变为剪弯型，其厚度一般大于200mm且应大于1.5倍的桩管直径，宽度一般大于外排桩边200mm。

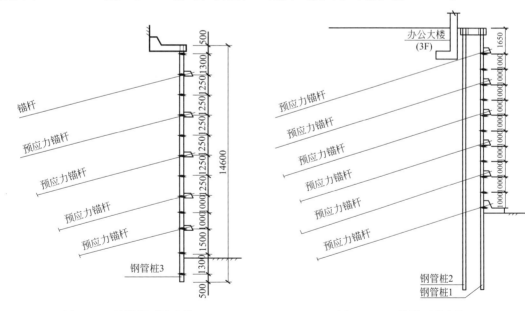

图 7.14　单排微型桩支护　　　　　　　图 7.15　双排微型桩支护

微型桩可以是单排（图 7.14），也可以是双排（图 7.15）；微型桩支护可以是单级、多级，也可以是上部土层双排、下部岩层单排（图 7.16）。吴学锋等（2018）针对青岛某建筑基坑，上层采用双排微型注浆钢管桩，下层采用单排微型注浆钢管桩支护（图 7.17）。

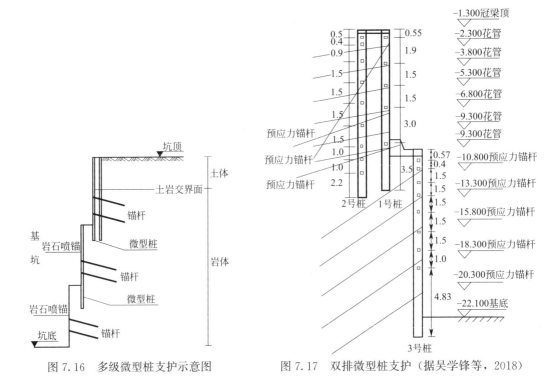

图 7.16 多级微型桩支护示意图

图 7.17 双排微型桩支护（据吴学锋等，2018）

（2）支护原理

在预应力锚杆微型桩支护中，微型钢管桩、腰梁、锚杆及喷射混凝土面层形成体系，对基坑岩土体构成约束作用；将锚杆的锚固段设置于潜在滑动面以外的稳定岩土体中，通过微型桩和面层等施加锚杆预应力，对潜在滑动面以内的岩土体进行锚固，同时对此滑动体有挤压加固作用，从而有效控制变形，提高基坑稳定性。

值得注意的是，在预应力锚杆微型桩和复合土钉墙微型桩支护体系中，微型桩可充分利用岩层的自稳性，对较破碎岩体有预支护作用。深基坑监测资料表明，这种支护结构的水平和竖向位移较小。吴学锋等（2012）研究表明，土岩双元深基坑采用微型桩锚杆支护，其基坑变形较小，基坑顶部最大水平位移约为 12mm。

（3）适用条件

微型钢管桩除具有普通钢管桩桩身承载力高、耐锤击、接桩牢靠等特点外，还有桩径小、体积小、重量轻、布置灵活、穿透力强、成孔快等优点，且施工所需场地较小，可进行超前支护。这种支护形式比纯锚喷支护具有更高的安全性，比大直径桩施工方便且费用低，是一种安全经济的支护方式。

当场地不具备放坡开挖条件，且岩土体稳定性较好时，可考虑采用复合土钉墙支护。当基坑深度不大、岩体质量较好时，特别是对于以岩层为主的土岩双元基坑，可采用注浆微型钢管桩＋锚杆支护结构。这种微型桩与喷锚组合构成的复合土钉墙可更为有效地利用岩层稳定性，也可以更为有效地控制土层变形（张宗强等，2012；李白，2012；刘小丽等，2012）。微型钢管桩的主要作用是解决基坑分层开挖后无支护条件下的自立问题。基坑开挖越来越靠近周边建筑或红线，有时基坑距离建筑物不足 1m；在此区域内，微型钢管桩可以安全施工，将基坑变形控制在很小范围内并保证建筑物的安全（罗萍，2010）。

现举一例说明预应力锚杆微型桩支护体系的适用性。据郑学东（2017）介绍，青岛地铁苗岭路站全长 171.8m，标准段宽 25.1m，顶板覆土约 3m。该站穿越地层以微风化花岗岩层为主，局部地段脉岩和构造岩发育。脉岩和构造岩发育地段，地下水较发育，易发生涌水及坍塌掉块现象。苗岭路站基坑支护采用上下排钢管桩＋预应力锚杆支护，上排桩在桩底锁脚部位预留岩肩，并通过冠梁与下排桩连接，上下排钢管桩桩长分别为 12m、14m，直径为 168mm，壁厚 5mm，钢管桩内部灌注水泥浆，外部设置钢筋混凝土面层及腰梁。基坑施工过程中，遇有围岩破碎地段，锚索施工中采用二次高压注浆。实测桩体侧移最大值为 13.06mm，位于桩体 6m 处。围护结构最大水平位移控制值为 $0.15\%H$ 且小于 30mm。实测桩顶最大侧移值为 5.04mm，控制值为 20mm。邻近建筑物沉降最大值为 7.06mm，小于控制值 20mm。坑外地表沉降最大值约为 11mm。

（4）设计与计算

当上覆土层只有 1～2m 时，可以通过放坡解决土层稳定，问题关键是岩质基坑稳定。对于以硬质岩为主的岩质基坑，一般不采用灌注桩支护；在位移严格限制区域，常通过设置微型支护桩来限制位移。当土岩双元深基坑岩体较厚时，可采用竖向分阶式微型桩岩石锚喷支护墙，每段支护墙逐次向坑内凸出一个宽度较小的平台，形成多阶支护形式。

在深基坑工程中，微型桩锚支护已成功应用，但其受力变形机理并不很清楚，结构计算方法也不成熟，设计仍无可依。目前，在微型桩复合土钉墙支护设计时，复合土钉墙常被视为重力式挡墙，也即以土钉墙为主，忽略微型桩的挡土作用。这等于不考虑微型桩的抗弯刚度，而是将其作为安全储备。对于预应力锚杆微型桩支护，刘小丽等（2012）采用抗弯刚度等效原则，将微型钢管桩等效为地连墙进行结构计算。吴学峰等（2012）也认为可采用桩锚结构计算模式，所得结果比较合理。

7.2.5　其他类型柔性结构支护

在土岩双元深基坑工程中得到应用的柔性结构支护，除以上 4 种形式之外还有预应力锚杆肋梁支护、预应力锚板墙支护等。其中，预应力锚杆肋梁支护类似于无嵌固排桩支护，预应力锚板墙支护的支挡结构要强于肋梁支护。以下，对这两种支护结构做简要介绍。

（1）预应力锚杆肋梁支护

从技术上讲，预应力锚杆肋梁支护旨在替代嵌入不足的排桩支护（贾绪富，2003）。开挖过程中，吊脚支护桩有一定的埋深和嵌固性。但竣工后的基坑体系，就整体而言，竖向支护桩只是一种圆形肋梁，横向腰梁也可看作肋梁。若把桩改为方形喷射混凝土肋梁并随开挖施工，同时把横向腰梁改为与竖向肋梁钢筋交接连续而形成的肋梁，则这种挡土护壁结构分层开挖时的受力与排桩不同，但基坑竣工后的整体受力与吊脚排桩类似。这种结构相当于用纵横肋梁将土钉墙支护中的混凝土面板加强，类似双向板肋梁楼盖结构；采用预应力锚杆主动施加约束，以有效控制基坑位移，故命名为预应力锚杆肋梁支护结构（图 7.18）。

预应力锚杆肋梁支护在深基坑支护中的应用也较广泛，它尤其在应对基坑爆破冲击方面的性能十分优越。该结构充分运用钢绞线、锚具、锚定板以及喷面的综合作用，从而形成双向板肋梁楼盖结构。通过钢绞线的锚固力度，能够确保支护结构抓紧岩层；同时，通过锚具、喷面和锚定板，能够将岩层与土层紧密结合，防止爆破等剧烈振动造成岩层松动（蒋东箭，2016）。

预应力锚杆肋梁支护是一种新型支护结构，即当支护面层由钢筋网喷射混凝土加强为纵横肋梁传递锚杆预应力时，形成一种类似于双向板肋梁楼盖结构。对于坑底挖至基岩或进入基岩一定深度的基坑，预应力锚杆肋梁支护结构较为适用。因为锚杆有倾角可进

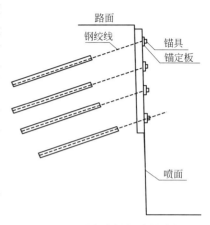

图 7.18　预应力锚杆肋梁支护

入基岩以获得很大的锚固力；并且肋梁支护结构施加预应力，可有效防止坑底基岩开挖爆破时产生的振动对坑壁的影响。预应力锚杆肋梁支护技术在青医附属肿瘤防治中心基坑工程（开挖深度大，达到 34m）中得到了很好的应用。

预应力锚杆肋梁支护与土钉墙支护相比，面层加了承受预应力的纵横肋梁，其抗弯和抗冲切性能明显优于普通混凝土面层。与无嵌固桩锚支护相比，桩的截面面积比肋梁的截面面积大，截面为圆形，含筋量高，刚性腰梁在锚点两侧为简支；而纵横向锚杆肋梁底承受岩土体和混凝土喷层传来的反力，施工灵活方便。预应力锚杆肋梁支护类似于未嵌入坑底的排桩多锚支护，只是由肋梁代替了开挖前施工的排桩，从而可节省工期、降低造价，同时继承了土钉墙随挖随支护的机动灵活性。土钉墙支护结构虽能保证稳定，但基坑变形过大，不能满足周边复杂环境对变形的要求。

贾绪富（2003）指出，凡土钉墙可以支护的基坑，均可采用预应力锚杆肋梁支护。在砂性土、碎石土基坑中，锚杆可获得很高的锚固力，但锚杆成孔困难。可采用双管钻进二次注浆、自进式锚杆等技术。锁向锚杆因有倾角可以进入基岩以获得很高的锚固力。肋梁支护结构施加预应力，可以有效防止坑底基岩爆破开挖时产生振动对坑壁的影响。

（2）预应力锚板墙支护

对于基岩面较浅的土岩双元深基坑，桩锚支护方案造价较高，工期较长；微型钢管桩锚方案较经济，但受爆破影响较大，钢管桩抗弯刚度不足，容易产生弯曲变形；而预应力锚板墙支护则随挖随支，比较经济合理。

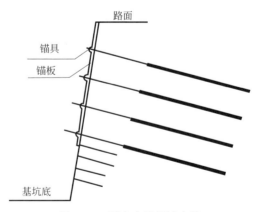

图 7.19　预应力锚板墙支护

预应力锚板墙支护即挂网喷射混凝土形成板墙，设置预应力锚杆。具体说，就是随基坑开挖分层铺设钢筋网、喷射混凝土以形成板墙，施作预应力锚杆将潜在滑动体锚固于稳定地层中（图 7.19）。

预应力锚板墙支护结构充分利用岩土层自身的稳定性，随基坑开挖分层挂钢筋网喷射混凝土，以避免土层碎片及岩石小块滑塌，并把作用于板墙上的土岩压力传至锚杆，由锚杆集中受力，通过锚杆的锚固力来平衡土压力。在这种支护结构中，预应力锚杆主动支护边坡体，并提高边坡岩土体的强度；在高压空气作用下，将混凝土高速喷向坡面，在喷层与土岩层之间产生嵌固层，从而改善边坡受力条件；特别是倾斜锚杆可以从下部岩层中获得强大的锚固力（韩文浩，2003；方诗圣等，2013）。

7.3　预应力锚杆的设计与计算

工程上所指的锚杆通常是对受拉杆件为主体的锚固结构的总称，也即一种设置于钻孔内的受拉杆体，由端部伸入稳定岩土层中的钢筋、钢管或钢绞线与孔内注浆体组成。预应力锚杆的拉杆包括自由段和锚固段两部分，张拉时通过自由段的弹性伸长而在拉杆中产生预加应力，预应力由锚固段提供的粘结力承担；锚固段用水泥浆或水泥砂浆将杆体与岩土体粘结在一起形成锚杆的锚固体。

工程锚杆是轴向受力构件，主要承受拉力，即发挥抗拔作用。锚杆分为两种，即普通锚杆（包括土钉）和预应力锚杆；前者不施加预应力，只有当杆体发生轴向变形之后才受力，其功能主要是加固岩土体；后者对锚杆施加预应力，为主动加固构件，其功能主要是锚固不稳定岩土体。由于预应力锚杆功能强大，在深基坑工程中应用非常广泛，故本节专门讨论其加固原理及设计计算问题。

7.3.1　锚杆结构

预应力锚杆由 3 部分组成，即外锚具、自由段和锚固段。外锚具是连接支挡结构、固定锚杆的锁定结构，包括承压板和锚具；自由段是在岩土体中可以自由伸缩的锚杆段，其功能是将外锚具上承受的力传递到锚固段；锚固段是与周围岩土体紧密接触的锚杆段，设置于潜在互动面外的稳定岩土体中，其功能是将自由段传来的拉力传至稳定的岩土体，最终由周围岩土体来承担围护结构上的力。

锚杆的杆体采用钢筋、钢管、钢绞线等，注浆通常采用常压且锚杆全长注浆，通过一定构造措施使锚杆在自由段内自由伸缩。对于抗拔力较低的地层，也可采用二次高压注浆。锚杆施作需要具备一定的条件。首先是环境允许，即存在设置锚杆的地下空间。若周边有邻近建筑物，其基础不允许浅层施作锚杆，可选用桩锚支护，通过下调锚杆的位置和加大倾角使锚杆在基础下穿过。为避免锚杆深入邻近建筑物的下部遇到桩基础，可考虑采用"拉力分散式锚杆＋二次劈裂注浆工艺"。在满足设计要求的前提下，这种锚杆的长度可大幅度减小。其次是地层条件：一般要求土层在垂直或陡斜边上开挖 2m 左右时，不加支护条件下能保持自稳 1～2d，特别要求钻孔壁能保持稳定至少数小时。此外，稳定岩土体必须能提供足够的锚固力。因此，没有足够自稳时间的无黏性土、不能提供足够锚固力的软土、含有软弱结构面且充满断层泥的岩体等，不宜采用锚杆支护。

7.3.2　锚杆支护原理

土钉墙支护是一种被动受力结构，即当土体发生变形时土钉才会受力。预应力锚杆是主动受力支护，改变岩土体的受力状态，主动约束基坑体系的变形。预应力锚杆将其所承受的部分荷载传递到处于稳定区域的锚固体上，由锚固体将荷载分散到周围的岩土体中，故充分发挥地层的承载能力。通过预应力锚杆将潜在不稳定岩土体锚固在稳定的岩土体上，将被加固区锚固于潜在滑动面以外的稳定岩土体中；同时预应力在被加固岩土体中产生压应力区，这种约束大大减小了塑性区范围，增加了基坑稳定性，有效控制了基坑变形（贾金青，2014），从而消除可能滑动面。"紧跟开挖，随挖随支"可以最大限度地保护岩土体强度，从而减小锚固力。特别地，对于以岩层为主的基坑，常采用锚喷支护。

在各种锚固支护体系中，预应力锚杆均发挥主动锚固作用：锚杆预应力使基坑岩土体潜在滑动部分受到挤压作用，并增加潜在滑面上的正应力，从而提高滑动面的抗剪强度，同时减小沿潜在滑面的下滑力。例如，在预应力锚杆柔性支护中，通过预应力锚杆将被加固区锚固于潜在滑动面以外的稳定岩土体中，锚杆预应力通过锚下承载结构和喷射混凝土面层传给被加固的岩土体，在被加固岩土体中产生压应力区，减小塑性区范围，从而有效控制基坑变形、提高基坑稳定性。

锚杆在稳定岩土体与潜在滑动岩土体之间起着桥梁作用，锚杆的抗拔作用最终由稳定岩土体提供。在非稳定岩土体内设置自由段，锚杆在自由段可自由伸缩，故预应力对整个非稳定岩土体进行了主动约束；在锚杆周围岩土体中产生压应力区，增加了潜在滑动面上的正应力和剪应力、减小非稳定岩土体的下滑力。在土岩双元深基坑中，由于岩层中锚杆可以提供较大的锚固力，故这种支护体系优势非常明显。

7.3.3 锚杆承载力计算

锚杆的承载能力一般指极限抗拔承载力，由杆体强度、杆体与锚固体之间的握裹力、锚固体与周围岩土体之间的摩阻力这 3 个因素控制。

（1）锚杆极限抗拔承载力

极限抗拔承载力的确定方法有两种，一是抗拔试验，二是按下式估算其标准值，并通过抗拔试验进行验算：

$$R_k = \pi d \sum q_{sk,i} l_i \tag{7.2}$$

式中：R_k——锚杆极限抗拔承载力标准值（kN）；

$\quad$ d——锚固体直径（m）；

$\quad$ l_i——锚固段在第 i 土层中的长度（m）；

$\quad$ $q_{sk,i}$——锚固体与第 i 土层的极限粘结强度标准值（kPa），可根据工程经验并结合标准取值。

（2）锚杆轴向拉力标准值

进行锚杆设计时，锚杆实际所受的轴向力必须有一定的安全储备，即锚杆轴向拉力标准值与锚杆的极限抗拔承载力应满足下式要求：

$$\frac{R_k}{N_k} \geq K_t \tag{7.3}$$

式中：N_k——锚杆轴向拉力标准值（kN）；

$\quad$ K_t——锚杆抗拔安全系数，安全等级为一级、二级、三级的支护结构，其值分别不应小于 1.8、1.6、1.4。

锚杆轴向拉力标准值可以按下式计算：

$$N_k = \frac{F_h s}{b_a \cos\alpha} \tag{7.4}$$

式中：F_h——挡土结构计算宽度内的弹性支点水平反力（kN）；

$\quad\quad s$——锚杆水平间距（m）；

$\quad\quad b_a$——挡土结构计算宽度（m）；

$\quad\quad \alpha$——锚杆倾角（°）。

（3）锚杆本身抗拉承载力

此外，锚杆的承载力还受锚杆本身的抗拉承载力控制，即满足下式要求：

$$N = \gamma_0 \gamma_F N_k \leqslant f_{py} A_p \tag{7.5}$$

式中：N——锚杆轴向拉力设计值（kN）；

$\quad f_{py}$——杆体预应力筋抗拉强度设计值（kPa）；

$\quad A_p$——预应力筋的截面面积（m^2）；

$\quad \gamma_0$——支护结构重要性系数，对于安全等级为一级、二级、三级的支护结构，其值分别不应小于1.1、1.0、0.9；

$\quad \gamma_F$——支护结构构件按承载力极限状态设计值作用基本组合的综合分项系数，不应小于1.25。

7.3.4　锚杆设计与计算

预应力锚杆是锚固柔性支护体系的主要构件，既要提供足够的抗拔力，又要力求施工便捷。锚杆设计的主要内容包括确定锚杆的直径、倾角，锚固段的长度，以及锚固体与岩土体的极限粘结强度等。

（1）锚杆长度和直径

由式（7.2）可知，锚杆的极限抗拔承载力由锚杆直径、锚固段长度、锚固体与岩土体的极限粘结强度标准值计算而得；若已经得到锚杆的极限抗拔承载力，就可以设计锚杆的长度和直径；极限抗拔承载力由锚杆所受的实际轴向力来确定，即锚杆轴向拉力标准值乘以一定的安全系数；而锚杆轴向拉力标准值可以按式（7.4）计算。

一般来说，预应力锚杆越长，锚固力就越大，对基坑的约束也越强，基坑变形也就越小。当然，锚杆也不是越长越好。张波（2019）数值模拟表明，锚索自由段长度对基坑变形的影响并不敏感，但自由段长度越大，锚固段就越深，受开挖扰动影响就越小，锚索内力增长越稳定。锚杆长度的确定似乎不应该作为问题提出，只要按照上述设计计算步骤实施即可。但是，锚杆长度的正确确定取决于对潜在滑动面的正确认识与把握。对土岩双元深基坑边坡而言，如果对沿土岩界面破坏的可能性、缓倾岩层沿软弱结构面破坏、反向陡倾结构面引起的破坏范围认识不足，则有可能出现锚杆设计长度或数量不够的问题。因此，正确认识边坡变形破坏机制，对可能出现的破坏形式进行全面分析，并在锚杆设计中考虑多种变形失稳可能性是至关重要的（唐树名等，2016）。

（2）锚杆的水平倾角

锚杆的水平倾角不宜过大，也不宜过小，一般取15°～25°。有时考虑实际需要，也可设置大倾角锚杆。据张勇等（2009）介绍，青岛某基坑开挖深度约10m，采用嵌岩桩锚支护结构；上部回填土 1 : 0.5 放坡并留台宽度 2.4m，以减小填土层对桩的主动土压力。钻孔灌注桩入强风化岩层深度不小于 1.0m，开挖至残积土顶面设计宽 3~4m 的留台以保护桩脚。由于土层厚度达 8m 且淤泥质土层厚度约 6m，故设计桩上段 2.5m 为悬臂段，同时设置水平倾角为 30° 的大倾角锚杆，使锚固段置于残积土以下地层，以保证锚杆的锚固体有较大摩阻力。由于锚杆施工穿过软土层成孔过程中会遇到塌孔问题，采用跟管钻进，局部变更为自钻式锚杆，保证成孔速度和质量。

上述深基坑工程案例中设置大倾角锚杆，是为使锚杆的锚固段位于粘结强度较高的地层。即便如此，锚杆倾角也不应大于 45°、小于 10°。如果倾角过大，则锚杆轴力的水平分力将过小，从而导致锚杆长度增大；同时竖向分力过大，将增加挡土结构及边坡的竖向变形，也容易损坏锚头连接构件。如果倾角过小，锚杆轴力的水平分力虽然大，但是会减弱浆液向锚杆周围土层内的渗透作用，从而影响锚固效果。

（3）锚杆与基坑稳定

以上介绍了锚杆计算步骤以及锚杆长度和倾角的确定，如此设计的锚杆参数还必须满足基坑稳定性。因此，边坡锚杆支护设计时必须确保在一定安全系数下锚杆的设计抗力不小于滑坡推力；其中一个重要的方面就是要弄清边坡变形破坏机制，估计潜在滑动面的位置；在此基础上定量评价、计算边坡稳定系数及其在滑动变形破坏情况下的滑坡推力或剩余下滑力数值，为锚杆设计提供地质依据。

对纯土质边坡或岩质边坡而言，边坡的变形破坏机制、稳定性评价及滑坡推力计算均能找到相关标准作为设计计算依据，或有成熟的设计经验可以借鉴，例如土质边坡的圆弧条分法、岩质边坡的破裂角法等。但是，对于土岩双元深基坑边坡而言，其评价计算模型目前尚无现成模式可以利用，需在工程实践中不断探索和总结。关于深基坑边坡稳定问题，见第 4 章及第 6.3.4 节。

（4）锚杆设计注意事项

锚固结构的设计必须注意两点，一是锚杆间距过大、长度不足、倾角过大、设计位置过低、设计承载力不足等，均可导致支护结构体系抗力不足，引起坑壁过大变形甚至基坑整体失稳；二是若锚固体未设置在良好稳固的地层中，或锚固体长度不足，或水泥浆配合比不合适，将使锚杆抗拔力过低，基坑开挖后锚固体被拔出，导致基坑坍塌。常见问题是锚杆的抗拔力不足，与设计要求相差较大。钻孔内沉留残渣，严重影响注浆质量。注浆压力不足，导致注浆长度不足。

此外，还须注意预应力损失问题。贾金青（2014）针对大连某高层建筑基坑进行了相关研究，该基坑开挖深度 10~11m，局部最大深度 14m，放坡系数为 0.1，基坑采用预应力锚杆柔性支护。此基坑地层的岩性大部分为强风化辉绿岩，上部覆盖较薄的土层和全风化辉绿岩。14m 深基坑断面共设置 5 排预应力锚杆，长 5.5~11.5m，竖向间距 1.8~2.2m，水平间距 2m，锚杆倾角均为 15°。现场监测锚杆轴力、基坑坑壁水平位移，结果表明：坑壁水平位移为 5~13mm，预应力最终损失 18.5%。锚杆预应力为什么会损失？一是锚杆钢材的松弛：长期受荷的钢材预应力松弛损失量通常为 5%~10%；二是受荷地层蠕变：地层在锚杆拉力作用下的蠕变源于塑性变形，主要发生在应力集中区，即靠近自由段的锚固段及锚头以下的锚固结构表面处。

第8章　土岩双元深基坑嵌岩桩墙设计

在深基坑工程中，常规方案是将作为支挡结构的排桩和地连墙（简称桩墙）嵌入基坑底以下一定深度，并在开挖形成的坑壁上设置锚杆或内支撑，少数桩墙呈悬臂状态。以往基坑开挖深度不是太大，主要涉及的地层是土层，故桩墙一般嵌固于土层之中。随着基坑深度的不断增大，越来越多的工程涉及岩层开挖，也就催生了新型支护体系。其中，桩墙底端嵌入岩层的称为嵌岩桩墙支护，而桩墙未嵌入基底的称为吊脚桩墙支护。本章首先介绍各种类型的嵌岩桩墙支护，然后论述嵌岩桩墙的设计要点，最后专门探讨嵌岩深度的确定方法。

8.1　嵌岩桩墙支护类型

在土岩双元深基坑嵌岩桩墙支护中，桩墙承受侧向土压力，依靠嵌固段抗力、锚撑来支撑。桩墙支撑有3种基本形式，即悬臂无支撑、锚杆锚固、内支撑，工程中也常用锚杆与内支撑混合支撑形式。这样，深基坑嵌岩桩墙支护可归结为桩墙悬臂支护、桩墙锚撑支护两类。此外，工程技术人员还发展了多种复合支护形式。本节介绍嵌岩桩墙支护的主要类型，简要说明各自特点。

8.1.1　桩墙悬臂支护

所谓桩墙悬臂支护是指在基坑周围设置排桩或地连墙，不需要在基坑内设置内支撑和锚杆。在桩墙悬臂支护的基坑体系中，依靠足够的嵌固深度和结构的抗弯能力来维持整体稳定和结构安全。基坑坑底以上部分支挡结构呈悬臂状态，无任何支点力作用，故受力条件明确，结构的弯矩随深度呈三次方增大。这种支护体系不占用坑内外空间，施工简便；但刚度小、安全性较低，只适用于地层良好、开挖深度较浅的基坑。对于土质基坑，根据深圳的工程经验，悬臂式支护适用于开挖深度不超过10m的黏土层、不超过8m的砂性土层、不超过5m的淤泥质土层。对于土岩双元深基坑，上覆土层厚度的临界值可参照土质基坑确定。

（1）排桩与地连墙

在嵌岩桩墙支护体系中，就围护结构而言，最常用的是钻孔灌注桩和地连墙。其中排桩是以一定间距排列的桩形成的挡土结构，并利用桩间土拱作用挡土；桩顶用钢筋混凝土梁联系起来，排桩与冠梁相互联系、相互作用，形成一有机整体。在这种支护体系中，支护桩是主要受力构件。在土质基坑工程中，排桩有钻孔灌注桩、预制钢筋混凝土桩、钢板桩、人工挖孔桩等，其中钻孔灌注桩应用最广；在土岩双元深基坑工程中，主要是钻孔灌注桩和地连墙。为防止桩间土塌落，通常采用水泥砂浆钢筋网护面，或对桩间土灌浆加固。排桩刚度大、施工简单，可插入坚硬土层和岩层之中。由于排桩不能挡水，故常需要设置高压旋喷桩截水帷幕。

地连墙是分槽段用专用机械成槽、浇筑钢筋混凝土所形成的连续地下墙体，作为基坑围护体系中的关键组成部分，起到止水、承受侧压力的作用。地连墙有很多优点：墙体刚度相对较大、基坑变形小、止水效果好、整体性也比较好；施工时振动小、噪声低，对周边环境影响较小，施工周期较短，逆作法施工有利于加快进度、降低造价。地连墙支护对地质条件的适用范围很广，除了很软的淤泥质土以及超硬岩石之外的各种土层都适用。尤其是在施工场地较为狭窄，且对周边环境影响要求控制在较小程度的情况下，地连墙常作为优先选择的支护形式。地连墙一般适用于如下条件：①开挖深度超过 10m 的深基坑工程；②围护结构亦作为主体结构的一部分；③采用逆作法施工的深基坑工程；④邻近建筑物需要保护，对基坑变形和防水要求较高；⑤地下室外墙与红线距离极近，采用其他围护结构无法满足要求；⑥采用其他围护结构无法满足要求的超深基坑工程等。

（2）单排桩与双排桩

一般情况下，桩墙悬臂支护采用单排桩或地连墙。单排悬臂桩支护完全靠嵌固段抗力及桩截面强度来承受荷载，桩顶位移和桩身变形较大。由于这种结构承受较大的弯矩，对开挖深度非常敏感，容易发生弯折破坏，并引起基坑垮塌，也容易产生较大的变形，从而对邻近建筑物易产生不良影响，故安全度较低，经济性也不强，现在很少用于深基坑工程。当单排悬臂式结构不适用，也不能采用锚拉式、内撑式支护时，可考虑采用双排桩悬臂式支护。双排桩支护是指设置两排平行的钢筋混凝土桩，通过冠梁或桩间连系梁形成空间门架式结构，作为悬臂支护体系。

双排桩支护结构（图 8.1）有一系列优点（朱幸仁，2019）：它是一种超静定结构，在复杂多变的外荷载作用下，能自动调整结构本身的内力；其整体刚度远大于单排桩，内力分布也明显优于单排桩，故可有效限制基坑的侧向变形。前后排桩形成与侧压力反向作用的力偶，位移明显减小，桩身内力也有所下降，可以用较小桩径的桩代替单排桩支护中较大桩径的桩。此外，双排桩支护适用性强、安全度高、施工方便。与单排悬臂桩相比，可以用较小桩径的桩，从而降低成本；由于无需拉锚，故与单排拉锚体系相比，占据场地少，对环境的要求比较低。

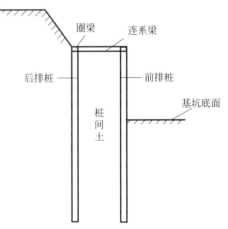

图 8.1　双排桩支护示意图

当然，与单排悬臂桩支护相比，双排悬臂桩支挡结构占用的场地较大。此外，双排桩支护结构虽已在许多基坑工程中获得成功应用，但其受力变形机理仍不很清楚，设计理论尚不成熟（聂庆科等，2008）。事实上，双排桩支护体系中桩土相互作用、共同工作的机理均不十分清楚，作用在前后排桩体上的土压力计算问题、双排桩排距、桩径、桩长、桩间土刚度对基坑变形及稳定性的影响、桩土间复杂的相互作用等仍需进一步研究。

8.1.2　桩墙锚撑支护

桩墙锚撑支护结构由排桩或地连墙与锚杆或内支撑组合而成，其中排桩桩顶用钢筋混凝土梁联系起来，桩墙设置锚或撑支撑系统，所有构件相互联系、相互作用，形成一有机整体。由于排桩不能挡水，故常需要设置高压旋喷桩截水帷幕。从支撑角度看，可分为桩墙锚固支护、桩墙内撑支护、桩锚撑混合支护；锚杆或内撑一般施加预应力，以主动控制支护体系变形。

（1）桩墙锚固支护

桩墙锚固支护即桩墙＋锚杆支护（图8.2），支护结构所承受的荷载由锚杆轴力和嵌固部分的被动抗力来承担。其中，桩墙所承受的部分荷载通过锚杆传递到稳定的岩土体中。换句话说，桩墙锚固支护中的水平荷载主要由拉锚承担，但锚固件能将荷载传递到处于稳定区域的锚固体上，由锚固体将荷载分散到周围的岩土体上，故能充分发挥地层的承载能力。

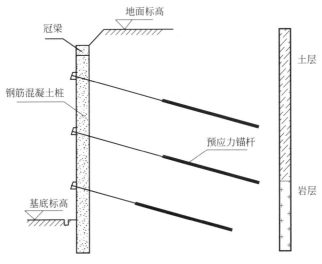

图8.2　嵌岩桩锚支护

桩墙锚固支护体系通过在腰梁上设置一道或多道预应力锚杆，形成一种多单元共同作用的支护形式。桩墙锚固支护施工时先在桩上设置钢筋混凝土腰梁，通过在腰梁上设置锚杆产生拉力，从而控制桩的变形。桩墙锚固体系不占用坑内空间，从而可为主体结构施工提供宽敞的作业空间，故便于地下结构施工。桩墙锚固支护体系是一种超静定结构，具有稳定性好、安全性高、变形控制效果好等特点。一般选用预应力锚杆，可主动控制支护结构变形，降低桩体弯矩峰值。

（2）桩墙内撑支护

桩墙内撑支护即桩墙＋内支撑支护（图8.3），桩墙所承受的主动土压力由支撑轴力和嵌固部分的被动抗力来平衡，多半由内支撑承担。内撑体系不占用坑外地下空间，刚度大，可有效控制基坑变形。一般来说，随着开挖进程自上而下地添加多道横向支撑是一种很好减小围护结构内力和变形的方法，添加的横向支撑可以较好地减小围护结构的横向位移。但是随着开挖和主体结构的施工进程，横向支撑面临着安装后再拆除的问题，这给施工带来很多不便。

桩墙内撑支护无需占用基坑外侧地下空间资源，围护体系的强度和整体刚度大，可有效控制基坑变形。这种支护体系主要包括围护墙、腰梁、圈梁、水平支撑、钢立柱和立柱

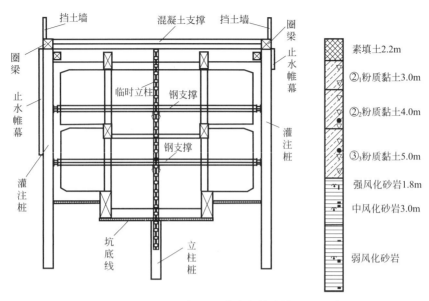

图 8.3　嵌岩桩撑支护

桩。其中，腰梁是协调支撑和围护墙结构间受力与变形的构件，可加强围护墙的整体性，并将其所受的水平力传递给支撑构件。圈梁将离散的钻孔灌注桩、地连墙等围护墙连起来，可减小围护墙的顶部位移。作为首道支撑的腰梁应尽量兼作圈梁，必要时可降低围护墙墙顶标高。若首道支撑体系的腰梁不能兼作圈梁，则应另设墙顶圈梁。水平支撑是平衡围护墙外侧水平作用力的主要构件，要求其传力直接、平面刚度好且分布均匀。钢立柱和立柱桩的作用是保证水平支撑的纵向稳定，加强支撑体系的空间刚度，承受水平支撑传来的竖向荷载，要求具有较好的自身刚度和较小的垂直位移。

（3）锚撑混合支护

深基坑大范围采用内支撑体系，往往占用较大的空间且需要布置多道内支撑，工程造价较高，同时不方便下部机械化施工，尤其是给土石方开挖带来了较大困难。锚杆（索）属于柔性支护结构，对于约束基坑变形存在一定的局限性。对内支撑和锚杆（索）混合使用的基坑支护结构，有必要对两者的协同工作机理展开深入研究。排桩＋锚撑混合支护体系，能充分利用桩锚和桩撑支护的优点。白晓宇等（2018）采用数值模拟和现场监测相结合的方法，研究表明：通过不同支护形式的对比分析，全钢支撑支护时基坑位移变形最小，全锚索支护时基坑变形最大，钢支撑与锚索混合支护时基坑变形介于两者之间。桩身水平位移随着钢支撑预应力增大逐渐减小，桩顶水平位移尤为显著。

在土岩双元深基坑工程中，采用锚撑混合支护的实例比较多（翟桂林，2013）。对于超深基坑工程，常采用地连墙支护结构、逆作法施工。逆作法按施工不同程序可分为全逆作法、半逆作法或部分逆作法，它以地下各层的梁板作支撑，自上而下施工，使挡土结构变形较小，节省临时支撑结构。适用于较深基坑和对周边变形有严格要求的基坑。

（4）加锚双排桩支护

如果双排桩悬臂不能满足要求，可采用双排桩＋锚杆支护。特别是，若单排桩＋锚杆支护中的锚杆越出红线，则可采用这种方案。双排桩＋锚索支护由双排桩结构和预应力锚索组成，是比双排桩具有更大侧向刚度的超静定结构，能更有效地控制变形。与单排桩拉锚支护结构相比，对环境的要求比较低，可在很大程度上消除锚杆越出红线带来的隐患问题。与单排桩锚支护相比，双排桩锚要经济得多，因为后者桩径小、锚索用量少且施工方便（张维正等，2014）。

　　不过，双排桩＋锚杆支护结构十分复杂，桩-土-锚共同作用机理尚不十分清楚，难以给出成熟的设计方法。所以，目前标准还没有做出规定，只能通过数值分析来验证方案的适用性。例如，刘红军、翟桂林等（2012）为丰富加锚双排桩支护在土岩双元结构地区设计与施工中的经验，以青岛某高层建筑典型基坑工程为背景，应用平面应变有限元法对桩体位移和弯矩变化进行数值模拟，选择桩体刚度、排距和嵌岩深度 3 个主要影响因素进行分析，并对比现场监测资料。该基坑开挖深度 11.2～15.7m。采用双排钻孔灌注桩结合一道扩大头锚杆的支护形式，由于地下水位较高，故将锚杆设在冠梁位置、地下水位以上，基坑支护方案如图 8.4 所示。支护桩采用 1200mm 桩径灌注桩，设计嵌入基岩 1.2m以上，桩距 2m，排距 3.8m（外包尺寸），用 1200mm 旋喷桩止水，入岩深度不小于0.5m。锚杆水平间距 2m，共布设 1 排，由于该工程距海边较近，水位较高，锚杆施工涌砂冒水现象比较严重，故设计采用扩大头锚杆工艺。

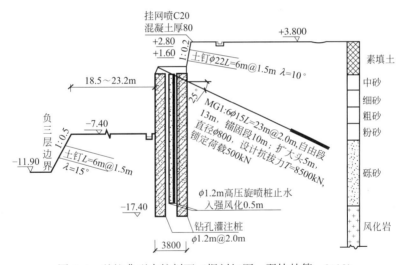

图 8.4　基坑典型支护剖面（据刘红军、翟桂林等，2012）

　　利用 PLAXIS 软件对上述基坑体系进行分析计算，结果表明支护方式是可行的，其较大的整体刚度能够有效控制基坑变形。大桩体刚度，双排桩位移减小，但刚度增大会导致弯矩增大，设计时应根据实际情况合理选取。双排桩排距过大或过小都会使桩体弯矩和位移增加，考虑控制变形的效果和工程造价等因素，排距取 $2D$（D 为桩径）比较合理，排距太小则类似单排悬臂桩特性，无法发挥双排桩的优势作用，排距太大则类似拉锚作用。随着嵌岩深度的增大，位移和正弯矩都减小，当嵌岩深度继续增大时，对位移和正弯矩的影响将不再增大；而嵌岩深度太大施工困难，造价较高，本工程中采用 1.2m 的嵌岩深度可以满足维持基坑稳定的要求。

8.1.3　桩墙与其他结构复合支护

为了提高深基坑工程质量，优化支护结构体系，工程师们发展了多种复合形式的支护，如土钉墙＋嵌岩桩墙支护、桩墙锚撑＋微型桩支护、地连墙锚撑＋嵌岩桩支护、放坡＋双排桩支护等。

（1）土钉墙＋嵌岩桩墙支护

在土岩双元深基坑中，上部采用土钉墙，下部采用桩墙支护，桩墙嵌入岩层（邓仕鸿等，2012）。若场地允许，应在一定深度内放坡开挖，这样可减小桩体长度，同时也利于支护桩的受力。当支护结构顶部低于地面，其上方采用放坡或土钉墙时，土体对支护结构的作用宜按库仑土压力理论计算，也可将支护结构顶面以上土体视为附加荷载计算土压力的附加值。但必须注意，当桩顶位置低于地面较多时，将桩顶以上土层的自重折算成荷载后计算的土压力会明显小于这部分土重实际产生的土压力。此时，应采用库仑土压力理论或其他方法计算。

（2）桩锚＋微型桩支护

乌青松等（2017）介绍过一种特殊的嵌岩桩锚支护：上部土层部分采用钢筋混凝土排桩，嵌岩则采用微型钢管桩；钢管桩上端嵌入混凝土桩3m，下端嵌入完整灰岩3m。钢筋混凝土排桩成桩28d后，采用小型地质钻机钻孔并下放钢管，然后采用比排桩混凝土高一强度等级的细石混凝土压力灌浆而成桩。在排桩支护受条件限制的情况下，这种支护方案能解决施工困难，并能较好地控制基坑水平位移。微型钢管桩施工速度快，施工机具小，施工灵活，被广泛应用于基坑和边坡支护。微型钢管桩截面小，抗弯能力不足，通常与预应力锚索结合使用。当基坑深度大、桩体弯矩大时，须增加锚索道数和钢管桩的排数。

针对这种排桩＋钢管桩支护体系，乌青松等（2017）提出了设计计算方法。他们假定：采用微型钢管桩嵌岩的钢筋混凝土排桩与普通钢筋混凝土排桩的内力分布一致；不考虑微型钢管桩周围岩体的抗弯和抗剪作用。根据普通钢筋混凝土排桩进行内力计算，确定排桩的弯矩和剪力包络图，再根据微型钢管桩的截面模量和截面面积校核微型钢管桩的弯曲应力和剪应力。

（3）地连墙内撑＋嵌岩桩支护

在解决深基坑地连墙嵌入硬岩问题时，一种方法是采用双轮铣槽入岩，此法虽然进度较快，但成本较高。另一种方法是采用冲击钻冲击入岩，此法成本较低，但进度较慢。以上两种方法具有一个共同特征，即形成整体为长方体的地下连续墙。实际上，地连墙下面中风化岩层仅需连接几根嵌岩锁脚桩即可满足深基坑的变形及稳定性要求，达到相对较好的效果。据刘光磊（2016）介绍，某工程基坑开挖深度15.24～17.90m，采用非常规嵌岩形式的地连墙，即上墙下桩。主体围护采用800mm厚带工字钢接头的地下连续墙＋内支撑结构，基坑内支撑共设5道，第一、三道支撑设计为钢筋混凝土支撑，第二、四、五道支撑设计为钢支撑，钢支撑通过槽钢连系杆与钢格构柱连接。某段基坑开挖深度15.61m，按土层确定地连墙深度为28.38m，须嵌入中风化岩6.35m，这将带来施工困难。为解决此问题，根据地连墙入岩深浅设计了嵌岩锁脚桩，桩长4.26～6.14m（图8.5）。这种上墙下桩支护体系与入岩段整体成槽相比，缩短了工期，节省了成本。

对基坑连续墙所深入的岩面上部采用液压抓斗成槽机取土成槽，岩面下部使用冲击钻

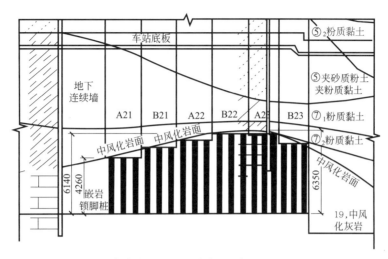

图 8.5　带嵌岩桩的地连墙支护（据刘光磊，2016）

均匀冲击出若干圆孔，再通过槽内多次清底、特制圆形与方形钢筋笼对接和特殊混凝土浇筑等技术，形成上墙下桩的非常规嵌岩形式地连墙。钢筋笼的制作、安装和下放的精度要求较高，是整套施工技术的难点。所谓多次清底是指：待成槽机完成抓土后，进行第一次清底工作；在锁脚桩冲孔完成后、下钢筋笼之前，进行第二次清底，即用浆泵反循环吸取岩面及孔底沉渣；在灌注混凝土前，利用导管采取泵吸反循环，进行第三次清底并不断置换泥浆。

（4）其他复合型支护

伊晓东等（2013）针对某土岩双元深基坑，采用桩锚＋坑内留台＋喷锚支护，桩端在强风化层顶面（图 8.6）。

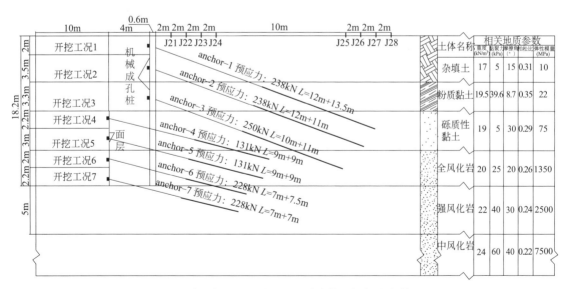

图 8.6　基坑支护剖面及相关工程地质参数（据伊晓东等，2013）

据田仕文等（2013）介绍，青岛某地下污水处理厂深基坑，地层自上而下依次为：吹填淤泥层、淤泥质粉质黏土层、中粗砂层、基岩，其中基岩为强风化安山岩和泥质粉砂岩。基坑开挖深度为 13m，地下水位高，地层土质差，采用放坡＋双排桩支护。通过对放坡开挖、单排灌注桩加锚杆、双排灌注桩加锚杆 3 种方案进行对比，采用上部吹填淤泥层放坡、下部在前排桩后增加少量后排桩，形成双排灌注桩加锚杆支护的综合支护形式（图 8.7）。灌注桩嵌入基底大于 5.9m，嵌入基岩大于 1.0m。滨海浅滩基坑的止水、排水至关重要，直接影响基坑开挖工期、安全和投资。考虑本工程地下水位高且较丰富，采用水泥旋喷桩止水帷幕止水，桩端入基岩不小于 0.5m。坡顶设挡水台，间隔设置降水井降水，基坑底设排水沟。

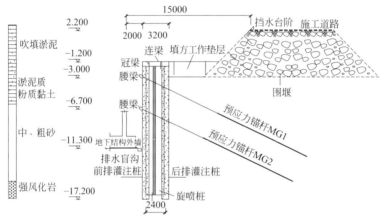

图 8.7　放坡双排嵌岩桩支护（据田仕文等，2013）

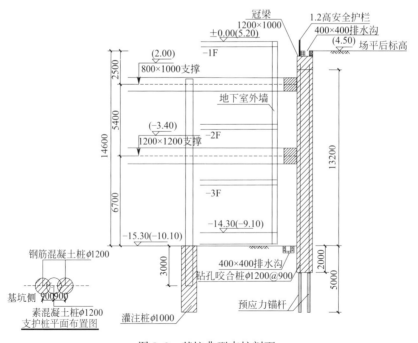

图 8.8　基坑典型支护剖面

在嵌岩桩支护体系中，还有其他更为新颖的形式，如深圳市某基坑开挖深度约15.00m，安全等级为一级，基坑支护采用排桩＋内支撑结构，基坑侧壁为杂填土、含有机质黏土、中粗砂。由于基坑底与中风化花岗岩岩面基本齐平，因此排桩嵌固深度要达到稳定计算要求，则需入坑底岩层中约 4m，但考虑施工难度太大，最后采用排桩嵌入坑底2m，排桩施工完后再在排桩预留孔内植入竖向预应力锚杆，每根桩植入 4 根 HRB400，直径 32mm 的钢筋锚杆（图 8.8）。基坑开挖后根据监测结果，桩顶累计水平位移最大约15mm，周边地表沉降最大约 20mm，包括其他监测指标均满足一级基坑变形要求。

8.2　嵌岩桩墙支护设计

一般嵌岩桩用作桩基，承受竖向荷载。水平承载的嵌岩桩多用在港口码头工程中，主要受风、波、浪及船舶引起的水平荷载和弯矩。此处所说的嵌岩桩墙是指基坑支护结构，其受力状况显然不同于基桩。在土岩双元深基坑工程中，当基岩面较低（接近基坑底面）或岩层软弱（如强风化岩、泥岩等）时，常采用嵌岩桩墙支护形式。从形式上讲，这种基坑工程与纯土质基坑工程相似，只是桩墙嵌固于岩层之中，其特殊性也是由此引起的。

8.2.1　结构特点与设计要点

对于土质深基坑工程，嵌固桩墙支护结构设计有章可循。但对于土岩双元深基坑工程，设计理论与计算方法均不成熟。例如，采用这种结构支护的基坑体系，破坏模式并不很清晰；由于基岩对墙体的约束，嵌岩地连墙的变形和受力特征有别于土质基坑中的地连墙。但嵌岩支护结构受力变形与土质基坑支护究竟有何不同，有待进一步研究；嵌岩桩墙支护为单一支护方式，较难协调两种地层间的变形。此外，对于土岩双元深基坑工程，关键是嵌岩深度；嵌岩深度过大会造成浪费，过小则留有安全隐患，而嵌岩深度问题仍未得到深入研究。

（1）结构特点

桩墙支护是在基坑周围设置排桩或地连墙，作为基坑体系的围护结构。在土质深基坑工程中，围护结构包括钻孔灌注桩、地连墙、钢板桩、钢筋混凝土板桩等形式；在土岩双元深基坑工程中，主要是钻孔灌注桩和地连墙。就支撑体系而言，包括锚固支护、内撑支护及锚撑混合支护。

土岩双元深基坑嵌岩桩墙支护具有较高的竖向承载力和水平承载力，能较好控制基坑体系的侧向变形和坑外地表沉降，基坑的安全性和稳定性也较高，故常用于严格控制变形以保护周边环境的深基坑。但嵌岩桩墙支护适用于岩质较软、岩层开挖深度较浅的情况；当嵌岩深度较大时，这种支护过于保守，造价很高，且施工周期长、难度大。

（2）支护原理

在桩墙嵌固支护体系中，桩墙承受侧向土压力，依靠锚撑及嵌固段抗力来支撑。其中锚撑对桩墙提供弹性支撑，而被动侧即基坑内一侧的岩土体提供抗力。作为主要荷载的土压力作用于围护结构上，并被传至支撑构件如内支撑；也可传至锚杆，而锚杆再将荷载传递到岩土体中。在其他条件一定的情况下，被动区抗力的大小取决于桩墙嵌固深度。

对于桩墙锚固支护，作用在桩墙上的土水压力由设置在坑外岩土层中的锚杆平衡；对于桩墙内撑支护，作用在墙上的土水压力由内支撑传递和平衡。就桩墙支护体系而言，其支护是将不稳定岩土体通过锚杆锚固于潜在滑动面以外的稳定岩土体。围护结构所承受的荷载包括主动侧土水压力、锚杆支点力和嵌固段被动侧的抗力。锚杆的作用是将围护结构所承受的部分土水压力传递到处于稳定区域中的锚固体上，而由锚固体传来的荷载则被分散到周围稳定的岩土体中，从而充分发挥地层的承载能力。

（3）设计要点

当基坑开挖深度不大时，可采用悬臂式桩墙支护；当基坑深度较大时，可在桩墙顶附近设置1道内支撑或锚杆；当基坑深度大时，可设置多道内支撑或锚杆，以减少桩墙的内力和变形。为确保嵌岩桩墙支护体系安全可靠，设计时必须使桩墙本身有足够的刚度、强度和嵌固深度，并且锚杆要有足够的锚拉力、内支撑要有足够的承载力。当桩墙刚度、强度不足时，则会导致桩墙从跨中断裂；嵌固深度不足则会导致桩墙绕锚点转动，桩墙底端踢出破坏；若锚杆或内支撑失效无法正常发挥作用时，桩墙会因失去约束而倒塌破坏。

地连墙用抗渗等级较高的混凝土，本身不会有渗漏问题。但地连墙是分段浇筑的，当两侧高水头差时，防水止水设计是重点，也是难点。薄弱点主要是接缝处，尤其是两墙合一时，对防水性和质量均有较高要求。因此，接缝处必须采取良好的止水措施。所以，①地连墙槽幅分缝位置设置扶壁柱，扶壁柱通过预先在地墙内预留的钢筋与墙形成整体连接，从而增强接缝处的防渗性能。②在墙内侧设置通长的内衬砖墙，即在地连墙内侧砌筑一道砖衬墙。砖衬墙内壁做防潮处理，且与地连墙之间在每一楼面处设置导流沟，各层导流沟用竖管联通，使用阶段如局部地连墙有细微渗漏，可通过导流沟和竖管引至集水坑排出，以保证地下室内部的永久干燥。③在外侧接缝处设置高压旋喷桩或进行劈裂压浆，以增强此处的止水性能。

在设计方案中，必须对钢支撑与地连墙预埋件提出焊接要求并提供连接节点样图。在杭州地铁湘湖站北2号基坑坍塌事故中，设计没有包含上述内容，实际施工时没有进行焊接，结果局部地连墙产生过大侧向位移，造成一些支撑的轴力过大及严重偏心，导致支撑体系失稳（马海龙等，2018）。在桩墙内撑支护中，内支撑系统包括竖向支承结构和水平支承结构。竖向支承结构一般为柱式受力，主要是保证水平支撑的纵向稳定，加强支撑体系的空间刚度和承受水平支撑传来的竖向荷载，要求具有较好的自身刚度和较小的竖向位移。水平支承结构主要是平衡支护墙外侧水平作用力，要求传力直接、平面刚度好且分布均匀。支撑体系冗余度不足，节点连接薄弱，易形成连续倒塌的破坏机制。不规则基坑支撑布局存在先天不足，抗风险能力弱。基坑形状规则时，采用对撑；形状不规则时，采用对撑、角撑相结合的方式布置。支柱下端支承在工程桩上时，要与工程桩的主筋焊牢，满足锚固要求。对单独设桩支承的支柱，也必须保证足够的埋入长度，使支柱既可承压又能受拉，确保水平钢支撑在竖向的约束可靠。对于支柱未能可靠锚入其下支承桩，出现吊脚现象时，处理起来相当困难。

截水帷幕是用于阻止地下水流入基坑而设置的连续止水体，其效果的好坏直接关系到基坑工程的成败，须认真对待。对坑内开挖土体的有限含水量，则采用坑内集水坑和基坑周围设置降水井予以联合抽排。对某复杂深基坑，周鹏华（2016）采用周边嵌岩落地式地连墙隔水＋坑内深井降水与坑外备用中深井降水相结合。地连墙施工可能存在薄弱点、强风化岩面起伏较大，而成为渗漏点，故布设备用井。地连墙作为主要隔水帷幕，进入坑底强风化砂砾岩层1m，深度52～55m。在地连墙内外两侧设计施工三轴搅拌桩止水帷幕，深度 25.5m，起辅助隔水和稳定槽壁的作用。

8.2.2　桩墙支护选型设计

桩墙端部嵌固在基坑底面以下岩层中，其基本设计思路、计算方法与纯土质基坑中的桩墙支护相同。但在嵌岩桩墙支护选型设计中，有一系列问题须做出决定，如：采用排桩还是地连墙？若用排桩支护，是疏排还是密排？就桩墙支撑方式而言，是锚固还是内撑抑或混合支撑？若采用内支撑，是钢筋混凝土支撑还是钢支撑？等。

（1）围护结构：排桩与地连墙

在深基坑工程设计中，究竟是采用排桩还是地连墙，应视实际情况而定。钻孔灌注桩是一种应用非常广泛的支护结构，其主要特点是施工工艺比较成熟，施工所需设备比较简单，施工过程中对周边环境影响较小，灌注桩形成的墙身有比较高的强度和刚度，能提供较好的支护稳定性。这种围护结构在地下水位相对比较低的情况下一般会优先考虑使用。但桩与桩之间主要依靠桩顶冠梁和腰梁连接起来，因而其整体稳定性相对来说会比较差。与地连墙支护相比，排桩支护体系施工简单、成本低、平面布置灵活，其缺点是防渗和整体性较差。

当确定排桩支护时，是疏排还是密排，要看土体的成拱作用。在软土地层中，一般不能形成土拱，支护桩应连续密排。密排的钻孔桩可以相互搭接，或在桩身混凝土强度尚未形成时，在相邻桩之间做一根素混凝土树根桩，把钻孔桩排连起来。当土质较好时，可利用土拱作用，以稀疏桩支护边坡。此外，设计还须确定桩径。当桩径过小时，可能会因刚度或强度不足而导致破坏，但靠增大桩径来减小围护结构变形往往是不经济的。钻孔灌注桩的直径一般为 $600\sim1200$mm，不宜小于 400mm，桩间距一般不大于桩径的 1.5 倍，混凝土常用强度等级为 C30，水下混凝土强度等级为 C35。

地连墙是一种最强的支护结构形式，具有相当的安全性，适用于对周围环境保护要求较高的深基坑工程，特别是有挡土、止水并兼作主体结构承重墙三重要求的深基坑工程。但地连墙施工设备庞大，工程造价高于排桩支护，施工技术要求也高。此外，在城市施工时，处理废泥浆比较麻烦；不但增加工程费用，处理不当会造成环境污染。所以，在重大工程中才采用地连墙支护。在土层深大基坑中，地连墙支护应用较为广泛；而在土岩双元深基坑中，一般不具有明显的优势。尽管如此，这种支护结构也常用于土岩基坑（李劲晖等，2007；雷勇，2014；唐聪等，2019；卢伟，2020），主要是考虑到安全性、适用性。

一般来说，墙体厚度越大，基坑的变形越小，但是墙体内力会有较大提高。对嵌岩地连墙设计起控制作用的是基岩位置的墙身负弯矩，所以有必要探讨墙体厚度对墙身内力的影响。地连墙的最大内力随墙厚增大而增大，特别是嵌岩端的负弯矩，随着墙厚的增加，负弯矩会成倍加大，正弯矩和剪力虽有增加，但增量不大。此外地连墙一般都是采用对称配筋方式，为充分利用钢筋，墙体正负弯矩应尽可能接近。从控制变形的角度考虑，增加墙厚是有利的，但从墙体受力的角度考虑，设计应尽量使地连墙两侧的正负弯矩大小相近以发挥地连墙对称配筋的受力特点，避免因调幅产生过大裂缝。

（2）支撑方式：锚固与内支撑

桩墙式支护结构除了悬臂式，还有锚拉式和内撑式两种基本形式。由于桩墙锚固结构的支护机理主要是锚杆的锚固作用，因此这种支护体系要求地层地质条件比较好，周边环境又允许锚杆施作，主要适用于深基坑尺寸较大并且地下管线及建筑情况较为简单明了、对施工影响不大的情况。桩墙锚固支护体系的特点包括以下几个方面：①适用于各种地层，更适用于开挖较深的基坑，一般深度可超过 10m，且施工噪声较小；②比内支撑支护方法提供更为宽阔的施工空间，方便地下结构施工；③支护桩墙的施工步骤始于基坑开挖之前，所以就可以同时进行开挖和拉锚工作，从而减小对土石方开挖和运输的干扰；④通过给锚杆施加预应力，能够主动制约支护结构的变形，可以有效降低桩墙的弯矩最大值，从而减小桩墙的配筋和嵌固深度；⑤可以配合多种其他支护方法联合作用，根据实际工程场地情况设计更合适的复合支护体系。

虽然桩锚支护技术应用广泛，但这种结构具有一些局限性和缺点，如：①排桩在土压力作用下，跨中附近较大的弯矩通常会导致较大的弯曲变形，使灌注桩的配筋量和直径的设计较大；②当基坑深度较大或土质条件较差时，锚杆预应力水平较高，需要较大的锚固长度，而一般基坑周边环境及城区地下水位较高，地质环境比较复杂，且坑外地表以下管网复杂，可利用的空间较小，这些给桩锚支护结构的应用带来很大限制，也给设计和施工带来很大困难；③对于地质条件非常复杂的软土地区，桩锚支护基坑可能产生较大变形。特别地，当离建筑物很近时，锚杆施作受到限制，故无法采用桩锚支护。现在城市建筑比较密集，锚杆往往会打穿周边建筑物的地下室，而且对桩外止水帷幕也有一定的破坏，所以此种支护的使用正日益减少。此外，当存在软弱土层时，锚固力不足；当存在砂卵石层和地下水时，在砂卵石地层中难以成孔，锚固段的水泥浆凝结质量也难以保证。

锚拉式支挡结构控制变形的能力弱于内支撑，而支撑式则会给施工造成不便。具体情况下，究竟该选择锚拉还是内，可能会遇到困难。例如，作为截水结构，地连墙防渗性能比较好；但在拉锚及细砂地层中，锚头的渗水问题大大降低了地下连续墙的防水作用，难以发挥地连墙的优势。为解决这个问题，可采用内支撑方案。但使用内支撑，经济上不合算；由于妨碍施工，工期也将受到一定制约。

（3）内撑类型：钢筋混凝土与钢

就内支撑方式而言，主要有钢筋混凝土支撑和钢支撑两种形式。钢筋混凝土支撑整体刚度大、稳定性好，但无法做到随挖随撑；因为在计算过程中忽略竖向位移引起的结构内力，对总体结构的承载力有一定影响。此外，施工偷工减料、不按实际设计施工也是造成钢筋混凝土支撑产生破坏的主要原因。实际多数基坑工程事故表明，钢筋混凝土支撑配筋率不足而引起的强度破坏居多数。钢支撑自重小、施工方便、随挖随撑，但刚度较小。钢支撑不仅会因为设计不足、施工缺陷等造成支撑体系的强度破坏，而且还会因基坑的开挖、立柱上移等因素引起结构的失稳破坏。此外，钢支撑因节点多等因素影响，整体刚度相对较差，在实际工程施工中，施工环境复杂、操作不规范等因素都会或多或少地引起节点或支撑的变形，这会进一步促使基坑产生较大的内侧水平位移，威胁基坑安全。

通常在类似地铁车站狭长形基坑中，钢筋混凝土支撑和钢支撑二者混合使用形式居多，如第一道支撑采用钢筋混凝土支撑，其余几道采用钢支撑。此混合支撑体系中混凝土支撑发挥其刚度大、整体性好的优点，钢支撑又兼具施工速度快、绿色环保等特点。桩墙内撑支护对基坑稳定性和变形控制较好，特别适合在基坑土质情况为软土的地区和对基坑及周边变形控制要求严格的工程项目使用；桩墙内撑支护主要用于基坑开挖尺寸不太大的工程，当基坑开挖尺寸比较大的情况下，常采用新型、复杂的内支撑系统，如采用空间结构支撑对基坑横向进行支撑。对于这种内撑系统，设计时应特别重视其稳定性。

8.2.3　结构内力变形计算

对于土岩双元深基坑工程，嵌岩桩墙支护设计计算一般采用土质基坑支护设计计算方法，即有成熟的计算模型进行结构内力变形计算。对于悬臂式桩墙支护结构，设计时首先计算围护结构侧压力，以确定嵌固深度；其次计算围护结构所承受的最大弯矩，以核算其截面尺寸及相关配筋信息。对于桩墙锚撑支护结构，有弹性支点法和数值模拟法。对于双排悬臂支护结构，《建筑基坑支护技术规程》JGJ 120—2012 也给出了设计计算的一种简化实用方法。

（1）嵌岩模型

采用嵌岩桩支护时，可能会出现这样的情况，即嵌固段上部为土体、下部为岩体，且土体与岩体的长度相当。庹晓峰（2016）结合某建筑基坑工程，通过模型试验研究了这种嵌岩桩支护体系，即嵌固段为土体＋软岩；研究软岩的强度、排桩刚度、软岩嵌固段长度对桩顶位移、桩身侧压力、桩身弯矩的影响，同时设计了嵌固段全为土体的模型试验，以为对比。若忽略嵌固段土体的作用，按嵌岩桩进行设计，则不经济。目前规范对这种嵌固条件下的排桩设计没有明确的规定。

（2）断面选取

桩墙支护结构设计计算中的另一个问题是设计断面的确定，一般是按基坑各部位的开挖深度、地质条件、周边环境等因素来选择。设计计算断面须考虑地质剖面的变化、开挖深度的变化、建筑结构平面布置形式、周围环境情况等。对每一计算剖面，应按其最不利条件进行计算。对电梯井、集水坑等特殊部位，宜单独划分计算剖面。所需考虑的问题有：计算剖面是否齐全？剖面选择是否具有代表性？设计计算是否考虑了地层分布的最不利状态？如勘察揭露有粉细砂层，而所选断面中不包含此层土，显然不具代表性，即漏掉了最危险的基坑段。

（3）常规计算

由于嵌岩桩墙支护体系允许的变形小，经典土压力理论不再适用，即主动土压力大于计算值，被动土压力远小于计算值。最好采用弹性支点法计算挡墙的变位和内力。所谓弹性支点法就是按弹性地基梁计算挡墙的变位和内力，岩土体对挡墙的水平支承力用弹性抗力系数来模拟，支锚结构也用弹簧模拟。基床系数 k 通常用 m 法计算，即 k 随深度比例增长，比例系数为 m。

在弹性支点法中，一个重要问题是如何确定岩层的水平反力系数。灌注桩作为支护桩使用时，岩体对桩体水平抗力及水平反力系数，宜通过现场单桩水平载荷试验确定，但实际中很少进行这种试验，而是根据岩石单轴抗压强度、风化程度、节理裂隙密度及产状等，结合地区经验确定。也可通过坑底水平位移，来估算得出水平反力系数。由于岩体强度较高，对支护结构嵌入段约束力较大，故岩层水平反力系数较大。不过，实际中 m 取值一般较小，故土岩双元深基坑设计多偏于保守。

（4）双排桩计算

双排桩结构设计时采用平面杆系结构弹性支点法进行计算，连梁则按照深受弯构件计算。后排桩后主动土压力基本按照朗肯土压力理论进行计算；对于灌注桩前方的被动土压力，则采用平面形滑裂面假定，建立挡土结构与其前土体间的水平作用力函数，求得该函数的最小值从而获得被动土压力；桩间土采用土的侧限约束假定；桩顶与连梁按照刚接考虑；桩底按照土反力弹性支座考虑。双排桩支护结构的抗倾覆验算及整体稳定性验算与单排悬臂桩类似，不同的是，双排桩的抗倾覆稳定验算将双排桩与桩间土整体作为力的平衡分析对象，考虑土与桩自重的抗倾覆作用。

（5）数值计算

由于深基坑工程的复杂性，常规设计方法很难反映基坑的空间特征及影响基坑变形的诸多因素，包括土的非线性特征和施工过程中岩土体与支护结构的相互作用。随着计算机水平的飞速发展，连续介质有限元技术在基坑开挖计算的应用方面取得了突破。选择合适土体本构关系和参数的基坑模型，可以解决复杂非线性问题的计算以及复杂施工工序的模拟，近年来国内外学者采用有限元数值计算来分析土岩双元深基坑的案例越来越多。如郭康等（2018）针对某地铁车站深基坑，开挖深度为 18.5～23.84m，采用普通嵌岩桩＋内支撑支护，桩嵌入中微风化砂岩，嵌岩深度为 2.5～8m。利用 PLAXIS 软件及 MC 本构模型进行二维数值模拟，结果表明：在土岩双元深基坑中，桩体变形最大位移处于土层中下部，地表沉降最大值位于距离桩体 $0.35H$ 处，桩体受力骤变位置基本处于土岩分界处和坑底部分。

陆冠钊（2013）采用 FLAC3D 软件研究土岩双元基坑嵌岩桩撑支护体系变形规律：某地铁车站基坑，开挖深度约 17m，采用钻孔灌注桩＋内支撑＋高压旋喷桩止水帷幕支护。内支撑采用钢支撑，设于冠梁及腰梁处。桩嵌入强风化粉砂质泥岩 2m 和中风化粉砂质泥岩 13m（图 8.9）。结果表明：变形主要发生在上部土层，标准段最大变形逐渐向下移动，而端头井最大变形始终在顶部。支撑从上至下，其受力越来越小。由于该类基坑开挖时，变形主要集中在上部土层部位，随着开挖深度的增加，会逐渐向下移动，而转角处的变形在顶部。所以，设计时应考虑采用控制上部变形的支护形式，第一道支撑应选

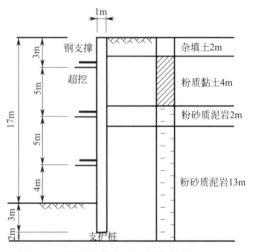

图 8.9　嵌岩桩撑支护（据陆冠钊，2013）

择受力较大的支撑并依次降低，以期达到节约成本，合理有效的目的。

李劭晖等（2007）以一个典型工程为背景，通过现场监测研究了嵌岩地下连续墙的受力和变形特征，并与普通地连墙进行比较，发现嵌岩地连墙在嵌岩位置会出现很大的负弯矩，对设计起控制作用；通过理论计算分析了墙厚和嵌岩深度对墙体受力的影响，发现加大墙厚可以在一定程度上减小变形，但会大大增加墙身受力特别是嵌固段的负弯矩；一定的嵌岩深度有助于提高围护结构的稳定和减小变形，但达到一定深度后再增大嵌岩深度并不能改善支护结构受力；根据施工阶段的变形监测，利用有限元方法对地连墙嵌岩段进行数值分析，结果表明在基岩顶面地连墙会出现应力集中，但区域不大，设计时可以考虑一定的塑性应力重分布。基岩的约束作用减小了墙身位移，同时阻止了最大变形位置的下移；地连墙在岩面位置处会出现反弯点并有明显的应力集中，导致在该处产生很大的负弯

矩，控制地连墙的截面设计；合理的嵌岩深度有助于围护结构稳定，但是过大的嵌岩深度对改善墙体受力已无很大意义，反而增加了施工难度。

8.2.4　深基坑稳定性验算

对于任何基坑，丧失稳定性都是不允许的。对于土岩双元深基坑嵌岩桩墙支护，若嵌岩深度不足，或强风化层较破碎软弱，则有可能导致下列稳定性失稳：整体抗滑稳定性、抗隆起稳定性、抗倾覆稳定性、抗踢脚稳定性。例如，嵌固效果不好时，被动区土压力较小，支挡结构向坑内发生较大位移，导致踢脚破坏。又如，悬臂式支护较容易发生转动倾覆破坏。在支护设计中，嵌岩深度主要由抗倾覆破坏控制。此外，锚杆力的竖向分量有可能使墙向下移动并产生弯曲，因而要求较好的墙基支承条件。以下仅简要说明整体抗滑稳定性验算和抗隆起稳定性验算。

（1）整体抗滑稳定性验算

对于悬臂式、锚拉式、双排桩支挡结构，土质深基坑的整体稳定性可以采用圆弧滑动条分法进行验算。就嵌岩支护的深基坑而言，一般开挖面内土层厚度远大于岩层厚度，也可简化为圆弧滑动。安全等级为一级、二级、三级的支挡结构，稳定安全系数不应小于1.35、1.3、1.25。

（2）抗隆起稳定性验算

在土岩双元深基坑工程中，基坑底部岩层强度较高、变形较小，一般无坑底隆起问题。但当坑底为强风化岩层时，应进行抗隆起稳定性验算。深基坑坑底隆起稳定性分析主要采用极限平衡法，一是基于圆弧滑动法的抗隆起稳定分析，二是基于地基承载力模式的太沙基公式和 Bjerrum-Eide 公式。也可考虑岩体中软弱结构面，建立抗隆起稳定分析模型。此外，采用弹塑性数值法进行基坑稳定分析越来越受到重视，最常用的是有限元强度折减法。当抗隆起稳定性按地基承载力模式计算时，对于安全等级为一级、二级、三级的支挡结构，抗隆起安全系数分别不应小于 1.8、1.6、1.4。当按圆弧滑动模式验算抗隆起稳定性时，对于安全等级为一级、二级、三级的支挡结构，圆弧滑动稳定安全系数分别不应小于 2.2、1.6、1.4。

8.3　嵌岩桩墙嵌岩深度确定

在深基坑工程中，桩墙嵌固深度是基坑支护设计的重要参数之一，直接影响基坑的安全性和经济性。嵌固深度过小会降低基坑体系的稳定性并留下安全隐患，过大则会增加成本造成浪费，故合理确定桩墙嵌固深度对基坑支护设计具有重要意义。对于土岩双元深基坑嵌岩桩墙支护，嵌岩深度更是一个关键参数，因为它最为显著的影响基坑工程安全和造价。特别是当桩体不能形成有效嵌固，且基坑开挖到土岩结合面时，围护结构会发生显著位移。

桩墙嵌固深度须满足基坑变形及稳定性要求，这是深基坑工程按承载力极限状态和正常极限状态设计的内涵之一，此外还须满足构造要求。对于土质基坑工程，现行基坑标准中规定了桩墙嵌固深度的确定方法；而对于土岩双元深基坑工程，嵌岩深度研究还不够成熟，如支护结构的极限状态就比较模糊。目前，嵌岩深度仍是一个尚未解决的重大问题，主要做法是以地区经验为主、计算为辅。

8.3.1 理论分析

现行行业标准《建筑基坑支护技术规程》JGJ 120 针对不同的支护形式，提供了不同的嵌固深度计算方法。对于悬臂式支护结构，按抗倾覆要求确定嵌固深度；对于单支点支护结构，采用传统的等值梁法确定嵌固深度；对于多支点支护结构，按整体稳定条件采用圆弧滑动简单条分法确定嵌固深度。日本对于多支点体系的深基坑，仅采用力矩平衡法计算入土深度，并规定入土深度不小于 3m，而不用圆弧滑动法验算整体稳定性。

（1）悬臂式支护结构

对于悬臂支护结构，其侧面作用力有桩后主动土压力、桩前被动土压力，根据力矩平衡条件可确定嵌固深度 h_d，即由主动侧和被动侧的极限侧压力绕桩底转动的抗倾覆平衡条件来确定：

$$h_p E_p - 1.2\gamma_0 h_a E_a \geqslant 0 \tag{8.1}$$

式中：E_p——基坑侧被动土压力合力；

$\quad\quad h_p$——E_p 作用点到桩底距离；

$\quad\quad E_a$——挡土侧主动土压力合力；

$\quad\quad h_a$——E_a 作用点到桩底距离；

$\quad\quad \gamma_0$——基坑重要性系数；

$\quad\quad 1.2$——抗倾覆安全系数。

（2）单支点支护结构

对于单支点支护结构，其嵌固深度 h_d 采用等值梁法，由抗力满足抗倾覆平衡条件来确定。以嵌固桩墙为分析对象，其侧面作用力有支撑或锚固力、桩后主动土压力、桩前被动土压力，根据力矩平衡条件可确定嵌固深度。作用于围护结构上所有力对支护结构底取矩：

$$h_p E_p + T_{c1}(h_{T1} + h_d) - 1.2\gamma_0 h_a E_a \geqslant 0 \tag{8.2}$$

式中：T_{c1}——支点力；

$\quad\quad h_{T1}$——支点至基坑底面的距离。

桩入土段某处弯矩等于零，该点称为反弯点。由弯矩等于零的条件，可确定反弯点的位置。通常简化为主动土压力与被动土压力相等的点。由反弯点以上的所有力对反弯点取矩等于零的条件，可得到支点力 T_{c1}。

（3）多支点支护结构

对于多支点支护结构，倾覆一般不会发生，可能的破坏形式为整体失稳，故嵌固深度由基坑整体抗滑稳定条件确定。假定滑动面为通过桩墙底部的圆弧，则嵌固深度须满足下列条件：

$$\sum c_{ik} l_i + \sum (q_0 b_i + w_i)\cos\theta_i \tan\varphi_{ik} - \gamma_k \sum (q_0 b_i + w_i)\sin\theta_i \geqslant 0 \tag{8.3}$$

式中：c_{ik}、φ_{ik}——最危险滑动面上第 i 土条滑动面处土的固结不排水（快）剪黏聚力、内摩擦角标准值；

$\quad\quad l_i$——第 i 土条的宽度；

$\quad\quad \gamma_k$——整体稳定分项系数，根据经验确定，当无经验时可取 1.3；

w_i——第 i 土条的重力；

θ_i——第 i 土条弧线中点切线与水平线夹角。

具体计算方法是：假定一个 h_d，设置通过支护结构桩/墙底的圆弧滑动面，计算稳定系数 K。若 K 小于允许的安全系数，说明嵌固深度不能满足要求，则重新假定一个 h_d，再进行计算，直至满足要求为止。

（4）临界嵌固深度

通过对嵌岩段进行受力分析，可以确定临界嵌岩深度（马康等，2018）：嵌岩段顶面的剪力和弯矩、桩侧极限阻力（单位桩长极限阻力）。当支护桩嵌入岩体内一定深度时，单位桩长极限阻力随深度增加呈非线性递增趋势；当超过某深度时，其数值保持不变，此深度即为临界深度，其计算公式为：

$$D_{cr} = 0.05B\left(\frac{E_e}{G^*}\right)^{0.5} \tag{8.4}$$

其中

$$G^* = \frac{G_r}{1+3\upsilon_r/4}, \ G_r = \frac{E_r}{2(1+\upsilon_r)} \tag{8.5}$$

式中： D_{cr}——临界深度；

E_e——素混凝土的弹性模量；

E_r、υ_r、G_r——分别为岩体的弹性模量、泊松比、剪切模量。

G^*——岩体等效剪切模量。

（5）嵌固深度与抗渗要求

当坑内外水头差较大时，嵌固深度还须满足抗渗稳定性要求。通常是由渗透稳定求出的嵌固深度起控制作用，也就是说，在保证基坑稳定和变形要求的情况下，通过抗渗稳定得出最小嵌固深度（龚晓南等，2020）。当基坑底部为碎石土或砂土时，桩墙嵌固深度除满足结构强度和稳定性要求外，还要满足：

$$h_d \geqslant \beta\gamma_0 h_w \tag{8.6}$$

式中：β——抗渗透系数，可取 1.2。

另外，现行标准对桩墙嵌入不透水层的深度 t 提出如下要求：

$$t \geqslant 0.2h_w - 0.5b \tag{8.7}$$

式中：h_w——水头；

b——墙厚。

（6）理论计算的局限性

对于单支点结构，按现行《建筑基坑支护技术规程》JGJ 120 计算出的支点力所采用的土压力图形是经典法土压力模型。由于人为设定桩身中主、被动土压力强度相等的那一点为转动支点，其深度小于实际的转动支点。与实际转动支点的计算力矩对比，主动侧力矩相对偏小，相应地支点力必然偏小。从静力平衡角度来说，采用偏小的支点力，计算所得的嵌固深度必定偏大，故安全度更能得到保证（詹素华，2007）。在这种方法中，土压力分布假定不尽合理，尤其是被动土压力分布。此外，按《建筑基坑支护技术规程》JGJ 120 得出的嵌固深度实质上是绕桩底的抗倾覆稳定，但对内撑式支护来说，常见的破坏形式是踢脚破坏。

在我国，为确保深基坑工程的安全，嵌固深度不仅要满足基坑稳定性要求，还须满足基坑变形要求。由《建筑基坑支护技术规程》JGJ 120 推荐的等值梁法确定的嵌固深度明显大于按控制桩底位移法确定的嵌固深度，相应的桩长也是这样。在有足够地区经验的情况下，可采用桩底位移法确定嵌固深度，以达到既节约又安全的效果。另外，以上所述理论计算方法主要应用于土质基坑；对于土岩双元深基坑，可参照使用，但其适用性仍有待进一步研究。

8.3.2　数值计算

大量深基坑体系数值分析结果表明，无论是土层还是岩层，适当增大嵌固深度，一般都将有效减小墙体的水平位移。但当嵌固深度超过一定值时，继续增大对变形影响效果将很小。事实上，在桥梁桩基础设计中，人们早就发现嵌岩桩存在深度效应，即当嵌岩达到一定深度后，继续增加嵌岩深度，对桩的承载力提高不明显，甚至无助承载力的提高，理论上嵌岩桩存在最大嵌岩深度（许党党，2018）。对于土岩双元深基坑，研究表明（臧文坤，2011），当嵌岩已经达到足够的深度时，额外的嵌入只会增加成本，对控制变形、弯矩、轴力意义不大。所以，从理论上讲，一定条件下，嵌岩桩存在最佳嵌岩深度。

必须指出，前述理论方法确定的嵌固深度只满足稳定性要求；除此之外，嵌固深度还应满足位移条件。对不同嵌固深度下桩墙顶部或最大水平位移进行分析，得到两者之间的关系。对不同嵌固深度下基坑稳定性进行分析，得到两者之间的关系。在其他条件不变的情况下，通过数值分析研究嵌固深度对支护结构内力、基坑变形和稳定性的影响，从而确定最佳值。例如，刘红军和臧文坤等（2010）对某高层建筑深基坑进行研究，该基坑最大开挖深度为 17.75m，基底为强风化花岗岩。对此土岩双元深基坑，采用嵌岩排桩＋内支撑支护，通过数值分析确定灌注桩平均嵌岩深度为 4.0m。

8.3.3　构造要求

在我国，支护结构嵌固深度除满足内力、变形及稳定性要求外，还须满足规定的构造要求。对于土质深基坑工程，《建筑基坑支护技术规程》JGJ 120—2012 规定了排桩嵌固深度取值方法，即嵌固深度除满足结构内力、变形及基坑稳定性要求外，还须满足规定的构造深度要求：对于悬臂式结构，不宜小于 $0.8H$；对于单支点支挡结构，不宜小于 $0.3H$；对于多支点支挡结构，不宜小于 $0.2H$（H 为基坑深度）。

以往在软岩、强风化岩，甚至中、微风化岩层中开挖基坑，大多是按土层对待的，即按照《建筑基坑支护技术规程》JGJ 120—2012 构造深度取值。例如，天水某商住楼基坑深 11m，坑底以下为泥岩，采用桩锚＋旋喷桩截水帷幕，嵌岩深度为 7m（龚晓南，2016）；长沙中青广场建筑基坑开挖深度 12.5～15.2m，坑底位于圆砾层中，坑底以下除薄层残积土外，主要为强风化和中风化泥质粉砂岩。基坑采用桩锚＋桩间旋喷桩截水帷幕，旋喷桩底进入相对隔水层深度不小于 1.5m。其中，一个剖面支护桩长 19.85m，嵌固深度 6.0m（龚晓南，2016）；贵广铁路佛山隧道土岩双元基坑长 1300m，开挖深度为 7.023～14.642m（未计坑顶以上基坑放坡高度），基岩顶面标高高出坑底标高 0.827～15.649m。基坑采用嵌岩桩＋内支撑＋旋喷桩止水支护，钻孔灌注桩嵌岩深度 5.530～25.960m（鲍树峰和邱青长等，2014）；广深港客运专线福田站深基坑采用嵌岩地连墙，深度为 34.8～43m，嵌入微风化花岗岩 2.7～24.5m（雷勇，2014）；南京地铁某车站基坑（图 8.2）最大开挖深度为 23.1m，采用排桩＋内支撑＋旋喷桩止水帷幕。第一道为钢筋混凝土支撑，其余为钢管支撑，基坑围护桩嵌岩深度 2.5～8m（郭康，2019）。

对于特殊土或岩石基坑，《建筑基坑支护技术规程》JGJ 120—2012 规定可参照该规程并结合当地的工程经验进行支护设计。一般认为，对于全风化岩和强风化岩基坑，可按照土层计算方法进行设计，并满足嵌固深度的构造要求；但可结合地区经验，在满足稳定性、变形要求的前提下，适当减小构造要求值。对于中、微风化岩，强度指标较高，按《建筑基坑支护技术规程》JGJ 120—2012 规定的构造要求对嵌固深度取值偏大，可能会造成施工困难及巨大的浪费。如陈耀光等（1999）所指出，由于桩墙嵌入中、微风化岩层，而这种岩层优于土层，故须结合地区经验，适当缩短嵌固深度，从而使基坑支护方案更为经济合理。

8.3.4　经验取值

由于深基坑工程中的嵌岩桩墙主要承受水平荷载，所以其嵌岩深度的确定一般参考桩基工程中横向受荷桩的嵌岩深度计算方法。在基础工程中，嵌岩桩的嵌岩深度是一个关键设计参数；嵌岩深度基于现场水平力试验和经验，并有多种计算公式；这些计算公式的条件显然与支护桩不同，因此不能照搬，但可以参考其经验取值。

（1）桩基嵌岩深度

桩基工程中的经验法认为，嵌岩桩的嵌岩深度一般为桩径的 2～3 倍。也就是说，嵌岩桩桩体嵌入基岩 2～3 倍桩径深度就可以达到完全嵌固。在日本和美国，岩土工程领域的学者和工程师认为，在硬土和软质岩层条件下嵌岩深度采用桩总长的 1/3，在硬岩条件下采用桩总长的 1/4。在我国，对于嵌岩桩的嵌岩深度，各类规范的规定不一致；而且为简化设计，不同部门的各大设计院一般都有自己的设计原则，如有的规定为 1 倍桩径，有的规定为 2 倍桩径等（赵延波，2017）。

（2）基坑嵌岩深度

就土岩双元深基坑工程而言，已有大量的嵌岩深度取值数据。如阳逻长江公路大桥锚碇深基坑采用地连墙加钢筋混凝土内衬支护，嵌入弱风化砾岩 1～1.25m，总深度为 54.5～60.5m（刘玉涛等，2004）。王亚军（2012）在某土岩双元深基坑工程中，采用钻孔灌注桩＋钢筋混凝土内支撑＋旋喷桩止水帷幕，能有效控制基坑变形，设计要求钻孔灌注桩进入花岗岩强风化层不少于 3m。青岛地铁汇泉广场站深基坑总长为 249.5m，标准段宽 18.9m，车站底板基本位于强风化岩层内，局部位于中风化岩层。基坑开挖深度 16～17.5m，采用灌注桩＋内支撑/锚支护，嵌岩深度 2m（翟桂林，2013）。广东虎门大桥西锚碇深基坑也使用了圆形嵌岩地连墙，该基坑开挖深度为 12m，平均入岩深度 1.95m。唐聪等（2019）在某地铁车站土岩双元深基坑中，采用普通嵌岩地连墙＋内支撑支护，围护结构插入比为 0.073～0.129 基坑开挖深度约 23m。通过对监测资料分析，表明基坑变形得到有效控制。

吴铁力（2015）结合大连丘陵地区的典型土岩双元深基坑工程，对支护桩嵌岩深度进行了比较系统的研究。在他的研究中，认为嵌岩深度主要取决于抗倾覆稳定性验算，结果表明（表 8.1）：对于强风化岩层、单支点支护结构，满足构造要求的嵌岩深度为 4.72m（0.3H），满足稳定性要求的嵌岩深度为 3.40m，而实际嵌岩深度为 3.15m；但从施工结果来看，实际嵌岩深度满足了安全要求，达到了基坑支护效果；这说明对于强风化岩层，嵌岩深度可适当小于构造要求的深度。对于中风化岩层、单支点支护结构，满足构造要求的嵌岩深度为 4.08m（0.3H），满足稳定性要求的嵌岩深度为 0.5m，而实际嵌岩深度为 1.95m。从施工结果来看，实际嵌岩深度满足了安全要求，而其值不足构造深度的一半。

支护桩嵌岩深度参数（据吴铁力，2015）　　　　　表 8.1

嵌固岩层、支点道数	基坑深度（m）	嵌固深度计算值（m）	嵌固深度构造长度（基坑深度倍数）	嵌固深度实际值（基坑深度倍数）
强风化岩层、单支点	15.74	3.40	4.72（0.3H）	3.15（0.2H）
中风化岩层、单支点	13.60	0.50	4.08（0.3H）	1.95（0.14H）
中风化岩层、多支点	16.13	0.80	3.23（0.2H）	1.70（0.1H）
中风化岩层、多支点吊脚	14.50	0.30	2.90（0.2H）	2.00（0.14H）

（3）嵌岩深度取值

在土岩双元深基坑工程中，嵌岩桩墙的嵌岩深度是一个重要设计参数，也是一个相当棘手的问题。桩墙支护嵌固深度的合理取值问题极为复杂，尤其是土岩双元深基坑。嵌固深度的确定有多种方法，对方法的适宜性远未达成共识。当桩墙底位于强风化岩层时，嵌岩深度如何确定？当桩墙底位于中、微风化岩层时，嵌岩深度如何确定？对于地层为土层＋强风化岩层的情况，可按土质基坑对待。不过，在满足变形和稳定性要求的前提下，可结合地区经验适当减小嵌岩深度，也即小于标准规定的构造深度。

目前，嵌岩深度以地区经验为主，理论计算为辅。例如，相关标准虽有嵌岩桩嵌岩深度的计算公式；但计算出的结果偏小，实际设计工作中，设计人员不敢轻易采用标准计算值，还是主要采用经验取值；而经验取值又比较保守，造成工程浪费。嵌岩深度过小，则被动抗力不足，可能会发生踢脚破坏。但靠增大嵌固深度来减小基坑变形往往是不经济的，嵌固深度达到基坑稳定性要求即可。此外，若坑底岩土体稳定性不足，可进行坑底加固，有时这比增大嵌固深度经济（张维正等，2014）。

当嵌岩深度较大时，优化分析是非常重要的。例如，据陈建山（2013）介绍，某地铁车站深基坑，采用排桩＋内支撑支护体系，嵌固深度比较大。但施工时发现，部分桩从基底开始已进入强风化或弱风化片麻岩。采用理正软件辅助设计，在满足基坑整体稳定、抗倾覆要求以及基坑变形要求的前提下，通过优化分析，将桩的嵌固深度调整 4m，比原设计减少了 3～4m。

可采用数值方法对嵌岩桩墙支护的安全性进行分析，确定其极限承载能力和抗变形能力，研究嵌岩深度、岩肩宽度、桩径、桩间距等因素对嵌岩部分极限承载力和抗变形能力的影响（卢途，2020）。数值模拟分析表明，在一定范围内，嵌固深度的增大可有效减小围护结构水平位移；但到达一定深度后，水平位移变化率减小并逐步趋近于零；根据数值分析结果，可对嵌岩深度取值进行优化。

若坑底地层为中、微风化岩，则坑底隆起一般很小，对坑外地表变形的影响也可忽略不计。但当坑底地层为强风化岩、岩体较破碎软弱，且桩墙嵌岩深度不足时，仍须关注坑底隆起。此时，为减小坑底隆起变形、提高基坑稳定性，可适当增大嵌岩深度，或加固坑底岩体。

第9章 土岩双元深基坑吊脚桩墙设计

在深基坑工程中，当基岩面较高且岩性较好（中、微风化硬岩）时，若仍沿用上部土层的支护方式，则既不经济，也难施工；若按下部岩层设计，则不安全。此时，桩墙不宜插入基底以下，而是采用桩墙脚仅嵌入下部强度较高且稳定岩层的吊脚桩墙支护。采用这种支护可以降低成桩难度、缩短工期、减少投资，因而受到工程界的欢迎。近些年来，随着超高层建筑和地铁等工程的快速发展，土岩双元深基坑工程越来越多，吊脚桩墙支护应用也越来越普遍。但是，相关的设计理论与方法尚未成熟，研究工作也远远落后于工程实践。本章首先介绍吊脚桩墙支护的类型，然后阐明吊脚桩墙支护设计与计算要点，最后讨论吊脚桩墙嵌岩深度和岩肩宽度的确定方法与经验取值。

9.1 吊脚桩墙支护类型

当基坑开挖至基底时，支护桩墙的桩墙脚吊在空中，故称为吊脚桩墙，相应支护称为吊脚桩墙支护。此处"吊脚桩"不是指桩基工程中那种因施工而造成的有质量问题的悬吊桩。吊脚桩也称锁脚桩，多采用钻孔灌注桩。为保证桩脚在岩层开挖过程中的安全，在桩入岩面以下预留岩肩来支撑桩脚；为防止岩肩对桩脚水平支撑力不足，在桩入岩面处增设一道预应力锚杆（图9.1）。

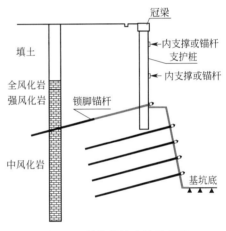

图 9.1 吊脚桩墙支护示意图

9.1.1 吊脚桩墙支护发展

吊脚桩支护是近些年发展起来的一种新型基坑支护形式。在我国，1999年青岛栈桥地下通道基坑工程中首次采用吊脚桩支护。关于吊脚桩这种特殊形式的排桩支护，相关文献主要集中在我国。不过，也有国外学者较早提出这种支护理念。F. G. Beu（1994）认为，在土岩双元深基坑中支护桩只需部分嵌入中风化岩层而不必嵌入基坑底部，但下部岩体需采取措施进行加固。

近十几年来，随着工程实践探索的不断深入，土岩双元深基坑工程中越来越多地使用吊脚桩墙支护体系。所谓吊脚桩墙是指这样一种支护结构，即用于抵抗基坑侧面土体变形的支护桩墙身只是嵌固在稳定的岩层中，而无需深入基坑开挖底面以下。对处于基岩埋深较浅地区的基坑工程，采用吊脚桩墙支护体系可以减少岩层开挖或爆破的工作量，减少工期，节约成本。这种支护形式在青岛、广州、大连、深圳、济南等城市的深基坑工程中多次出现。

但针对吊脚桩墙支护的基坑工程设计，人们所进行的研究较少，勘察设计理论尚不成熟，计算方法充其量达到半理论半经验的水平。现行基坑工程规范也很少涉及这种支护形式，只有广东省标准《建筑基坑工程技术规程》DBJ/T 15—20—2016中略有提及。因此，吊脚桩墙设计计算主要依靠工程师的认识凭经验进行。

在吊脚桩墙支护设计中，可能会遇到多方面的困难，其中最突出的现实问题是嵌岩深度的确定、基坑体系变形计算。到目前为止，对吊脚桩墙支护的学术研究基本上是以具体工程为依托进行的，主要方法是数值模拟。例如，李东（2009）针对某火车站深基坑，最大开挖深度为16.9m，采用数值方法研究了双元地层结构土压力分布规律并给出设计计算方法，通过数值模拟方法验证吊脚桩设计的合理性并对桩体嵌岩深度、预留岩肩宽度等因素进行分析。

9.1.2 吊脚桩墙支护基本类型

吊脚桩墙支护可分为多种类型，其基本形式主要有吊脚桩墙锚/撑＋裸露岩体、吊脚桩墙锚/撑＋锚喷支护、吊脚桩墙锚/撑＋微型桩支护。

（1）吊脚桩墙锚/撑＋面层支护

上部土层用吊脚桩墙锚/撑支护，采用大角度锚杆（其端部锚入下部岩层以提供较大的锚固力，维持上部土层及吊脚桩的稳定），下部岩层开挖后用机器整平，喷射混凝土面层或直接裸露施工（图9.2）。这种类型适用于岩层整体性较好，岩体节理裂隙较少、强度较高且基坑开挖对周边岩体扰动较小的情况。其优点是设计思路简单，工程造价低，施工方便；其缺点是施工安全得不到很好的保证，存在较大的安全隐患，如支护结构位移较大，对周边建筑物、道路及地下管线等影响较大。

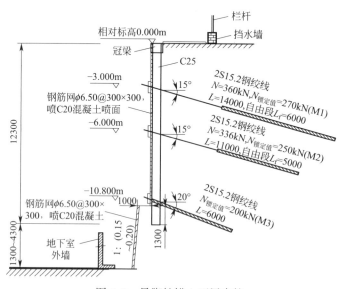

图9.2 吊脚桩锚＋面层支护

在实际的深基坑工程中，吊脚桩墙锚/撑＋面层支护或裸露岩体这种支护形式应用较少，这里举例说明。据李佳鑫等（2019）介绍，武汉某建筑软岩地层深基坑，开挖深度为17.7～30.7m，上层老黏土和下层粉砂质泥岩。开挖以后形成的基坑边坡主要有土层、中风化岩层和微风化岩层。中风化岩层岩体破碎、裂隙发育，结构的结合度也较差，易沿结构面产生滑移和变形。开挖后暴露在空气中一定时间后易风化，力学强度降低。他比较了两种支护方案：①上部土层为钻孔灌注桩，下部中风化和微风化泥岩三级放坡并锚喷支护；②上部吊脚桩进入微风化泥岩，下部放坡开挖，岩肩宽度为 4m。第 2 种方案为优化方案。

（2）吊脚桩墙锚/撑＋锚喷支护

上部土层采用桩墙锚/撑支护，下部岩层采用锚喷支护。深基坑施工时，下部岩层开挖后，用机器整平；布设钢筋网，喷射混凝土面层；最后用普通锚杆或岩钉进行锚固（图 9.4），有的下部岩层也用预应力锚杆（图 9.3）。在土岩双元深基坑工程中，这种支护方案应用得较多（朱祥山，2008；李华杰等，2008；刘红军等，2009；张勇等，2009；朱志华等，2011；李宁宁等，2013；毕经东等，2013；林佑高等，2013；林佑高等，2014；涂启柱，2016；郭鹏举，2019）。当土岩双元地层基岩面较浅且岩体质量较好时，上部土层部分也可采用微型桩＋锚喷土钉墙支护，下部岩层采用锚喷支护（庄岳欢等，2015），这种支护可视为吊脚桩＋锚喷支护的拓展型。

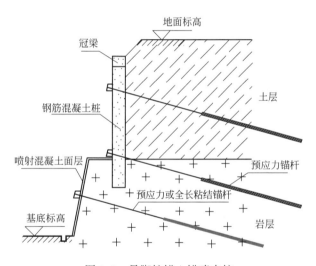

图 9.3　吊脚桩锚＋锚喷支护

林佑高等（2013）介绍了某核电厂排水隧道竖井基坑，作为排水隧道施工人员和材料出入通道，安全要求极高。基坑开挖深度达 38.44m，上基坑开挖深度为 17.84m，主要为回填土、中砂、残积土和强风化岩；下基坑开挖深度为 20.6m，主要为微风化岩。采用吊脚桩撑＋锚喷支护，上部采用冲孔灌注桩＋内支撑＋桩间旋喷桩止水，排桩嵌入微风化岩层 2～3m，并在上基坑底部设置一道支撑。下基坑采用光面爆破开挖，爆破开挖后进行锚喷支护，岩肩宽度不低于 2m。灌注桩施工完成后，在桩间施工高压旋喷桩，与灌注桩咬合；高压旋喷桩深度按进入强风化岩石 0.5m 控制。锚杆采用全长粘结型水泥砂浆锚杆，锚杆施工后，喷射混凝土；喷射混凝土前，在岩面挂设钢筋网。在方案比选阶段，考虑到究竟采用桩锚还是桩撑的问题。上基坑若采用桩锚支护，基坑内无任何障碍物，适合施工作业。但锚索的最大长度达 30 余米，且由于上部土层主要为砂土和人工填土，锚杆施工有极大风险。因此，最后决定采用施工简单、风险较低的桩撑支护。

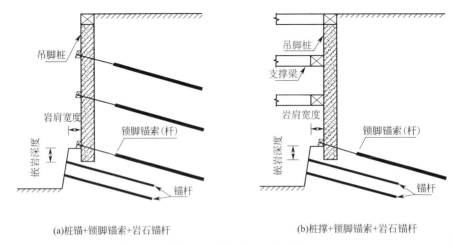

(a)桩锚+锁脚锚索+岩石锚杆   (b)桩撑+锁脚锚索+岩石锚杆

图9.4   基坑支护剖面（据任晓光等，2016）

（3）吊脚桩墙锚/撑＋微型桩支护

当下部岩层节理裂隙发育、较为破碎时，可采用微型钢管桩保护岩肩。上部土层采用吊脚桩墙锚/撑，下部岩层采用微型钢管桩＋锚喷支护结构（图9.5）。在岩层开挖前先环绕基坑周边打一圈微型钢管桩对岩层进行超前支护，以防止节理裂隙较多、自稳能力不足的岩体发生倒坡现象（解云芸，2011；吴学锋等，2012；毕经东等，2013；李宁宁等，2013；周小龙，2013；吴燕开等，2013；朱丹晖，2014；王汇玉，2014；赵文强，2015；白晓宇等，2015；李伟，2016；张传军等，2016；宋诗文，2018；吴二林，2018；宋成辉等，2020）。这种支护体系适用于地质结构较为复杂的深大基坑，在吊脚桩墙锚/撑＋锚喷支护结构的基础上加了微型钢管桩超前支护。微型钢管桩的桩径一般小于300mm，与钻孔灌注桩相比，施工方便、适应性强。由于微型钢管桩刚度较小，其主要作用是预裂围岩以保持下部围岩的完整性。换句话说，当岩体比较破碎时，微型钢管桩有超前加固作用。

现举几个有典型意义的深基坑工程实例。毕经东等（2013）在青岛地铁3号线宁夏路站深基坑工程（开挖深度20m），采用吊脚桩/撑锚＋钢管锚喷支护，即上部采用吊脚桩，顶端设一道钢管支撑，其下采用预应力锚索。吊脚桩入中风化花岗岩2m，岩肩宽度1m。下部岩石边坡垂直开挖，设钢管锚喷支护以保护岩肩。现场监测结果表明，桩体最大水平位移16mm，最大地面沉降14mm（图9.6）。吴燕开等（2013）在青岛某建筑基坑（开挖深度14.5m）中，采用吊脚桩锚＋微型桩支护。吊脚桩嵌入微风化岩不小于1.0m，排桩、微型桩顶部均设置冠梁，预应力锚索处设置腰梁。地下水控制采用双排水泥土搅拌桩截水帷幕＋坑内明排＋坡顶设截水沟方案。朱丹晖（2014）在某地铁深基坑（基础底板埋深15.82～18.50m）工程设计中，采用吊脚桩/撑锚＋微型钢管桩支护。吊脚桩入中风化岩1.5m。计算结果为：最大水平位移19.39mm，最大地面沉降18mm。监测结果为：桩顶最大水平位移5.2mm，最大沉降4.0mm，桩体最大位移8.6mm，地表沉降最大值为4.0mm。宋成辉等（2020）在吊脚桩＋微型钢管桩支护体系中，浇筑锁脚腰梁时将钢管桩顶包含在内，使钻孔灌注桩与钢管桩有效连接。

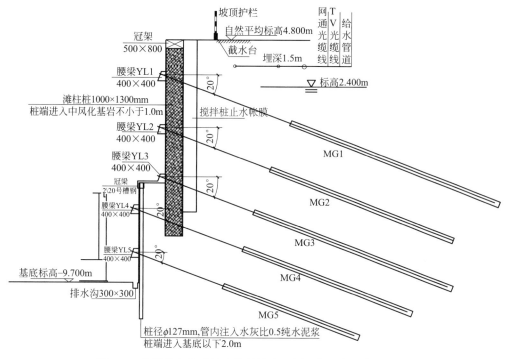

图 9.5　吊脚桩＋微型桩支护结构断面图（据吴燕开等，2013）

9.1.3　吊脚桩墙支护复合类型

吊脚桩墙支护除前述基本类型之外，还有多种更为复杂的复合形式，如吊脚桩锚＋放坡锚喷＋微型桩支护、双排吊脚桩锚＋锚喷支护、双排吊脚桩锚＋微型桩支护、吊脚桩锚＋肋梁或格构梁、盖挖逆作吊装桩支护等。

（1）吊脚桩锚＋放坡锚喷＋微型桩支护

刘红军和张庚成等（2010）采用现场监测和有限元分析方法研究了某建筑土岩双元深基坑，基岩面埋深 4.10～7.50 m。基岩面总体较平缓，基坑开挖深度 21.1m，采用吊脚桩锚＋局部放坡＋钢管桩支护形式（图 9.7）。据张传军等（2016）介绍，吊脚桩打入强风化花岗岩 1m，基岩面至中风化底端采用放坡涂以面层的形式支护，部分微风化岩体附加钢管桩进行辅助支护。由于基坑相对开挖深度较深，且地下水水头较高，考虑到周边建筑多采用天然地基、浅基础形式，若直接排水开挖，可能会造成现有建筑物的不均匀沉降，故而采用高压旋喷止水帷幕。

（2）双排吊脚桩锚＋锚喷支护

在土质基坑工程中，当设计锚杆和内支撑有困难时，可考虑双排桩支护方案。两排钻孔灌注桩顶部钢筋混凝土横梁连接，必要时对桩间土体进行加固处理。对于土岩双元深基坑，也可采用双排吊脚桩，即上部双排吊脚桩锚＋下部锚喷支护。如刘红军、王亚军和姜德鸿等（2011）在青岛凯悦深基坑工程中采用这种支护，该基坑深度 15.37m，双排吊脚桩桩端嵌入强风化岩 1.0m 以上。旋喷桩止水，桩端进入强风化岩层 1m 以上（图 9.8）。

又如，林佑高等（2014）对闸门井基坑采用直立式开挖，上部为双排吊脚桩，下部中

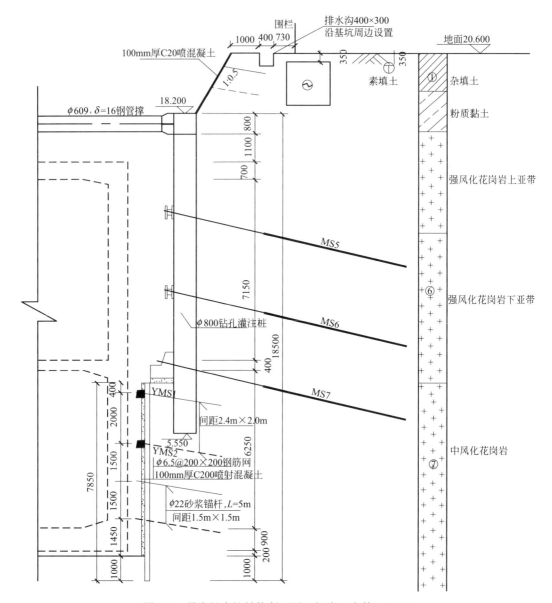

图 9.6 吊脚桩支护结构断面图（据毕经东等，2013）

风化岩层采用锚喷支护。上基坑采用双排桩支护结构，主要由前排桩、后排桩、桩顶冠梁及连梁组成，根据地质条件和止水需要加设截水帷幕。设计时需加强桩顶梁及连梁的连接及刚度，以提高支护结构的整体性，改善其内力分布。下基坑采用锚喷支护，岩石爆破采用光面爆破，爆破开挖后进行锚喷支护施工。梁与前后排桩、冠梁锚固在一起，形成刚性节点。在前、后排桩中间设置双排高压旋喷桩作为截水帷幕。

双排桩支护结构刚度大，施工技术趋于完善，在土质深基坑工程中应用较广（何颐华等，1996；吴刚等，2008；应宏伟等，2007；吴文等，2011；崔宏环等，2006）。在土岩双元深基坑工程中，双排吊脚桩支护体系具有较大刚度，能有效控制基坑变形，对嵌岩深度要求相对较小。

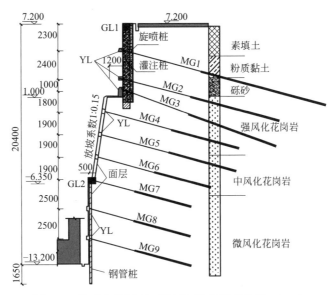

图 9.7　典型支护剖面（据刘红军和张庚成等，2010）

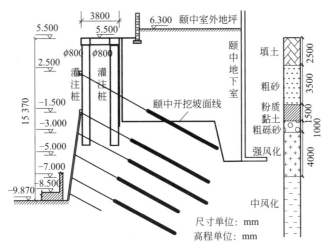

图 9.8　基坑典型支护剖面（据刘红军、王亚军、姜德鸿等，2011）

（3）双排吊脚桩锚＋微型桩支护

此种支护形式与单排吊脚桩锚＋微型桩支护相似，就是上部土层采用双排吊脚桩支护，下部岩层采用微型桩支护。曲立清等（2019）以青岛国信金融中心项目深基坑工程为依托，提出一种类似双排灌注桩的支护结构形式，基坑外侧桩辅以竖向锚索，内侧桩辅以斜向锚索加吊脚钢管桩等形式，形成双排桩＋微型钢管桩＋锚索支护体系（图 9.9）。该基坑开挖深度 15.3～23.3m，钻孔灌注桩下部进入中风化花岗岩，采用吊脚钢管桩形式，吊脚桩嵌固深度 3.0m。通过分析该支护形式施工过程中的桩顶水平、竖向、深层位移等监测数据并总结变形规律，研究结果表明：在邻边大型货车动荷载作用下，基坑体系变形均在设计值以内，支护体系合理有效。

（4）吊脚桩锚＋肋梁或格构梁

据邓春海等（2011）介绍，某高层建筑深基坑工程，基坑开挖深度 10m，基岩埋深

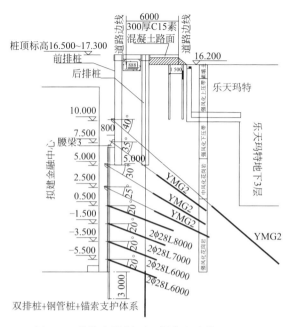

图 9.9　基坑支护剖面（据曲立清等，2019）

5.8m。设计采用上部吊脚桩/锚＋下部肋梁/预应力锚杆支护，岩肩宽度 1.5m。据袁海洋等（2013）介绍，青岛某深基坑开挖深度为 10m，上部采用排桩/预应力锚杆支护，下部岩层部分采用肋梁/预应力锚杆支护。支护桩进入微风化岩 0.5m，岩肩宽度 1.5m。此外，吊脚桩锚＋格构梁锚索支护与吊脚桩锚＋肋梁支护类似，可视为其扩展型（图 9.10）。

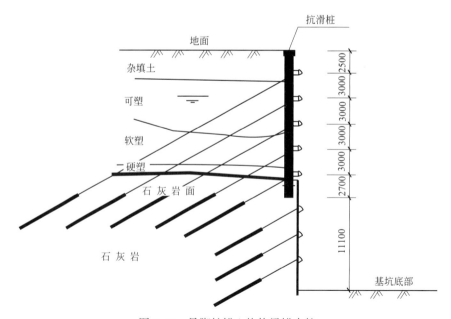

图 9.10　吊脚桩锚＋格构梁锚支护

（5）盖挖逆作吊脚桩支护

所谓盖挖逆作法是指在土体开挖前首先做地下围护结构和中间桩柱，在围护结构和中间桩柱施工完成之后，开挖土体至顶板底部标高，利用未开挖土体做模，浇筑混凝土形成主体顶板结构。而后回填顶板上部覆土至路面标高，修建路面并恢复路面交通。待路面恢复之后，在顶板的遮盖之下依次向下开挖土体并修建主体结构。

盖挖吊脚桩受力状态与明挖吊脚桩不同，即桩顶上有竖向荷载作用。土岩双元地区吊脚桩往往扮演围护结构的角色，而地铁盖挖法车站施工对其功能提出了新的要求：在恢复路面后，承受一部分由钢盖板、车流所带来的竖向荷载。上部土层采用吊脚桩＋逆作结构板支撑，下部岩层采用锚喷支护（图 9.11）。当没有条件设置岩肩时，可以加强桩底锁脚锚杆，采取合理的施工措施，避免扰动桩底岩体。这种支护形式符合支护结构永久化的理念，基坑水平支护结构与地下室结构楼板相结合，支护墙体与地下室墙体相结合，从而实现基坑支护与地下结构协同设计（高艳，2011）。

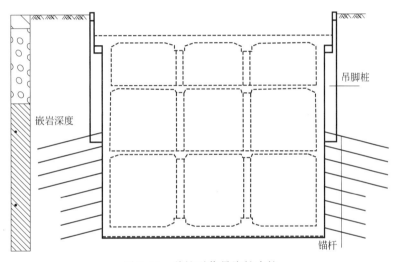

图 9.11　盖挖逆作吊脚桩支护

田海光（2015）以青岛地铁 3 号线五四广场站为研究对象，对土岩双元地层地区的吊脚桩设计要点进行研究。通过数值模拟，对土岩双元地层中吊脚桩基坑的支护体系变形及内力、吊脚桩嵌岩深度与预留岩肩宽度的关系进行分析，并对有竖向荷载的吊脚桩进行研究。结果表明：随着开挖深度的增加及锚杆的施工，预应力锁脚锚杆对吊脚桩桩底水平位移的控制作用明显；随着嵌岩深度和肩岩宽度的增加，吊脚桩桩身最大水平位移呈减小趋势，嵌岩深度取 2.0m，岩肩宽度取 1.5m 较为合理。

（6）吊脚桩其他复合支护形式

北京某土岩双元深基坑工程，基坑开挖深度 19.3m，采用挡土墙＋桩锚＋格构柱的支护方式：基坑上部采用挡土墙支护，中断采用桩锚支护，下段强风化玄武岩段采用锚杆＋格构梁支护（图 9.12）。由于强风化玄武岩层顶板标高变化，其上部护坡桩长度、护坡桩锚杆排数及下部锚杆＋格构支护高度随之调整（黎浩等，2017）。如图 9.13 所示为放坡锚喷＋吊脚桩锚＋肋梁锚喷支护。

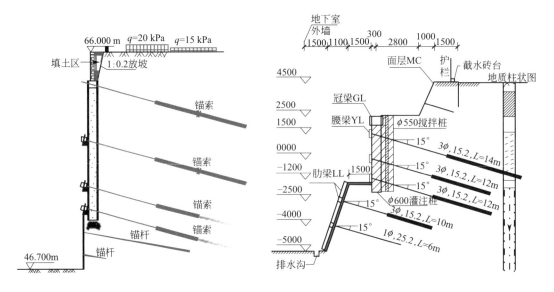

图 9.12　挡土墙＋桩锚＋格构柱支护　　　　图 9.13　放坡＋桩锚＋肋梁锚喷支护
　　　　　　　　　　　　　　　　　　　　　　　　　　　　　　（据邓春海等，2011）

9.2　吊脚桩墙支护设计

在基岩埋深较浅的地层中从事深基坑工程，当岩性较为坚硬时，很难按现行标准规定的嵌固深度施工；若勉强为之，工期将过长、造价会过大。此时，应考虑选择吊脚桩墙支护。随着超高层建筑和地铁等工程的快速发展，我国土岩双元深基坑工程越来越多，吊脚桩墙支护应用也越来越普遍。但是，相关的设计理论与计算方法尚未成熟。目前，吊脚桩墙支护体系设计的难题主要包括吊脚桩支护体系选型、嵌岩深度和岩肩宽度的确定、支护结构受力变形计算、基坑稳定性验算等。此外，毕经东等（2013）曾提出吊脚桩支护与下部岩石边坡支护如何考虑协调变形这一问题，但并未进行讨论，在其基坑支护设计中亦未采取专门措施。

9.2.1　结构特点与设计要点

（1）结构特点

在吊脚桩墙支护体系中，对上部土体采用刚度较大的支护结构挡土，而对下部岩体则采用锚喷侧壁或微型桩预支护、肋梁等支挡的围护方式，主要作用是保护岩壁。这种体系在上部土层和下部岩层采用不同的支护结构，目的是充分利用岩层的自稳性能及承载能力（武军等，2018）。

与普通桩墙支护不同的是，在吊脚桩所应用的土岩双元基坑中，岩层体现出坚硬密实、承载能力很强和压缩性相对较低等特点，一般不会引起坑底隆起或整体滑移破坏，而往往会在土岩界面处出现滑动面。毕经东等（2013）指出，吊脚桩桩底稳定是整个支护体系安全的关键。吊脚桩虽然有嵌岩部分，但其所嵌入的岩体部分有临空面，故其水平承载能力较小，容易发生踢脚破坏。由于受周边环境限制，岩肩宽度不可能很大，难以提供足够的嵌固力，故须在桩脚处通过设置锁脚梁及预应力锚索，以提高岩肩嵌固力（宋诗文，2018）。

（2）支护机理

吊脚桩墙支护的主要特点是预留岩肩、施作锁脚锚杆。当基坑岩层爆破开挖时，为保证桩脚的安全，在桩入岩面以下预留岩肩来固定桩脚，采用预应力锁脚锚杆或钢管内支撑以防止岩肩破坏，预应力应大于桩脚受到的侧向压力。采用预应力锚杆替代原排桩桩底被动区土压力，以解决吊脚桩边坡的稳定性。在吊脚桩基坑体系中，吊脚桩锚撑、岩肩、锁脚锚杆、岩土体、岩石锚杆、微型桩之间相互作用、共同工作，其详细机制仍不清楚。

当地下水位较高且环境对基坑变形要求严格时，可设置旋喷桩截水帷幕，桩进至中风化岩层顶面即可。如据杨俊辉（2019）介绍，厦门地铁 4 号线某施工竖井基坑长 26.4m，宽 17.4m，坑深 34.25m。场地第四系厚度 8～16.5m，以下主要为花岗岩，基岩面变化较大。上部桩撑加锁脚锚索，下部锚喷支护。吊脚桩底嵌入中风化花岗岩，嵌岩深度 2.5m，岩肩宽度 1.0m。桩间采用旋喷桩止水，旋喷桩进至中风化岩层顶面。

（3）设计要点

失效形式与设计。吊脚桩支护体系的失效形式主要有桩顶位移过大、岩肩破坏、踢脚破坏等，主要原因是嵌岩深度不足、桩身强度不足或刚度不够。这种支护的设计要点主要有三（毕经东，张自光，2013）：①锁脚锚索设计，吊脚桩桩底稳定性是整个支护体系安全的关键；②岩层开挖对桩脚的保护；③岩石边坡锚杆设计，关键是如何考虑上部软弱地层荷载作用。

逆作支护设计。当采用逆作法施工时，地连墙与地下结构墙体相结合，内支撑与地下结构水平构件相结合，支承柱与地下结构竖向构件相结合。逆作法设计应保证地下结构的侧墙、楼盖与底板同时满足基坑开挖时作为基坑支护结构及地下室永久结构工况时的设计要求。

截水帷幕设计。当采用吊脚桩支护、地下水位较高且环境对基坑变形要求严格时，一般采用高压旋喷桩截水帷幕来止水，桩进至中风化岩层顶面即可，或进入强风化基岩面不小于 0.5m。如某高层建筑深基坑，开挖深度约 22.0m，采用吊脚桩锚＋锚喷支护，桩端进入中等风化岩不小于 0.5m（穿过强风化岩层）。高压旋喷桩截水帷幕，旋喷桩进入强风化花岗岩不小于 0.5m（朱祥山，2008）。某土岩深基坑，采用吊脚桩锚支护，桩端嵌入中风化花岗岩不小于 2m，采用高压旋喷桩止水，桩底进入基岩面不小于 0.5m（李东，2009）。又如青岛某地铁车站总长 179.8m，标准段宽为 20m，底板埋深 16.1～18.5m。基坑上部土层采用吊脚桩锚撑支护，下部岩层采用微型桩锚，其中吊脚桩嵌岩深度 1.5m。采用旋喷桩截水帷幕止水，入岩深度 0.5m（白晓宇等，2015）。

嵌岩深度确定。如果桩墙底未能形成有效嵌固，则当基坑开挖至土岩界面到桩底嵌固深度附近时，桩顶及桩底位移有急剧增长过程。例如厦门某公路隧道基坑开挖深度 15.2～19.30m，采用吊脚桩锚＋钢管桩锚喷＋旋喷桩截水帷幕支护方案，吊脚桩设计嵌岩深度为 1.5～2.0m（鲍晓健，2019）。但实际嵌岩深度多在 0.5m 左右，故存在嵌岩深度不足的问题。此外，锁脚锚索轴力不足的情况也较为普遍，只达到设计预加力的 25％～50％。这些原因使基坑发生了相当大的变形：在低基岩面断面，桩体最大水平位移达 105.42mm；在高基岩面断面，最大水平位移为 70.39mm，其桩底侧移为 39.41mm。

这表明在嵌固深度不足的情况下，桩身侧移包括内倾和平移；而嵌固深度足够的桩，其侧移呈悬臂状内倾形。

又如（董建波等，2013），某土岩双元深基坑工程位于西南山区某市，该区喀斯特地质地貌发育，红黏土广泛分布。施工过程中基坑西面边坡位移变化较大，桩顶、桩身以及桩底均有较大位移，其中桩顶水平位移接近110mm，远超规范允许值并威胁到施工安全。主要原因是基坑西面边坡土岩界面上局部分布有薄层流塑状黏土，致使部分抗滑桩桩底未能进入中风化岩层，嵌固效果不佳是导致基坑位移较大的主要原因。后来验算表明，当桩底嵌固于强风化岩层中时，边坡破坏模式为支护桩踢脚破坏，计算得到的滑动安全系数为0.94。鉴于吊脚桩支护嵌岩深度取值的重要性，将在第9.3节专门讨论。

（4）工程案例

刘金阳等（2013）曾介绍一个基坑工程案例：大连某地铁车站基坑开挖深20m，基坑南侧紧靠市区主干道，场地有限且上部7～9m为回填土层和强风化岩层，下部则为较硬的中风化岩层，设计采用了吊脚桩锚＋锚喷支护。该基坑施工采用分段开挖、分段支护，施工中出现了险情。当第三段开挖快到底时，吊脚桩顶水平位移和桩体测斜数值出现速率报警且道路出现明显裂缝。经过专家论证研究决定，对路侧基坑先重新回填，后进行锚索加固。由于采取措施及时，吊脚桩监测速率的变化得到有效控制，监测累计数据曲线开始达到平稳状态，基坑危险状态得到解除。事情发生后，进行了质量检查并重新抽样进行锚索拉拔试验，结果均满足质量标准和设计要求。对设计审查时发现一些吊脚桩设计经常容易出现的问题，也是这次险情的主要原因。

桩锚强弱问题。设计采用的岩土指标较高。重新修正相关参数，对原设计做了如下调整。原设计吊脚桩桩径0.8m，间距1.4m，桩长11～13m，嵌岩深度4m，岩肩宽度1.5m。桩支护较强，而锚索支护相对较弱，下部岩体锚固也较弱，故均加强了锚索。造成桩顶水平位移报警的主要原因是桩顶水平约束力不足，原设计第1道锚索预应力为最小，然后依次增加。在实际施工中发现，经常出现桩顶水平位移超限，有时需要过一定时间后才能稳定，有时甚至会出现超警戒值报警现象。所以修改设计，将各道锚索预应力进行了调整。

桩脚嵌岩问题。地质勘察报告描述的稳定和不稳定岩层界面往往呈波浪形。虽然每个钻孔均有界面的明确标高，但实际上两种岩层界面并不很清晰，强风化岩和中风化岩之间更是如此，有时还与实际揭露情况有较大差距。所以，单纯依靠地质报告做出的设计并不可靠。在这方面，实际工程控制中是存在一定困难的。如果是人工挖孔桩，由专业地质人员进行现场辨识，还有可能准确些，但如果是钻孔桩就比较困难。只根据设计确定的嵌岩深度还远远不够，现场一定要根据具体工程实际地质情况调整好有关标高，同时还要有足够的安全系数或有可靠的保证措施。

岩体结构问题。大连地区的板岩层理非常发育，层理面一般由北向南倾斜，坡度为40°～50°。本车站长边沿东西方向布置，基坑北侧为顺岩层，南侧为逆岩层。实践证明，在北侧的顺岩层边坡很容易产生滑坡，特别是在有裂隙水的情况下更加危险。原设计不管是顺岩层侧边坡还是逆岩层侧边坡，二级平台下均为锚杆支护，显然是没有考虑这种地质构造实际情况。在本车站基坑施工过程中，北侧边坡在二级平台处出现一起小的局部滑坡事故，据此修改设计将二级平台前2道锚杆支护改为2道锚索支护，有效解决了这一问题。所以，不论地质报告是否提供地质结构方面的资料，设计者均应根据工程实际考虑这方面因素。

岩体质量问题。当岩体质量较好时，下部可采用锚喷支护；否则，应采用微型钢管桩喷锚支护。

9.2.2　吊脚桩墙支护选型

一般来说，若采用嵌岩桩墙支护且嵌岩深度大于 3m 时，应考虑采用吊脚桩墙支护形式。当在嵌岩与吊脚之间，决定选用吊脚桩墙支护时，接下来便是支护选型设计，其主要依据是基坑工程的具体情况及各类吊脚桩墙支护的适用条件。相关内容见第 9.1 节，以下仅讨论与选型相关的几个问题：明挖与盖挖、逆作与顺作。

（1）明挖与盖挖

地下工程基坑施工主要有明挖法、盖挖法、暗挖法等。到目前为止，土岩双元深基坑多采用明挖法。明挖法占用路面，长期干扰交通，影响环境；暗挖法对周边引起较大沉降。为解决地面交通拥堵问题，盖挖法应运而生。在盖挖法施工中，先行修筑顶板或临时路面板、恢复交通，然后在顶板之下再行开挖、修筑地下结构。也即先用桩或地连墙等作为支护，在其施工完成后，筑造钢盖板或钢筋混凝土盖板，然后再分级开挖至较浅的深度，并回填地表、恢复通车；最后在支护结构和中间立柱的保护下进行土方开挖；其目的是缓解基坑长时间施工对地面交通造成的压力。与明挖法相比，盖挖法施工周期并没有缩短，但对地表交通的影响时间则明显缩短。与暗挖法相比，由于盖挖法在人工筑造的高强度顶板和临时路面下及在计算设计完善的支护结构保护下进行施工，所以其风险较小，安全性比暗挖法要高，并且对地质条件的要求较低。日本大多数地铁车站都采用盖挖法施工。

（2）逆作与顺作

盖挖法分顺作和逆作，盖挖逆作法修建主体结构的顺序和盖挖顺作法有所不同，盖挖逆作法的施工过程中，当土体开挖至一层时，修建第一层主体结构，依次向下逐步开挖并修建主体结构直至结构底板。逆作法利用永久结构进行支撑，整体性好，基坑变形小，对邻近建筑物或设施影响小，特别适宜土质复杂、周边旧房较多的地段，以及深度大、面积广、对环境要求高的深大基坑工程。

所谓盖挖顺作法即指在开挖前首先依据地下结构尺寸修筑围护桩或地下连续墙等围护结构，然后将预制好的盖板支撑在围护结构之上，形成一个围护结构和盖板相结合的结构体系，此时盖板就起到了临时路面结构的作用。在盖板的遮盖下，开挖土体到底板标高并施作必要横向支撑。待开挖到结构底部之后，再由下至上修筑主体结构部分和防水设施。完成主体结构施工后，将原临时路面结构拆除并回填上部覆土至地面标高，同时将需要回迁的管线以及路面交通恢复。将上部顶板结构与围护结构共同构成一个安全稳定的结构体系，进而在顶板的遮盖之下开挖基坑并自下至上修筑主体结构。

逆作法施工可显著降低基坑工程风险、减少事故发生，在环境要求严苛的深基坑工程中有极大的推广使用价值。但逆作法造价较高，宜用于较深基坑且对基坑变形有严格限制的工程。逆作法对施工单位有较高的能力要求，即要求主体结构设计进度与施工进度匹配，需配合逆作法施工方案对楼板梁系结构进行必要的调整，也要求基坑工程设计单位、主体结构设计单位和基坑工程施工单位密切配合。

在盖挖逆作深基坑中，吊脚桩支护体系受力变形特征及规律如何？青岛地铁五四广场车站首次将盖挖法与吊脚桩支护相结合（吴腾，2014）。目前，对吊脚桩的支护设计计算一般是采用传统方法与有限元相结合，即采用传统的桩锚支护设计方法在开挖到土岩交界面时确定桩的嵌岩深度，再采用有限元法进行模拟变形和内力，在满足基坑变形要求的前提下，调整相关设计参数大小，满足桩锚支护体系的变形稳定，之后进行下层岩体的开挖。对于受竖向力状态下的吊脚桩稳定性分析则没有先例，因而有必要对该类吊脚桩支护结构进行研究，以期形成其设计计算理论，使该类吊脚桩的设计有理可依。同时，对影响基坑稳定性的各类因素进行比较并从中找出主要影响因素也是有必要的，分析主要影响因素影响规律，从而指导设计和施工。

（3）锚喷与支挡

吊脚桩支护类型不同，作用机理是有差异的。其中，微型钢管桩是超前支护，而锚杆格构梁是先光面爆破开挖后加锚杆格构梁支护。岩质基坑垂直开挖极易形成倒坡，光面爆破锚杆格构支护可能不经济，而微型钢管桩超前支护比较实用，且对吊脚桩的稳定是有利的（邵志国，2012）。

此外，下部岩层部分是锚喷还是微型桩？朱祥山等（2008）研究表明，对于上部为吊脚桩的深基坑，当下部为中风化或微风化岩层时，通常可采用锚喷支护，适当增加预应力可有效控制变形。若对变形有更高要求，且岩体比较破碎，则可采用微型钢管桩支护。刘小丽和李白（2012）对青岛土岩双元深基坑开挖过程进行模拟，结果表明：基坑地层存在较厚的强风化岩时，微型钢管桩可有效限制基坑变形；基坑地层中性质较好的中风化岩和微风化岩占的比例较大时，微型钢管桩对基坑变形和锚索受力影响很小，可不设置微型钢管桩支护。大量实践表明，当中风化岩层节理发育、较为破碎时，采用微型钢管桩支护可较好地保护岩肩。微型钢管桩作为超前支护，可减少爆破对岩肩的破坏。

（4）单排与双排

邹超群等（2017）介绍某深基坑工程，基坑侧壁主要为卵石层，地下水丰富，锚杆施工困难，风险大，故支护方案设计避开锚杆施工：上部土层采用双排桩即门架式锚拉桩支护结构，下部岩层进行锚喷支护。前排为护坡桩，后排为锚拉桩，两排桩间距5.0m。锚拉桩与其对应的护坡桩用连梁连结。上部1.5m土体边坡采用简易放坡支护，护坡桩入中风化岩不小于1.5m，锚拉桩进入基岩0.5m。基坑底部预留岩肩，宽度1.0m，锁脚锚杆倾角15°，长度6.0m。后排锚拉桩拉力属被动受力，可提供较大的抗拔力。支护深度范围内的地下水丰富，渗透系数大，采用一般的截水帷幕很难保证止水效果，故采用与护坡桩形成的素混凝土咬合桩截水帷幕，而基坑裂隙水采用坑内明排。也即护坡桩桩间设置素混凝土桩，与护坡桩形成咬合桩（图9.14）。

他们的研究表明：门架式锚拉支护体系在控制基坑水平位移、施工空间受限、不利于锚杆施工的地层等方面优势较明显。他们提出的上部采用门架式锚拉桩、下部采用锁脚锚杆组合支护体系在实际工程中应用案例较为少见，此支护体系具有施工方便、交叉作业时干扰少、坡顶位移变形能得到有效控制、经济效益好等特点，尤其对锚杆不出红线限制或不利于锚杆施工的基坑具有优越性。在较复杂的土岩双元地层中，采用门架式锚拉结构＋锁脚锚杆支护体系对基坑变形控制有较好的效果，具有经济造价适中、施工简单等优点。

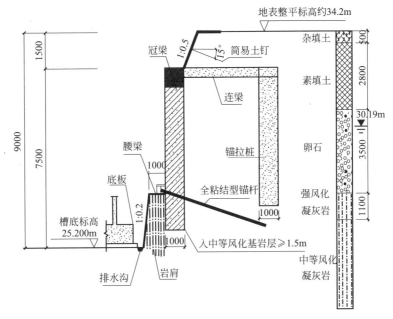

图 9.14　基坑支护剖面（据邹超群等，2017）

9.2.3　分段设计计算方法

由于吊脚桩嵌岩深度不在基坑底以下，其受力特点不同于传统围护结构，因此不能用传统的设计计算方法。对于吊脚桩锚喷支护体系，目前大多采用分段设计计算方法，即分两部分设计计算，以吊脚桩底部为分界线。上部吊脚桩按排桩常规方法设计，下部锚喷或微型桩等支护按岩石边坡常规方法设计（陈勇，2010；徐涛等，2012；毕经东等，2013；刘建伟，2014；刘建伟等，2015；刘华强等，2020）。

分段设计计算方法的具体过程为：（1）在计算上部土层及桩身受力时，不考虑桩底岩肩的嵌固作用，将支护桩假定为无嵌固深度的多层支点排桩来进行计算。设计时桩身简化为多个弹性支点的等值梁，桩侧土压力采用基于摩尔-库仑理论的主动土压力进行支护结构稳定性验算；假定上部土体沿圆弧形滑移面滑动进行整体稳定性验算。（2）下部岩层坑壁则采用建筑边坡的计算方式，根据岩层的软弱结构面发育情况、产状关系与基坑边坡的空间关系以及岩体被动破裂角综合考虑进行失稳验算，计算时只是将上层土作为超载进行考虑（许岩剑等，2015）。考虑到锁脚锚杆在吊脚桩支护体系中的重要性，锁脚锚杆预应力计算也可视为一个独立计算环节（涂启柱，2016）。以下分别介绍上部土层排桩设计计算、下部岩层支护设计计算和锁脚锚杆锁脚力计算，并简要说明分段设计计算方法的优缺点。

（1）上部土层排桩设计计算

对于普通排桩支护，主要荷载是基坑外侧主动土压力、基坑内侧被动土压力和锚撑支撑力。对于吊脚桩支护，当开挖上部土层时，吊脚桩受力与普通排桩支护相同。但由于嵌固方面的差异，吊脚桩与普通排桩的受力情况还是有所不同，无法采用等值梁法计算。所以，基岩面以上土层部分设计计算采用传统的弹性抗力法，以吊脚桩入岩面为基坑地面进行基坑支护结构计算。吊脚桩设计时，预留一定宽度的岩肩以支撑桩脚。由于爆破施工扰动，加上岩体本身破碎，以及自身宽度有限等，岩肩难以起到有效嵌固作用。因此，计算时不考虑岩肩的嵌固作用，即将上部支护假定为零嵌固的多支点排桩，岩肩的嵌固作用仅作为安全储备（刘建伟，2014）。这样，即便岩肩的嵌固作用完全失效，支护结构也是安全的。

如上所述，在吊脚桩设计中，嵌固深度假设为零，桩锚结构按零嵌固排桩模型进行计算。上部基坑支护设计不考虑桩底岩肩的嵌固作用，将支护桩假定为无嵌固深度的多层支点排桩。但当采用设计软件进行设计计算时，桩墙嵌固深度不能为零。为此，在使用理正软件设计计算时须采用有限的嵌固深度。例如，毕经东等（2013）在青岛地铁3号线宁夏路站深基坑工程设计计算中，取嵌固深度为0.001m，赵文强（2014）等在计算中也取此值；胡义生（2017）在某桥梁基础深基坑脚桩＋锚喷支护设计计算中，桩嵌岩深度的软件输入值取0.05m，涂启柱（2016）、孟宪云（2016）等在设计计算中也取此值。除设置很小的嵌固深度外，还有另一种方法，即设基坑内土体加固（加固深度大于桩底嵌固深度），将基底加固土体的基床系数取很小，如0.01MN/m^3，以模拟基坑开挖至桩入岩面以后下方岩体被进一步开挖的效果（导致桩底失去基坑内部抗力）（许景秘，2018）。

对吊脚桩支护体系进行设计计算时，还要对上基坑排桩体系进行稳定性验算，内容包括（刘建伟，2014）：桩体抗滑移稳定性，要求安全系数$K \geqslant 1.3$；抗倾覆稳定性，要求$K \geqslant 1.2$；抗踢脚稳定性，要求$K \geqslant 1.2$。

（2）下部岩层支护设计计算

基岩面以下岩层边坡锚杆内力按《建筑边坡工程技术规范》GB 50330—2013中岩石锚杆计算。在分段设计计算方法中，上部土层和下部岩层分别进行整体稳定性验算。在下部岩层稳定性分析中，上部土层及强风化层自重按超载计算（图9.15）。根据岩体软弱结构面发育情况、产状关系与基坑边坡的空间关系等，进行稳定性验算，计算时将上层土作为超载（许岩剑等，2015）。下部岩层基坑分别按复合土钉墙模型和岩质边坡模型进行圆弧稳定性验算和平面稳定性验算（刘建伟，2014）。

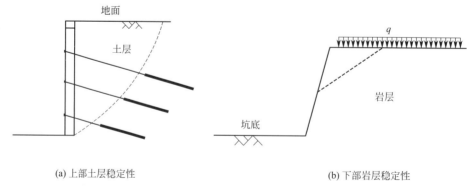

(a) 上部土层稳定性   (b) 下部岩层稳定性

图9.15　吊脚桩支护基坑稳定性验算

（3）锁脚锚杆锁脚力计算

普通嵌岩排桩支护体系要求有足够的嵌固深度，以提供必要的被动抗力。吊脚桩嵌固深度有限，岩肩宽度也很有限，故被动抗力小且不能保证，这就要求锁脚锚杆代替嵌固段提供被动抗力。所以，在吊脚桩支护体系中，锁脚锚杆起着十分重要的作用。据杨光华（2004）介绍，某基坑开挖深度约 17m，地面以下 10m 左右为土层，再往下为中微风化岩层，基坑支护采用吊脚桩锚＋锚喷支护。由于支护桩只采用桩顶一层锚杆，没有施作锁脚锚杆，故开挖后由于桩底不稳而造成塌方，损失严重。从本质上讲，锁脚锚杆实际上是采用高预应力锚拉构件来替代原排桩被动区土压力，以解决吊脚桩边坡稳定性问题。锁脚锚杆还有另一个重要作用，即有助于改善土层和岩层变形的协调性。

在吊脚桩支护体系中，采用预应力锁脚锚杆以防止岩肩破坏，预应力应大于桩脚受到的侧向压力。目前，对于锁脚锚杆预应力值的确定，一般有两种方法：一是根据土压力与锚杆轴力静力平衡来计算锁脚锚杆的预应力；二是采用简支梁法。下部岩体开挖后，由于嵌固力不足，把吊脚桩桩顶作为自由端，通过力矩平衡来求锁脚锚杆的轴力。此外，在吊脚桩支护分段设计计算方法中，锁脚锚杆通过抗踢脚稳定性验算来计算其承载力（刘建伟，2014）。也可以这样认为，在设计计算时，应考虑踢脚稳定。首先，根据抗踢脚稳定性要求，可算出锁脚锚索内力值 T_1；然后根据基坑安全等级，调整锁脚锚索预加力，使之满足变形控制标准，得到锁脚锚索内力 T_2；取 T_1 和 T_2 中的较大值为锁脚锚索的最终内力设计值。

（4）分段设计计算法的优缺点

采用分段设计计算方法进行设计，可有效保证设计结果的可靠性，使设计方案做到安全可靠、经济合理和方便可行。但吊脚桩分段设计法无法较准确地预估基坑变形，故充其量是半理论半经验设计。此外，所进行的基坑稳定性分析亦存在问题。

9.2.4　基坑整体稳定性验算

如前所述，在分段设计计算方法中，上部吊脚桩按《建筑基坑支护技术规程》JGJ 120—2012 采用弹性抗力法设计计算，下部岩体支护参照《建筑边坡工程技术规范》GB 50330—2013 进行喷锚支护设计计算。这是一种简化分析方法，人为将上部土层和下部岩层分开计算，没有考虑两者之间的相互作用。例如，上部软弱地层仅按超载对待，不能很好地考虑其对岩体边坡稳定性的影响。此外，分别验算上下层的稳定性也没有考虑土岩界面的影响。刘华强等（2020）认为应根据实际工程中岩土分布情况、岩体性质、相互影响等因素综合判断来进行设计。因此，除上下层分别验算外，还要根据实际情况增加如下稳定性验算：

（1）岩层倾向与基坑开挖面一致且倾角大于 20°时，应计算上部土体沿土岩接触面或岩体内部软弱面的整体滑移稳定性，验算时应考虑可能滑动土体及滑动范围内地面建构筑荷载（图 9.16）。（2）当岩体完整性差时，岩体与上部土体可能沿同一圆弧滑动面整体滑动；当岩体内部有顺层软弱结构面时则为圆弧-直线滑动模式，岩层顶面所受荷载包括下滑土体的整体下滑力、桩身自重、锚索锚固力在滑移面的分力（图 9.17）。（3）岩层顶面倾角不大但土岩接触面含水量较高时，在接触面处易形成软弱结合面，应考虑沿土岩接触面滑移的可能性，并应考虑地下水渗透力的影响（图 9.18）。整体稳定性验算时，要求安全系数 $K \geqslant 1.3$。

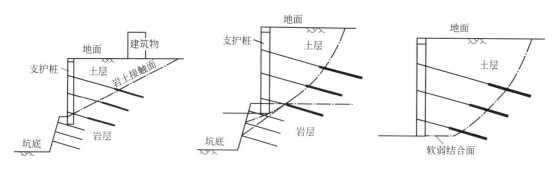

图 9.16　基岩面倾角较大　　　图 9.17　岩土体整体滑动　　　图 9.18　沿土岩界面滑动

9.2.5　基坑体系数值模拟分析

对于吊脚桩支护结构及其支护的基坑体系，受力变形计算只能依靠数值方法。特别有价值的是，通过数值模拟计算，可以对这种结构的关键设计参数如嵌岩深度、岩肩宽度、锁脚锚索长度和预加力等进行参数研究，特别是参数敏感性分析与优化设计。以下是几个相关研究案例。

某深基坑采用双排吊脚桩支护，桩底进入中风化夹强风化、中风化、微风化凝灰岩分别不小于 2.0m、1.5m、1.0m（图 9.19）。刘红军、王亚军和姜德鸿等（2011）利用 PLAXIS 软件对某深基坑进行分析，结果表明：双排吊脚桩桩锚支护体系具有较大刚度，能有效控制基坑变形及桩体位移，基坑位移主要发生在土层深度范围内。双排吊脚桩对嵌岩深度要求相对较小，桩端进入强风化岩层 1.0m 以上。

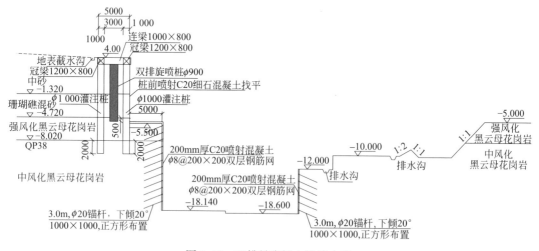

图 9.19　双排吊脚桩＋锚喷支护

伊晓东等（2013）对土岩双元基坑吊脚桩支护体系进行数值分析，并与实测数据进行对比分析，结果表明增大锚索倾角、增长锚固段能较好抑制支护结构的侧移。鲍晓健（2019）采用三维数值方法，研究吊脚桩锚支护结构参数对基坑变形的影响，结果表明：锚索预应力大小是影响围护结构水平位移的重要因素；锁脚锚索锁脚力大小对减小桩底水平位移效果明显；第一道锚索对抑制围护结构变形作用最大；桩顶水平位移随嵌岩深度和岩肩宽度的增加呈线性递减。

王兴政（2017）采用数值计算方法的研究结果表明，桩体的变形及内力峰值在开挖至中风化岩层界面时出现。破坏面在土层内为圆弧滑动面，底端相切于土岩界面，中风化岩层不会破坏。中风化岩层支护桩嵌固深度不小于 1.5m，留设岩肩宽度 0.5～1.0m 为吊脚桩支护结构最佳构造，利于内力和位移控制，以满足吊脚桩安全需要。郑祖静（2018）针对某地铁车站深基坑，研究吊脚桩支护体系受力变形规律。结果表明：嵌岩深度、岩肩宽度、锁脚锚杆预应力对桩身水平位移最大值的敏感度分别为 0.72、0.61、0.51，对桩脚位移的敏感度分别为 5.59、4.91、4.48。他介绍了岩肩宽度、嵌岩深度的计算方法，认为针对特定的基坑工程，这两个参数存在最佳值。其所研究的基坑，嵌岩深度最佳值为 1.5m，岩肩宽度最佳值为 2m。

武军等（2018）采用二维数值分析方法，建立吊脚桩支护的基坑开挖模型，分别分析基坑开挖过程中吊脚桩支护结构内力、变形的发展过程，以及土岩弹性模量比、吊脚桩嵌岩深度、岩肩宽度与桩体受力、变形之间的相关关系。结果表明：（1）随着基坑开挖深度逐渐增大，桩身侧移增大且桩身最大侧移发生位置逐渐下移，最大下移幅度为土层厚度的 17.5%；（2）当基坑开挖至土岩交界面时，吊脚桩桩身内力达到最大值，下部岩层的开挖使桩身最大负弯矩减小 27.5%；（3）当岩层弹性模量介于 600～4800MPa 之间时，最优设计嵌岩深度为 1.5m，最优设计岩肩宽度为 1.5～2.0m。

9.3　吊脚桩墙嵌岩深度与岩肩宽度

在吊脚桩墙支护设计中，有两个重要参数，即嵌岩深度和岩肩宽度。其中，嵌岩深度对基坑工程影响较大。如果嵌入中风化岩层太深，将过于保守而造成浪费；如果嵌岩深度过小，支护体系会发生失稳。到目前为止，确定嵌岩深度和岩肩宽度并无合适的理论计算方法可用，设计实践中主要依靠经验取值，也可通过数值模拟获得优化结果。

9.3.1　理论分析

对于吊脚桩墙支护，岩肩宽度可以通过极限平衡分析来近似确定（何健等，2015）：取岩肩部分为脱离体，假定其达到极限状态，所受最大压应力为 $\sigma_{\max}$。在不考虑锚固力的情况下，吊脚桩桩底的嵌固力完全由岩肩来提供。取岩肩为对象进行受力分析，根据极限平衡条件可计算出岩肩宽度 b：

$$b \geqslant \sqrt{\frac{2z^2 \sigma_{\max}}{[\sigma]}} \qquad (9.1)$$

式中：b——岩肩宽度（m）；

　　z——嵌固深度（m）；

　$[\sigma]$——围岩允许拉应力（kPa）；

　$\sigma_{\max}$——围岩所能承受的最大压应力（kPa）。

但是，岩肩质量难以保证，侧面受桩作用的应力分布也不清楚。基岩开挖时，岩肩对桩脚的被动压力不能按被动土压力计算。岩肩破坏方式可能是剪断破坏，也可能是弯折破坏。这种方法估算的岩肩宽度只能作为参考。在实际工程中，岩肩有锁脚锚杆锚固，岩肩本身也有岩钉支护，甚至有复合土钉墙支护。此外，在设计计算中，岩肩本身的抗力不计，留作安全储备，故仅满足构造要求即可。当然，岩肩除提供部分抗力外，还有其他实际作用，如保护桩脚岩体、保护微型桩等。

9.3.2　数值计算

到目前为止，吊脚桩支护体系的这两个参数仍无普遍公认的确定方法，主要依靠经验来确定。目前，在吊脚桩支护设计时，将岩肩留作安全储备，用锁脚锚索预加力平衡支护桩所受剩余土压力。对此，张涵（2019）称之为补偿设计：当一个力平衡体系因其中一个力损失而导致平衡状态被打破时，引入另一个力来补偿损失，使体系重新平衡。按照上述补偿设计的思路，吊脚桩的嵌固深度和岩肩宽度满足构造要求即可。

必须指出，在保证安全的前提下，充分利用中风化岩层，可大幅降低造价。吴铁力举例说：某桩锚支护基坑，原设计嵌固深度 2.5m。经重新计算，缩短至 1.7m，其中嵌入中风化岩层约为 1m。赵文强（2014）指出，增加 1m 岩肩有时就意味着要大量迁改管线，成为制约方案选择的瓶颈。

嵌岩深度和岩肩宽度的计算方法主要有两种，一是分段设计计算方法。如李宁宁等（2013）针对某地铁车站深基坑进行分析研究，基坑采用吊脚桩＋微型钢管桩支护，吊脚桩采用钻孔灌注桩，设两道钢支撑加预应力锚索，桩底嵌入中风化岩层一定深度。岩肩宽度取 1.2m，采用分段设计方法，以嵌岩深度为变量，基于参数研究结果，得满足基坑稳定的最小嵌岩深度为 0.5m；综合考虑爆破等不可控因素，建议桩嵌岩深度取 1～1.5m，该工程取 1.5m。嵌岩深度取 1m，以锁脚锚索预加力为变量，结果表明：由于桩脚嵌入非常坚硬的中风化花岗岩并预留岩肩，锚索预加力对桩体位移、地面沉降和围护桩内力影响很小。当嵌岩深度取 1.5m、岩肩宽度取 1.2m 时，计算地面沉降最大值为 19mm，现场实测沉降最大值为 15.14mm。二是采用数值方法并在满足变形和稳定要求的前提下确定参数，这是一种比较合理的方法（刘红军等，2008，2009，2012；平扬等，2014；任晓光等，2016；马康等，2019；张波，2019）。对于重要深大基坑工程，宜采用整体设计方法进行设计。以下是一些典型研究成果：

刘红军等（2008，2009，2012）针对吊脚桩支护体系进行数值分析，研究表明：桩脚处锚杆对桩体受力变形有较大影响；岩肩宽度、嵌岩深度达到一定值后，继续增大对桩体受力变形影响不大。平扬等（2014）数值模拟研究表明：岩肩宽度越大，整体抗滑安全系数越大。当该宽度大于 1.2m 时，其变化对安全系数影响将不再明显。

任晓光等（2016）针对深圳地区基坑吊脚桩支护体系，采用数值模拟方法研究嵌岩深度、岩肩宽度、锁脚锚杆预加轴力等因素对基坑变形的影响，结果表明：嵌岩深度对桩身位移的影响并不显著，锚索能有效控制桩身位移；岩肩宽度越大，桩身位移越小，但超过一定值后影响作用不再明显。他们据此认为，嵌岩深度不必看作影响基坑变形的绝对控制因素，嵌固深度合理即可。他们研究的基坑为高层建筑基坑，开挖深度 15.1～15.5m，采用上部桩锚＋锁脚锚杆＋下部锚喷支护，吊脚桩嵌入强风化、中风化和微风化凝灰岩分别不少于 2.0m、1.5m 和 1.0m。

杨俊辉（2019）数值模拟结果表明，吊脚桩支护体系中嵌岩深度、岩肩宽度、锁脚锚索预加力的增大均有利于减小基坑变形，但超过一定限值后作用便不再明显。也就是说，在一定条件下，各值均有最佳取值。

曾金祥（2019）研究结果表明：吊脚桩桩顶位移随嵌岩深度的增大而减小，当达到 1.5 倍桩径深度时，位移开始趋于稳定；个别情况下，可能达到 2 倍桩径才趋于稳定。

9.3.3　经验取值

对于嵌岩深度和岩肩宽度，尽管没有适当的理论方法。但一方面，在吊脚桩墙支护的深基坑工程中，已有许多嵌岩深度和岩肩宽度的成功取值案例；另一方面，学术界和工程界对吊脚桩墙支护体系进行过大量数值分析，得到了许多优化设计结果。例如，刘红军等（2009）针对青岛某地铁车站基坑进行研究，该基坑深 15.9m，采用吊脚桩锚＋锚喷支护，吊脚桩嵌入基岩 2.0m 以上，岩肩宽度 1.5m，旋喷桩止水，入岩深度不小于 0.5m。数值分析表明，保证基坑稳定的最小嵌岩深度为 1.4m，此后深度变化对桩体位移和弯矩影响不大。又如，郑祖静（2018）以珠海某土岩深基坑工程为对象，通过数值分析认为吊脚桩支护体系的嵌岩深度和岩肩宽度存在最佳值，分别为 1.5m 和 2m。

根据上述两方面的实践结果（朱祥山，2008；刘红军等，2009；张勇等，2009；陈勇，2010；徐涛等，2012；黄敏，2013；李宁宁等，2013；平扬等，2014；吴铁力，2014；白晓宇等，2015；吴铁力，2015；涂军飞，2015；刘峻龙等，2015；田海光等，2015；许岩剑等，2015；孟宪云，2016；刘江，2016；王兴政，2017；池秀文等，2017；邹超群等，2017；胡义生，2017；郑祖静，2018；宋诗文，2018；陈焘等，2018；刘立，2018；张涵，2019；曲立清等，2019；曾金祥，2019；张波，2019；周圣超，2020；吕杰等，2020），可大致得出嵌岩深度和岩肩宽度的参考取值范围，如表 9.1 所示。

嵌岩深度和岩肩宽度经验取值范围　　　　　　　　　　　　　　表 9.1

	嵌岩深度（m）	岩肩宽度（m）
强风化岩	1.5～3.0	1.5～3.0
中风化岩	1.0～2.5	1.0～3.0
微风化岩	0.5～2.0	0.5～1.5

最后强调指出，由于地质条件的变化，中风化基岩面在基坑场地内常有起伏，勘察难以完全搞清；故在基坑工程施工中，往往需要根据实际地层情况调整嵌入深度。

第 10 章　土岩双元深基坑工程施工与事故

深基坑工程大多在建筑物及地下设施密集的市区，施工场地狭小、施工条件复杂。施工所面临的问题，一是合理组织施工，以提高施工质量和效率；二是施工安全，特别是减小施工对周边环境的影响，以降低工程事故率、避免重大事故。深基坑工程事故大多发生在施工阶段，即便是在运营阶段发生，也往往是由于施工中留下了安全隐患。因此，深基坑工程施工安全受到特别重视，而且被公认为工程技术难题。

相对土质深基坑工程而言，土岩双元深基坑工程施工会遇到更多的技术难题，如支护桩入岩困难、爆破开挖不易控制、围护结构在土岩界面处容易漏水等问题。这些问题必须谨慎对待，精心施工以确保基坑体系受力合理，从而尽可能减小基坑变形、提高基坑稳定性。本章将探讨土岩双元深基坑工程施工技术难题、可能发生的工程事故及处置措施。

10.1　深基坑工程施工设计

深基坑工程施工一般包括设置围护结构、地下水控制系统、基坑土石方开挖、锚杆或内支撑施作、基坑工程现场监测等。以往，由于施工经验不足、疏于管理，而留下安全隐患；也由于险情处置不当，而酿成严重事故。现在，由于《建筑深基坑工程施工安全技术规范》JGJ 311—2013 的颁布与实行，使深基坑工程施工安全技术有章可循，对减少乃至杜绝安全隐患和伤亡事故起到了很大的积极作用。

10.1.1　深基坑工程施工设计

在基坑工程施工之前，设计单位要向建设、施工、监理、监测、管理人员进行施工图设计交底与施工图会审。与会人员就施工图设计提出问题，由设计人员给予解释，必要时进行修改，最终形成施工图会审纪要，并经各方签字后作为设计文件指导施工。在熟悉施工图、充分理解设计意图的基础上，施工技术人员要按《建筑深基坑工程施工安全技术规范》JGJ 311—2013 中的规定，编制基坑工程施工组织设计和施工安全专项方案。

（1）施工组织设计

基坑工程施工组织设计要制定施工方案，这种方案是根据完整的工程技术资料和设计施工图纸，对基坑工程全部生产施工活动进行全面规划和部署的主要技术管理文件。在基坑工程施工方案中，应概述基坑支护设计方案、降水方案，特别是设计对施工提出的特殊要求。施工方案主要包括放坡要求、机械类型选择、开挖顺序和分层开挖深度、坡道位置、坑边荷载、车辆进出道路、降排水措施、监测要求等。

必须强调指出，由于基坑开挖有明显的时空效应，深基坑挖土顺序和速度对基坑体系的受力变形有很大影响，故须制定合理的开挖方案。针对施工过程中出现的新情况、新问题，特别是原设计与现场数据出入较大时，对支护方案或施工过程做出修改（李连祥和谭新等，2006）。此外，基坑支护设计人员应参加施工组织设计方案审查，对施工提出合理要求。

（2）施工安全专项方案

按照住房和城乡建设部《危险性较大的分项分部工程安全管理办法》的规定，土岩双元深基坑工程属于"超过一定规模的危险性较大的分项分部工程范围"；对于此类工程，除施工组织设计外，还必须编制施工安全专项方案并组织有关专家评审，论证安全技术措施的可靠性和可行性，旨在对施工安全风险进行有效控制。此外，还应提供环境保护技术方案、基坑工程监测方案等。施工安全专项方案不仅包括基坑工程的施工阶段，还应包括基坑安全使用与维护阶段的全过程。《建筑深基坑工程施工安全技术规范》JGJ 311—2013 规定：深基坑工程开工前，施工安全专项方案与施工组织设计同步编制。

施工安全专项方案对深基坑工程施工、使用与维护过程中的所有危险源进行识别、分析与评价，明确重大危险源和一般危险源；对重大危险源按消除、隔离、减弱的顺序选择和制定安全技术措施和应急抢险预案。也就是说，应对危险源的顺序原则是能消除的消除掉，不能消除的隔离开，不能隔离的则予以减弱。专项方案应当包括：①详细的环境调查结果；②支护结构形式及相应附图；③分析工程地质和水文地质条件中对施工安全不利的因素；④详尽的危险源分析，包括基坑工程本体安全、周边环境安全、施工设备及人员生命安全等；⑤所有危险源，特别是重大危险源控制的安全技术措施、处理预案；⑥信息化施工的实施细则，包括施工监测信息的发布、分析、决策与指挥系统，以及突发事件的应急响应机制；⑦根据重大危险源和安全技术措施，明确重点监控部位和监控指标要求，包括报警值等数字指标。

为保证施工安全，制定方案时须注意以下几点：①严格按设计工况要求，分段、分层、分块开挖，禁止先挖后撑、超挖等行为。②严格控制基坑周边地面超载。③清晰描述基坑工程的重点和难点，并制定相应的施工安排和措施。④工程质量保证措施，以及安全生产、文明施工、环境保护等保证措施。⑤要有总体部署、施工流程、进度计划。⑥对危险源的辨识、可能发生的险情，以及针对各种险情采取的应急措施。⑦按基坑安全等级，明确支护结构、周边建筑物、地下管线的水平位移和沉降变形的允许值或控制值、预警值。

（3）危险源与应急预案

深基坑工程施工安全应急预案主要是针对危险源制定的，所谓危险源就是可能导致基坑工程事故的根源、状态、行为，或其组合。根据危险程度和发生概率，将危险源分为重大危险源和一般危险源。《建筑深基坑工程施工安全技术规程》JGJ 311—2013 列举了一些通常遇到的重大危险源和一般危险源，前者如需保护建筑离基坑很近、支护设计方案变更、基坑邻近水体等，后者如材料低劣、构件损伤、截水帷幕渗漏等。对于土岩双元深基坑工程，上述危险源均有可能。此外，当地层条件复杂而勘察结果不可靠时，吊脚桩嵌岩质量问题比较突出。由于施工过程中可能产生新的危险源，故危险源分析与识别是动态的，并贯穿整个施工过程。

对于一般危险源，只要合理控制、加强管理，就可以把隐患消灭在萌芽状态。对于重大危险源，必须制定应急预案，必要时采取相应的安全技术，以消除、隔离、减弱危险源。应急预案应明确重点监控部位和监控指标要求，制定安全技术措施并进行论证。

土岩双元深基坑施工不确定性因素太多，安全隐患多、险情控制难度大，必须针对重大危险源制定安全技术措施，制定应急预案，准备应急救援物资，做好应急培训，最大限度地减小损失。对突发事件的快速响应，可避免重大事故发生。

10.1.2 深基坑工程施工原则

深基坑工程施工的基本原则可归结为：分层分块开挖、及时支撑、先撑后挖、严禁超挖。这是基于经验总结和理论研究得出的最基本原则。特别是基坑开挖后，必须及时支撑，严格控制无支撑暴露时间。为确保深基坑工程的施工质量与安全，必须充分做好施工准备，包括应急物资准备并进行施工全过程控制，其要点如下：

（1）基坑工程施工应严格按照设计文件和施工规范要求进行，确保施工条件与施工组织设计条件一致，严禁超越工况或合并工况施工，严禁坑顶堆载超过设计限值等。支护结构设计变更后，施工组织设计应做相应调整。

（2）严格进行施工全过程质量检验与控制，如施工前的机械性能检验、材料质量检验等；开挖前支护结构强度检验、截水效果检查、降排水效果检查等；开挖期支护墙体质量检验、支护结构和坑底渗漏水检查等。

（3）遵循信息化施工与动态设计的原则，实时掌握基坑体系受力变形情况，必要时修改设计。特别地，若发现变形超过报警值等异常情况，应立即启动应急预案，采取措施以防止事故发生。

10.1.3 深基坑工程绿色施工

当代基坑工程新理念主要有两个，一是信息化施工与动态设计，二是绿色施工。前者将在第 10.3 节专门阐述，此处仅说明绿色施工理念。所谓绿色施工主要是尽可能减少工程对环境的不利影响。人们对此已进行过一些理论研究，如王敏（2015）针对青岛地铁车站深基坑施工，在广泛调查基础上，确定了若干指标及因素，提出绿色施工评价标准；通过层次分析计算指标与因素的权重，得到评价模型，对地铁工程绿色施工环境影响进行评价。

深基坑工程施工涉及岩石、土和水，必然伴随着施工扬尘、污水、噪声等环境污染问题。

第一，土岩双元深基坑需要采用钻爆法施工，爆破产生的粉尘及有害气体是基坑施工对大气污染的主要原因之一；施工产生的弃土、弃渣、建筑垃圾、生活垃圾等采用装载机械运出。在装载过程中，爆破后的弃渣中含有的大量粉尘容易飞扬到空气中。对此，须特别注意两点：（1）基坑在爆破施工过程中得到大量岩石碎块与泥土的混合物，若随意堆放会破坏植被与土壤，在降雨作用下发生地表径流进一步侵蚀土壤，使土粒流失、养分及水分损失，影响周边环境质量；（2）钻孔灌注桩施工产生的泥浆。钻孔灌注桩产生的固体废弃物体积和数量十分庞大，泥浆沟、泥浆池、泥浆临时堆放均占用大量的空间，且泥浆中含有的植物胶液、膨润土等对环境有一定的污染作用，需要采取措施妥善处理。

第二，基坑施工可能对地下水造成污染，其影响表现在三个方面：（1）为提高土体防渗性能和增强土体的强度，防止管涌、流砂、基坑隆起或围护结构变形过大的问题，采取注浆加固措施，注浆采用的浆液，通过溶滤、离子交换、分界、沉淀等反应，不同程度地污染地下水；（2）施工过程产生的废水，如钻爆、喷射混凝土产生的废水、围护结构施工产生的泥浆水、机械洗涤水等；（3）生活污水，包括食堂污水、洗涤污水、洗浴水等，含大量细菌，具有一定的危害。

第三，噪声污染源主要有两类：（1）施工机械产生噪声；（2）爆破施工产生噪声。不同类型的施工机械产生的噪声不同，但噪声强度都很大，例如降排水设备、打桩设备、混凝土施工机械、搅拌机、挖土机等可产生 100dB 以上的噪声，且持续时间长，而一般人能接受的噪声在 40～70dB 之间。爆破施工会对周围岩体、建筑物产生一定振动影响。当爆破引起的地面爆破振动频率等于或接近地面建筑物的固有频率时，会引起地面建筑物与爆破振动波发生共振，从而产生严重后果，对周边居民生活也会带来不利影响。同样的振动速度，当持续时间接近 1s 时，人们有明显的不适。

第四，喷射混凝土支护也是粉尘产生原因之一，产生途径主要有以下三方面：（1）锚喷过程中形成的气料三相高速射流导致粉尘的产生；（2）锚喷粉尘自身的特点，容易造成粉尘的产生和扩散；（3）操作工艺导致粉尘的产生。施工期间各种车辆和施工机械在行驶和作业过程中排放的尾气含有大量有害成分，也会对施工人员的安全产生影响。

第五，也是特别受到关注的，即深基坑施工引起围护结构或坑壁水平位移、坑外地表沉降，造成建筑物、构筑物、地下管线等设施的损害。此外，施工还占用城市绿地或砍伐移植树木，居民生活和交通受到影响等。

对深基坑施工可能造成的不利影响，必须制定切实有效的应对方案。例如，为治理粉尘危害，可在基坑支撑梁设置环绕现场的喷淋系统以控制扬尘。喷雾喷淋降尘除尘系统是针对基坑现场土方裸露的情况，采用水射流技术进行高效雾化水颗粒，使雾滴吸附粉尘颗粒，降尘效果十分显著。由于粉尘大部分都是亲水性质，具有润湿性，该系统以极细微雾化状态喷出，表面张力基本上为零，喷洒到空气中能迅速吸附空气中的各种大小灰尘颗粒，吸收空气中粉尘（固体颗粒是经机械撞击、研磨、碾轧而成），使空气纯净，同时也为职工营造了舒心安全的工作环境。

10.2　深基坑工程施工要点

土岩双元深基坑工程施工主要包括支护结构施工、土方开挖、岩层爆破开挖、岩土体加固、现场监测等；其中支护结构包括围护结构、锚杆与内支撑、冠梁腰梁、截水帷幕等；围护结构主要有支护桩、地连墙，锚杆分为土钉、普通锚杆和预应力锚杆。本节将分支护结构施工、土方开挖和岩层爆破 3 部分，仅简要说明排桩、地连墙、逆作法、锚杆及截水帷幕的施工要点。

10.2.1　支护结构施工要点

（1）支护桩施工

灌注桩施工可能出现的问题主要有桩间土流砂、灌注桩倾斜、桩间距过大、桩身强度不足、嵌固深度不足等，这些问题可能引起桩顶水平位移过大、坑外地表沉降、整体稳定安全系数不够。为此，排桩施工时须注意以下几点：

①钻孔灌注桩可用于粉砂地层中，考虑到流砂难以避免，为补漏封闭方便，须尽量密

排布置。②如果支护桩的中轴线正好在污水沟，则先用挖土机挖掉地下污水沟，填入黏性土并分层压实，然后施工灌注桩。③有时工期紧，钻孔灌注桩必须在降水之前施工，这样就提高了钻孔桩的施工难度；应设法阻止孔壁软土、砂卵石层的塌落，可一边注入水泥浆护壁，一边提升钻杆。④由于混凝土是在泥水中灌注的，因此质量较难控制；钻孔灌注桩施工质量对桩的承载力影响很大，必须精心施工。⑤为防止灌注桩倾斜，应采取整治措施，如设置斜撑支护桩，阻止其继续变形；然后进行桩后挖土卸载，基坑内堆土回填。⑥当相邻建筑物很近时，上部锚杆无法施工，致使悬臂段过长，将引起较大的水平位移。为解决此问题，可以采用土钉式桩间土水平加固技术。较密排列的土钉作为桩间土体的补强手段来加固土体，提高桩后土的力学参数，特别是提高土体抗拉、抗剪和抗弯强度。当然，也可以采用内支撑方案，但内支撑会增加施工难度。⑦吊脚桩施工时，须通过钻进速度和渣样，准确确定桩是否进入微风化岩层（邓盛利，2012）。

（2）地连墙施工

利用挖槽机械、借助于泥浆的护壁作用，在地下挖出窄而深的沟槽，沉放预先制作好的钢构架，并在其内浇灌适当的材料形成一道具有防渗、挡土和承重功能的连续地下墙体，这就是地连墙。地连墙施工主要包括施工场地准备、导墙、成槽、钢筋笼吊放、混凝土浇筑、接头管拔起等环节。对于嵌岩地连墙，关键技术难题除超长超重钢筋笼整体吊装入槽、接头处理外，就是地连墙快速成槽。

在土质地层中，地连墙成槽机械日益完善，施工工艺和技术已经相当成熟，施工质量也逐步提高。但对于土岩深基坑，提高成槽效率却是关键难题。目前仍处于探索和完善阶段，在应用和经验方面资料有限，缺乏系统的成套施工工艺，施工过程中存在施工效率低、成槽质量差、上部土层易塌孔等技术难题。从技术手段讲，嵌岩地连墙施工可采用以下方法成槽：

①冲击成槽，即采用冲击钻机的重锤冲击破岩。利用钢丝绳悬吊冲击钻头进行往复提升和下落运动，依靠自重破碎岩石，通过泥浆将钻渣置换成槽。该法成槽效率低，成槽质量较差，但在硬层中能顺利成槽，且费用相对较低。②旋挖成槽，利用旋挖钻机施加扭矩使旋挖钻头、钻杆在回转过程中切削破碎岩体，利用旋挖斗直接挖土至槽外。该法成槽效率较高，能顺利成槽。③全回转成槽，利用全回转钻机施加强大扭矩使全回转套筒在回转过程中切削破碎岩石，利用抓斗挖套筒内的岩石至槽外。该法效率高，但为保证地下墙的幅宽，必须叠钻作业，因此费用过高。④铣槽机成槽，利用两个铣轮相互反向旋转切削破碎岩石，通过泵吸将携带岩渣的泥浆抽至地面。该法成槽效率高，费用也较高。

在施工实践中，应综合运用多种技术手段，发挥各自的长处。如罗反苏等（2018）针对某地铁车站基坑（深约24.2m），采用嵌岩地连墙＋内支撑支护，墙深26.74～27.28m。利用传统的旋挖钻、成槽机无法克服坚硬岩层，故研究采用了旋挖钻＋成槽机＋双轮铣＋冲击钻组合成槽施工技术。首先，采用旋挖钻施工引孔，引孔完成后采用成槽机施工，施工至入岩层段后再采用双轮铣施工，最后采用冲击钻或成槽机修孔及抓取沉渣，从而彻底解决上软下硬的复杂地层中成槽困难的问题。同时，该技术提高了施工工效，保证了成槽质量，亦取得了良好的经济效果，对同类工程施工具有一定的参考意义。李松晏等（2019）也介绍了紧邻地铁超深基坑嵌岩地连墙关键施工技术，针对施工难题创新采用旋挖机、成槽机、冲孔锤与铣槽机等组合机械成槽施工技术，并结合咬合桩及三重管高压旋喷桩对地连墙槽壁进行双重防护，以保障地铁隧道安全。

（3）逆作法施工

在盖挖逆作法主体结构的施工过程中，主体结构的修建是随着开挖进程依次向下修建的，这就使得在一些结构连接处，如各层顶底板与内侧墙、各层顶底板与中间桩柱等，需要格外注意连接的可靠性。由于混凝土浇筑先后顺序的不同，以及混凝土在凝结硬化过程中的收缩效应，构件接触节点位置常常会有裂缝出现。裂缝的出现会给地下结构整体的强度、防水、耐久性方面带来很大危害，因此在施工过程中要对连接处及时监控并采取有效措施预防裂缝产生。通常可采用分段浇筑、使用无收缩混凝土、微膨胀混凝土、保证钢筋可靠绑扎等方法，以防对整体结构带来更大危害。

采用盖挖逆作法施工，还须注意不均匀沉降带来的问题。顶板和围护结构以及中间桩柱是盖挖逆作法中最先修筑的结构部分，在围护结构和中间桩柱修筑好之后，由于此时尚未修建底板，导致竖向荷载全部由围护结构和中间桩柱承担，这就会引起围护结构和中间桩柱的不均匀沉降，会给结构带来次生应力和变形。因此在施工过程中应紧凑各施工步骤，进行及时监控测量和反馈，必要时采取局部开挖以及注浆等方法来控制沉降在要求范围之内。

（4）锚杆施工

施作锚杆可能会侵犯他人地权，造成地下污染。锚杆施工时，须预先查清邻近既有建筑的基础类型和埋深，严禁锚杆成孔施工破坏其地基或基础。此外，如果施工时实际条件发生变化，使实际作用于桩墙上的外推力大于原设计锚杆能提供的锚拉力，则锚杆可能被拉断或从土中拔出，导致桩墙因失去约束而倒覆。因此，应及时与设计方沟通，复核设计方案。

预应力锚杆施工包括钻孔、安装锚杆、注浆等环节，通过一定措施使自由段内的锚杆杆体与注浆体绝缘，以使锚杆在施加预应力时能自由伸缩。施工时应符合如下规定：锚杆成孔应采取输送高压风等措施清除设计深度范围内的孔底沉渣，或通过边钻进边注浆等措施消除孔内沉渣对锚固力的影响。土岩地层前段土层套管钻进、后段岩层套管内穿过钻具成孔时，后段钻具成孔直径应达到设计孔径要求。比较深的锚杆孔或角度比较大的锚杆孔，成孔后孔底沉渣往往较多，锚杆体可以插进沉渣内，但锚固方面可以忽略不计，现场反映比较明显的压力型锚杆，预应力张拉时经常位移过大。现场可以采取超深钻孔、加大注水量清渣（注水清渣成孔工艺）、加大风量清渣（岩层风动潜孔锤成孔工艺）等措施，消除其影响。

锚固段采用二次劈裂注浆时，应采用水泥浆，水灰比宜为 0.8～1.0，劈裂注浆管全长设置，并在锚固段位置进行劈裂注浆；二次劈裂注浆应在第一次灌浆初凝后终凝前进行，注浆压力宜为 2.5～5MPa；锚固段采用旋喷扩大头时，宜用单管法或双管法，水泥浆水灰比不宜大于 0.8。锚固段采用机械扩孔时，水泥浆水灰比不宜大于 0.6。当工程需要减少锚索张拉等待的时间时，可采取用早强型水泥、掺加早强减水剂等方法，掺加早强减水剂时，应降低水灰比，具体降低比例及减少的张拉时间以现场试验为准。《建筑基坑支护技术规程》JGJ 120—2012 规定"宜采用水灰比 0.5～0.55"，实际这个水灰比太小，可注性较差，具体操作一般都是在 0.8～1.0。不加外加剂时，水灰比 0.8 一般是现场操作的下限了。

锚固体及混凝土腰梁强度应达到设计强度的 75% 后，再进行锚杆张拉锁定。在正式张拉前，宜配以锚杆轴力计进行张拉锁定试验，获取超张拉力与设计锁定力的比值，正式张拉以此为依据计算超张拉力。张拉时宜采用间隔张拉的顺序，每根锚杆张拉前，宜取 10%～20% 设计荷载进行预张拉。《建筑基坑支护技术规程》JGJ 120—2012 规定"锁定时的锚杆拉力可取锁定值的 1.1～1.15 倍"，实际现场张拉锁定时，要锁定到设计荷载，这个超张拉力与锁定力的比值远远不够，因此规定进行现场试验，获取张拉的参数。

若粉质黏土层有上层滞水，则降水井难以达到理想效果。此时，粉质黏土处于饱和状态，致使锚杆施工非常困难，抗拔力会很低。可采用孔内注浆护壁法施工锚杆（土钉的施工可仿锚杆进行）：在锚杆钻孔到设计深度后，通过钻杆中心孔及钻头上的喷嘴向孔内注入水泥浆，并一边向孔内注入水泥浆，一边向孔外拔钻杆，确保在未全部拔出钻杆之前，孔壁土体不坍落及防止土中的滞水渗漏入孔。待钻杆全部拔出后，向孔内置入预先绑扎好的锚杆钢绞线，最后向孔内多次补压水泥浆。在补浆之前，先采用质地较好的黏土将孔口封好，确保补浆在一定的压力下进行。

若地下水位较高、砂层较厚时，锚杆成孔时有涌砂现象，进而导致地面沉降塌陷。采用等强度的钻杆代替钢筋锚杆，称为自进式锚杆，钻杆钻进至设计深度后直接注浆，一次性完成锚杆施工的整个工序，可解决水砂流失问题。

土岩双元锚杆施工时，需穿过土层后进入岩层，在土层中采用全套管钻进并护壁，至岩层后从护壁套管中进行潜孔锤钻进（邓春海等，2011）。对于不易塌孔的土层，可直接在土层中回转钻进，岩层中冲击钻进。

在施工中，地连墙上部采用液压抓斗成槽机抓土成槽，下部入岩部分采用冲击钻冲击成孔，最后形成上墙下桩的结构形式。一般全风化岩层采用液压抓斗成槽机完全可以将其抓出。液压抓斗成槽机施工完成后，若岩面倾斜或起伏较大，可用方形锤冲击钻冲击岩面，使岩面基本水平，以方便后续圆形冲击钻使用和钢筋笼安装。

周圣超（2020）对某深基坑采用吊脚桩支护，吊脚桩进入中风化岩层，最深 6.6m，最浅 3.2m。在吊脚桩施工中，采用 SWDM420 旋挖钻机，钻孔进度缓慢，入中风化岩层后平均每小时进尺在 5～10cm，钻头磨损严重。中微风化角岩抗压强度最高达 244MPa，采用旋挖钻施工非常困难。后采用气动潜孔锤施工，成孔效率提高 10～15 倍。

（5）截水帷幕施工

截水帷幕是为避免基坑降水造成地面沉降而采取的措施，旨在保证周边建筑物、地下管线等设施的正常使用。

在深基坑工程中，砂层、砂质粉土层是很危险的地层，容易发生桩间土流砂。必须选择合理的支护结构，必要的应急措施。可采用旋喷桩截水帷幕，即在桩间高压旋喷注浆形成帷幕。据周圣超（2020）介绍，某深基坑桩间止水措施采用高压旋喷桩，桩底至中风化岩顶采用三管旋喷工艺。进入中风化岩后，成孔难度大，旋喷注浆过程中返浆量大，水泥浆很难深入扩散，成桩效果不理想。后决定采用潜孔钻引孔、钢花管注浆的方式进行二次止水。

李连祥、黄志焱等（2006）研究指出，当基岩面较浅时，可采用高压旋喷直接坐落在不透水的中风化岩层形成落地帷幕，以实现全封闭止水。就桩锚＋止水帷幕而言，高压旋喷桩帷幕止水效果较好。但锚索孔的施工破坏止水帷幕的封闭密闭性，锚索施工完毕后可能会有水通过锚索孔泄出。故须对锚索孔进行堵漏，可采用先疏后堵的做法：锚索二次注浆完成后，在孔口插入一根或多根（视水量而定）塑料引水管，一般入孔 1～2m；然后对锚索孔口进行封堵（封堵长度约 50～60cm），先用约 20cm 厚海带捣实，再把水泥、膨胀剂、堵漏王按照 5：1：1 掺匀的干粉洒入孔内。锚索张拉完毕后，对引水管进行压力注浆，压力不大于 2MPa，水灰比不大于 0.5。注浆完毕后立即把塑料管弯折绑紧止水。

10.2.2　土方开挖施工要点

在土岩双元深基坑施工中，上部土层采用机械开挖，一般采用自上而下分层分段开挖、分层分段支护流水作业的开挖顺序。土方开挖必须遵循的基本原则是竖向分层、纵向分段、平面分块，还要讲对称、平衡、限时，开挖顺序、支撑与挖土要相配合，开槽支撑、先撑后挖、分层开挖、严禁超挖。对于开挖后不稳定或欠稳定的基坑，应根据地质特征和可能发生的破坏等情况，采取自上而下、分段跳槽、及时支护的施工方法，严禁无序大开挖作业。基坑开挖应采用信息化施工，根据监测数据确定开挖时间，调整施工顺序和施工方法。

由于基坑开挖顺序和速度对围护体系受力影响很大，出土方案的合理性对整个项目的工期影响甚大，故对于地质条件复杂的大型基坑工程，应进行开挖方式与顺序的优化设计，如可采用数值模拟方法完成，以制定合理的开挖方案。当大面积开挖平面形状不规则的基坑时，内支撑体系的平面布置是难点。有效的支撑平面布置不仅保证基坑稳定，而且更能为后续出土、主体地下结构施工提供工期保证。在支撑平面中需要留设较大的作业空间，并在支撑布置时须避让主体地下结构的施工位置。制定基坑土方开挖方案时，须综合考虑项目主体规划、周边市政道路、管线改迁、施工关键线路等，对开挖顺序、出土路线等进行设计，而且必须经过优化。开挖方案应说明挖土机械的停放和行走路线布置、挖土顺序、土方驳运、材料堆放等，控制基坑周边区域的堆载，避免对工程桩、支护结构、止水措施、监测设施和周边环境的不利影响。

工程实践表明，不合理的土方开挖、步骤和速度可能导致主体结构桩基变位、支护结构过大变形、甚至引起支护体系失稳。事实上，挖土顺序不合理、超挖以及支护结构未达到设计强度便提前开挖下层土等引起的事故比例很高。因此，土层开挖时必须注意以下几点：（1）严禁超挖、大面积开挖。基坑施工中超挖现象比较普遍，也常引发事故。如地铁基坑开挖中，超挖可使相邻支承轴力增加 40% 以上，可使支护结构的弯矩和剪力增加 40% 左右，同时可使钢管节点承受的荷载大幅度增加。（2）基坑开挖之前，必须确保灌注桩和冠梁达到相应标准。也即保证其达到足够的强度后，方可开挖下一层土方。如锚喷施工完成两天后，方可进行下一层土方开挖。（3）在基坑工程施工中，支撑必须及时。开挖过程中及时施作锚撑至关重要，这样才能很好地约束土体变形并使之保持强度。常出现基坑已开挖至底部而支撑尚未加设的情况，等于悬臂式支护开挖，非常危险。（4）开挖至吊脚桩平台标高时，必须停止开挖，及时设置锁脚锚索。（5）坡道必须保证稳定，宽度应保证车辆正常行驶。坡道的坡度不应大于 1：7；在软土地区，坡道坡度不应大于 1：8。（6）挖至设计标高后，应立即平整夯实基底，疏干坑内积水，及时施作垫层，尽量减少基坑大面积、长时间的暴露。（7）当土方挖至设计标高时，挖土机边退边挖坡道的土方，挖土机无法开挖的部分，最后人工开挖，用塔式起重机吊到出口处。(8)基坑开挖时,必须防止挖掘机碰撞工程桩、围护桩、支撑、立柱和立柱桩、降水井管、监测点等。离基坑周边和坑底 20～30cm 内的土体由人工清理修整,以免扰动基底土层、破坏围护结构。

10.2.3 岩层爆破施工要点

在土岩双元深基坑施工中,一般上部土层采用机械开挖,下部岩层采用爆破开挖。爆破施工涉及总体方案制定、爆破参数确定、飞石控制、监测布设等。一般来说,岩体爆破开挖最为经济有效;但在复杂环境条件下,爆破振动可能引起安全问题,如岩层爆破开挖时对吊脚桩支护岩肩和桩脚的保护须特别注意。爆破振动使岩土体松动,对吊脚桩支护体系产生不利影响。若爆破振动控制不好,岩肩可能会被破坏,从而丧失对桩脚的支撑功能。基坑监测资料表明,位移的突然增加都与爆破开挖有关(刘涛等,2010)。因此,爆破施工必须采取有效措施,如爆破控制与减振技术,尽可能降低爆破开挖产生的振动,以减小基坑爆破开挖对支护结构和周边环境的不利影响。特别是要运用复杂环境条件下深基坑爆破的振动规律,减少爆破对围护结构和周边环境的影响(刘涛等,2010;刘红军和张庚成等,2010;金卫,2015;林潮等,2018)。

(1)爆破振动

爆破形成的冲击波以其强大冲击力将岩石压碎,其传播距离较短、作用范围较小。在距炮孔一定位置处,冲击波成为应力波,能让岩体产生拉伸和剪切变形,促使岩体裂隙发展。在基坑爆破开挖时,其爆破类型为露天爆破,多数为浅眼松动爆破,爆破时会形成爆破漏斗。当应力波传播到自由面时,径向应力波反射成拉应力波,在自由面附近产生片状剥落,其破坏范围常可与径向裂纹相连接。林潮等(2018)针对观澜调蓄池深基坑研究了爆破开挖对吊脚桩支护体系的影响,该基坑开挖深度为 15.9～21.7m,主要采用上部吊脚桩锚+下部锚喷支护。考虑到场地强风化粉砂岩的透水性及中风化裂隙水丰富,基坑采用帷幕灌浆止水。数值分析结果表明:爆破振动可能引起吊脚桩桩脚及边墙局部破坏,或造成损伤而影响其性能。爆破振动随距离衰减很快,达到基坑壁时振动强度会大为衰减。但吊脚桩支护结构的振动水平约为坑底近坑壁的 2～4 倍,这是由于自由面引起动力放大效应。为保证吊脚桩支护体系的稳定,基底边缘的振动速度应控制在 20cm/s 以下,岩肩速度在 8～15cm/s,地表土振动速度在 10cm/s 以下。如果节理发育、倾向不利,控制值取低值,否则取高值。

振动破坏的程度主要取决于振动能量输入的大小、物体的自振频率、物体的强度等。如何衡量爆破振动对基坑体系的影响?根据《爆破安全规程》GB 6722—2014,对不同的保护对象,采用不同的安全判据和允许标准。对地面建筑、高边坡、隧道、电站中心控制设备等,采用保护对象所在地基质点峰值振动速度和主振频率,即速度-频率安全判据。但在实际水利工程、矿山工程中,常用边坡的质点振动速度,即规定允许的爆破振动速度来判断。

(2)爆破控制

吊脚桩支护基坑爆破控制问题比较突出,据张传军等(2016)介绍,某高层建筑深基坑,开挖深度 21.1m,基岩面埋深 4.10～7.50m,采用吊脚桩锚+局部放坡+钢管桩预支护。在基坑的爆破过程中,由于用药量过猛,导致基坑底角出现了部分坍塌;由于抢救及时并未造成安全隐患，但致使围护结构出现了较大程度的位移。爆破开挖所导致的基底部分坍塌对周边建筑物的沉降有明显影响。爆破开挖过程中用药量的控制不仅关系到基坑施工能否顺利进行，更关系到坑内及周边建筑物的安全。故而应进行合理论证和计算，将安全隐患降至最低限度（刘涛等，2010；邓春海等，2011；邓盛利，2012；王竞翔，2014；赵文强，2014；陈军，2018；刘立，2018；周昆，2018；郑祖静，2018；林潮等，2018；陈焘等，2018；吴二林，2018）。

深基坑中岩层开挖时，应采用振动影响小的爆破技术，如微差爆破、预裂爆破、光面爆破、减振爆破技术等。通过优化合理设定爆破振动的安全判据和控制标准，最大限度地减小爆破振动对基坑边坡和支护结构的不利影响。在深大基坑工程中，破碎岩体开挖有可能形成倒坡。这种现象将严重损害锚喷面层与原岩结构的整体性，为支护结构安全埋下隐患。所以，在每层岩层开挖之前，须先环绕基坑周边打一圈微型钢管桩对岩体进行超前支护，以防止节理裂隙较多、自稳能力不足的岩体发生倒坡现象。

岩层爆破开挖应采取综合性措施，以减小爆破对岩体和坡顶建筑物的振动影响（赵文强，2014），如设置微型桩超前支护；采用先进爆破技术；预裂岩石，形成开挖轮廓，避免超挖；设减振孔等。①静态爆破，即坑内基岩静力破碎开挖。为减小对建筑物的影响，基坑内侧距建筑物 20m 内采用静态爆破，基坑内侧设置减振孔，梅花形布置。采取上述措施后，在距离振源 20m 处，一般振速可以控制在 1cm/s 以内（陈军，2018）。在岩石中打设药孔，并灌注静力破碎剂，破碎剂发生化学反应而体积膨胀（膨胀力一般可达到 30~80MPa），使岩石在无噪声、无振动、无飞石和无毒气情况下破碎。②设置预裂孔。爆破开挖时，为保护岩肩，可在基坑边设置预裂孔，并严格控制药量。爆破后进行人工修整，保证侧壁平顺（陈军，2018）。③浅孔松动爆破+光面爆破。刘立（2018）考虑控制超挖、振动对岩肩和桩的影响，采取如下措施：吊脚桩附近预留 3m 范围，采用浅孔弱松动爆破+光面爆破，距离吊脚桩 30cm 处钻一排光面爆破孔；浅孔松动爆破后，再起光面爆破。实践表明，光面爆破比预裂爆破更能降低爆破振动。吊脚桩桩脚处岩石爆破采用的浅孔微振松动控制爆破技术包括：爆破振速验算、飞石验算、爆破冲击波验算、爆破振动监测。④爆破监测。布设测点对爆破振动速度进行监测，与建筑物允许振动速度进行比较。我国《爆破安全规程》GB 6722—2014 规定，衡量爆破振动时建筑物安全的影响，以振动速度作为控制标准。爆破开挖过程中，若局部出现桩脚外露，应及时采取补救措施。

邓盛利（2012）针对地铁深基坑工程施工指出，爆破采用毫秒微差浅眼台阶爆破，爆破深度距离吊脚桩桩底 2m 范围时，设置减振孔措施，最大限度减少爆破作业对桩产生不利影响；纵向爆破长度控制在 3.6m 内，保证每次爆破后最多有一根吊脚桩暴露；基坑开挖到吊脚桩桩底后，及时施工锁脚锚杆和架设钢支撑，杜绝吊脚桩长时间处于悬臂状态；吊脚桩桩底以下范围石方爆破时，在开挖边界采用预裂爆破，防止超挖和出现吊脚桩悬空现象；基坑侧壁爆破开挖完成后，及时按设计完成锚杆、钢筋网和喷射混凝土施工，表面要平整，有裂隙水时，设排水管引流。当遇到基岩裂隙水时，通过埋设引流管、钢筋网片+喷射混凝土支护后，能大大减少渗漏水面，主体结构施工前，如还有渗漏水，采用排水管引流，主体结构完成后再压浆集中治理，效果较好。

10.3 信息化施工与动态设计

信息化施工与动态设计是现代基坑工程中的一个重要新理念，其实质是根据监测资料及相关分析，调整施工工艺参数，或修改设计参数，或当出现异常情况时采取必要的工程应急措施。这个理念与方法是保证深基坑工程施工安全的重要手段，因而成为施工管理中最重要的工作。对于土岩双元深基坑工程，由于太多的不确定性以及设计计算理论的不成熟，信息化施工与动态设计尤其重要。但目前综合水平仍有待改进，涉及监测技术、数据处理及可视化技术、岩土参数反演技术、综合管理技术等。有必要对其进行综合性的应用研究，建立一套完善的协调与合作机制及管理制度，以提高其有效性。

10.3.1 信息化施工

在深基坑施工过程中，整个基坑体系的结构、受力、水流、变形状态不断变化。考虑到基坑工程中显著的不确定性，必须采用信息化施工和动态设计。所谓信息化施工就是对基坑施工过程中所发生的情况（数据、图像、声音等），进行及时、有序、成批地采集、储存、分析、处理、反馈，使其具有可追溯性、可公示性和可传递性。具体说，是通过监测实时收集现场数据并加以分析；根据分析结果对原设计和施工方案进行必要的调整，再反馈到后续施工过程，以保证施工安全经济地进行。将监测数据与设计值进行比较，来判断设计参数及前一步施工工艺的合理性。若比较结果不符合预期要求，则将有针对性地采取技术措施，甚至修改设计，以防止重大工程事故发生，将事故所造成的损失降低到最小。信息化施工的核心是基于监测数据分析，优化施工参数、必要时修改设计，以达到指导施工的目的。

为什么要进行信息化施工？在基坑受力变形分析中，岩土体结构、土岩力学性质、周边环境因素、施工因素等，很难得到全面而准确的反映。所以，基坑工程设计的依据并不完全可靠。相反，由于不确定性因素太多，计算结果常与实际出入相当大。如此便只能求助于施工过程中的现场实时监测，发现险情可及时采取措施，将事故消除在萌芽状态，以确保施工安全。此外，必要时修改设计。现场监测不仅真实反映基坑体系实际的运作状态，而且可用于指导下一步的施工，为动态设计和科研提供宝贵的资料；基于监测数据对设计成果进行评价，检验设计理论和施工方案的正确性，发展设计计算理论；通过位移反分析确定岩土力学参数，进行数值模拟预测下一段基坑体系的力学行为。

必须指出，对建筑物进行观测并非现在才开始，但以往工程现场观测的主要目的是验证设计方案的正确性，为以后工程设计积累经验和资料，属于事后分析式的施工观测。也就是说，这种观测得到的信息不能直接指导当下工程项目的施工。主要是由于观测及分析手段落后，不能立即应用。如现场数据不能实时获得，即便能实时获得，也不能立即进行数据处理，更不能进行复杂的计算分析。人工分析和计算需花费很长时间，其结果无法用来指导当下施工，也不能用于修改设计。所以，传统的工程设计属于"静态设计"，如基坑工程设计计算以基坑开挖的最终状态为基础。

深基坑工程中有很多不确定性，随着施工的进行，会不断获得新的信息，并可能与原设计所用信息有较大差异。此时，原设计便出现明显误差，须采用新的信息与参数进行设计计算，必要时修改设计方案。这种动态设计将设计与施工过程紧密结合起来，从而能确保施工过程合理化。信息化施工与动态设计就是通过现场监测，实时收集数据并进行数据处理，对变化着的基坑体系不断进行建模分析，根据分析结果对原设计方案进行必要的调整，并反馈到下一阶段的施工中，从而保证施工安全经济地进行。这项任务的基础是通过现场监测获得可靠的实时数据，以及迅速处理数据并采用新的设计参数进行快速预测。在深基坑工程中，动态设计有两层含义：一是将施工过程划分为若干工况，对各工况逐次进行预测并做出过程设计；二是将原设计分析结果与观测数据加以比较，往往会出现误差。可进行位移反分析以确定岩土力学参数，然后利用新参数进行下一阶段施工预测，必要时修改设计。此过程反复循环，使设计成为动态的。

10.3.2　基坑现场监测

信息化施工是一种现代化施工方式，主要涉及信息采集、反馈、反分析、控制与决策等多项内容，因此要求进行系统的基坑监测。许多复杂因素、突发情况在设计阶段难以考虑，因此若要问为什么要对基坑工程进行现场监测？则答案是不确定性，如工程地质条件不确定、施工过程中可能下雨、周边管道可能破裂等。深基坑岩土体极不均匀，地质结构难以准确把握，周边环境往往极其敏感，而设计计算理论与方法远未成熟。

基坑监测是指对基坑体系进行实时持续观测，以便对可能出现的危险进行预警。若施工过程中出现异常且未被及时发现，而是任其发展，那么后果将不堪设想。工程实践表明，基坑失稳不是突然发生的，而是有一个变形逐渐发展的过程。只要严密监测、仔细分析，并及时采取适当措施，工程事故大多是可以避免的。因此，基坑监测、信息化施工、动态设计才成为深基坑工程的必要环节。当出现异常时，可及时做出反馈，以调整设计或施工参数。此外，基坑监测数据是所有相关因素综合效应的体现，故由此发现的规律性可通过工程类比法设计，传递给后继工程。监测资料还可以为改进设计计算理论、施工工艺等积累经验资料。总之，深基坑体系十分复杂，在设计计算模型中，不得不引入许多简化假设。由于深基坑工程设计尚处于半理论半经验阶段，设计计算结果与现场实测值有较大差异。而其综合可靠性只能由实践检验，尤其是现场监测。

现场监测是信息化施工与动态设计的基础。自 20 世纪 90 年代以来，基坑工程施工监测日益受到重视，监测设备不断完善，向系统化、自动化、远程化发展。基坑监测技术也迅速发展，更为集成化、智能化、可视化。从内容上说，基坑监测即监测基坑体系和邻近设施的受力和变形过程，以及地下水位变化过程。由建设方委托具备相应资质的第三方进行基坑监测，监测单位应编制监测方案，并经建设、设计、监理等单位认可，必要时还需与周边建筑和设施主管部门协商一致，此后方可实施。深基坑监测方案的主要内容有监测目的、监测对象、监测项目、监测方法及精度要求、监测点布置、监测周期与频率、监测信息分析与反馈等。监测单位在编制监测方案前，应了解委托方和相关单位对监测工作的要求，并进行现场踏勘、搜集并分析已有资料，在基坑工程施工前制定出监测方案。在如下情况下，基坑监测方案必须专门论证：地质和环境条件很复杂；邻近重要设施破坏后很严重；已发生严重事故，重新组织实施；采用新技术、新工艺、新材料；其他必须论证的基坑工程。

（1）监测目的

以往大型土木工程中也常进行现场观测，但大多是靠事后分析的观测，其主要目的是验证设计的正确性，并为今后设计积累经验和资料。现在，通过基坑工程监测可以掌握整个基坑体系的受力变形及地下水位变化情况，通过监测数据分析和信息反馈希望达到以下4个目的。一是发现隐患，即实时发现险情预兆，并及时报警采取补救措施，减少和避免不必要的损失。二是指导施工，即通过监测数据分析，为施工工艺和步骤的调整提供指导性意见。三是必要时变更设计，以达到优化设计的目的。四是验证设计，即检验基坑工程设计理论与计算方法的合理性，为发展理论与方法积累资料、提供启示与经验。

从某种意义上讲，基坑监测相当于基坑体系原型试验，监测所得数据是基坑体系的真实反映，是各种复杂因素作用下的综合体现。当然，现场监测与真正的结构试验有显著的不同，特别是影响因素太多、无法对变量进行控制。

（2）监测项目

《建筑基坑支护技术规程》JGJ 120—2012 规定：安全等级为一级、二级的支护结构，在基坑开挖过程与支护结构使用期内，必须进行支护结构的水平位移监测和基坑开挖影响范围内建（构）筑物、地面的沉降观测。此外，基坑支护结构深部水平位移监测也是必要的：当支护结构出现较大水平位移或建筑物出现较大沉降时，可通过分析深层水平位移监测值，推断基坑的破坏原因及可能破坏形式，以便采取合理有效的抢险加固措施（唐建中等，2016）。

深基坑监测的对象是整个基坑体系，监测项目主要是变形、内力、地下水位、孔隙水压力等。在特定深基坑工程中，监测项目是根据实际需要确定的。例如，围护结构的内力与变形超过一定限值，将造成结构破坏、基坑失稳，并进一步对环境造成不利影响。又如坑外地表沉降，尤其是不均匀沉降，可使邻近建筑物开裂、倾斜甚至倒塌。通常基坑事故的原因有围护结构强度不足、水平位移过大，支撑或锚杆轴力过大，坑外地表裂缝或沉降过大，邻近建筑物基础沉降或沉降差过大，地下管线沉降与水平位移过大，坑外地下水位异常等，故须对这些项目进行监测。若建筑物存在明显的裂缝，尚需进行裂缝观测。围护结构水平位移（最大水平位移及其位置，以及墙顶部和底部的水平位移）是安全风险状态的敏感指标，易于准确测量。

对于土岩双元深基坑工程，基坑监测的内容包括（邵志国，2012；吴晓刚，2016）：①支护结构水平位移，包括围护桩体挠曲位移（测斜）、围护桩顶水平位移和垂直位移；②周边地面沉降，包括基坑周边土体分层沉降和水平位移；③桩墙与锚撑体系的内力与变形；④建筑物、道路及管线等；⑤土岩界面变形；⑥坑底回弹；⑦立柱竖向位移；⑧吊脚桩与微型钢管桩结合处的变形等。由于开挖至基岩以下时岩层变形较小，故一般不对坑底隆起进行监测。在基坑水平位移变化较为剧烈的区域，应适当加密测点，特别要注意土岩界面处的变形监测。例如吊脚桩与微型桩组合支护时，排桩本身刚度较大，自身变形较小，但结合部位变形比较明显，附近锚杆应力变化较大，故应在吊脚桩桩脚和微型钢管桩桩顶设变形监测点，在土岩界面处重点布设监测点；选择典型位置布设应力监测点，应力与位移同时监测。下部坚硬岩层的倾斜比上部土层的倾斜量小得多，故应适当缩短测斜管的长度，降低在岩层中钻孔布点的施工难度，从而达到降低工程造价的目的。在吊脚桩支护中，由于岩体中锚杆的锚固力较大，合理布置锚杆可降低工程造价，但施工中应密切监测锚杆受力状况。特别指出，基坑监测除执行《建筑基坑工程监测技术标准》GB 50497—2019 的相关规定外，还应针对破坏模式在以下位置增设水平和沉降变形监测：有基坑内倾结构面时，应在邻近土岩交界面两侧附近和坑底以上不大于 1.0m 坡面处；无基坑内倾结构面时，圆弧-平面破坏模式基坑应在土体边坡下部邻近土岩交界面处，滑切和切面破坏模式应在土岩交界面下部岩体坡面处和吊脚桩岩肩处。

深基坑工程监测要有重点，重点监测区是指易出现问题且一旦出问题后果严重的部位，如吊脚桩的桩顶和桩脚位移；围护结构侧边中部、阳角处、受力与变形较大处，重点区域应加密；爆破开挖对内支撑受力的影响。

（3）监测方式

基坑监测分为两种方式，即仪器监测和现场巡检。就前者而言，监测点的布设位置和数量应满足反映基坑体系安全状态的要求，监测点应便于观测、埋设稳固、标识清楚，并采取有效的保护措施。现场巡检是一项十分重要的工作，以目视为主，辅以量尺、放大镜、摄影等工具，凭经验观察获得有关信息，用于判断基坑稳定性和环境安全。巡检一般由有经验的工程技术人员进行。有经验的工程师巡检可以发现许多影响基坑工程安全的因素，如地层条件不符、施工条件改变、坑边堆载变化、支护结构施工质量、管道渗漏情况、施工用水不当排放、气候条件变化、围护结构渗漏、基坑周围地表裂缝、邻近建筑及设施裂缝等，这些现象都会影响基坑变形与稳定，及时发现问题并采取适当措施，将大大减少出现事故的可能性。当巡检发现异常情况时，应做详细记录、认真校核，并与仪器监测数据进行比较，还应与施工技术人员交流信息、相互配合。肉眼巡检是定性的，只能发现肉眼可见的现象，故有一定的局限性。所以，基坑施工监测应以仪器监测为主。但巡检与目测可起到补充作用，特别是发现仪器监测不到的情况，在特殊天气如降雨时尤其如此。

至于基坑监测的频率，当监测值相对稳定时，可适当降低监测频率；当监测数据变化较大、异常或接近报警值时，应提高监测频率。观测频率通常是 1 次/天，当监测数据接近报警值或变化速率较大时应加密观测次数，通常根据情况为 2~6 次/小时。当有事故征兆时，应连续监测。

（4）监测设计原则

深基坑工程施工之前，应在收集相关资料、现场踏勘的基础上，依据相关规范、设计提出的监测要求和业主下达的监测任务书制定监测方案，其主要内容包括监测项目、监测方法和精度、监测部位和测点布置、监测频率和期限、报警值及报警制度。所需收集的资料包括勘察成果文件、支护设计文件、基坑工程影响范围内的地下管线图及地形图、邻近建（构）筑物状况（建筑年代、基础和结构形式）、基坑工程施工方案等。当深基坑工程位于轨道交通等大型地下设施安全保护区范围内，或邻近城市生命线工程、优秀历史保护建筑、有特殊使用要求的仪器设备厂房，或采用新工艺、新材料时，应编制专项监测方案。深基坑工程监测设计应注意重点监测对象、满足设计方案及相关标准的要求、满足信息化施工与动态设计的要求。为此，监测应遵循下列五项基本原则：

第一，系统性原则。对基坑体系进行全方位、连续性监测，确保数据的完整性和连续性。监测点布设和监测项目选取须保证监测数据的全面性，并反映基坑体系受力变形的变化趋势，以便能够形成正确的综合判断。土岩双元基坑监测设计的要点是基于土岩双元基坑受力变形规律、变形模式。监测项目大多有一定的联系，故应将其有机结合，形成一个整体，以使监测数据能相互校核与验证。如孔隙水压力与地下水位之间的关系、地表沉降与围护结构水平位移之间的关系、桩墙变形与内力之间的关系等。此外，应建立一套完善的监测体系，集数据采集、整理、分析、上报、预警于一体。

第二，可靠性原则。监测数据必须真实可靠，这种可靠性由监测仪器的精度和可靠性、测试元件安装的可靠性及监测人员的素质来保证。因此，要求监测采用的方法与手段应基本成熟，使用的监测仪器均通过专业计量标定且在有效期内。此外，对布设的监测点进行有效的保护设计。

第三，经济性原则。在安全可靠的前提下，应结合工程经验，尽可能采用直观、简单、有效的监测方法，使用性价比高的国产仪器设备，并合理高效布设监测点以降低成本。

第四，与设计相结合原则。对设计中使用的关键参数进行监测，以便能在施工过程中进一步优化设计；对设计方案评审中有争议事项所涉及的部位进行监测；对相对敏感区域进行重点监测，除此以外基于系统性要求均匀布设监测点。具体说，监测点布置应遵循以下原则：内力或变形变化大的部位、周边重点监测部位，监测点应当加密；基坑周边中部、阳角处应布置监测点，每边应不少于 3 个，间距不宜大于 20m；基坑边缘以外 1～3 倍开挖深度范围内的设施应作为监测对象，必要时应扩大监测范围。

第五，与施工相结合原则。结合施工实际调整监测点的布设方法和位置，尽量减少对施工工序的影响；结合施工调整测试方法、监测频率、监测元件及监测点的保护措施。监测工作一般应从基坑工程施工前开始，直到地下工程完成为止。对有特殊要求的周边设施监测应根据需要延续至变形稳定。

（5）监测报警值确定

一般通过设定监测项目报警值，来保证基坑施工安全性。原则上讲，所有监测项目都要预先设定报警值。至少对重要的基坑监测项目如围护结构水平位移、支挡结构内力、锚杆轴力、邻近建筑图倾斜与裂缝等，应按照工程具体情况预先设定报警值和报警制度。所谓报警值也称警戒值、监控值，预先确定报警值是为了基于实时监测值判断基坑体系是否安全可靠，判断是否需要调整施工步骤或优化设计方案。若监测数据未达到报警值，则被认为基坑和环境是安全的，施工可照常进行；否则便存在危险，应调整施工组织设计，或采取相应的措施以确保安全。很显然，若报警值控制太严，将给施工带来不便，经济投入也要增大；若报警值控制太宽，会给安全带来威胁。因此，确定报警值须在安全与经济之间找到一个恰当的平衡。

一般来说，报警值由设计方确定，或经设计和业主等确认。通常情况下，报警值由两部分控制，即总变化量和变化速率（单位时间变化量）。根据设计值和周边环境情况确定报警值，并遵循如下原则：①满足现行标准的要求，并使报警值小于设计值；②对于市政设施，应满足保护对象主管部门提出的要求；③对于建筑物，应根据其对变形的承受能力确定控制标准。此外，由于基坑环境各边的复杂程度不同，监测报警值各边可以不一致。

通常，技术人员习惯于根据现行标准来确定报警值。《建筑地基基础工程施工质量验收标准》GB 50202—2018 给出了基坑变形的监控值。施工监测时，事先确定报警值。《建筑基坑工程监测技术标准》GB 50497—2019 将基坑工程按破坏后果和工程复杂程度区分为三个等级，根据支护结构类型的特点和基坑监测等级给出了各监测项目的报警值。但正如龚晓南（2016）所说，基坑工程技术标准不应统一规定具体的监测报警值，这个值应由设计单位在设计文件中提出，并应根据实际情况动态控制。报警值通常按设计值的一定比例取值，这里设计值是设计允许的最大值，如弯矩和轴力的报警值一般设定在设计值的80%。当然，报警值的取值并没有统一的规定。如上海市《基坑工程技术规范》DGITJ 08-61—2010 规定：当支护结构安全等级为一级时，墙体最大位移设计值为 80mm，报警值取 60mm；地面最大沉降设计值为 50mm，报警值取 30mm。

监测数据的报警值如何确定？在《建筑基坑支护技术规程》JGJ 120—2012 中并没有给出基坑开挖的预警值，而是规定了基坑施工过程中的监测项目，而预警值的确定由于其地区性的差异，也只有部分城市的基坑工程根据基坑安全等级的不同给出了预警值，如广州、上海、深圳等。基坑变形预警值的制定和基坑自身特性有很大关系，尤其是基坑安全等级和重要性系数对基坑变形预警值的制定起着关键性的影响。不同地区基坑工程变形的预警值不尽相同，并且某些值相差较大。这主要是由于不同地区的土性条件不同，不同地区基坑工程在工程水文地质、基坑尺寸、施工工法、周边环境、气候条件、围护结构形式等方面都有很大差别，这些因素的综合影响导致了不同地区预警值的差别。因此在基坑变形预警值的制定上，一定要具体分析工程所在地的情况，综合考虑影响基坑变形的各个因素，在工程实践总结和设计计算基础上制定具体基坑工程的变形预警值，并根据长期工程监测结果调整修正预警值的大小。

预警值可以根据设计容许值确定，一般预警值可取设计容许值的 80%。深圳市在深基坑工程安全判别上做出了较为全面、科学的规定，如以设计侧压力/实测侧压力为侧压力的安全指标 F_1，安全性判别如下：

$$F_1 < 0.8 \qquad\qquad 危险$$
$$0.8 \leqslant F_1 \leqslant 1.2 \qquad\qquad 注意$$
$$F_1 > 1.2 \qquad\qquad 安全$$

10.3.3 信息分析与反馈

所谓信息化施工就是根据监测和巡检结果，不断调整优化施工参数。关键是对信息进行正确分析、做出合理判断，并能及时采取有效措施。一般来说，基坑工程事故是可以避免的，因为这类事故都有比较明显的预兆，如基坑破坏前往往会出现地表开裂，以及较大的侧向变形或变形速率等；而且从事故萌芽到险情发生通常会有 2~3d 的时间。除了明显的设计缺陷，以现代施工技术，完全可以避免事故发生，只要反应及时、方案得当。那么，现在都采用信息化施工、动态设计，为什么还会发生事故呢？

目前，基坑监测没有受到应有的重视，技术人员不能识别危险的前兆。对事故征兆不警觉，处理也比较草率。报警值不当或报警不及时，错过抢险时机。目前，主要问题是基坑监测不到位，反馈数据不及时，未能很好地实现动态设计和信息化施工。在许多工程中，监测或巡查发现异常，但并未引起重视，亦不采取相应措施，致使基坑事故发生。如北京昆仑饭店基坑滑坡发生前两天，已发现地面有一道通长裂缝与基坑边缘平行，裂缝宽1.5cm，滑坡前一天，裂缝宽发展到 10cm，对此预兆未采取措施（唐业清等，1999）。又如在杭州地铁湘湖站北 2 号基坑工程中，监测工作处于失效状态。事故发生前，地面最大沉降已达 316mm，测斜管测得 18m 处最大侧向位移已达 65mm，均早已超过报警值，但均未报警（马海龙等，2018）。值得注意的是，施工单位缺乏分析决断能力，对前兆危险判断失误。如武汉泰合大厦，基坑开挖过程中桩间多处浸水，截水帷幕失效，但施工单位边堵水边继续开挖，最后导致基坑周围的地下水携带泥砂大量涌入基坑，基坑周围土体下沉、相邻建筑物、道路、地下管道不均匀沉降。

实践表明，许多事故是由于第三方监测没有及时、准确地发现支护结构内力和变形的突变，未能及时给出安全预警，从而导致基坑工程事故的发生；在第三方监测提供安全预警的条件下，建设单位和监理单位没有及时采取措施，或未能采取正确措施，从而导致基坑工程事故的发生。所以，对重要的风险源，如基坑工程中的超挖、钢支撑的节点处理，特别是钢管与地连墙接触处的处理等，要有专门的、技术过硬的、认真敏感的人员负责，防止信息化施工走过场，或错过危险信号。对于自己无法判断的风险，可寻求专家帮助，但这类专家可保证随叫随到，以免错失良机。对信息的分析与决断至关重要，当达到极限值的80%时，已经很危险，甚至难以处置了。此外，对于土岩双元深基坑工程来说，现场中风化岩层面起伏较大，必须重视现场监测与信息反馈，以便能灵活调整设计桩体长度。

10.3.4　动态设计的实质

在整个施工过程中，基坑体系的组成、结构及行为一直在发生变化，基坑工程设计自然会考虑这种变化，如对施工过程中多种工况的模拟，对基坑体系进行全过程分析。但动态设计并非指这种设计，即并不是指施工前设计时考虑基坑体系的动态变化。由于基坑体系不确定性因素太多、设计计算理论不成熟，故计算值与实测值往往有明显的差异。当这种差异达到一定程度时，需要对施工组织设计做出调整，甚至必须对原来的支护结构设计方案进行修改，以应对施工前未曾料到的情况。这就是所谓动态设计，即主要指施工过程中变更设计。

在深基坑工程信息化施工中，动态设计特别包括这样的环节，即利用监测数据反演岩土力学参数，进行基坑体系后续受力变形分析，以预测基坑体系下一阶段的行为，并优化下一步的施工参数或变更设计。可见，动态设计思想将设计与施工紧密结合起来，能够不断地优化设计、提高施工质量。因此，可以说动态设计是信息化施工的实质性体现，这种理念扩展了设计范畴，充实了设计内容，提高了设计质量。

深基坑工程施工中变更设计的实例很多，特别是调整锚杆间距或长度等比较灵活的措施。甚至，有的支护体系施工结束之后，由于工程需要而加大基坑深度，必须变更设计。例如，北京某基坑工程，开挖深度为6.5～14.7m，支护结构采用复合土钉墙（土钉墙、微型桩及预应力锚杆）、土钉墙与桩锚复合体系。基坑原有支护结构已施工完毕，但基坑深度变更而加深。通常是将原有支护结构进行重大改动，这将于工期和成本极为不利。为此，采用零嵌固深度的支护体系，采取补偿措施，在桩脚处设置锁脚预应力锚索、桩端环梁等（王洋，2015）。

有的工程情况发生重大变化，按原计划执行便无法保证工期，故不得不改变支护结构方案。如某地铁车站深基坑，采用普通嵌岩桩支护。爆破开挖时发现岩石很硬，每次仅能爆破10cm以内，很难继续开挖，离嵌入坑底2.5m的要求相差很多，形成了吊脚。为了解决问题，进行了专门研究，决定采用吊脚桩＋内支撑支护，桩体入岩2m，下部锚喷支护（张群仲，2016）。

有的工程勘察不到位，施工时发现地层与勘察结论严重不符。此时，技术人员也不得不变更设计，而且实例较多。例如广东某地铁车站深基坑 20.93m，采用排桩＋内支撑支护。桩施工过程中发现地层与勘察结果不符，其中部分 A 型桩从基坑底就开始进入弱风化片麻岩，而原设计为强风化片麻岩；部分 B 型桩从基坑底就进入了强风化片麻岩，而非原设计的全风化片麻岩。若坚持原方案，桩在进入基底以下嵌岩部分时，施工难度大，进度受影响，也不经济。对方案进行优化分析后，在确保基坑安全的前提下，调整部分 A 型桩的嵌固深度为 4m，比原设计减少 3m；调整部分 B 型桩嵌固深度为 4m，比原设计减少 4m（雍毅等，2015）。又如某地铁车站深基坑，中微风化凝灰岩岩面位于基底以上，采用吊脚桩撑＋锚喷支护，桩底进入中风化岩 2.5m。由于岩层起伏较大，导致施工误差，现场部分桩的桩端仅进入散体状强风化岩层。强风化岩的岩芯呈砂土碎屑状，其力学性质与土相近。为此，对强风化岩边坡采取了加固措施：桩底以上 0.5m 处增设一道锁脚锚杆；桩端下部强风化岩层采用土钉墙支护（刘浩，2016）。又如大连市某商业中心基坑，开挖线紧邻四周道路及建筑物，地下设 3 层地下室，基坑开挖深度 14～17m，长约 120m，宽约 100m。按照地勘资料在支护设计深度内未见中风化板岩，采用桩锚支护方案。支护桩采用人工挖孔桩形式，桩径 0.8m，桩间距 2.0m，嵌固深度为 2.5m（按《建筑基坑支护技术规程》JGJ 120—2012，多支点结构不宜小于 0.2H，即 3.2m。结合地区经验取 2.5m）。实际施工过程中，邻近民生街一侧支护桩嵌固深度内遇中风化板岩。若按原设计嵌固深度开挖，施工成本将大大增加，并且工期也将大大延长。经重新计算，嵌固深度缩短至 1.7m，其中嵌入中风化深度约为 1.0m。经现场监测，支护桩最大位移为 10mm，在规范允许范围之内，且变形量较小（吴铁力，2014）。又如某地铁车站深基坑，开挖深度 16.95～18.41m，采用吊脚桩支护。当开挖至地面以下 10.45m 处锁脚梁位置时，发现地质条件与勘察报告不符，桩底位于强风化及全风化泥灰岩内，继续开挖可能会有重大工程风险。此时吊脚桩支护已施工完毕，第一道混凝土支撑及第二道钢管支撑亦架设完成。为保证基坑开挖安全，需保证吊脚桩桩底土体稳定。采取下述措施：在吊脚桩的肥槽内设置钻孔灌注桩内插 H 型钢，桩进入基坑以下 3.5m（汤立峰，2017）。

10.4　深基坑工程事故与处置

我国改革开放之后，进行了大规模土木工程实践。对于深基坑工程，由于设计理论不成熟、工程经验缺乏，加之人们认识不足、重视程度不够，工程事故曾呈频发之势，如东南沿海某些开放城市深基坑工程事故高达基坑总数的 1/3。深基坑工程一旦发生事故，造成的经济损失和社会影响往往十分严重，有重大人员伤亡时尤其如此。近些年来，由于深基坑工程水平的提高和经验的积累，基坑整体失稳逐渐减少，但由于基坑变形过大而引起的周边环境破坏仍时有发生。也许正是因此，深基坑工程变形控制设计的理念得以强化。

深大基坑工程多出现在城市交通繁忙、周边环境复杂的区域，稍有不慎就会造成工程事故。因此，必须分析事故原因，尽可能规避工程风险。当事故已然发生时，须果断采取正确的处置措施。

10.4.1　深基坑工程事故类型

对土岩双元深基坑工程，除坑底隆起较小之外，可能会出现纯土质基坑和纯岩质基坑中发生的所有基坑工程事故，尽管有其特殊性。以下仅简要介绍几种主要的工程事故，包括支护结构破坏、基坑失稳破坏、周边环境破坏以及其他安全事故。

（1）支护结构破坏

当深基坑围护结构严重倾斜、桩顶水平位移过大时，将给基坑施工带来不便，也往往会引起环境灾害，如邻近建筑物开裂与倾斜、地下管线破裂、路面开裂等。

支挡结构体系破坏属于结构性破坏，如作为围护结构的桩墙开裂、折断、剪断等，致使结构失去承载能力，并往往引起基坑坍塌；由于支撑体系破坏而使桩墙发生较大位移，甚至断裂、倒塌，如锚头拉脱、腰梁扭断、内支撑压屈，锚杆拉断、拔出或预应力松弛等，使支撑失稳并导致结构丧失承载能力引起基坑坍塌。其原因如结构强度或刚度不足、荷载估计不足、节点处理不当引起局部失稳；如超挖而支撑轴力过大而破坏；如支撑不按设计要求设置，间距放大或截面减小，导致支撑应力过大而破坏，并使围护结构折断。例如，某深基坑支护桩悬臂过长，局部甚至达 15m；强降雨下水土压力过大，桩被剪断，基坑边坡坍塌模式为土层内的圆弧滑动，最下层滑动面发生在土层中。经验算，桩截面不满足抗剪要求，故在土岩界面处被剪断（王翔宇，2019）。

（2）基坑失稳破坏

深基坑失稳破坏主要是指基坑整体失稳、局部坍塌、坑底隆起、踢脚破坏，以及围护结构倾覆、滑移、地基失稳。其中，围护结构倾覆主要发生在重力式或悬臂式支护结构，即在坑外主动土压力作用下，围护结构绕其下部的某点转动，顶部向坑内倾倒。围护结构滑移主要发生在重力式支护结构，即在坑外主动土压力作用下，围护结构向坑内平移。围护结构地基失稳也即重力式支护结构地基承载力不足而破坏。

所谓踢脚破坏是指桩墙底部向坑内发生较大的踢脚变形，同时引起坑内土体隆起，其原因往往是由于桩墙嵌固深度较小且坑底土体强度较低。在单支撑围护结构中，可能发生绕支点转动，围护结构上部向坑外倾倒，下部向上翻。在多支撑围护结构中，一般不会发生踢脚破坏，除非其他支撑都失效而退化成单支点结构。对于土岩双元深基坑，吊脚桩嵌固效果不佳，致使基坑变形过大，从而踢脚破坏。董建波等（2013）介绍某工程土岩基坑，开挖深度为 23.0～29.5m。地层上部为红黏土，下部为石灰岩，设计采用上部吊脚桩锚＋下部格构梁锚索支护。根据补充勘察报告，土岩界面以上局部有薄层流塑状黏土，含水量极高，抗剪强度极低。该区域部分桩体底部位于强风化岩中，未能嵌固于中风化岩层。据此对基坑进行稳定性分析，边坡破坏模式为发生于红黏土局部的支护桩踢脚破坏，抗滑安全系数为 0.94。

深基坑整体失稳是由于岩土体强度不够所致，主要指坑壁塌方和大面积滑坡。此外，也可将土体渗透破坏包括在内，如围护结构截水效果不好或截水帷幕失效，坑壁发生渗漏流土涌砂，严重时水土流失导致底面塌陷、基坑坍塌；如由于降水处理不当，坑底承压水压力过大，顶板厚度不够而使基坑底部发生突涌破坏。对于土岩双元深基坑，由于坑底多为岩层，故突涌可能性通常比较小。若薄土层位于承压含水层以上，也有可能发生渗透破坏。

（3）周边环境破坏

深基坑周边环境破坏指邻近建筑物开裂、倾斜甚至倒塌，道路开裂或塌陷，以及地下管线等地下设施失效等，皆因坑外岩土体变形所致。具体情况有两个：一是深基坑围护结构或坑壁变形过大，使坑外土体发生较大水平变形和地面沉降，进而导致地下管线破裂；二是截水帷幕有空洞或因结构变形而开裂，导致截水功能失效，造成严重渗漏、流土或流砂等，而水土流失使坑外地表下沉甚至塌陷。

（4）其他安全事故

其他安全事故是指基坑施工过程中发生的事故，如塔式起重机倾覆、钢筋笼起吊散架、高处坠物、监测点破坏、应急措施不到位等。有时基坑边坡及施工道路连同塔式起重机一起整体垮塌，属于整体失稳，原因可能是因渗水使土体软化。此外，坑内滑坡导致基坑内支撑失稳，进而引起基坑滑塌。

10.4.2　深基坑工程事故原因

在深基坑工程体系中，参与作用的因素很多，涉及勘察、设计、施工、监测、监理、管理等多个方面，它们均可成为工程事故的诱因。唐业清等（1999）将基坑工程事故的原因归纳为勘察问题、设计问题、施工问题、监理问题、管理问题等五个方面。据其统计，设计问题和施工问题为主要方面，所造成的事故分别约占事故总数的 46% 和 41.5%。

（1）勘察问题

深基坑工程的勘察问题是指勘察资料不详、不全、不准、不正确等，这些均可能导致设计失误而引发工程事故。勘察问题可归为两类，一是地层地质问题，二是周边环境问题。前者如勘察范围过小、勘察布点过少，漏勘不良地质现象，未能查明特殊土层如软弱层、膨胀土，或虽查明膨胀土却在勘察报告中没有反映其胀缩性，从而没有引起设计与施工的特别注意；未能搞清地下水分布特性以及补给情况；勘察报告提供的力学性质指标取值不当，如重要土层的强度指标取值偏高。后者如漏堪废弃的地下设施，未能全面掌握邻近建筑物情况以及地下管线分布，因而使设计考虑不周，在施工过程中出现意想不到的问题，既影响施工进度又可能造成事故。

必须强调指出，周边环境情况、环境保护要求是深基坑工程设计的重要依据。就相同深度、相同地层的基坑工程而言，由于周边环境不同、环保要求不同，可选的支护形式将大不相同。所以，一个深基坑工程的重要缺陷是周边环境调查不清，保护要求不明确。在这种情况下，很可能会出现坑外路面开裂，或邻近地下管道破裂，或邻近建筑物开裂与倾斜等。

（2）设计问题

在深基坑工程中，设计不合理导致的事故占比较大，接近事故总数的 50%。从事故原因方面讲，主要有基坑支护方案不当、计算分析模型不当、岩土力学参数取值不合理、设计荷载考虑不当或漏算地面荷载、锚固结构设计失误、截水帷幕设计失效等。

没有认真研究勘察资料，在设计中造成概念错误，如是软弱土层引起的土压力及变形问题？还是粉砂土层地下水控制问题？方案选择即支护选型不当、结构参数取值不当、支撑或锚固件设计不当、布置不合理如锚杆间距过大、长度不足、设计位置过低等，支护结构计算模型错误或与实际工况不符；荷载考虑不周，设计荷载取值不当或漏算了某项重要荷载，如低估周边建筑物、交通荷载、堆载影响等，漏算地面堆土、行驶机械、运输车辆、堆放材料等附加荷载；有些超载未考虑，如重型车辆的影响、未做专项塔吊基础加固设计；强度指标取值不合理等。设计工程师缺乏设计经验、理论知识，不能应付复杂的基坑工程设计课题，盲目照搬别人的设计方案；或为在竞投中获胜，不惜过分压低造价，使设计方案不安全；低估了围护结构上的土压力、高估了土的抗剪强度；还有纯粹的计算错误。

如当坑中坑距大坑围护墙较近时，大坑围护墙上的被动抗力会降低，而设计中却未考虑这种效应。悬臂式支护安全度较低，采用时应慎重。如青岛某商业广场基坑开挖深度为14.1m，上部0~11m为杂填土及粗砂，以下为风化岩。原设计为悬臂式支护桩，桩长5.6~11.3m，入岩2.8m，桩间距1.8~2.4m，岩肩宽度0.5m。当基坑开挖到5m左右时，支护桩位移较大，被迫停止开挖。经专家技术论证后增加了两层锚杆，桩间进行了挂网喷射混凝土（徐至钧等，2011）。

（3）施工问题

作为事故原因的施工问题包括两个方面，一是施工质量差，如混凝土灌注方法不当，支护桩出现缩颈、露筋现象，锚杆或土钉达不到设计长度，倾角与原设计有较大出入，灌浆质量差，等。二是擅自修改设计，主要指支护结构设计。深基坑工程施工质量之所以差，主要原因有四：①严重违反设计要求进行施工；②施工队伍本身水平差；③重视不够、管理疏漏；④低价抢接任务。其中，严重违反设计要求进行施工的行为主要包括：擅自减少锚撑；为抢进度而超挖、锚撑跟不上；基坑开挖面上方的锚杆、土钉、支撑未达到设计要求时向下超挖土方；在未达到设计规定的拆除条件时拆除锚杆或支撑；基坑周边施工材料、设施或车辆荷载、堆土超过设计要求的地面荷载限值；土方车超载使栈桥破损等。此外，第四个原因常成为基坑工程事故的显著原因，这是因为某些施工部门为获得利润偷工减料、粗制滥造，甚至擅自改变设计方案。低价抢包工程或因市场缘故而不正当竞争，或因转包工程而层层扒皮。

未按支护结构设计施工，也即擅自改变设计，如缩短锚杆或土钉长度、增大锚杆或土钉间距等。也可包括未按施工组织设计施工，如超挖、支撑不及时等，由此而引起的事故时常发生。基于现场监测情况及合理论证的设计变更除外，这种修改是由设计、施工等多方研究决定的。基坑挖土分层进行，高差不宜过大。但常一次挖土太深，支护不及时。如济南经纬大厦、山东省邮电通信物资大厦，均采用土钉墙支护。施工时一次挖土深度达6m之多，严重超挖致使支护跟不上，造成基坑局部倒塌。

深基坑工程施工中的常见现象是不遵守施工规程，如挖土机械停在支护结构附近，使其承受设计未曾考虑的较大荷载，造成支护机构变形过大。此外，超挖会使基坑发生较大变形，严重超挖、锚撑跟不上，使围护结构发生较大变形，甚至使结构破坏而导致基坑边坡失稳。在基坑开挖过程中，挖土机械随意碰撞围护桩墙、支锚系统，造成支撑破坏、桩身撞伤等。无支撑基坑暴露时间过长，基坑变形随时间不断增大。

施工质量差是深基坑工程事故的重要原因，其表现形式多种多样，如截水帷幕存在空洞、蜂窝、开裂等，钢筋混凝土灌注桩严重缩颈、钢筋位置布错，地连墙钢筋不连续、墙体有蜂窝或空洞，锚固体中水泥石质量差而影响握裹力和摩阻力、致使锚筋脱离水泥石而拔出或整个锚固体松动而拔出，锚杆或土钉的长度达不到设计值、倾角与原设计出入较大、致使其实际承载力达不到设计能力、基坑产生较大变形，支撑较长且交叉点连接强度不足、造成支撑平面失稳，钢管支撑细部焊接质量不过关、发生焊缝拉裂，钢支撑未按要求施加预应力、造成围护结构变形过大。

施工违规操作是许多基坑工程事故的主要原因，如施工抢进度、超量挖土、支撑架设跟不上、甚至较少支撑，致使围护结构应力过大而折断或支撑轴力过大而破坏。无论何种原因，施工时擅自修改设计都是极端错误的行为。坑外地表防水失效、坑壁渗漏封堵不及时，引发基坑工程事故。当地下水降低不完全且存在较厚粉砂层时，往往会发生坑壁渗漏或流砂。

（4）监测问题

现场监测技术人员的职责是制定科学合理的监测方案并付诸实施，对监测资料进行科学分析，正确预测险情并及时反馈给有关部门。监测方面的问题主要有两个：一是监测不力或监测不到位，未能发现所存在的隐患或险情；二是虽监测到位，但险情预报却不准，从而使他人丧失处置机会。此外，即便监测到位、险情预报也准确，可由于未及时采取应急措施而发生事故，但这已不是监测部门的问题了。

（5）监理问题

我国现行工程监理仅限于施工阶段，未对基坑工程设计质量甚至材料质量进行严格把关，致使安全隐患进入施工阶段。对基坑工程的重点部位和重要工序没有旁站监理，从而导致关键部位施工质量不过关。由于技术水平低或责任心不强，监理人员未能及时发现问题，从而不能向业主提供信息，也就错过解决问题的良机。即便发现问题，也不善于提出解决问题的建议。对施工和监测单位的严重错误行为没有及时制止，从而酿成工程事故。显然，由于监理不到位，施工质量不达标，由此而引发的事故既有施工方的责任，也有监理方的责任。

（6）建设单位管理问题

由建设单位不当行为而引发的基坑工程事故是人为失误，均构成事故的原因。建设方行为不规范可能导致事故发生，如建设单位发包工程时无限度地压价，或无限度地压缩工期，造成时间十分仓促，专业间协调不够；设计考虑不周、更谈不上精细；施工粗制滥造，甚至偷工减料。这些都会给工程留下安全隐患。

建设方的开发建设行为不规范，设计方为迎合建设方的要求，选择风险大的支护方案。为追求地下空间开发利益最大化，地下室结构外边线与用地红线距离往往非常接近，甚至小于规划允许的最小值，导致坑边距离需要保护的设施过近，保护难度增大。在施工过程中，有时建设单位为节省投资，武断干预设计、施工等部门的工作，如强行取消部分锚杆，或随意变更设计方案，如擅自将桩距增大、桩径减小，从而降低结构安全度，致使工程事故发生。此外，还时常拖欠施工工程款，以至贻误支护时机。

（7）事故原因与责任

基坑工程事故作为结果，显然是无数相关因素共同参与形成的，这些因素就是条件和原因。作为结果的任何现象都是在一定条件下由一定的原因所引起的，也即结果是由一定的条件和一定的原因共同造成的。工程地质条件、周边环境、降雨等都属于客观现实，不应成为事故的原因。因此，针对某个事件进行因果分析必须首先明确其条件，然后才能找准原因，绝不能把条件说成原因。那么，哪些因素属于条件？哪些因素属于原因？

一些基坑工程事故是由多种原因共同造成的，如北京银都中心基坑深 11.21m，局部深 12.8m。设计支护结构为钢筋混凝土灌注桩，直径 600mm，桩长 14.5m，桩顶作 800mm×400mm 的钢筋混凝土圈梁，圈梁之上为 1.5m 高的砖护墙，并在圈梁处加一道锚杆。施工期北京多雨，基坑开挖至 10m 左右时，基坑周围地面出现裂缝，支护桩严重倾斜。原因如下：随意修改设计，认为原方案过于保守，取消了锚杆，使支护桩变成了悬臂式结构，悬臂部分长 10.7m，而嵌固部分只有 3.8m；三层临时工房离支护结构不到 5m，而设计时并未作为超载考虑；基坑附近的排水管道和自来水管道均有渗漏，使土的含水量增大，强度降低（唐业清等，1999）。

参与事故发生的作用因素虽多，但并非所有因素均构成事故的原因。首先，已知的客观条件如地质条件、周边环境、施工条件等，无论它们多么不利，也不能说成是事故的原因，人为失误才是原因。例如，勘察揭示出基坑地层中有深厚软弱土层，因而围护结构土压力会很大，且可能导致结构破坏；但软弱土层并非结构破坏的原因，而设计失误导致结构强度不足才是事故的原因。

深基坑工程事故通常很复杂，许多基坑事故往往有直接的触发因素，但有些因素是自然的，也可能是难以预料的、异常的，如暴雨、振动、地表水渗入、地下管道漏水等因素，即使原因能够分析清楚，也常因多方原因，致使责任难以理清。例如，基坑支护设计确实存在不合理之处，但设计方有可能会追查勘察问题、管理问题。可见，追究责任的原则应当是着眼于各自本身的问题。如事故发生之前有明显预兆，而监测人员没有注意到，或虽注意到却未引起重视，最终由于未能及时采取措施而导致事故发生。虽然此基坑工程勘察、设计、施工均有问题，监测方也要承担相应的责任。

一般基坑工程事故的原因很复杂，往往是多方面的。当多个原因共同致灾时，往往难以区分主次。那么，各方责任大小如何划分呢？勘察问题使设计留下安全隐患，给施工造成被动，其基坑事故的直接原因似乎是设计错误，但归根结底是勘察问题，责任也在勘察部门而不在设计单位。若建设单位过分压低勘察费用，则建设单位也有部分责任。

深基坑工程是一种系统工程，其中任何一个部分或环节出了问题，都有可能导致工程失败。因此，成功的基坑工程要求勘察、设计、施工、监测、监理、管理等各方密切协调与配合。

由先导或基础性失误导致的后续失误，一般不属于事故原因。如勘察未能发现薄弱环节而使设计不当、勘察提供的土性指标过大而使计算结果不符合实际等，此时事故原因便不包括设计。也就是说，只要按给定的前提条件进行设计便正确无误即可，条件方面的失误不属于设计失误。

10.4.3　深基坑工程风险规避

我们分析寻找深基坑工程事故发生的原因，其目的主要有两个：一是在未来的基坑工程中吸取教训，避免事故发生。二是在事故已然发生的情况下，采取有效措施，做出合理处置。对于深基坑工程风险，关键在于风险识别及风险规避；对于深基坑工程事故，关键在于及时发现问题并采取适当措施，在施工过程中，逐个弥补失误，消除事故隐患。

风险是利益的代价，利益是风险的报偿；一般来说，高风险伴随着高收益。风险主体是指风险的承受者。土岩双元深基坑施工风险评估包括：风险识别、事故树法、层次分析法、风险矩阵法、模糊综合评判、风险评价指标体系、风险控制、风险管理制度等（辛欣，2012）。只要清楚地认识基坑可能的破坏形式、引起破坏的原因，做好风险管理，便可有效消除事故苗头，故须制定并严格执行基坑工程风险管理制度。

（1）风险分析与识别

深基坑岩土体是非均质的，而且具有复杂结构，无论是通过室内试验还是现场试验，试样的代表性难以定量估计。此外，施工条件复杂，过程中往往出现一些难以预料的情况。所以，基坑体系受力变形分析的精度难以保证，也难以准确估计，这就使得深基坑工程中存在诸多风险因素。所谓风险是指某一特定危险情况发生的可能性与后果的组合，由风险因素、风险事故和损失三者构成，风险只有通过风险事故的发生才能导致损失。风险因素是风险事故发生的潜在原因；风险事故是造成损失的偶发事件，也是造成损失的原因；损失是指非故意的、非预期的和非计划的经济价值的减少。进行风险识别与评估，一般回答三个问题，即什么事情可能出错？出错的可能性有多大？出错的后果是什么？通过风险识别与评估，可以将风险及其后果量化。

风险识别的核心也就是寻找危险源，施工技术人员必须对其认真分析辨识。深基坑工程危险源很多，应根据危险程度和发生频率，将其划分为重大危险源和一般危险源。《建筑深基坑工程施工安全技术规范》JGJ 311—2013 规定了深基坑工程中重大危险源和一般危险源的各种情况。如基坑邻水、基坑加深而改变设计方案，有特殊保护要求的邻近地铁、历史建筑、重要管线等，均构成重大危险源。

深基坑工程中的风险源很多。基坑工程事故大多与水的作用有关，如地表水渗入。在施工期间，若雨水或生活废水渗入土体，将对基坑边坡稳定产生不利影响。非饱和土体遇水后，土的强度指标降低，物理性质变差，土中应力状态也发生变化。又如地下管道漏水。此外，围护墙渗漏流砂是比较普遍的风险，因为截水帷幕的可靠性是很难保证的。基坑渗流产生渗流力，可引起管涌、流土乃至基坑边坡失稳。当基坑存在承压水风险时，须对承压水进行降压处理，还须考虑勘察孔和监测孔突涌风险。

（2）风险规避与管理

深基坑工程风险规避与管理的基本原则是在对危险源进行识别与评估的基础上，针对重大危险源，应按消除、隔离、减弱的顺序，选择和制定安全技术措施和应急抢险预案，保证对突发事件的快速响应与处理，以避免重大事故的发生。对于一般危险源，只要加强管理和控制就不会有大问题。

深基坑工程技术难度大，不可避免地存在多种安全隐患。因此，必须针对重大危险源制定安全技术措施和应急预案，并对其可靠性和可行性做出论证。应急预案的主要内容包括潜在事故类型及特征分析、应急救援技术方案，以及应急响应领导小组及其他相关人员的职责分工、权限、通信联系电话等。此外，还应建立有效的应急救援系统，快速的应急响应、充分的物资准备、高效的组织系统。应定期组织应急响应演练，及时发现应急救援程序和应急准备中的不足，提高现场人员的应急能力，特别是配合与协调能力，确保应急救援预案一旦启动，能及时有序地展开救援。当基坑监测数据超过报警值，或出现基坑、邻近建筑物、地下管线失稳征兆时，应立即启动应急预案并停止施工作业、撤离人员，待险情排除后方可恢复施工。

10.4.4　深基坑工程事故处置

深基坑工程事故处置的基本原则是什么？深基坑工程事故发生之后，首先是停止作业、尽力保证人员安全；其次是查明事故的原因并制定合理有效的处置方案；最后便是迅速组织实施以免丧失良机。一般来说，基坑出现险情时未能及时进行应急处理或抢险措施不得力，最后形成无法挽回的损失。所以，基坑工程事故处置的基本原则是果断与及时，常用的措施主要有以下几种。

第一，卸载减压。比较常见的基坑工程事故之一是支护桩倾斜、折断并引起基坑塌方，此时应立即停止开挖。为保护剩余桩不继续折断及坑壁坍塌，可进行桩后挖土卸载，如此可减轻桩后主动土压力，同时也减小桩的悬臂长度。此外，还应撤离作业机械。

第二，基坑加固。对基坑体系进行加固，即坑内增设支撑、坑外注浆加固。如紧急堆土回填、坑壁墙角压重、加固支护桩、在支护桩外侧采用搅拌桩补强墙体等。当支护桩倾斜时，可用钢管斜撑支护桩，或用锚杆加固支护桩，以防止其继续变形。对已坍塌的地段，若邻近有建筑物，应采取紧急保护措施，浇筑钢筋混凝土护壁，并在断桩上加设型钢顶撑。当邻近建筑物开裂倾斜时，可对其基础进行注浆加固。当基坑监测位移较大时，可卸荷和补桩，或进行水泥压密注浆来加固土层。

第三，清理废墟。当支护桩折断、基坑坍塌时，须清除事故废墟，如滑坡段基坑底部的虚土与断桩等，保留桩的下段，并重新增加支护桩。对于偏位的工程桩，可用千斤顶将其复位。对倾斜的建筑物实施纠倾，对报废的建筑物进行拆除重建。

第四，渗漏处理。当截水帷幕失效时，除坑壁堵漏外，可能还需在支护桩外侧压密注浆，或用高压旋喷注浆再造截水帷幕；或内侧增设混凝土止水墙，并结合降水措施。当坑壁流砂引起地面沉降甚至塌陷时，可用水泥浆填充流失的土体，或在水土流失地段进行化学灌浆。涌砂口封堵、桩墙背后注浆。

第五，吊脚桩底锚杆加固。在一些土岩基坑工程中，桩嵌固深度不够，未能形成有效嵌固。采取在桩底增设一排锚索的治理措施后取得了良好的效果。

参 考 文 献

［1］ ADBULAZIZ I，MANA G. Wayne Clough. Prediction of movement for braced cuts in clay ［J］. Journal of Geotechnical Division，1981，107（GT6）：759-777.

［2］ ATKINSON J，SALLFORS G. Experimental determination of stress-strain-time characteristics in laboratory and in situ tests ［J］. 1991：915-956.

［3］ 白晓宇，张明义，闫楠，等. 土岩深基坑桩-撑-锚组合支护体系变形特性［J］. 中南大学学报（自然科学版），2018，49（2）：454-463.

［4］ 白晓宇，张明义，袁海洋. 移动荷载作用下土岩双元基坑吊脚桩变形分析［J］. 岩土力学，2015，36（4）：1167-1173.

［5］ 鲍晓健. 土岩二元地层复杂工况下深基坑变形形状研究［D］. 泉州：华侨大学，2019.

［6］ Bent T. Small-strain stiffness of soils and its numerical consequences ［D］. Germany：Institute of Geotechnical Engineering，University of Stuttgart，2007.

［7］ Benz T，Schwab R，Vermeer P. Small-strainstiffness in geotechnical analyses［J］. Geotechnical Engineering，2009，86（Suppl1）：16-27.

［8］ F. G. Beu. Engineering in rock masses ［M］. Butterworth Heinemann，Oxford，U. K.，1994.

［9］ 毕经东，张自光. "吊脚桩"支护型式应用及计算方法分析［J］. 石家庄铁路职业技术学院学报，2013，12（1）：28-32.

［10］ BISHOP A W. The use of the slip circle in the stability analysis of slopes ［J］. Geotechnique，1955，5（1）.

［11］ BRINKGREVE R B J，BROERE W. Plaxis material models manual. Netherlands：［s. n.］，2006.

［12］ BURLAND J B. "Small is beautiful" —the stiffness of soils at small strains. Ninth Laurits Bjerrum Memorial Lecture：［J］. Canadian Geotechnical Journal，1989，16（4）：499-516.

［13］ 蔡景萍. 土岩双元地层地铁深基坑地面变形规律研究［J］. 中外公路，2015，35（4）：23-29.

［14］ 陈东越. 超深基坑支护方案分析与决策研究［D］. 泉州：华侨大学，2013.

［15］ 陈晗. 覆盖土－风化岩层二元结构库岸边坡稳定性分析［J］. 人民珠江，2018，39（6）：81-84.

［16］ 陈建山. 车站深基坑支护桩嵌固深度优化分析与应用［J］. 城市道桥与防洪，2013，（6）：279-283.

［17］ 陈军. 城区岩石基坑支护及爆破减振设计［J］. 中国标准化，2018（14）：122-123.

［18］ 陈善雄，凌平平，何世秀，等. 粉质黏土卸荷变形特性试验研究［J］. 岩土力学，2007，28（12）：2534-2538.

［19］ 陈少杰，顾晓强，高广运. 土体小应变剪切模量的现场和室内试验对比及工程应用［J］. 岩土工程学报，2019，41（S2）：133-136.

［20］ 陈焘，黄永杰. 上软下硬花岗岩地层基坑支护设计方法研究［J］. 山西建筑，2018，44（1）：65-66.

［21］ CHEN W F. Limit Analysis and Soil Plasticity. Elsevir Science，Amsterdam，1975.

［22］ 陈耀光，王铁岩，孟秋英. 嵌岩护坡桩设计计算方法探讨［J］. 建筑科学，1999，15（3）：4.

［23］ 陈勇. "吊脚桩"在深圳地铁基坑支护中的应用［J］. 民营科技，2010（5）：1.

［24］ 陈勇. 土岩双元地区基坑变形的预测方法研究［J］. 水利与建设工程学报，2013，11（5）：97-101.

［25］ 陈愈炯. 岩土工程规范的特殊性［J］. 岩土工程学报，1997，19（6）：112.

［26］ 陈仲颐，周景星，王洪瑾. 土力学［M］. 北京：清华大学出版社，1994.

[27] 陈祖煜，邵长明．最优化方法在确定边坡最小安全系数方面的应用 [J]．岩土工程学报，1988 (4)．

[28] 陈祖煜．边坡稳定的塑性力学上限解 [C] //中国土木工程学会第七届土力学及基础工程学术会议论文集，北京：中国建筑工业出版社，1994．

[29] 陈祖煜．地基承载力的数值分析．岩土工程学报，1997，19 (5)：6-13．

[30] 池秀文，陈志峰．非对称土岩地层深基坑吊脚桩支护变形分析 [J]．施工技术，2017 (S1)：4．

[31] CLOUGH G W，O'ROURKET D. Construction induced movements of in-situ walls. In Proceedings of the design and performance of earth retaining structures [J]．ASCE special conference，1990，pp：439-470．

[32] 丛宇．土岩双元地层地铁车站合理开挖方法及结构参数优化研究 [D]．青岛：青岛理工大学，2011．

[33] 储小宇，周殿铭．土岩双元区基坑地表沉降公式关键参数分析 [J]．科学技术与工程，2014，14 (13)：263-266．

[34] 崔宏环，张立群，赵国景．深基坑开挖中双排桩支护的三维有限元模拟 [J]．岩土力学，2006，27 (4)：662 - 666．

[35] 邓春海，张耕念，王守江．吊脚支护桩在康大凤凰国际基坑中的应用 [J]．岩土工程技术，2011，25 (3)：125-127．

[36] 邓盛利．"吊脚桩" 在城市地铁基坑中的实践运用 [J]．城市建设理论研究 (电子版)，2012 (16)：1-5．

[37] 邓仕鸿，余雄飞．乌鲁木齐地区土岩双元基坑工程实例分析 [J]．低温建筑技术，2012 (4)：101-102．

[38] 邓子胜．基于径向基神经网络的深基坑非线性位移反分析 [J]．岩土工程学报，2005，27 (5)：554-557．

[39] 丁文龙．土岩双元地层排桩支护基坑变形控制研究 [D]．青岛：中国海洋大学，2012．

[40] 董建波，潘晓东，庄迎春．某土—岩组合深基坑案例分析与治理 [J]．工程勘察，2013 (4)：19-24．

[41] DUNCAN J M，CHANG C Y. Non-linear Analysis of Stress and Strain in Soils. Proc. ASCE，SMFD，1970，96 (SM5)：1629-1653．

[42] 方诗圣，孙东晨，杨仲杰．土岩结合地区某深基坑变形监测与数值模拟分析 [J]．工程与建设，2013，27 (3)：380-382＋426．

[43] 冯虎，刘涛，徐春蕾，等．加筋水泥土桩锚在 "土岩双元" 深基坑支护中的应用 [J]．岩土工程学报，2010，32 (S2)：351-354．

[44] 冯申铎，姜晓光，杨志银，等．"桩（墙）-撑-锚" 联合支护技术的工程应用与变形协调探讨 [J]．岩土工程学报，2012，34 (S1)：456-460．

[45] FINNO R J，BLACKBURN J T，ROBOSKI J F. Three-dimentional effects for supported excavations in clay [J]．Journal of Geotechnical and Geoenvironmental Engineering，2007，133 (1)：30-36．

[46] FREDLUND D G，MORGENSTERN N R，WIDGER R A. The Shear Strength of Unsaturated Soils [J]．Canadian Geotechnical Journal，1978，15：313-321．

[47] 高艳．"土岩" 二元地区深基坑逆作法施工方式优选 [D]．青岛：中国海洋大学，2011．

[48] 葛鹏，周爱兆．常用土体本构模型在复杂环境深基坑数值计算中的选用 [J]．地质学刊，2020，44 (Z1)：192-197．

[49] 龚晓南．深基坑工程设计施工手册 [M]．北京：中国建筑工业出版社，1998．

[50] 龚晓南．基坑工程实例 2 [M]．北京：中国建筑工业出版社，2008．

[51]　龚晓南．基坑工程实例 6［M］．北京：中国建筑工业出版社，2016.

[52]　龚晓南．基坑工程实例 7［M］．北京：中国建筑工业出版社，2018.

[53]　龚晓南，沈小克．岩土工程地下水控制理论、技术及工程实践［M］．北京：中国建筑工业出版社，2020.

[54]　《工程地质手册》编委会．工程地质手册［M］．4 版．北京：中国建筑工业出版社，2007.

[55]　顾宝和．岩土工程典型案例述评［M］．北京：中国建筑工业出版社，2015.

[56]　谷德振，王思敬．论工程地质力学的基本问题［M］//谷德振文集．北京：地震出版社，1994.

[57]　谷德振，黄鼎成．岩体结构的分类及其质量系数的确定［J］．水文地质与工程地质，1979（2）：8-13.

[58]　谷德振．岩体工程地质力学基础［M］．北京：科学出版社．

[59]　顾晓强，陆路通，李雄威，等．土体小应变刚度特性的试验研究［J］．同济大学学报（自然科学版），2018，46（3）：312-317.

[60]　郭康，黄聪，张煌，等．土岩双元地层深基坑变形与受力数值分析［J］．Science Discovery 2018，6（6）：506-513.

[61]　郭康．土岩双元地层地铁车站深基坑开挖变形研究［D］．南京：东南大学，2019.

[62]　郭鹏举．吊脚桩在地铁围护结构中的应用及注意事项——以徐州某地铁基坑为例［J］．工程建设与设计，2019（9）：76-77.

[63]　韩文浩．预应力锚板墙支护技术在深基坑开挖中的应用［D］．青岛：中国海洋大学，2003.

[64]　韩文浩．预应力锚板墙支护技术在深基坑开挖中的应用［J］．西安建筑科技大学学报，2003，35（2）：182-184.

[65]　HARDIN B O，DRNEVICH V P. Shear Modulus and Damping in Soil Design Equations and Curves［J］. Journal of Soil Mechanics and Foundation，ASCE，1972，98（7）：603-642.

[66]　何健，孔维一．吊脚嵌岩灌注桩基坑支护与开挖技术［J］．地下空间与工程学报，2015，11（S2）：657-660.

[67]　何世秀，韩高升，庄心善，等．基坑开挖卸荷土体变形的试验研究［J］．岩土力学，2003，24（1）：17-20.

[68]　何颐华，杨斌，金宝森，等．深基坑护坡桩土压力的工程测试及研究［J］．土木工程学报，1997，30（1）：17-24.

[69]　何颐华，杨斌，金宝森，等．双排护坡桩试验与计算的研究［J］．建筑结构学报，1996，17（2）：56-58.

[70]　侯学渊，杨敏．软土地基变形控制设计理论和工程实践［M］．上海：同济大学出版社，1996.

[71]　Hsieh P G，Ou C Y. Shape of ground surface settlement profiles caused by excavation［J］. Canadian Geotechnical Journal，1998，35（6）：1004-1017.

[72]　胡瑞庚，刘红军，王兆耀，等．邻近建筑物的滨海土岩组合基坑支护结构变形分析［J］．工程地质学报，2020，28（6）：1368-1377.

[73]　胡义生．上软下硬结构基坑支护设计［J］．交通世界，2017，（20）：109-110.

[74]　黄敏．土岩双元地层深基坑开挖变形形状研究［D］．青岛：中国海洋大学，2013.

[75]　黄敏，刘小丽．土岩组合地区桩锚支护基坑开挖地表沉降分析［J］．岩土工程学报，2012，34（S1）：571-575.

[76]　黄薛，曾纯品，雷炳霄．"吊脚桩"桩锚支护在土岩双元地层深基坑工程中的应用研究［J］．探矿工程（岩土钻掘工程），2019，46（4）：75-79.

[77]　IZUMI K，OGIHARA M，KAMEYA H. Displacements of bridge foundations on sedimentary soft rock：a case study on small-strain stiffness. Geotechnique，1997，47（3）：619-632.

[78] JARDINE R J，POTTS D M，FOURIE A B，et al. Studies of the influence of nonlinear stress-strain characteristics in soil-structure interaction. Geotechnique，1986，36：377-396.

[79] JARDINE R J. Some observations on the kinematic nature of soil stiffness. Soils and Foundations，1992，32（2）：111-124.

[80] 贾彩虹，王翔，等. 考虑渗流-应力耦合作用的基坑变形研究 [J]. 武汉理工大学学报，2010，32（1）：119-122.

[81] 贾金青. 深基坑预应力锚杆柔性支护法的理论及实践 [M]. 北京：中国建筑工业出版社，2006.

[82] 贾金青. 深基坑预应力锚杆柔性支护法的理论及实践 [M]. 2 版. 北京：中国建筑工业出版社，2014.

[83] 贾绪富. 预应力锚杆肋梁支护技术 [D]. 青岛：中国海洋大学，2003.

[84] 蒋东箭. 深基坑支护在土岩结合环境下的运用分析 [J]. 施工技术，2016（5）：60+62.

[85] 金卫. 爆破荷载作用下土岩双元边坡稳定性分析研究 [D]. 贵州：贵州大学，2015.

[86] KONDNER R L. Hyperbolic Stress-Strain Response：Cohesive Soils，Proc. ASCE，JSMFD，1963，89（SM1）：115-143.

[87] KRIGEL H J，WEISNER H H. Problems of tress-strain conditions in subsoils [C]. Proceeding of 8th Inernational Conference on Soils Mechanics and Foundation Engineering [A]，1973，1（3）：133-141.

[88] LEE C，STERLING R. Identifying Probable Failure Modes for Underground Openings Using a Neural Network. Int. J. Rock Mech. Min. Sci. & Geomech. Abstra. 1992，29（1）：49-67.

[89] 雷勇. 嵌岩地下连续墙施工技术应用与探讨 [J]. 铁道建筑技术，2014（2）：60-63+76.

[90] 雷正勇. 土岩结合基坑监测及变形规律研究 [D]. 衡阳：南华大学，2014.

[91] 李白. 微型钢管桩在岩石基坑支护工程中的应用研究 [D]. 青岛：中国海洋大学，2012.

[92] 李广信. 基坑支护结构上水土压力的分算与合算 [J]. 岩土工程学报，2000，22（3）：348-352.

[93] 黎浩，吴银柱，吴明泽. 北京市某深基坑在土岩结合地层支护方式的研究 [J]. 长春工程学院学报（自然科学版），2017，18（3）：5-8.

[94] 李佳鑫，冯晓腊，李瑶. 土岩结合二元地层超深基坑支护优化设计 [J]. 建设科技，2019（14）：62-67+73.

[95] 李静，李明洋. 内撑式与锚拉式排桩相结合的深基坑支护技术 [J]. 施工技术，2012，41（7）：31-33.

[96] 李连祥，成晓阳，黄佳佳，等. 济南典型地层基坑空间效应规律研究 [J]. 建筑科学与工程学报，2018，35（2）：94-102.

[97] 李连祥，成晓阳，刘兵. 复合地基支护结构永久性集约化设计分析 [J]. 铁道科学与工程学报，2018，15（8）：1971-1979.

[98] 李连祥，黄志焱，郝晓平. 济南市深基坑工程创新技术分析 [J]. 地下空间与工程学报，2006，2（5）：881-886.

[99] 李连祥，刘嘉典，李克金，等. 济南典型地层 HSS 参数选取及适用性研究 [J]. 岩土力学，2019，40（10）：4021-4029.

[100] 李华杰，史晓军，孙刚. 岩土组合地质条件下深基坑工程施工技术 [J]. 青岛理工大学学报，2008，29（3）：111-114.

[101] 李连祥，谭新，丁万涛. 济南市基坑支护设计系统 [J]. 西部探矿工程，2006，（10）：63-64.

[102] 李连祥，张海平，徐帮树，等. 考虑 CFG 复合地基对土体侧向加固作用的基坑支护结构优化 [J]. 岩土工程学报，2012，34（S1）：500-506.

[103] 李连祥，张永磊，扈学波. 基于 PLAXIS 3D 有限元软件的某坑中坑开挖影响分析 [J]. 地下空

间与工程学报，2016，12（S1）：254-261.

[104] 李连祥，朱金德，于峰．济南市深基坑工程现状调查报告及发展建议［J］．西部探矿工程，2006，（11）：1-2.

[105] 李宁宁，董亚男，孙建成．上软下硬地层基坑支护型式-吊脚桩支护结构分析［J］．河南城建学院学报，2013，22（2）：14-17.

[106] 李宁宁，杜虎．土岩双元地层中拱盖法地铁车站工法优化研究［J］．国防交通工程与技术，2017（4）：27-31.

[107] 李劭晖，徐伟．深基坑嵌岩支护技术应用研究［J］．岩土工程学报，2006（S1）：1720-1723.

[108] 李劭晖，徐伟．嵌岩地下连续墙受力性能研究及设计建议［J］．地下空间与工程学报，2007，3（5）：959-962.

[109] 李松晏，梁森，张文，等．紧邻地铁超深基坑嵌岩地下连续墙施工技术［J］．施工技术，2019，48（9）：90-93.

[110] 李伟．土岩双元地基桩锚围护结构基坑开挖监测分析［J］．工程勘察，2016（S2）：202-209.

[111] 李兴高．既有地铁线路变形控制标准研究［J］．铁道建筑技术，2010（4）：84-88.

[112] 李政．土岩混合高边坡变形稳定性分析［D］．广州：广州大学，2012.

[113] 梁发云，贾亚杰，丁钰津，等．上海地区软土 HSS 模型参数的试验研究［J］．岩土工程学报，2017，39（2）：269-278.

[114] 林潮，平扬．爆破开挖对深基坑吊脚桩支护体系性能影响数值模拟研究［J］．水利规划与设计，2018（12）：167-172.

[115] 林乔宇．厦门花岗岩残积土 HSS 模型参数的研究及工程应用［D］．泉州：华侨大学，2019.

[116] 林鸣，徐伟．深基坑工程信息化施工技术［M］．北京：中国建筑工业出版社，2006.

[117] 林佑高，唐桥梁．土岩结合地层双排桩深基坑支护技术［J］．水运工程，2014（2）：185-188.

[118] 林佑高，王坤，谢万东．土岩组合地质条件下超深基坑支护技术［J］．施工技术，2013（S1）：48-50.

[119] 刘兵．桩锚协同作用与桩锚支护结构永久化研究［D］．济南：山东大学，2017.

[120] 刘畅．考虑土体不同强度与变形参数及基坑支护空间影响的基坑支护变形与内力研究［D］．天津：天津大学，2008.

[121] 刘东，赵运亚，傅鹤林，等．粉质黏土小应变硬化本构参数研究［J］．公路与汽运，2020（4）：5.

[122] 刘方克，赵海梨，张广亮．土岩双元地层地铁基坑围护结构变形规律分析［J］．施工技术，2016，45（S2）：149-153.

[123] 刘国斌，侯学渊．软土的卸荷模量［J］．岩土工程学报，1996，18（6）：18-23.

[124] 刘建航，侯学渊．基础工程手册［M］．北京：中国建筑工业出版社，1997.

[125] 刘国彬，王卫东．基坑工程手册［M］．2 版．北京：中国建筑工业出版社，2009.

[126] 刘光磊．嵌岩锁脚桩在深基坑工程中的应用［J］．施工技术，2015，5（22）：1-2.

[127] 刘光磊．带嵌岩锁脚桩的地下连续墙施工技术研究与应用［J］．铁道建筑技术，2016（8）：68-70.

[128] 刘浩．吊脚桩下部软岩层边坡加固及稳定性分析［J］．湖南城市学院学报（自然科学版），2016，25（4）：9-11.

[129] 刘红军，丁雅琼，王秀海．土岩双元地层旋喷桩止水桩锚支护基坑变形与受力数值分析［J］．岩土工程学报，2012，34（S1）：297-302.

[130] 刘红军，李东，孙涛，等．二元结构岩土基坑"吊脚桩"支护设计数值分析［J］．土木建筑与环境工程，2009，53（5）：43-48.

[131] 刘红军，李东，张永达，等．加锚双排桩与"吊脚桩"基坑支护结构数值分析［J］．岩土工程学报，2008，30（S1）：225-230.

[132] 刘红军，王亚军，姜德鸿，等．土岩双元双排吊脚桩桩锚支护基坑变形数值分析［J］．岩石力学与工程学报，2011，30（S2）：4009-4103.

[133] 刘红军，臧文坤，谭长伟．"土岩"二元结构内支撑基坑支护数值分析［C］//城市地质环境与可持续发展论坛论文集．上海，2010.

[134] 刘红军，张庚成，刘涛．土岩双元地层基坑工程变形监测分析［J］．岩土工程学报，2010，32（S2）：550-553.

[135] 刘红军，翟桂林，郑建国．土岩双元地层加锚双排桩基坑支护结构数值分析［J］．岩土工程学报，2012，34（S1）：103-107.

[136] 刘宏力，李开迪，袁奇，等．不同含水量下高填方顺层边坡土岩界面直剪试验研究［J］．水利水电快报，2017，38（9）：3.

[137] 刘华强，范海涛，胡仲顺．基于吊脚桩支护土岩二元深基坑的勘察与设计要点探析［J］．广东土木与建筑，2020，27（3）：13-15.

[138] 刘嘉典．深基坑整体设计法与济南典型地层小应变参数取值研究［D］．济南：山东大学，2020.

[139] 刘建伟．"吊脚桩"支护体系计算方法探讨［J］．西部探矿工程，2014（2）：18-22.

[140] 刘建伟，卢致强．"吊脚桩"支护体系计算模型研究［J］．岩土锚固工程，2015，144-150.

[141] 刘江．土岩双元地层盖挖车站基坑吊脚桩支护适用性研究［J］．铁道建筑，2016，120-125.

[142] 刘杰，姚海林，任建喜．地铁车站基坑围护结构变形监测与数值模拟［J］．岩土力学，2010，31（S2）：456-461.

[143] 刘俊利．土岩复合地层基坑变形机理研究［D］．石家庄：石家庄铁道大学，2018.

[144] 刘峻龙，孙杨林．深基坑吊脚桩及锁脚锚索应用实例分析［J］．建筑工程技术与设计，2015（16）：2279-2280.

[145] 刘立．深基坑围护结构吊脚桩范围岩石爆破技术［J］．中小企业管理与科技，2018（8）：120-122.

[146] 刘陕南，吴林高．工程降水引起的前期固结压力增长对软土工程性质影响的试验研究［J］．工程勘察，1997，15（4）：3-11.

[147] 刘涛，刘红军．青岛岩石地区基坑工程设计与施工探讨［J］．岩土工程学报，2010，32（S1）：499-503.

[148] 刘小丽，李白．微型钢管桩用于岩石基坑支护的作用机制分析［J］．岩土力学，2012（S1）：217-222.

[149] 刘小丽，彭晶．邻近建筑物超载深度对土岩双元基坑开挖变形影响的研究［J］．工业建筑，2015，45（4）：107-112.

[150] 刘旭东．HSS模型在盾构隧道地表沉降计算中的应用研究［J］．轨道交通与地下工程，2020，38（4）：119-123.

[151] 刘岩．岩土复合地层深基坑支护施工技术［J］．安徽建筑，2015（3）：78-80.

[152] 刘毅．土岩双元基坑的变形规律研究及优化设计［D］．武汉：武汉理工大学，2012.

[153] 刘玉涛，徐伟，郭慧光．圆形超深嵌岩地下连续墙支护深基坑开挖模拟［J］．工业建筑，2004（Z2）：7.

[154] 刘振平，赵显波，周宪伟．土岩二元地层深基坑支护监测实例分析［J］．建筑技术，2017，48（9）：950-953.

[155] 刘志祥，卢萍珍．HSS模型及其在基坑支护设计分析中的应用［C］//第21届全国结构工程学术会议论文集．沈阳，2012.

[156] 陆冠钊. 土岩双元基坑开挖变形规律的数值分析 [J]. 西南公路，2013 (2)：51-54.

[157] 吕杰，耿羽. 吊脚桩在土岩地层盖挖逆作施工深基坑支护设计中的应用 [J]. 城镇建设，2020 (3)：138-139.

[158] 卢途. 济南地区土岩双元基坑变形特性分析及其优化设计 [D]. 济南：山东大学，2020.

[159] 卢伟. "上软下硬"复合地层地连墙快速成槽施工关键技术研究 [J]. 铁道科学与工程学报，2020，17 (1)：174-180.

[160] 罗反苏，潘岸柳，罗努银，等. 上软下硬的复杂地层中地下连续墙成槽施工技术 [J]. 建筑施工，2018，40 (6)：827-829.

[161] 罗富荣，国斌. 北京地铁天安门西站"暗挖逆筑法"施工技术 [J]. 岩土工程学报，2001，23 (1)：75-78.

[162] 罗萍. 土岩结合地层上微型钢管桩-锚杆联合支护的应用研究 [D]. 青岛：青岛理工大学，2010.

[163] 罗小杰，张恒，沈建，等. 武汉地铁基坑岩土地质结构类型、支护和地下水治理措施 [J]. 江汉大学学报（自然科学版），2018，46 (4)：337-351.

[164] MACKLIN Paul R，BERGER Donald，ZIETLOW Willam，et al. Case history micropile use for temporary excavation support [C] //Proceedings of Sessions of the Geosupport Conference：Innovation and Cooperation in Geo. Reston：Geotechnical Special Publication，ASCE，2004.

[165] 马海龙，梁发云. 基坑工程 [M]. 北京：清华大学出版社，2018.

[166] MAIR R J. Developments in geotechnical engineering research：application to tunnels and deep excavations. Proceedings of the Institution of Civil Engineers. London：[s. n.]，1993：27-41.

[167] 马康，刘辉，李维滨. 土岩双元地质条件下适宜嵌岩深度分析 [J]. 中国矿业大学学报，2018，47 (4)：846-851.

[168] 孟宪云. 二元结构岩土基坑支护设计 [J]. 城市建筑，2016 (8)：121-122.

[169] 木林隆，黄茂松. 基于小应变特性的基坑开挖对邻近桩基影响分析方法 [J]. 岩土工程学报，2014 (S2)：7.

[170] 聂庆科，梁金国，韩立君，等. 深基坑双排桩支护结构设计理论与应用 [M]. 北京：中国建筑工业出版社，2008.

[171] 牛浩. 考虑小应变刚度的花岗岩残积土力学试验研究及工程应用 [D]. 泉州：华侨大学，2017.

[172] OU C Y，HSIEH P G，CHIOU D C. Characteristics of ground surface settlement during excavation [J]. Canadian Geotechnical Journal，1993，30 (5)：758-767.

[173] OU C Y，HSIEH P G. A Simplified Method for Predictiong Ground Settlement Profiles Indeced by Excavation in Soft Clay [J]. Computers and Geo-technics，2011 (38)：987-997.

[174] PECK R B. Deep excavation and tunneling in soft ground [A]. In Proceedings of the 7th International Conference on Soil Mechanics an Foundation Engineering，State-the-Art-Volume [C]. Mexico City，1969：225-290.

[175] 彭晶. 土岩组合地区基坑开挖与邻近建筑物相互作用研究 [D]. 青岛：中国海洋大学，2014.

[176] 平扬，施沈卫，色麦尔江·麦麦提玉苏普. 深基坑"吊脚桩"支护稳定性研究 [J]. 低温建筑技术，2014 (12)：127-129.

[177] 钱学森. 创建系统学 [M]. 太原：山西科学技术出版社，2001.

[178] 曲立清，王宇，徐辉，等. 大型动荷载下双排桩＋钢管桩＋锚索新型支护体系变形监测与分析 [J]. 施工技术，2019，48 (18)：85-89.

[179] 任晓光，张俊，姜晓光. 吊脚桩支护体系变形影响因素分析 [C] //中国施工企业管理协会岩土锚固工程专业委员会第二十五次全国岩土锚固工程学术研讨会 [A]. 重庆，2016.

[180] ROSCOE K H，BURLAND J B. On the Generalized Stress-Strain Behavior of 'Wet Clay'. In：En-

gineering Plasticity（ed. Heyman，J. and Leckie，F. A. ），Cambridge Univ. Press，1968.

[181] ROSCOE K H，SCHOFIELD A N，THURAIRAJAH A. Yielding of Clays in States Wetter Than Critical ［J］. Geotechnique，1963，13（3）.

[182] SANTOS J A，CORREIA A G. Reference Threshold Shesr Strain of Soil. Its application to Obtain a Unique Strain-dependent Shear Modulus Cueve for Soil. Proceedings 16th Intenational Conference on Soil Mechanics and Geotechnical Engineering. Istanbul，Turkey，2001，（1）：267-270.

[183] 邵志国. 青岛土岩复合地层深基坑变形规律与变形监测系统研究 ［D］. 青岛：青岛理工大学，2012.

[184] 沈园顺. 青岛地区土岩双元基坑变形特性与风险评价研究 ［D］. 上海：同济大学，2012.

[185] 沈珠江. 散粒体极限平衡理论及其应用 ［J］. 水利学报，1962（5）：24-38.

[186] 史佩栋，等. 深基础工程特殊技术问题 ［M］. 北京：人民交通出版社，2004.

[187] 施有志，林树枝，车爱兰. 基于深基坑监测数据的土体小应变刚度参数优化分析 ［J］. 应用力学学报，2017，34（4）：654-660.

[188] 施有志，阮建凑，吴昌兴. 厦门地区典型地层 HS-small 模型小应变参数敏感性分析 ［J］. 科学技术与工程，2017，17（2）：100-105.

[189] 盛旭圆. MC、HS、HSS 本构模型在深基坑开挖模拟中的比较分析 ［J］. 低温建筑技术，2020（265）：128-131+138.

[190] SCHANZ T，VERMEER P A，BONNIER P G. Thehardening soil model-formulation and verification ［C］//Proceedings of Beyond 2000 in Computational Geotechnics，Amsterdam：Balkema，1999：281-296.

[191] 斯蒂芬·罗思曼. 还原论的局限 ［M］. 李创同等，译，上海：上海世纪出版集团，2006.

[192] 宋成辉，蒋富强，周东琴. 上软下硬岩石地层中地铁基坑吊脚桩围护结构的设计方法：CN 110924433A ［P］. 2020.

[193] 宋二祥，孔郁斐，杨军. 土工结构安全系数定义及相应计算方法讨论 ［J］. 工程力学，2016，33（11）：1-10.

[194] 宋广，宋二祥. 基坑开挖数值模拟中土体本构模型的选取 ［J］. 工程力学，2014，31（5）：86-94.

[195] 孙广忠. 岩体结构力学 ［M］. 北京：科学出版社，1988.

[196] 宋诗文. 上软下硬地层中明挖基坑"吊脚桩"支护型式应用研究 ［J］. 铁道建筑技术，2018（7）：86-88.

[197] 孙剑平，邵广彪，江宗宝. 深厚杂填土基坑位移控制设计与施工技术 ［J］. 岩土工程学报，2012，34（S）：576-580.

[198] 孙玉科，牟会宠，姚宝魁，等 ［M］. 边坡稳定性分析. 北京：科学出版社，1988.

[199] 唐聪，廖少明. 土岩双元地层深基坑变形性状实测分析 ［C］//中国土木工程学会 2019 年学术年会论文集，2019.

[200] 唐树名，罗斌，柴贺军，等. 岩土工程锚固技术的新发展 ［M］. 北京：人民交通出版社，2016.

[201] 唐建中，于春生，刘杰. 岩土工程变形监测 ［M］. 北京：中国建筑工业出版社，2016.

[202] 汤立峰. 吊脚桩桩底未嵌岩的措施分析 ［J］. 建筑工程技术与设计，2017（25）：3259-3260.

[203] 唐业清，李启民，崔江余. 基坑工程事故分析与处理 ［M］. 北京：中国建筑工业出版社，1999.

[204] 田海光. 土岩双元地层盖挖法车站"吊脚桩"基坑设计优化研究 ［J］. 隧道建设，2015，35（7）：635-641.

[205] 田海光. 土岩组合地层暗挖车站拱盖法施工时空效应分析 ［J］. 建筑技术，2015（S1）：3.

[206] 田仕文，周长海，赵鹏. 滨海浅滩地区土岩双元地层深大基坑支护技术 ［J］. 施工技术，2013，

42 (8)：79-81＋85.

[207] 涂军飞. 上软下硬地层条件下地下连续墙施工技术 [J]. 城市道桥与防洪，2015 (8)：169-172.

[208] 涂启柱. 桩＋喷锚支护在某新建站房土岩结合深基坑中的应用 [J]. 铁道标准设计，2016，60 (5)：129-133.

[209] 庹晓峰. 土岩双元嵌固基坑排桩支护的试验研究 [D]. 重庆：重庆大学，2016.

[210] VUCETIC M, DOBRY R. Effect of soil plasticity on cyclic response [J]. Journal of Geotechnical Engineering. 1991，117 (1)：89-107.

[211] 王浩然. 上海软土地区深基坑变形与环境影响预测方法研究 [D]. 上海：同济大学，2012.

[212] 王洪德，姜天宇，张立漫. 带阳角深基坑变形及其影响因素分析 [J]. 地下空间与工程学报，2014，10 (1)：156-162＋190.

[213] 王洪德，秦玉宾，马云东，等. 带阳角土岩基坑变形特征仿真与实测对比分析 [J]. 安全与环境学报，2013，13 (4)：173-178.

[214] 王汇玉. 桩锚结合微型桩在土岩双元大型深基坑支护中的应用研究 [D]. 青岛：山东科技大学，2014.

[215] 王建华，徐中华，王卫东. 支护结构与主体地下结构相结合的深基坑变形特性分析 [J]. 岩土工程学报，2007，181 (12)：1899-1903.

[216] 王竞翔. 吊脚桩基坑爆破控制 [J]. 城市建设理论研究（电子版），2014 (33).

[217] 王磊，杨孟锋，苏小卒，等. 考虑围护结构作用的地下室外墙设计 [J]. 江西科学，2010，28 (2)：229-230.

[218] 王敏. 青岛地铁工程绿色施工评估体系初探 [J]. 中国海洋大学学报，2015，45 (1)：90-94.

[219] 王卫. 成都地铁基坑工程变形控制研究 [D]. 成都：成都理工大学，2011.

[220] 王卫东，王浩然，徐中华. 基坑开挖数值分析中土体硬化模型参数的试验研究 [J]. 岩土力学，2012，33 (8)：2283-2290.

[221] 王卫东，王浩然，徐中华. 上海地区基坑开挖数值分析中土体 HS-Small 模型参数的研究 [J]. 岩土力学，2013，34 (6)：1766-1774.

[222] 王翔宇. 某土岩混合深基坑支护结构坍塌成因分析 [J]. 建材发展导向，2019，17 (9)：5-6.

[223] 王兴政. 济南市典型土岩双元基坑破坏模式及其支护结构选型研究 [D]. 济南：山东大学，2017.

[224] 王亚军. 土岩双元地区深基坑内支撑支护体系数值分析 [D]. 青岛：中国海洋大学，2012.

[225] 王洋. 深基坑支护技术及零嵌固深度受力体系分析与应用 [C] //2015 全国施工机械化年会论文集，2015.

[226] 王自力. 深基坑工程事故分析与防治 [M]. 北京：中国建筑工业出版社，2016.

[227] 魏云峰. 复合地层对基坑工程的影响分析 [J]. 建筑技术开发，2018，45 (4)：112-113.

[228] 吴恒，周东，李陶深，等. 深基坑桩锚支护协同演化优化设计 [J]. 岩土工程学报，2002，24 (4)：6.

[229] 武军，杨忠勇，廖少明，等. 土岩复合地层吊脚桩支护结构力学分析与优化设计 [J]. 隧道建设（中英文），2018，38 (S2)：80-86.

[230] 吴腾. 土岩二元结构盖挖法地铁车站深基坑"吊脚桩"支护体系数值分析 [J]. 青岛：中国海洋大学，2014.

[231] 吴二林. 吊脚桩在市政隧道明挖基坑支护中的应用 [J]. 山西建筑，2018，44 (3)：63-64.

[232] 吴会军，符晓，侯羽，等. 基于敏感性分析的深基坑支护方案优化研究 [J]. 施工技术，2019，48 (12)：39-43.

[233] 吴铁力. 土岩双元地层排桩支护基坑嵌固深度的探讨 [J]. 科技信息，2014 (13)：227＋229.

［234］ 吴铁力．大连地区土岩双元基坑排桩嵌固深度的研究［D］．长春：吉林大学，2015．

［235］ 乌青松，贺行良，姜大伟．结合微型钢管桩的深基坑嵌岩式排桩支护应用研究［J］．岩土工程技术，2017，31（6）：271-273＋288．

［236］ 吴燕开，牛斌．土岩双元地层深基坑支护技术实例探讨［J］．山东科技大学学报（自然科学版），2013，32（4）：34-39．

［237］ 吴学峰，寇海磊．土岩复合地层注浆微型钢管桩-锚杆联合支护研究［J］．地下空间与工程学报，2012，8（4）：836-841．

［238］ 吴晓刚．地铁吊脚桩深基坑围护结构及土体变形规律［J］．科学技术与工程，2016，16（14）：280-287．

［239］ 吴刚，白冰，聂庆科．深基坑双排桩支护结构设计计算方法研究［J］．岩土力学，2008，29（10）：2753-2758．

［240］ 吴文，徐松林，周劲松，等．深基坑桩锚支护结构受力和变形特性研究［J］．岩石力学与工程学报，2001，20（3）：399-402．

［241］ 仵彦卿，张倬元．岩体水力学导论［M］．成都：西南交通大学出版社，1995．

［242］ 夏云龙．考虑小应变刚度的杭州黏土力学特性研究及工程应用［D］．上海：上海交通大学，2014．

［243］ 谢建斌，曾宪明，胡井友，等．硬化土模型在桩锚与桩撑组合支护深基坑工程中的应用［J］．岩土工程学报，2014，36（S2）：56-63．

［244］ 解云芸．青岛地铁站土岩复合地层基坑支护研究［D］．青岛：青岛理工大学，2011．

［245］ 辛欣，万鹏，沈圆顺．土岩组合地质条件下的基坑工程施工风险评估［J］．岩土工程学报，2012，34（S1）：342-346．

［246］ 熊健．反分析法研究 HS 与 HSS 模型在基坑计算中的应用［J］．山西建筑，2011，37（18）：34-35．

［247］ 许党党．端承桩基础嵌岩深度设计分析［J］．北方交通，2018（5）：39-41＋45．

［248］ 徐光明．应力路径对击实黏土强度和变形特性的影响［D］．南京：河海大学，1988．

［249］ 许景秘．徐州地铁银山站基坑围护施工技术研究与应用［D］．淮南：安徽理工大学，2018．

［250］ 徐锦斌，杨辉，郑锋利．不对称土岩双元对深基坑支护变形的影响［J］．建筑技术，2014，45（3）：207-211．

［251］ 徐涛，张明强．"吊脚桩"在深基坑支护设计的应用［J］．武汉勘察设计，2012（3）：44-47．

［252］ 许岩剑，揭宗根，熊恩．吊脚桩在岩土组合基坑中的应用［J］．市政技术，2015，33（4）：134-136．

［253］ 徐至钧．深基坑与边坡支护工程设计施工经验录［M］．上海：同济大学出版社，2011．

［254］ 徐中华，王卫东．敏感环境下基坑数值分析中土体本构模型的选择［J］．岩土力学，2010，31（1）：258-264．

［255］ 薛守义，刘汉东．岩体工程学科性质透视［M］．郑州：黄河水利出版社，2002．

［256］ 薛守义．高等土力学［M］．北京：中国建材工业出版社，2007．

［257］ 薛守义．论岩土工程类比设计原理［J］．岩土工程学报，2010，32（8）：1279-1283．

［258］ 杨超．土岩质基坑稳定性计算及变形预警研究［D］．重庆：重庆大学，2013．

［259］ 杨光华．深基坑支护结构的实用计算方法及其应用［M］．北京：地质出版社，2004．

［260］ 杨金华，夏元友，刘毅，等．狭长土岩双元基坑支护结构变形与受力变化规律的现场测试［J］．武汉理工大学学报，2012，34（12）：78-82．

［261］ 杨金华，夏元友，刘毅，等．狭长土岩基坑支护桩受力特点分析［J］．武汉理工大学学报，2013，35（10）：96-101．

[262] 杨俊辉 . 土岩双元深基坑吊脚桩支护数值模拟分析 [J] . 福建建设科技，2019 (4)：32-35.

[263] 杨晓华 . 龙门吊移动荷载下土岩双元地层基坑变形监测与分析 [J] . 铁道建筑，2018，58 (9)：84-87.

[264] 杨哲峰，罗林，贾东彦，等 . 基于小波去噪的深基坑变形预测研究 [J] . 人民长江，2014，45 (19)：41-46.

[265] 杨志银，张俊，王凯旭 . 复合土钉墙技术的研究及应用 [J] . 岩土工程学报，2005，27 (2)：153-156.

[266] 伊晓东，黄鹏，王智超 . 土岩二元地区深基坑桩锚支护结构变形分析 [J] . 地下空间与工程学报，2013，9 (S1)：1549-1553.

[267] 尹骥 . 小应变硬化土模型在上海地区深基坑工程中的应用 [J] . 岩土工程学报，2010，32 (S1)：166-172.

[268] 殷宗泽，赵航 . 中主应力对土体本构关系的影响 [J] . 河海大学学报，1990，18 (5)：54-61.

[269] 应宏伟，初振环，李冰河，等 . 双排桩支护结构的计算方法研究及工程应用 [J] . 岩土力学，2007，28 (6)：1145-1150.

[270] 雍毅，李错 . 车站深基坑支护桩嵌固深度优化分析与应用 [J] . 建筑技术，2015，46 (9)：807-809 .

[271] 郁炳尧，于广明 . 土岩复合地层深基坑开挖引起地表位移特征与规律研究 . 工程建设，2018，50 (9)：18-24.

[272] 郁炳尧 . 土岩复合地层深基坑变形时空效应分析 [D] . 青岛：青岛理工大学，2018.

[273] 余少平，黄成林，张惠君，等 . 土岩组合地区地铁深基坑变形分析与预测 [J] . 施工技术，2017 (S2)：4.

[274] 袁海洋 . 青岛地铁明挖车站围护结构研究 [D] . 青岛：青岛理工大学，2012.

[275] 袁海洋，张明义，寇海磊 . 基于Plaxis2D的"吊脚桩"刚度对支护的影响分析 [J] . 青岛理工大学学报，2013，34 (2)：31-35 .

[276] 臧文坤 . "土岩"二元结构深基坑内支撑支护体系数值分析与动态监测 [D] . 青岛：中国海洋大学，2011.

[277] 宰金珉，张云军，王旭东，等 . 卸荷状态下黏性土的变形和强度试验研究 [J] . 岩土工程学报，2007，29 (9)：1409-1412.

[278] 曾国熙，潘秋元，胡一峰 . 软黏土地基基坑开挖性状的研究 [J] . 岩土工程学报，1988，10 (3)：13-22.

[279] 曾金祥 . 二元土质深基坑支护体系设计研究 [J] . 中国勘察设计，2019，(7)：98-99.

[280] 翟桂林 . 土岩双元地层地铁车站深基坑内支撑结合锚索支护体系数值分析 [D] . 青岛：中国海洋大学，2013.

[281] 詹素华 . 单支点围护构件嵌固深度的合理确定 [J] . 施工技术，2007，36 (1)：41-42.

[282] 张波 . 土岩二元地层条件下深基坑"吊脚桩"变形特性研究 [J] . 铁道建筑技术，2019 (S1)：33-36.

[283] 张传军，何松，孙玺，等 . 青岛地区土岩双元地层基坑工程支护设计及变形分析 [J] . 城市勘测，2016 (5)：171-176.

[284] 张庚成 . 土岩双元大型深基坑逆作法施工技术 [D] . 青岛：中国海洋大学，2011.

[285] 张涵 . 福建地区花岗岩二元岩土基坑支护研究及应用 [J] . 广东土木与建筑，2019，26 (3)：49-53.

[286] 张钦杰，张晓燕 . HSS模型在深基坑工程中的有限元分析研究 [J] . 上海水务，2015，31 (1)：29-35.

[287]　张清．人工智能在岩石力学与岩石工程中的应用［J］．岩石力学与工程学报，1986，5（4）：389-395．

[288]　张清，宋家蓉．利用神经元网络预测岩石或岩石工程的力学性态［J］．岩石力学与工程学报，1992，11（1）：35-43．

[289]　张群仲．岩石地区基坑排桩支护新型式设计［J］．工程建设与设计，2016（8）：67-70．

[290]　张硕，叶冠林，甄亮，等．考虑小应变下刚度衰减特征的软土本构模型［J］．上海交通大学学报，2019，53（5）：535-539．

[291]　张维正，郝哲，肖明．深基坑开挖及支护工程理论与实践［M］．北京：人民交通出版社，2014．

[292]　张勇，谢恒佐，安庆军，等．滨海土岩双元型基坑的支护设计施工实例分析［J］．青岛理工大学学报，2009，30（6）：41-44．

[293]　张有天．岩石水力学与工程［M］．北京：中国水利出版社，2005．

[294]　赵延波．铁路嵌岩桩嵌岩深度研究［J］．铁道建筑，2017（2）：45-47．

[295]　张壮，孟宪国，秦拥军，等．土岩复合地层深基坑变形时空效应分析［J］．科学技术与工程，2019，19（25）：325-333．

[296]　张宗强，张明义，贺晓明．微型钢管桩在青岛地区基坑支护中的应用研究［J］．青岛理工大学学报，2012，33（3）：22-25．

[297]　赵文强．上软下硬复合地层条件下深基坑支护设计探析［J］．隧道建设，2014，34（2）：153-157．

[298]　赵文强．土岩基坑支护中微型钢管桩原位试验研究［J］．工业建筑，2015，45（S1）：1124-1128．

[299]　郑刚，焦莹．深基坑工程设计理论及工程应用［M］．北京：中国建筑工业出版社，2010．

[300]　郑生庆，陈希昌．《建筑边坡工程技术规范》GB 50330—2002 编制背景及技术特点［J］．重庆建筑，2003（1）：17-21．

[301]　郑学东．土岩组合地层有限岩土体基坑开挖变形研究［D］．北京：北京交通大学，2017．

[302]　郑颖人，赵尚毅．有限元强度折减法在土坡与岩坡中的应用［J］．岩石力学与工程学报，2014，23（19）：3381-3388．

[303]　郑颖人，陈祖煜，王恭先，等．边坡与滑坡工程治理［M］．北京：人民交通出版社，2007．

[304]　郑祖静．土岩结构深基坑吊脚桩支护体系变形研究［D］．武汉：武汉理工大学，2018．

[305]　郑智能．考虑结构性的土体小应变本构模型研究［D］．重庆：重庆大学，2010．

[306]　中华人民共和国住房和城乡建设部．建筑基坑支护技术规程：JGJ 120—2012［S］．北京：中国建筑工业出版社，2012．

[307]　中华人民共和国住房和城乡建设部．建筑地基基础设计规范：GB 50007—2011［S］．北京：中国计划出版社，2012．

[308]　中华人民共和国住房和城乡建设部．建筑基坑工程监测技术标准：GB 50497—2019［S］．北京：中国计划出版社，2019．

[309]　中华人民共和国建设部．岩土工程勘察规范：GB 50021—2001［S］．北京：中国建筑工业出版社，2004．

[310]　中华人民共和国住房和城乡建设部．城市轨道交通岩土工程勘察规范：GB 50307—2012［S］．北京：中国计划出版社，2012．

[311]　周贺．土岩双元地区深基坑开挖地表沉降变形研究-以桩-内支撑式的深基坑支护结构为例［D］．青岛：中国海洋大学，2012．

[312]　周昆．超深土岩双元地铁基坑爆破振动监测分析［J］．西部探矿工程，2018（8）：175-178．

[313]　周鹏华．临江嵌岩地下连续墙止降水及坑外沉降研究［J］．施工技术，2016，45（1）：33-37．

［314］　周圣超.吊脚桩在地铁围护结构中的应用分析［J］.工程前沿，2020（9）：20-23.

［315］　周小龙.青岛地铁土岩结合基坑支护中微型钢管桩的试验研究［D］.青岛：青岛理工大学，2013.

［316］　朱丹晖.吊脚桩＋超前微型钢管桩体系在地铁基坑工程中的应用［J］.铁道标准设计，2014，58（5）：90-94.

［317］　祝文化，刘毅，夏元友，等.土岩基坑开挖变形相关因素与规律［J］.武汉理工大学学报，2012，34（5）：106-110.

［318］　朱祥山.青岛地区"嵌岩"类基坑工程设计方法研究［D］.青岛：中国海洋大学，2008.

［319］　朱祥山，聂宁，于波.排桩模型在"嵌岩"基坑工程中的应用［J］.海岸工程，2008，27（3）：81-87.

［320］　朱幸仁.成层地基中双排桩支护结构的受力分析与应用［D］.长沙：湖南大学，2019.

［321］　朱志华，刘涛，单红仙.土岩结合条件下深基坑支护方式研究［J］.岩土力学，2011，32（S1）：619-623.

［322］　庄岳欢，冯龙飞，葛梁.土岩二元地层深基坑复合土钉墙的应用分析［J］.广东土木与建筑，2015，22（7）：14-17.

［323］　宗露丹，徐中华，翁其平，等.小应变本构模型在超深大基坑分析中的应用［J］.地下空间与工程学报，2019，15（S1）：231-242.

［324］　邹超群，刘焕存，马永琪.门架式锚拉桩支护结构在土岩双元基坑中的应用［J］.岩土工程技术，2017，31（3）：137-141，148.

［325］　邹玉娜.土岩结合地层地铁基坑开挖对既有线的保护措施研究［J］.铁道建筑技术，2019（S2）：192-196.

［326］　左双英，宋盛立.锚索框格梁在水电站大型土岩混合高边坡治理中的应用［C］//贵州省岩石力学与工程学会2010年度学术交流论文集，2010.